Thomas Blaschke

Landschaftsanalyse und -bewertung mit GIS
Methodische Untersuchungen zu Ökosystemforschung und Naturschutz am Beispiel der bayerischen Salzachauen

FORSCHUNGEN ZUR DEUTSCHEN LANDESKUNDE

Herausgegeben von den Mitgliedern
der Deutschen Akademie für Landeskunde e. V.
durch Gerold Richter

FORSCHUNGEN ZUR DEUTSCHEN LANDESKUNDE

Band 243

Thomas Blaschke

Landschaftsanalyse und -bewertung mit GIS

Methodische Untersuchungen zu Ökosystemforschung und Naturschutz am Beispiel der bayerischen Salzachauen

1997

Deutsche Akademie für Landeskunde, Selbstverlag,

54286 Trier

Zuschriften, die die Forschungen zur deutschen Landeskunde betreffen, sind zu richten an:

Prof. Dr. G. Richter, Deutsche Akademie für Landeskunde e.V.
Universität Trier, 54286 Trier

Schriftleitung: Dr. Reinhard-G. Schmidt

Der Druck wurde freundlicherweise unterstützt durch die
Stiftungs- und Fördergesellschaft der
Paris-Lodron Universität Salzburg

ISBN: 3-88143-055-5

Alle Rechte vorbehalten

EDV- Bearbeitung von Text, Graphik und Druckvorstufe: Erwin Lutz, Kartographisches Labor, FB VI, Universität Trier

Druck: Paulinus-Druckerei GmbH, 54290 Trier

INHALTSVERZEICHNIS

	INHALTSVERZEICHNIS	5
	ABBILDUNGSVERZEICHNIS	9
	TABELLENVERZEICHNIS	12
1	Einleitung und Zielsetzung	15
2	Grundlegende Theorien und Ansätze zur Landschaftsanalyse und -bewertung	18
2.1	Grundsätzliche Überlegungen zur Bewertung	18
2.1.1	Die Notwendigkeit, zu bewerten	19
2.1.2	Notwendigkeit und Bedeutung des Naturschutzes	20
2.1.3	Leitbilder der naturschutzfachlichen Bewertung	22
2.1.4	Regionalisierung der Zielsysteme	24
2.1.5	Probleme und Grenzen der Bewertung	25
2.2	Die Theorie der differenzierten Bodennutzung als Basis zahlreicher anderer Ansätze	27
2.3	Ökologische Landschaftsbewertung und das Naturraumpotentialkonzept	29
2.4	Das Konzept der ökologischen Vorranggebiete	30
2.5	Naturnähe - Das Konzept der Hemerobiestufen	32
2.6	Die Inseltheorie der Biogeographie und ihre Bedeutung für den Naturschutz	33
2.7	Das Konzept des Biotopverbundsystems	35
2.8	Bewertung des Leistungsvermögens des Landschaftshaushaltes nach MARKS et al.	38
2.9	Bioindikation, Biodeskription	39
2.10	Die Diversitäts-Stabilitäts-Theorie	42
2.11	Die Nutzwertanalyse - eine „objektive" Bewertung?	43
2.12	Landschaftsbewertung, ökologische Bewertung und Naturschutzbewertung: Wo liegen die Unterschiede?	45
3	Landschaftliche und ökosystemare Bewertungsverfahren	48
3.1	Der ökologische Wert (einer Pflanzengesellschaft) nach SEIBERT	48
3.2	Der Ökotoptypenwert nach SCHUSTER	49
3.3	Der Auebiotopwert nach AMMER und SAUTER	50
3.4	Auwertziffer und Biotopwert nach EDELHOFF	50
3.5	Naturschutzwert aufgrund der Ökotopbildungs- und Naturschutzfunktion nach MARKS et al.	52
3.6	Das biotische Regulationspotential	53
3.7	Indikatorische Bewertungsansätze	54
3.7.1	Faunistische Bewertungsmethoden	49
3.7.2	Indikatoren und Zielartensysteme in der Naturschutzplanung	56
3.7.3	Ornithologische Bewertungen für den Arten- und Biotopschutz	57
3.7.4	HSI (Habitat Suitability Index) und Habitat Evaluation Procedure (HEP)	59

3.7.5	Beispiel: Wassermolluskengesellschaften als Bewertungsmaßstab von Augewässern	60
3.8	Die ökologische Risikoanalyse	61
3.9	Diskussion der beschriebenen Verfahren	62
3.10	Diskussion der häufig verwendeten Kriterien in Hinblick auf die Studie Salzachauen	66
4	Zum Einsatz Geographischer Informationssysteme in Landschaftsanalyse, Landschaftsökologie und Naturschutz	69
4.1	Geographische Informationssysteme - Geographische Informationsverarbeitung	69
4.1.1	Zum Begriff GIS	69
4.1.2	Stand Geographischer Informationsverarbeitung	71
4.1.3	Grundlegende Konzepte Geographischer Informationssysteme hinsichtlich des Einsatzes in Landschaftsanalyse, Ökologie und Naturschutz	76
4.1.4	Die Notwendigkeit der Modellbildung beim GIS-Einsatz	77
4.1.5	GIS in der Modellierung	79
4.2	Anforderungen an ein GIS aus Sicht des Naturschutzes und der Ökosystemforschung	82
4.2.1	Grundsätzliche Aspekte	82
4.2.2	GIS als Analyse- und Planungswerkzeug	83
4.2.3	Die Notwendigkeit des GIS-Einsatzes in der Ökologischen Planung	86
4.2.4	Einige für die GIS-Bearbeitung wesentlichen Konzepte und Theorien der Ökosystemforschung	87
4.3	Umsetzung ökologischer und landschaftsökologischer Konzepte mit GIS und Geostatistik	90
4.3.1	Der nordamerikanische Ansatz der quantitativen *landscape ecology* und die Rolle von GIS	90
4.3.2	GIS und Geostatistik: Möglichkeiten für die Landschafts- und Ökosystemforschung	95
4.3.3	Konkretisierung: Geostatistische Methoden in der Landschaftsforschung	98
4.3.4	Das Potential des Zusammenwachsens von GIS und Geostatistik für die Landschaftsforschung	115
5	Fallstudie: Auen-Ökosystem bayerische Salzachauen	117
5.1	Das Untersuchungsgebiet	117
5.2	Die flußmorphologische Entwicklung der Salzach	119
5.2.1	Ursprünglicher Zustand und Veränderungen der Flußlandschaft	119
5.2.2	Hydrologische Verhältnisse	121
5.2.3	Entwicklung des Flußbettes und Kraftwerke	122
5.3	Exkurs: Zum Begriff Aue	124
5.3.1	Standörtliche und begriffliche Abgrenzung von Auen und Auwald	124
5.3.2	Die natürliche Auenvegetation	126

5.3.3	Flußauen als Ökosystem	127
5.4	Situation der Auwälder in Bayern	128
5.5	Beeinträchtigungen der Auenbereiche durch den Menschen	131
6	Datenlage und Aufbereitung der Daten im Projekt bayerische Salzachauen	135
6.1	Rahmenbedingungen dieser Untersuchung	135
6.2	Zielsetzung des GIS-Einsatzes	138
6.3	Datenlage	139
6.3.1	Vorgangsweise der Datenerfassung und Aufbereitung	139
6.3.2	Kurzbeschreibung der verwendeten Datenschichten	142
6.4	Deskriptiv-räumliche Auswertung der Primärdaten	159
6.4.1	Flächenbezogene Auswertung als Grundlage der Analyse	159
6.4.2	Verschneidungen als Grundlage von Interpretationen und Bewertungen	160
7	Ingetration von Punktdaten in flächenhafte Aussagen: Beispiele der Modellierung faunistischer Daten	166
7.1	Interpolation von Punktdaten: Generelle Möglichkeiten	166
7.2	Von „potential range" und HSI zu großmaßstäbigen Habitatkarten	168
7.3	Habitatkartenerstellung für Leitarten der Avifauna	171
7.3.1	Pirol	172
7.3.2	Buntspecht	175
7.3.3	Kleinspecht	177
7.4	Habitatkartenerstellung für Leitarten der Amphibien	179
7.4.1	Modellierung von Amphibienlebensräumen: Problemstellung und Lösungsansätze	180
7.4.2	Habitatmodell für den Springfrosch (*Rana dalmatina*)	183
7.4.3	Detailprobleme der DGM-Modellierung	188
7.4.4	Diskussion der Ergebnisse der Modellierung	196
7.5	Alternativansatz: Fuzzy Logik zur Habitatmodellierung	198
7.5.1	Fuzzy Logik in der Landschafts- und Habitatmodellierung	198
7.5.2	Fuzzy Habitatmodelle für den Springfrosch	203
7.5.3	Vergleich der Ergebnisse	205
8	Landschaftsanalyse und ökosystemare Analyse	207
8.1	Analyse der Fragmentierung des Auen-Ökosystems	208
8.1.1	Ökologische Bedeutung der Fragmentierung	208
8.1.2	Bestimmung der Fragmentierung	210
8.1.3	Die Zweischneidigkeit des Faktors Fragmentierung/ Formkomplexität	211
8.1.4	Wirkungen von Barrieren und deren Berücksichtigung mit GIS	214
8.1.5	Fragmentierung von Tierpopulationen am Beispiel einiger Leitarten	214
8.2	Analyse der Komplexität/Strukturdiversität	216
8.2.1	Ökologische Bedeutung struktureller Diversität	216

8.2.2	Konstruktion struktureller Diversität mit GIS	218
8.2.3	Überprüfung eines Zusammenhangs von shape-index und dem Vorkommen von faunistischen Leitarten	220
8.2.4	Ermittlung von Strukturdiversität mittels fokaler Operatoren	222
8.2.5	Einbeziehung eines qualitativen Aspektes im Sinne einer „within patch diversity" zur Ermittlung von Strukturdiversität	226
8.3	Strukturdiversität und Vorkommen faunistischer Leitarten	228
8.4	Analyse der Überflutungsdynamik	230
8.4.1	Ausgangssituation und natürliche Hydrodynamik	231
8.4.2	Direkte und indirekte Erfassung der Hydrodynamik mit GIS	234
8.4.3	Bioindikation der Hydrodynamik durch Frühjahrsgeophyten	239
8.4.4	Zum Wert unscharfer Ableitungen aus Primärdaten	241
9	Vergleich verschiedener Bewertungsmethoden	242
9.1	Zielsetzung eines zu erstellenden Bewertungsverfahrens	242
9.2	Bewertung einzelner Kriterien	246
9.3	Verschiedene Methoden der Gesamtbewertung	256
9.3.1	Arithmetisches Mittel aus Einzelbewertungen	257
9.3.2	Verknüpfung der Einzelbewertungen durch eine Nutzwertanalyse?	259
9.3.3	Die "logische Verknüpfung" der Einzelbewertungen	259
9.3.4	Alternativansatz: Gesamtbewertungen der Vegetation und Fauna getrennt	241
10	Diskussion der Ergebnisse: Möglichkeiten und Grenzen der Analyse und Bewertung mit GIS	268
10.1	Diskussion der Analyse- und Bewertungsergebnisse	268
10.2	Ermittlung quantitativer und qualitativer Landschafts- und Ökosystemveränderungen mit GIS	271
10.3	Neue Information durch GIS?	272
10.4	Indikatorischer plus quantitativ-analytischer Bewertungsansatz	274
10.5	Transparenz und Plausibilität bei komplexer Analyse und Bewertung?	276
10.6	Schlußfolgerungen für den GIS-Einsatz	276
	Zusammenfassung	285
	Summary	288
	Literaturverzeichnis	292

ABBILDUNGSVERZEICHNIS

Abb. 2.1	Beispiel der differenzierten Bodennutzung: Ausgleichsflächen und Stabilisierung durch Nutzungsvielfalt in der Landwirtschaft	28
Abb. 2.2	Gleichgewichtsmodell einer Insel	34
Abb. 2.3	Beispiele für Verbund und Vernetzung	37
Abb. 2.4	Der logische Ablauf der Nutzwertanalyse	44
Abb. 2.5	Begriffsvielfalt in der ökologisch orientierten Bewertung	48
Abb. 3.1	Ablauf des Bewertungsvorganges nach EDELHOFF	51
Abb. 4.1	Illustration der Generierung von Zonen und Gebieten, die nicht direkt kartiert werden können	70
Abb. 4.2	Prozessuale Einteilung von GIS-Funktionalitäten	73
Abb. 4.3	Raster- und Vektormodell und einige wesentliche Konzepte von GIS	75
Abb. 4.4	Modellbildung auf verschiedenen Hierarchiestufen	78
Abb. 4.5	„Genauigkeit" von Rasterdaten in Abhängigkeit der Auflösung	81
Abb. 4.6	Schematischer Überblick über die Transformationsoperationen in Geographischen Informations Systemen	84
Abb. 4.7	A-räumliche vs. räumliche Hierarchien	85
Abb. 4.8	Beispiel einer 1-1 Abbildung von Punkten	99
Abb. 4.9	Von Punktekarten zu Punktedichtekarten (Choroplethendarstellungen)	99
Abb. 4.10	Zwei verschiedene Ansätze einer Quadratmethode	100
Abb. 4.11	Nearest Neighbor Distanzanalysen	101
Abb. 4.12	Kernel estimation von Punktdaten	103
Abb. 4.13	Konzept des Lag	104
Abb. 4.14	Beispiel eines Semivariogramms	105
Abb. 4.15	Beispiel einer Punkteverteilung zum Testen einer „complete spatial randomness"	109
Abb. 5.1	Das Untersuchungsgebiet	118
Abb. 5.2	Die Salzach zwischen Saalachmündung und Laufen 1817, überlagert mit der heutigen Situation	120
Abb. 5.3	Schematische Talquerschnitte der Salzach	123
Abb. 5.4	Wirkungszusammenhänge in Flußauen	125
Abb. 5.5	Querschnitt durch die ungestörte Auenvegetation	127
Abb. 6.1	Übergeordnete rechtliche, administrative und organisatorische Ebene der Untersuchung	136
Abb. 6.2	Heutige Standortverhältnisse in einer Flußaue an einem regulierten Fluß (potentielle natürliche Vegetation)	143
Abb. 6.3	Erstellung eines verfeinerten 5-m DGMs	151
Abb. 6.4	Überblicksdarstellung des DGM's für den Südteil des Untersuchungsgebiets	152
Abb. 6.5	DGM Detailausschnitt Surmündung	153
Abb. 6.6	Linientaxierungen der Schmetterlinge	154
Abb. 6.7	Lage der Libellenlebensräume	156

Abb. 6.8	Detaildarstellung der Lage von Amphibienlaichplätzen	157
Abb. 6.9	Überblick der Avifauna in einem Ausschnitt im Südteil	158
Abb. 6.10	Beispiel der Verschneidung zweier Datenschichten zur Plausibilitätskontrolle	161
Abb. 6.11	Darstellungsform der Originalkartierungen am Beispiel der Vegetation	165
Abb. 7.1	Schematische Gegenüberstellung von punktscharfer und gebufferter Verschneidung	171
Abb. 7.2	Darstellung des electivity-Index für den Pirol und die Datenschicht Strukturtypen bei unterschiedlichen Buffer-Radien	173
Abb. 7.3	Vorkommen des Pirol im Südteil des UG (euklidische Distanzen) und Habitatanalyse	175
Abb. 7.4	Präferenz und Meiden, Beispiel des Kleinspecht und Lebensraumtypen	178
Abb. 7.5	Modell des Jahresgeschehens in Amphibienpopulationen (vereinfacht)	181
Abb. 7.6	Darstellung einer typischen Situation von Amphibienlaichplätzen im Untersuchungsgebiet	182
Abb. 7.7	Arbeitskarte „Realer Lebensraum Springfrosch"	184
Abb. 7.8	Ausschnitt des Digitalen Geländemodells und Illustration der Abgrenzungsproblematik von Hohlformen	189
Abb. 7.9	Schematische Darstellung der Modellierung des potentiellen Lebensraums des Springfrosch	190
Abb. 7.10	Berechnung des Kurvaturindex	191
Abb. 7.11	„Potentiell geeignete" Amphibienstandorte	192
Abb. 7.12	„Potentiell hoch geeignete" Amphibienstandorte: Reklassifizierung von Kurvatur und Hangneigungen	193
Abb. 7.13	„Potentiell hoch geeignete" Amphibienstandorte: Ergebnis der Verschneidung von Kurvatur, Hangneigung und potentiell geeigneten Bodentypen	194
Abb. 7.14	„Potentiell hoch geeigneter" Amphibienstandorte: Nachbearbeitung der resultierenden Flächen mittels „blow and shrink"	195
Abb. 7.15	Dreidimensionale Detailbetrachtung der Lage modellierter „potentiell hoch geeigneter" Amphibienstandorte	196
Abb. 7.16	Detailausschnitte des Ergebnis der Habitatmodellierung Springfrosch	197
Abb. 7.17	Beispiele von Fuzzy membership Funktionen	199
Abb. 7.18	Beispiel zweier Fuzzy-Operatoren	199
Abb. 7.19	Vergleich dreier Habitatmodelle für den Springfrosch	202
Abb. 7.20	Schrittweise Ableitung zweier alternativer Habitatmodelle für den Springfrosch	204/205
Abb. 7.21	Dreidimensional Darstellung der Ergebnisse zweier alternativer Habitatmodelle für den Springfrosch	206
Abb. 8.1	Quantifizierung des Auswirkungen der Fragmentierung einer homogenen Fläche	208

Abb. 8.2	Illustration der Isolation von Amphibienhabitaten im Untersuchungsgebiet	209
Abb. 8.3	Rasterbasierte Diffusionsanalyse über Kostenoberflächen	210
Abb. 8.4	Fragmentation Index	211
Abb. 8.5	Planare Formdeskriptoren zur Beschreibung von patches	213
Abb. 8.6	Barrieren und flächenhaft negative Ausbreitungsbedingungen für den Springfrosch	215
Abb. 8.7	Mehrere Betrachtungsmaßstäbe einer Landschaft aus verschiedenen, Organismen-zentrierten Perspektiven	219
Abb. 8.8	Räumliche Ausprägung des Shapeindex als planarer Formdeskriptor für die Datenschicht Lebensraumtypen	221
Abb. 8.9	Illustration der Abgrenzungsproblematik anhand eines Orthophotoausschnittes	223
Abb. 8.10	Neighbourhood analysis mittels *focalvariety* Operatoren	224
Abb. 8.11	Ergebnisse der fokalen Diversitätsberechnung	225
Abb. 8.12	Fichtenaufforstung inmitten des Grauerlen-Auwaldes	227
Abb. 8.13	Ergebnis der Berechnung der Strukturdiversität	228
Abb. 8.14	Bilder der Eintiefung der Salzach	232
Abb. 8.15	Die heutige Situation der Salzachauen überlagert mit der Situation von 1817	233
Abb. 8.16	Feuchtewert nach ELLENBERG vs. bodenkundlicher Feuchtewert	236
Abb. 8.17	Differenz aus der Bodenfeuchte und der ökologischen Feuchte	237
Abb. 8.18	Feuchtedifferenz und relative Höhen gegenüber dem Fluß	238
Abb. 8.19	Schneeglöckchen (*Galanthus nivalis*) als Indikatoren der Hydrodynamik	240
Abb. 8.20	Frühjahrsgeophyten und Bodenfeuchte: Visueller Vergleich	240
Abb. 9.1	Bewertung Hemerobie/Natürlichkeit der Vegetation	247
Abb. 9.2	Bewertung der Gefährdung der Pflanzengesellschaften	249
Abb. 9.3	Bewertung der Wahrscheinlichkeit des Antreffens an Rote Liste-Arten	251
Abb. 9.4	Bewertung des Vorkommens an Frühjahrsgeophyten	253
Abb. 9.5	Gesamtbewertung: Arithmetisches Mittel	258
Abb. 9.6	Vorgehensweise der „logischen Verknüpfung" und Implementierung in GIS mit Methoden der „map algebra"	260
Abb. 9.7	Gesamtbewertung: „Logische Kombination"	261
Abb. 9.8	Varianten der faunistischen Bewertung	264
Abb. 9.9	Faunistische Bewertung: Arithmetisches Mittel der Habitatbewertung Springfrosch, Pirol und Kleinspecht	265
Abb. 9.10	Faunistische Bewertung: „Logische Kombination" aus der Habitatbewertung Springfrosch, Pirol und Kleinspecht	266
Abb. 9.11	Varianz der Bewertungsergebnisse	267
Abb. 10.1	„Insellage" eines Untersuchungsgebietes	270
Abb. 10.2	Durch Analyse und spezifisches „In Beziehung setzen" zu „neuer" Information	273

Abb. 10.3 Schematische Darstellung der Verknüpfung eines indikatorischen und eines quantitativ-analytischen Bewertungsansatzes ... 275
Abb. 10.4 GIS als Umsetzungswerkzeug ... 278
Abb. 10.5 Analyse und Bewertung als zwei getrennte Verfahrensschritte ... 280

TABELLENVERZEICHNIS

Tab. 2.1 Flächenanspruch des Naturschutzes in Bayern ... 31
Tab. 2.2 Abstufungen verschiedener Landnutzungsformen nach dem Grad des Kultureinflusses auf Ökosysteme ... 32
Tab. 3.1 Gegenüberstellung und Beurteilung der diskutierten Verfahren ... 64
Tab. 3.2 Hitliste der Verwendung von Kriterien im deutschsprachigen Raum sowie von Kriterien im englischsprachigen Raum ... 68
Tab. 4.1 Generelle Anforderungen an ein Geographisches Informationssystem ... 83
Tab. 5.1 Abfluß-Hauptzahlen der Pegel Salzburg, Laufen und Burghausen ... 121
Tab. 5.2 Vergleich der Abflußschwankungen mit anderen Alpenflüssen ... 122
Tab. 6.1. Übersicht der Datenschichten im Projekt Salzachauen ... 141
Tab. 6.2 Bodentypen im Untersuchungsgebiet ... 142
Tab. 6.3. Kartierte Pflanzenarten der Roten Liste Deutschlands und Bayerns ... 145
Tab. 6.4. Reale Vegetation nach Kartierungseinheiten ... 146
Tab. 6.5 Frühjahrsgeophyten nach Kartierungseinheiten ... 147
Tab. 6.6 Strukturtypen nach Kartierungseinheiten mit Untertypen ... 148
Tab. 6.7 Lebensraumtypen im Untersuchungsgebiet ... 149
Tab. 6.8 Landnutzung im Untersuchungsgebiet außerhalb des rezenten Auenbereiches ... 150
Tab. 6.9 Vorkommen von Libellenarten und Gefährdungsstatus ... 155
Tab. 6.10 Amphibienarten und kartierte Laichplätze ... 157
Tab. 6.11 Verteilung der Frühjahrsgeophyten in ha und % ... 160
Tab. 6.12 Verteilung der Frühjahrsgeophytenklassen auf Vegetationstypen ... 162
Tab. 6.13 Analyse des Vorkommens von Frühjahrsgeophyten im Untersuchungsgebiet ... 163
Tab. 6.14 Reklassifizierung von Elektivitätswerten von Lebensraumtypen anhand der Frühjahrsgeophyten ... 164
Tab. 7.1 Leitarten der Avifauna ... 170
Tab. 7.2 Berechnung des electivity-Index für den Pirol und die Datenschicht Strukturtypen bei drei unterschiedlichen Buffer-Radien (35, 50 und 100 m) ... 172
Tab. 7.3 Pirolvorkommen und wichtigste Strukturtypen bei 35 m Buffer-Radius ... 173
Tab. 7.4 Pirolvorkommen und wichtigste Lebensraumtypen bei 35 m Buffer-Radius ... 174

Tab. 7.5	Pirolvorkommen und wichtigste Klassen der realen Vegetation bei 35 m Buffer-Radius	174
Tab. 7.6	Buntspechtvorkommen und wichtigste Lebensraumtypen bei 35 m Buffer-Radius	176
Tab. 7.7	Buntspechtvorkommen und wichtigste Strukturtypen bei 35 m Buffer-Radius	176
Tab. 7.8	Kleinspecht und Lebensraumtypen bei 35 m Buffer-Radius	177
Tab. 7.9	Kleinspecht und Strukturtypen bei 35 m Buffer-Radius	177
Tab. 7.10	Kleinspecht und Baumarten bei 35 m Buffer-Radius	179
Tab. 7.11	Mögliche Leitarten der Amphibienfauna	181
Tab. 7.12	Auszug aus der Bewertung der Lebensraumtypen am Beispiel Springfrosch	183
Tab. 7.13	Eignung der Strukturtypen als Sommerlebensraum aufgrund einer Bewertung	186
Tab. 7.14	Amphibien und Bodentypen	187
Tab. 7.15	Bodentypen mit hohem Erklärungsgehalt am kartierten Amphibienvorkommen	188
Tab. 7.16	Flächenanteile des Untersuchungsgebietes nach ihrer Bedeutung als Amphibienlebensraum	198
Tab. 8.1	Bewertete Barrierenwirkung für den Springfrosch	215
Tab. 8.2	shape-index in 8 Klassen auf Basis der Lebensraumtypen und Vorkommen des Pirol	220
Tab. 8.3	Shape-index in 8 Klassen auf Basis der Strukturtypen und Vorkommen des Kleinspechts	221
Tab. 8.4	Shape-index in 5 Klassen auf Basis der Strukturtypen und Vorkommen des Kleinspechts	222
Tab. 8.5	Ergebnisse der Berechnung der 'focalvariety' für die Datenschichten der Vegetation und der Strukturtypen für unterschiedliche Formen und Größen des 'moving window'	224
Tab. 8.6	Additionswerte zur Konstruktion der strukturellen Diversität ausgehend von der Datenschicht der Strukturtypen zur Einbeziehung eines qualitativen Aspektes im Sinne einer 'within patch diversity'	226
Tab. 8.7	Analyse des Pirolvorkommens und der dreistufigen Strukturdiversität mittels electivity index und chi^2 Abweichung	229
Tab. 8.8	Analyse des Kleinspechtvorkommens und der dreistufigen Strukturdiversität mittels electivity index und chi^2 Abweichung	229
Tab. 8.9	Analyse der Amphibienvorkommen und der dreistufigen Strukturdiversität mittels electivity index und chi^2 Abweichung	230
Tab. 8.10	Ökologischer Feuchtegrad und Bodenfeuchte	234
Tab. 8.11	Verbreitung der häufigsten Bodentypen im Untersuchungsgebiet und bodenkundlicher Feuchtegrad	235
Tab. 8.12	Feuchtegrad der Vegetationsklassen Wald	235
Tab. 9.1	Expertenbewertung der Hemerobie/Natürlichkeit der Vegetation	246
Tab. 9.2	Expertenbewertung der Gefährdung von Pflanzengesellschaften auf Basis der Vegetation	248

Tab. 9.3	Expertenbewertung der Wahrscheinlichkeit des Antreffens von Rote Liste Arten auf Basis der Vegetation	250
Tab. 9.4	Bewertung des Vorkommens an Frühjahrsgeophyten im Untersuchungsgebiet	252
Tab. 9.5	Flächenbilanz einer Gesamtbewertung aus dem arithmetischen Mittel aller Einzelbewertungen	258
Tab. 9.6	Flächenbilanz einer Gesamtbewertung über die 'logische Verknüpfung' der Einzelbewertungen	260
Tab. 9.7	Flächenbilanz einer Gesamtbewertung der Vegetation durch Experten	262
Tab. 9.8	Flächenbilanz einer faunistischen Bewertung aus dem arithmetischen Mittel der Einzelbewertungen	264
Tab. 9.9	Flächenbilanz einer faunistischen Bewertung mittels ‚logischer Verknüpfung' der Einzelbewertungen	266
Tab. 9.10	Flächenbilanz einer faunistischen Bewertung mittels eines habitat suitability index	267

1 EINLEITUNG UND ZIELSETZUNG

Das System *Umwelt* ist so komplex, daß es wahrscheinlich nur sehr schwer gelingen wird, dieses Wirkungsgefüge vollständig darzustellen. In groß angelegten Projekten wird versucht, Funktionszusammenhänge von Ökosystemen zu erforschen. Andererseits nimmt die Bedrohung und Zerstörung unserer Umwelt - trotz steigender Bemühungen des Naturschutzes, durch Arten- und Biotopschutzprogramme oder durch gesetzlich verankerte Umweltverträglichkeitsprüfungen - weiter zu. Das Artensterben geht unvermindert weiter. So wuchs beispielsweise der Anteil der gefährdeten Arten an den bekannten Arten von der ersten bis zur zweiten Auflage der Roten Liste Deutschland zwischen 1979 und 1986 (vgl. Jedicke 1990, S. 12)

- bei den Farn- und Blütenpflanzen von 33,9 auf 40,1%,
- bei den Säugetieren von 44,7 auf 52,9%,
- bei den Vögeln von 48,4 auf 57,8%,
- bei den Fischen von 40 auf 52%

Dem Artensterben geht der Verlust des Lebensraums voraus. Einen besonders starken Rückgang verzeichnen die Auwälder, die eine reichhaltige Tier- und Pflanzenwelt aufweisen. Die Verbreitung der Auwälder in Bayern wird von SCHREINER (1991) auf 4% der Staatsfläche geschätzt. Andere Quellen nennen wesentlich niedrigere Zahlen (vgl. Bund Naturschutz - BUND 1981).

Um vom deskriptiven Ansatz der Registrierung und Beschreibung o.g. Sachverhalte zu einer Prognosefähigkeit zu gelangen und angesichts des Ziels, Handlungsanweisungen zu erstellen, bedient man sich in zunehmenden Maße des Einsatzes von Modellen und deren Implementation in Computerprogrammen. Modellansätze sind zweifelsohne nötig, die so mannigfaltige Wirklichkeit durch eine Reduktion auf eine endliche Menge wissenschaftlich faßbarer Sachverhalte hinsichtlich relevanter Fragestellungen abzubilden. Da bereits eine einfache Karte ein Modell der Wirklichkeit ist, stellt eine Kombination von Datenschichten eine Modellbildung höherer Ebene dar. Sollen auf einem höheren Aggregationsniveau Aussagen über dynamische Zusammenhänge in einem abgegrenzten Gebiet getroffen werden, sind Kenntnisse über die strukturellen Verknüpfungen der verschiedenen Aggregationsebenen unerläßlich. SPANDAU (1988) leitet beispielsweise daraus ab, daß die zwischen den verschiedenen Ebenen bestehenden strukturellen Verknüpfungen auch bei ausreichender Verfügbarkeit der Daten nicht auf rein mathematischem Weg hergestellt oder abgeleitet werden können, sondern der gezielten interpretierenden Auswahl durch den denkenden, gebietserfahrenen Menschen bedürfen. VESTER (1980) fordert sogar statt der in der Naturwissenschaft üblichen kausalanalytischen Untersuchung eine synthetisch funktionsanalytische Beschreibung (*biokybernetischer Ansatz*). Die Umsetzung erweist sich jedoch nach Ansicht des Autors in der Praxis als überaus schwierig. Für BLUME et al. (1992) ist die Komplexität von Ökosystemen dagegen nur in mathematischen Modellen faßbar. Es soll damit an dieser Stelle lediglich gezeigt werden, wie schwierig die Erfassung des komplexen Systems Umwelt ist.

Die Erfassung der Komplexität von Ökosystemen und Landschaften ist noch viel schwieriger, wenn der Faktor *Mensch* ins Spiel gebracht wird und ein Ökosystem oder ein Landschaftsausschnitt hinsichtlich seiner Funktionalität, seiner Bedeutung oder gar seines Wertes für den Menschen gemessen (= bewertet) wird. Obwohl die viel diskutierte These von CERWENKA (1984, S. 220) - „objektive Bewertung ist ein Hokuspokus, da jede Bewertung definitionsgemäß subjektive (= normative) Elemente enthält" - nicht vollständig zu widerlegen ist, gibt es in der Praxis keine Alternative, als Bewertungsstrategien zu entwickeln. Selbst aus naturschutzfachlicher und landschaftsökologischer Sicht (also ohne anderweitige Inwertsetzungsabsichten) können Konflikte bezüglich einzelner Umweltqualitätsziele auftreten.

Es besteht ein dringender Handlungsbedarf im Naturschutz. Da heute zahlreiche Konzepte und Methoden zur Bewertung bestehen (vgl. USHER und ERZ 1994) und großteils auch der rechtliche Rahmen gegeben ist, erscheint es notwendig, vorhandene Möglichkeiten konsequenter als bisher umzusetzen. In einer kritischen Durchsicht bestehender Bewertungsansätze soll gezeigt werden, daß diese in der vorliegenden Untersuchung nicht direkt übernommen werden können. Kritisch erscheinen u. a. fehlende Berücksichtigung regionaler Besonderheiten, unterschiedliche Leitbilder und Zielvorstellungen und eine monothematische Ausrichtung. Einhergehend mit dem Naturschutz wird daher auch zunehmend ein „Landschaftsschutz" notwendig, wie aus Sicht der modernen Landschaftsökologie (LESER 1997) gefordert wird.

In der vorliegenden Arbeit wird am Beispiel eines Auen-Ökosystemes verdeutlicht, daß bestehende Bewertungsverfahren meist einer bestimmten Sicht einer Fachdisziplin entspringen. So werden entweder der Fluß selbst, sein Bett, die hydrologischen und morphologischen Verhältnisse oder die Auwälder aus Sicht der Vegetation bewertet. Notwendig ist jedoch eine komplexe, interdisziplinäre Bewertung der Funktionalität einer Landschaft oder eines Ökosystems. Mit Hilfe von Geographischen Informationssystemen (GIS) erscheint dies unter der Voraussetzung, daß entsprechende Daten vorliegen bzw. erfaßt werden können, mit einem vertretbaren Aufwand durchführbar. Die Leistungsfähigkeit und die breite Einsetzbarkeit von GIS sind mittlerweile ausreichend dokumentiert (Überblick in MAGUIRE et al. 1991). Diese Arbeit stellt daher methodische Anwendungsaspekte in den Vordergrund und demonstriert, wie analytisch-deskriptive und quantitative Ansätze mit qualitativen, vor allem indikatorischen Ansätzen, verknüpft werden können. Dies geschieht anhand einer umfassenden Ökosystemstudie der bayerischen Salzachauen. Obwohl die Salzach keineswegs als natürlicher Fluß zu bezeichnen ist, existieren dennoch wertvolle Auwaldreste, und es herrscht eine beachtliche Fließgewässerdynamik. Aufgrund eines steigenden Nutzungsdruckes gilt es in einem Spannungsfeld zwischen Ökonomie und Ökologie zu entscheiden, was für die nächsten Jahrzehnte vorrangig sein soll. Die Entscheidung kann nur auf politischer Ebene fallen. Den Entscheidungsträgern müssen jedoch die notwendigen Grundlagen bereitgestellt werden. Die vorliegende Untersuchung der Salzachauen basiert auf dem Datenfundus einer interdisziplinären Untersuchung durch die Bayerische Akademie für Naturschutz und Landschaftspflege (ANL) bzw. verschiedenen Auftragsarbeiten. Diese z. T. heterogenen und nach Methoden unterschiedlicher Fachdisziplinen gewonnenen Daten werden zusammengeführt, hinsichtlich Interdependenzen analysiert und Methoden für die Bewertung einzelner Sachebenen durch Experten dargestellt. Für verschiedene Themenbereiche soll die Analyse mehr erreichen als eine Darstellung des Ist-Zustandes. Vor allem für faunistische Beobachtungen, die in der Regel in Form von Punktdaten oder Linientaxierungen vorliegen, werden Methoden erarbeitet, flächenhafte Aussagen der Habitateignung zu treffen und Grundlagen für eine Modellierung von Veränderungen zu schaffen.

Die Analysefähigkeit und das Potential einer prospektiven Untersuchung und Darstellung von möglichen Veränderungen im Sinne einer Simulation rückt Geographische Informationssysteme in den Mittelpunkt komplexer ökosystemarer Untersuchungen. In Naturschutz und Landschaftspflege ist dagegen derzeit im deutschsprachigen Raum eine zögernde, mit einiger Verspätung gegenüber der angloamerikanischen Welt zunehmende Verbreitung vor allem in Zusammenhang mit Umweltinformationssystemen festzustellen (BLASCHKE 1995a, BLASCHKE et al. 1996). Diese Arbeit ist auch als Versuch zu sehen, die analytischen Möglichkeiten näherzubringen, da bisher in vielen Fällen der Einsatz von GIS hinter den potentiellen Möglichkeiten in Naturschutz und Landschaftspflege zurückblieb (BLASCHKE 1995a, VOGEL und BLASCHKE 1996).

Geographische Informationssysteme versetzen uns erstmalig in die Lage, vielfältige, oft heterogene, d.h. in verschiedenen Maßstäben und Formaten vorliegende Daten über den explizit-räumlichen Lagebezug zusammen zu führen und unter Einsatz von statistischen und analytischen Verfahren (Verschneidung, räumliche und zeitliche Interpolation, Modellierung, Bewertung etc.) zu bearbeiten und kartographisch zu präsentieren. Das Spektrum der zur Verfügung stehenden Werkzeuge ist sehr breit (vgl. TOMLIN 1990) und die Anwendbarkeit in unterschiedlichsten Anwendungsdisziplinen ausreichend dokumentiert (z. B. MAGUIRE et al. 1991). Es werden daher nur diejenigen GIS-Funktionen beschrieben, die für die Lösung inhaltlicher Fragestellungen sinnvoll anwendbar sind, um letztlich funktionelle Zusammenhänge aufzuzeigen und/oder zu quantifizieren. Ziel der GIS-gestützten Analyse in dieser Arbeit ist, ausgehend vom Vergleich bestehender Operationalisierungs- und Bewertungsverfahren eine komplexe Mehode zu entwickeln, die eine räumlich differenzierte Bewertung der Salzachauen bei gleichzeitiger Transparenz der Vorgangsweise ermöglicht. Dabei ist zu klären, ob bei (bestenfalls) ordinalen Datenniveaus der meisten Untersuchungen ein metrischer Wert, wie er in bestehenden Bewertungsverfahren in der Regel ermittelt wird, sinnvoll und zulässig ist ("Naturschutzwert 3,2 doppelt so wertvoll wie Wert 1,6").

Es wird aber auch der Einsatz Geographischer Informationssysteme kritisch beleuchtet. Während die analytischen Fähigkeiten den Einsatz in der Ökosystemforschung rechtfertigen, ja geradezu verlangen, erscheint der Einsatz von GIS in der Bewertung wesentlich kritischer. Je nach Auswahl und Gewichtung der Kriterien kann sich ein völlig unterschiedliches Bild hinsichtlich der räumlichen Ausprägungen der Bewertungsergebnisse ergeben. Dabei spielt das GIS zwar nur die Rolle des Umsetzungswerkzeuges von z. T. subjektiven Regeln (vgl. Kap. 10.6). Es besteht in der Praxis jedoch die latente Gefahr, ein solches Bewertungsverfahren mit Hilfe eines GIS und der entsprechenden (karto)graphischen Aufbereitung als objektives Verfahren und die Resultate als objektive (und einzig richtige) Ergebnisse darzustellen. Dies stellt kein GIS-spezifisches Problem dar, sondern betrifft den Computereinsatz in seiner ganzen Breite. Im Zeitalter multi- und hypermedialer Präsentationsmöglichkeiten scheinen diese Gefahren eher noch zuzunehmen. Nicht zuletzt deshalb liefert diese Arbeit auch keine flächendeckenden Bewertungskarten über das Gesamtgebiet. Dies soll Aufgabe der „Experten" sein.

Die Resultate von Analyse und Bewertung sollen auch als Grundlagen einer ökologisch orientierten Planung fungieren. Die Planung selbst ist nicht Gegenstand der vorliegenden Arbeit, doch werden immer wieder Bezüge hergestellt, die auf eine Verwendung in einem Planungsprozeß hinweisen. Trotz der häufigen Verwendung des Begriffs *ökologische Planung* fehlt es bisher weitgehend an allgemein gültigen

Inhalten und Methoden, wenn auch inzwischen lehrbuchartige Darstellungen existieren (BÄCHTOLD et al. 1995). Zwar ist die Notwendigkeit, ökologische Sachverhalte zu berücksichtigen, heute weitgehend unbestritten, über den Stellenwert gegenüber verschiedenen wirtschaftlichen Nutzungsinteressen bestehen jedoch verschiedene Auffassungen. Ökologische Planung wird häufig als Verfahrensvorschlag verstanden und weist daher oft einen reagierenden Charakter auf, der oft die Inhalte des technischen Umweltschutzes in den Vordergrund stellt. Eine vorausschauende, ökologisch orientierte Planung müßte auch mit der Weiterentwicklung des Naturschutzes einhergehen, dessen Aufgabe es ist, über fachliche und gesellschaftliche Normensetzung Zustand, Belastungen und Entwicklungen der Natur in ein Wertesystem einzuordnen (vgl. Kap 2.1). Ein solcher Naturschutz müßte daher vorausschauend („prospektiv") und „voraushandelnd" („proaktiv") sein (BLASCHKE 1996a, VOGEL und BLASCHKE 1996). Ein Grundproblem des Einsatzes moderner, computergestützten Methoden der Geographischen Informationsverarbeitung (GIS, GPS, Fernerkundung, Digitale Bildverarbeitung) ist der derzeit hohe technisch-methodische Anspruch an die Benutzerqualifikation. Dies wird im abschließenden Kapitel dieser Arbeit deutlich gemacht. Eine weite Verbreitung von GIS als Technik und Methode auf der Ebene der Sachbearbeiter in verschiedensten Anwendungsdisziplinen wird erst möglich sein, wenn nicht nur einfach zu bedienende Software entwickelt wird, sondern auch standardisierte Methoden und Anleitungen für verschiedenste Fachapplikationen zur Verfügung stehen.

2 GRUNDLEGENDE THEORIEN UND ANSÄTZE ZUR LANDSCHAFTSANALYSE UND -BEWERTUNG

2.1 GRUNDSÄTZLICHE ÜBERLEGUNGEN ZUR ÖKOLOGISCHEN BEWERTUNG

Nach jahrzehntelangem Schattendasein rückte die Werteforschung in den siebziger Jahren in den Mittelpunkt wissenschaftlichen Interesses. SIX (1985) sieht daher *Wert* als das grundlegende Konzept vieler, so unterschiedlicher Wissenschaften, wie Anthropologie, Philosophie, Pädagogik, Ökonomie, Politologie, Theologie und Psychologie. In der Geographie und Raumplanung spielten Werte und Wertungen etwa im Gegensatz zur klassischen Biologie schon immer eine bedeutende Rolle, beispielsweise in der Landschaftsbewertung, in Landnutzungsmodellen, Standorttheorien, Bodenpreistheorien, Wanderungsforschung etc.

Nach BECHMANN (1989) handelt es sich bei einer Bewertung allgemein um die Relation zwischen einem wertenden Subjekt und einem gewerteten Objekt (Wertträger) bzw. um die Einschätzung des Erfüllungsgrades eines Sachverhaltes anhand vorgegebener Zielvorstellungen. Diese Relation hat drei Dimensionen (nach BASTIAN und SCHREIBER 1994):

- Die Abbildung der Wirklichkeit: ohne Bezug auf einen Wirklichkeitsbereich ist eine Bewertung nicht vorstellbar. Bewerten kann man nur das, was man kennt.
- Ein Wertsystem: Bewertungen setzen als Ausgangsbasis ein Wertesystem oder einen übergeordneten Wert voraus. Diese Werte sind die normative Basis für das anzusprechende Werturteil.
- Das wertende Urteil, das das Wertesystem auf den konkreten Fall anwendet.

Besondere Betrachtung bedarf der angewandte Naturschutz. Er unterscheidet sich von der Ökologie als Naturwissenschaft unter anderem dadurch, daß er über fachliche und gesellschaftliche Normensetzung Zustand, Belastungen und Entwicklungen der Natur in ein Wertesystem einordnet (vgl. USHER 1986, ERZ 1986, USHER und ERZ 1994, PLACHTER 1991, 1992a). Diese allgemeinen Normen bilden die Basis der Naturschutzgesetzgebung, die wiederum Prioritäten setzt und von der zielführende Handlungsanweisungen für die Praxis abgeleitet werden (PLACHTER 1992a). In der einschlägigen Literatur wird häufig nicht zwischen *ökologischer* und *naturschutzfachlicher* Bewertung unterschieden. Häufig steht inhärent der Naturschutz im Hintergrund (oder Mittelpunkt), auch wenn dies nicht explizit ausgesprochen wird. Denn in den seltensten Fällen werden relativ aufwendige ökologische Untersuchungen durchgeführt, wenn ein bestimmter Naturraumausschnitt nicht in irgendeiner Form von anthropogenen Veränderungen bedroht oder betroffen ist (vgl. auch 2.1.1).

2.1.1 Die Notwendigkeit, zu bewerten

Die Notwendigkeit, „objektive Bewertungsmethoden" zu entwickeln, ist darin zu sehen, besonders wertvollen Habitaten auch den ihnen gemäßen besonderen Schutz verleihen zu können (vgl. SUKOPP 1971). Deshalb wurde immer wieder versucht, Habitateigenschaften zu finden, die sich im Sinne einer „intakten Umwelt" bewerten lassen. Dieses Problem kann bisher nicht als gelöst betrachtet werden, vielleicht läßt es sich sogar nicht lösen (MÜHLENBERG und HOVESTADT 1991).

Die oben angesprochene Gegenüberstellung von wertfreien und wertenden Disziplinen ist sehr vorsichtig zu betrachten. Es erschiene beispielsweise unzulässig, die folgende These: „Die naturwissenschaftlichen Disziplinen, die gemeinsam an ökologischen Fragestellungen arbeiten, liefern objektive Daten" (KAULE 1991, S. 248) aus dem Zusammenhang zu reißen. Es können in der Praxis auch die exaktesten Daten nicht für sich allein stehen, sondern müssen, um Reaktionen oder Maßnahmen hervorrufen zu können, bewertet werden. Die einzelnen Handlungen müssen sich dabei an konkreten Zielen orientieren, die wiederum aus gesellschaftlichen Übereinkünften (Konventionen) abgeleitet sind (PLACHTER 1991).

Eine ökologische Bewertung ergibt für sich allein meist keinen Sinn oder praktischen Nutzen. Zwar wäre es begrüßenswert, wenn alle anderen gesellschaftlichen Werte an diesem Ergebnis ausgerichtet wären, in der Praxis muß die ökologische Bewertung jedoch in der Regel in eine Gesamtbewertung eingebunden werden. Vor allem aber muß eine Bewertung an einem bestimmten Ziel ausgerichtet sein.

„An evaluation is performed in response to a demand" (USHER 1986, S. 5).

Auch unter diesem Aspekt erscheint eine Bewertung großer Räume quasi „auf Vorrat" als kritisch. Nach Ansicht des Autors ist eine solche Vorgangsweise nur sinnvoll, wenn Bewertungskarten als Ergebnis vorliegen, die nachträglich auf einen bestimmten Bedarf hin ausgewertet werden können. Ein naturschutzfachliche Wert (wofür?), der auf Überblickskarten - etwa für ein ganzes Bundesland - mit *1 = sehr hoch* bis *5 = sehr niedrig* dargestellt wird muß dagegen als unspezifische Globalaussage angesehen werden und ist beispielsweise für Umweltverträglichkeitsprüfungen (die jedoch in der Regel in anderen Maßstabsbereichen durchgeführt werden) nicht zielführend. In diesem Zusammenhang sind auch flächendeckende Naturraumpotentialkartierungen über ihr eigentliches Ziel einer beschreibenden Inventarisierung hinaus kritisch zu betrachten. Der Autor ist sich bewußt, daß er sich mit dieser deutlich ablehnenden Formulierung nicht nur in einem Gegensatz zur Planungspraxis, sondern auch zu verschiedenen wissenschaftlichen Arbeitsrichtungen befindet, etwa gegenüber einer ökologischen Raumgliederung im Sinne von BIERHALS (1980), die auf BECHMANN (1977) zurückzuführen ist (vgl. auch Kap. 2.3 und 2.12) und die im deutschsprachigen Raum weit verbreitet ist.

Zur Erläuterung soll der Fall herangezogen werden, daß von einem bestimmten Gebiet eine flächenhafte Karte mit einer beispielsweise fünfstufigen Skala des naturschutzfachlichen Wertes vorliegt. Es ergeben sich völlig andere Aussagen, je nachdem, ob aufgrund dieser Karte projektierte Straßen oder Müllstandorte bewertet werden sollen. Solche Bewertungen sind ohne ein definiertes Zielsystem in der Regel nicht zielführend. Zusätzliche Möglichkeiten der Mehrfachverwendung von Daten bieten Geographische Informationssysteme (vgl. Kap. 4), die vorhandene Daten evident halten und mit deren Hilfe auf Bedarf nach bestimmten Regeln Analysen und Bewertungen durchgeführt werden können.

Ein wichtiger Aspekt, dessen sich viele Praktiker offenbar nicht bewußt sind, ist die Tatsache, daß jede Bewertung zu einem gewissen Grad subjektiv ist. CERWENKA (1984, S. 220) stellt sogar folgende These auf:

„Objektive Bewertung ist ein Hokuspokus, da jede Bewertung definitionsgemäß subjektive (normative) Elemente enthält"

Dabei wendet er sich nicht generell gegen eine Bewertung, sondern unterstreicht sogar ausdrücklich deren Notwendigkeit. Jeder Bewerter sollte sich jedoch dieser Subjektivität bewußt sein. Diese letztlich allen Bewertungen immanente Subjektivität verhindert in letzter Konsequenz auch eine Vergleichbarkeit. Der Autor schließt sich daher weitgehend der Auffassung von HOVESTADT et al. (1991, S. 27) an:

„Dieses Problem kann bis jetzt nicht als gelöst betrachtet werden, vielmehr läßt es sich gar nicht lösen... Habitate sind zu komplexe Systeme, als daß ein Versuch, sie in eine lineare Reihe steigender Qualität zu bringen, erfolgreich sein kann. Unserer Auffassung nach ist es nicht sinnvoll, verschiedene Habitate mit dem immer gleichen, schematisierten Bewertungsverfahren zu beurteilen."

Auch wenn nach wie vor Defizite in der wissenschaftlichen Fundierung und Entwicklung von Bewertungsverfahren vorhanden sind (Überblick in PLACHTER und FOECKLER 1991, HOVESTADT et al. 1991), besteht in der täglichen Planungspraxis die Notwendigkeit, Ökosysteme und Landschaften bzw. Ausschnitte davon zu bewerten, in zunehmendem Maße im Rahmen von Umweltverträglichkeitsprüfungen oder weiteren, gesetzlich verankerten Bewertungsverfahren, etwa im Rahmen der Eingriffs-Ausgleichsregelung.

2.1.2 Notwendigkeit und Bedeutung des Naturschutzes

Der Zustand von Natur und Landschaft ist weltweit in unterschiedlichem, aber insgesamt hohem Ausmaß, durch intensive menschliche Nutzungen und den damit einhergehenden massiven Beeinträchtigungen der natürlichen Grundlage des Lebens gekennzeichnet. Diese Aussage soll keine Wertung darstellen. Für den Naturschutz ließen sich auch ökonomische Belange rechtfertigen. Immer mehr Arbeiten beschäftigen sich mit dem ökonomischen Nutzen des Naturschutzes (WILSON 1992).

Allerdings muß sich diese Wertesicht in unserer Gesellschaft erst noch durchsetzen. Auch sind die in Geld oder Kaufkraftparitäten ausgedrückten Bilanzen nicht aneinander oder an ein objektives Maß angeglichen, so daß leider unterschiedliche Zahlen darüber veröffentlicht werden, in wieweit Umweltschädigungen volkswirtschaftliche Auswirkungen haben. In den sogenannten *Lübecker Grundsätzen* des Naturschutzes der Länderarbeitsgemeinschaft für Naturschutz, Landschaftspflege und Erholung (LANA 1992) werden folgende Gründe der Notwendigkeit und Bedeutung des Naturschutzes aufgeführt:

ethische und emotionale Gründe

Für den einzelnen Menschen ist es unerläßlich, gewisse Grundwerte des Lebens für sich und für die Gesellschaft als gültig anzuerkennen und das eigene Handeln danach auszurichten. Die Werteordnung kann sich nicht auf ein anthropozentrisch ausgerichtetes Umfeld beschränken. Sie hat nicht nur die menschlichen Belange und die Ansprüche künftiger Generationen zu berücksichtigen, sondern auch jene der Natur mit einzubeziehen. Dies gilt besonders für die Erhaltung der Artenvielfalt, da das Aussterben einer Art ein irreversibler Vorgang ist. Die Ausprägungen der vielfältigen Erscheinungsformen der Natur und deren Schönheit führen zu einem beziehungsreichen Kontakt zwischen Mensch und Natur und bilden zusammen mit anderen Faktoren die Grundlage seiner seelisch-körperlichen Gesundheit sowie seiner Lebensqualität.

ökologische und ökonomische Gründe

Die ökologischen Erkenntnisse der Wechselbeziehungen und funktionalen Abhängigkeiten in der Natur erfordern einen vorsorgenden, vorbeugenden und vorausschauend handelnden, ganzheitlichen Naturhaushaltsschutz, insbesondere die Sicherung seiner verschiedenen Leistungen und Funktionen:

- Sicherungs- und Regulationsfunktionen, z. B. Populationsgrößen, Mobilität, Sukzession, genetisches Potential, Klima, Boden, Wasser, Luft.
- Informationsfunktionen, z. B. Steuerung der internen Vernetzung, Naturerlebnis.
- Trägerfunktionen, z. B. Erhaltung der eigenen Gleichgewichtssysteme, aber auch hinsichtlich Siedlung, Verkehr, Abfall.
- Produktionsfunktionen für sich selbst mit allen Ökosystemen und für den Menschen, z. B. Agrar-, Forst-, Meeresökosysteme.
- Ressourcenfunktionen, z. B. Bodenschätze, Trinkwasser, Organismen für Wissenschaft und Forschung.

In einer Einteilung nach ERZ (1980) werden vier Obergruppen an Naturschutzbegründungen unterschieden:

- Ökonomische Begründungen
- Umweltpsychologische einschließlich ästhetischer Begründungen
- Kulturhistorische Begründungen
- Forschungsbezogene Begründungen

Dabei kommt den *ökonomischen* Begründungen besondere Bedeutung zu, da die langfristige Nutzbarkeit von Naturgütern wesentlich für den Fortbestand und die Entwicklung der Menschheit ist. PLACHTER (1991, S. 4-6) legt jedoch dar, daß viele der als *ökologisch* bezeichneten Gründe naturschützerischen Handelns in Wirklichkeit abgeleitete Begründungen sind, denen letztlich anthropozentrische Werthaltungen oder moralische Motivationen immanent sind.

2.1.3 Leitbilder der naturschutzfachlichen Bewertung

Naturschutz kann nicht, wie bereits festgestellt, auf naturwissenschaftliche Determinanten allein reduziert werden sondern erfordert sehr viel komplexere Zielsysteme, die auch die Bedeutung von Landschaften oder Ökosystemen für die menschliche Gesellschaft berücksichtigen.

„It is essential that, before embarking on an evaluation exercise, the objectives or aims of the evaluation are clearly understood" (USHER 1986, S. 5).

Bewertungen müssen daher immer zweckgebunden erfolgen (vgl. Kap. 2.1.1). Sowohl die Methoden als auch die Resultate einer Bewertung stehen in Abhängigkeit von den Zielvorstellungen oder Leitbildern.

Gerade die exakte Definition dieser Leitbilder und Zielvorstellungen erweist sich in der Praxis meist als schwierig. Nicht nur zwischen offensichtlich konträren Wertvorstellungen wie z. B. zwischen Naturschutz und Wasserwirtschaft, sondern auch innerhalb des Naturschutzes können Zielkonflikte bestehen (KAULE 1991, S. 249, SPANDAU und KÖPPEL 1990, S. 18f, PLACHTER 1991). So glauben etwa SPANDAU und KÖPPEL (1990, S. 18) konkurrierende Umweltqualitätsziele zwischen den Zielen der Arten- und Gesellschaftsvielfalt einerseits und den Zielaussagen hinsichtlich des Wasserhaushalts in ihrem Untersuchungsgebiet, dem Nationalpark Berchtesgaden, zu erkennen. JEDICKE (1990, S. 22) sieht auch eine gewisse Polarisierung in Artenschutz und Biotopschutz, die einander zwar durchdringen sollten, in der Praxis jedoch u. a. aus Gründen der unterschiedlichen Handhabbarkeit des Vollzugs oft getrennt gesehen werden. JEDICKE (1996, S. 639) fordert daher, stets die Auswirkungen auf Tiergemeinschaften in raumbezogene Planungen mit einzubeziehen, da diese einen wirksamen Prozeßschutz für natürliche und auch anthropogen durch Nutzungen ablaufende Vorgänge ermöglichen.

Solche Zielkonflikte betreffen vor allem neuere Ansätze im Naturschutz, die statt einer konservierenden Strategie versuchen, natürliche Dynamik (wieder) zuzulassen (SOULÉ 1986, REMMERT 1992, PLACHTER 1992b, BLAB 1992, PRIMACK 1993). Naturschutz war bisher weitgehend von einem statischen Denken geprägt. „Dies erscheint gerechtfertigt, solange es um den Schutz nur schwer regenerierbarer Ökosysteme mit langer Entwicklungsdauer und um die Sicherung akut bedrohter Teile der Natur im Sinne einer <Arche Noah-Strategie> geht" (PLACHTER 1991, S.15). Während beispielsweise in den nordamerikanischen Nationalparks schon seit längerem Waldbrände in der Regel nicht mehr bekämpft werden, also eine Feuerdynamik zugelassen wird, ist es in dicht besiedelten, stark genutzten, kleingliedrigen Kulturlandschaften Mitteleuropas ausgesprochen schwierig, natürliche Dynamik zuzulassen. Dies gilt insbesondere auch für Fließgewässer, wo der Hochwasserschutz der Siedlungen selbstverständlich oberste Priorität hat. Dennoch sind auch hier Ansätze möglich, in Teilbereichen wieder natürliche Dynamik zuzulassen und somit gleichzeitig das Retentionsvermögen gegenüber Hochwassern zu erhöhen (vgl. z.B. DISTER 1991b). Wenn auch ein großer Forschungsbedarf besteht, die Dynamik von Lebensräumen und die Abhängigkeit verschiedener Arten und Lebensgemeinschaften von dieser Dynamik zu erfassen (RECK et al. 1991, FOECKLER und HENLE 1992), liefert die Naturschutzforschung in den letzten Jahren bereits Forschungsergebnisse und Umsetzungsanleitungen zur Einbeziehung natürlicher Dynamik in den Naturschutz (BLAB 1992, PLACHTER 1992b). Dieses Ziel ist jedoch oft im ehrenamtlichen Naturschutz, der häufig lokale oder artenspezifische Aspekte in den Vordergrund stellt, schwer zu vermitteln.

Das am häufigsten verwendete Kriterium ist Natürlichkeit (vgl. Kap. 3.10). In Anlehnung an das Konzept der Hemerobiestufen (SUKOPP 1972, vgl. Kap. 2.5) wurden zahlreiche Klassifikationen nach dem Grad der Natürlichkeit bzw. nach dem Grad des menschlichen Einflusses auf die Vegetation aufgestellt. PLACHTER (1991, S. 180) erklärt jedoch, daß der Naturschutz seine Zielbestimmung lange Zeit nahezu ausschließlich im Erhalt bzw. der Wiederherstellung möglichst natürlicher oder naturnaher Zustände von Landschaften, Ökosystemen oder Teilen hiervon sah. Er betrachtet diesen Ansatz für weitgehend unveränderte Landschaften als angemessen. Für die mitteleuropäische Kulturlandschaft ebenso wie für alle übrigen Industriestaaten erweist sich jedoch ein ausschließlich am Natürlichkeitsgrad orientierter Zielansatz des Naturschutzes als unzureichend.

Ein weiteres Rahmenziel des Naturschutzes ist die Förderung der landschaftlichen, ökosystemaren und artlichen Vielfalt und Eigenart, wobei in §1 des Deutschen Bundesnaturschutzgesetzes festgeschrieben wurde, daß diese Vielfalt und Eigenart nachhaltig gesichert werden sollen. Dies bedeutet vor allem auch den Schutz und die Entwicklung der landschaftlichen oder naturräumlichen Besonderheiten. Für die Ebene der Ökosysteme ist daher ein möglichst großes Spektrum unterschiedlicher Varianten eines Ökosystemtyps anzustreben. Wie bereits in der Einleitung angedeutet, hat der Artenschwund in Mitteleuropa beängstigende Dimensionen angenommen. Doch auch die landschaftliche und strukturelle Vielfalt ist durch die breit angelegte Ausräumung und Monotonisierung der Landschaft im Zuge der Mechanisierung der Landwirtschaft und der Flurbereinigung stark zurückgegangen. Ebenso hat der Mensch das Empfinden für Natürlichkeit eingebüßt. So wird beispielsweise von einem Spaziergänger ein standortferner und artenarmer Wald als schön und natürlich eingestuft (z. B. im Vergleich mit einer städtisch geprägten Alltagsumgebung) und es werden auch relativ intensiv genutzte und artenarme Wiesen als ästhetisch empfunden.

Das Kriterium Vielfalt darf jedoch nicht auf die Artenvielfalt allein reduziert werden (vgl. Kap. 3.10). Vielleicht wurde diese lange Zeit u. a. auch deswegen überbewertet, weil im Laufe der Jahre viele statistische Verfahren und Indizes entwickelt wurden und Artenvielfalt sich daher gut und intersubjektiv nachvollziehbar quantifizieren läßt. Etwas umfassender wird daher zumeist der zunächst gleich klingende Begriff Diversität gesehen, der wesentlich häufiger auch auf landschaftlicher und ökosystemarer Ebene eingesetzt wird. HABER (1979) - offensichtlich in Anlehnung an WHITTAKER (1977) - unterscheidet drei Arten von Diversität:

- α- oder Artendiversität
- β- oder strukturelle Diversität
- γ- oder Raumdiversität

Dabei muß neben der strukturellen Diversität insbesondere der Raumdiversität in der ökologischen Planung eine besondere Bedeutung zukommen. Sie drückt das Gefüge oder Mosaik von Raumeinheiten in der Landschaft aus. Dabei ist eine hohe Komplexität einer Raumeinheit unter Umständen höher zu einzustufen (zu bewerten) als die Summe der ökologischen Werte seiner Einzelelemente.

Um zu zeigen, welchen anthropozentrisch geprägten Wertvorstellungen auch wissenschaftliche Arbeiten unterliegen, sei beispielhaft auf einen Aufsatz von HIEKEL

(1981) mit dem Titel „*Die Fließgewässernetzdichte und andere Kriterien zur landeskulturellen Einschätzung der Verrohrbarkeit von Bächen*" verwiesen. In noch wesentlich stärkerem Maße als in Westdeutschland wurden in der ehemaligen DDR Landschaft, Grund und Boden sowie sonstige natürliche Ressourcen hinsichtlich ihres Nutzens für den Menschen bewertet. Ausgehend von den Arbeiten von NEEF (1966) und seinen Schülern (JÄGER und HRABOWSKI 1976, HAASE 1978, MANNSFELD 1978) rückte das für den Menschen nutzbare Potential eines Naturraumes („Naturraumpotential", vgl. Kap. 2.3) in den Mittelpunkt.

Im Alltagsgebrauch ist man sich im Regelfall einer inhärenten anthropozentrischen Sichtweise seiner (Um)welt nicht bewußt. Bereits der Begriff „Um-Welt" deutet an, daß der Mensch heute nicht (mehr) als integrierter Bestandteil der Natur gesehen wird, sondern von ihr losgelöst, über ihr stehend (PLACHTER 1991). Leitbilder der naturschutzfachlichen Bewertung können in der Regel nicht einfach aus der Literatur übernommen werden. Zwar bestehen zweifellos übergeordnete Leitbilder, die jedoch meist der Anpassung an die regionalen, lokalen und thematischen Gegebenheiten bedürfen. Für die Flußauen definiert beispielsweise die Länderarbeitsgemeinschaft für Naturschutz, Landschaftspflege und Erholung (LANA 1992, S. 15) den Handlungsbedarf:

> „*Für die Flußsysteme sind bundesweit abgestimmte Entwicklungsplanungen mit dem Ziel einer Regenerierung der Funktionsfähigkeit der Fluß- und Bachauen sowie Talmoore als natürliche Achsen eines bundesweiten Biotopverbundes im Gewässerbereich zu erarbeiten (Auenverbund).*"

Der Handlungsbedarf ist also groß. Man könnte daher meinen, daß angesichts eines gestiegenen Umweltbewußtseins in der Bevölkerung die Notwendigkeit zu handeln, erkannt wäre. Dennoch schreitet die Zerstörung der Umwelt - und mit besonderem Ausmaß der Auwälder - immer mehr fort (GEPP 1985, SCHREINER 1991, PLACHTER 1993).

2.1.4 Regionalisierung der Zielsysteme

Neben der Entwicklung von Leitbildern und Zielsystemen ist auch die Regionalisierung dieser Ziele notwendig (vgl. GUSTEDT et al. 1989). Dabei sind die realen Verhältnisse eines bestimmten Gebietes und die „Sollzustände" desselben Abschnittes zu vergleichen. Damit wird nicht gesagt, daß der Sollzustand mit dem Idealzustand identisch sein muß. Ausnahme hierfür sind Maßnahmen, die dem rein konservierenden Schutz von einmaligen Naturelementen dienen, die vom Verschwinden bedroht sind (PLACHTER 1991, S. 181). Die Entwicklung solcher regionalisierter Naturschutzqualitätsziele ist daher eine entscheidende Voraussetzung einer Bewertung. Aus dieser Sicht erscheinen daher alle Versuche, standardisierte Bewertungsmethoden zu entwickeln (z. B. MARKS et al. 1989, LÖLF 1985), trotz der gut gemeinten Absicht angesichts des dringenden Handlungsbedarfs den Planungs- und Entscheidungsträgern ein Methodengerüst in die Hand zu geben, im Prinzip zum Scheitern verurteilt.

Daß dennoch das von der Landesanstalt für Ökologie, Landschaftsentwicklung und Forstplanung (LÖLF 1985) entwickelte Verfahren in Deutschland häufig angewendet wird, zeigt einerseits, daß ein großer Bedarf besteht, konkrete Anleitungen zu erhalten und andererseits, daß in der Planungspraxis in der Regel nicht die Zeit gegeben ist, jeweils wissenschaftlich fundierte umfassende Bewertungsmethoden zu entwickeln. Sinnvoll erscheint daher ein Bewertungsverfahren mit regionalen maßstäblichen Varianten bzw. Adaptionsmöglichkeiten. So sollte z. B. in Hinblick auf Biotopverbundsysteme von standardisierten normativen Vorgehensweisen ohne naturraumtypische Vorbilder als nicht zielführend abgesehen werden. Zum einen müssen kulturhistorische und landschaftsästhetische Gesichtspunkte berücksichtigt werden, zum anderen muß auf das Konzept der Metapopulationen (vgl. HOVESTADT et al. 1991) eingegangen werden. Für letzteren Ansatz sowie für die Zusammenführung mit den zuvor genannten Gesichtspunkten ist ein örtliches Zielartenkonzept (vgl. Kap. 3.7) notwendig (KAULE 1991, S. 376). Dennoch muß bereits bei der Erstellung eines solchen Konzeptes klar sein, daß auch bei extensiver Flächennutzung ein perfekter Verbund von natürlichen Lebensräumen nicht möglich sein wird (JEDICKE 1990, S. 73). Alle Maßnahmen im Rahmen der Renaturierung mit dem Ziel des Wiederverbunds und der Wiedervernetzung bedeuten nur eine Linderung der Lebensraumzerstörung (HEYDEMANN 1986).

2.1.5 Probleme und Grenzen der Bewertung

Naturräume sind sowohl im abiotischen wie auch im biotischen Bereich historisch entstandene Gebilde, deren augenblicklicher Zustand als Ausschnitt eines einmaligen Entwicklungsprozesses zu sehen ist. „Diese Individualität macht nicht nur ihre wissenschaftliche Behandlung schwierig, sondern auch ihre Bewertung" (GIESSÜBEL 1993, S. 14). In Bewertungsverfahren können ökologische Phänomene (auch Teilaspekte) immer nur unvollständig erfaßt werden, weil die Wirklichkeit stets viel komplexer als ihre Abbildung ist (vgl. MARKS et al. 1989, S. 30). FINKE (1986, S. 124) behauptet sogar, daß alle Bewerter sich dessen nicht nur bewußt sind, sondern eine Selektivität ausdrücklich anstreben. Dies muß jedoch bei Betrachtung zahlreicher Bewertungsverfahren in der Praxis bezweifelt werden. Der Autor hat vielmehr den Eindruck, daß viele, die ein Bewertungsverfahren aufstellen, entweder behaupten, alle relevanten Parameter erfaßt und bewertet zu haben oder andere Bereiche, für die offenbar keine Daten zur Verfügung standen oder nicht als wichtig erachtet wurden, schlichtweg ignorieren.

Auch WILMANNS (1987) ist wie CERWENKA (1984) der Ansicht, daß die Auswahl und Inwertsetzung von Kriterien subjektiv ist (vgl. Kap. 2.1.1), die Anerkennung durch eine große Personengruppe mache sie pseudo-objektiv. Umstritten ist auch die Rolle der Experten. Während in der Landschaftsbewertung jeder Mensch, der ein Urteil über den ästhetischen Wert eines Landschaftsausschnittes abgibt, als Experte (besser als Proband oder Betroffener) gesehen wird, wird vom Autor darunter ein Mensch verstanden, der auf bestimmten Gebieten besonderen, bewährten Sachverstand besitzt. Damit kann er mit seiner persönlichen Meinung auch für andere als Experte gelten. Die Rolle, die der Experte im Werturteil einzunehmen hat, kann durch ein dezisionistisches, technokratisches oder pragmatisches Modell beschrieben werden (vgl. GERKMANN 1986). Diese Diskussion bringt im gegebenen Zusammenhang jedoch keine zusätzlichen Erkenntnisse, so daß man sich uneingeschränkt der Meinung von WEICHHART (1987, S.13) anschließen kann:

> „Bedauerlicherweise kann man nun nicht einfach sagen, daß Experten die „bessere", „zutreffendere" oder „richtige" Art von Wahrheit besitzen, denn es existiert leider kein eindeutiges Kriterium für ein solches Urteil".

MARKS et al. (1989, S. 31) kommen zu dem Schluß: „Die genannten Schwierigkeiten schränken den Einsatz der Bewertungsverfahren zur Erfassung des Leistungsvermögens des Landschaftshaushaltes nicht ein. Sie zeigen lediglich die Notwendigkeit einer kritischen Anwendung."

Aus den oben stehenden Aussagen kann festgehalten werden, daß ein gewisser Gegensatz von rein an wissenschaftlichen Kriterien orientierter Grundlagenforschung und praktischen Arbeiten, die aus Zeit- und Kostengründen stets Einschränkungen und vereinfachende Annahmen voraussetzen müssen, herrscht (vgl. auch MARGULES 1986, FINKE 1986, LÖLF 1985).

Bei allen frühen Bewertungsverfahren stand die Nutzung der Landschaft bzw. eines Teilausschnittes des Naturraums und damit ein wirtschaftlicher Aspekt im Vordergrund[1]. So wurden auch bei den „klassischen" Arbeiten des deutschen Sprachraums als erstes die Erholungsfunktion für den Menschen bewertet (z.B. KIEMSTEDT 1967, MARKS 1975). Anders verlief jedoch die Entwicklung in der damaligen DDR (vgl. Kap. 2.2.). Erst ab Mitte der 80er Jahre wurde dort der Naturschutzgedanke berücksichtigt.

Ein wesentlicher, wenn nicht entscheidender Punkt, der gegen die Verallgemeinerung und Übertragbarkeit von Bewertungen (wie sie etwa MARKS et al. 1989 fordern) spricht, ist, daß für einen Bewertungsvorgang die Daten vergleichbar aufbereitet sein müssen. Die Wertaussagen *besonders wertvoll, wertvoll, weniger wertvoll, unbedeutend* usw. sind nicht gleichzusetzen, wenn es um die Abwägung von Alternativen und Prioritäten hinsichtlich unterschiedlicher Fragestellungen geht (vgl. KAULE 1991, S. 249, siehe auch Kap. 2.1.1).

Unter der in Kap. 2.1.1 dargestellten Prämisse, daß in den meisten Fällen eine Bewertung notwendig ist, auch wenn einzelne streng naturwissenschaftliche Überlegungen dagegensprechen sollten, ist festzulegen, welche Kriterien in diese Bewertung einzugehen haben. Genau hier setzt bereits die Kritik an allen Ansätzen an, die von sich behaupten, objektiv zu sein. WIEGLEB (1989, S. 15) bringt in Anlehnung an SCHUSTER (1980) einen wesentlichen Aspekt in die Diskussion um die ökologische Bewertung ein: Die Aufzählung von „objektiven" Schutzgründen, eine Pflanzengesellschaft oder ein Ökosystem seien ein landschaftsprägendes Element oder bedeutend für Kultur- und Siedlungsgeschichte, habe Bedeutung für Klima, Wasserhaushalt usw., seien zunächst einmal nur Aufzählungen von wissenschaftlichen Tatsachen. Diese Tatsachen müssen durch soziale Interaktionen in gesellschaftliche Werte überführt werden. Die Regeln solcher Werte sind aber nicht wissenschaftlich definiert, sondern handlungsorientiert. Es genügt nicht, wenn der Naturschutz sich nur auf abstrakte Ziele der Naturschutzgesetze beruft, sondern diese müssen stufenweise über Leitbilder oder konzeptuelle Vorstellungen und Leitlinien als Handlungsgrundsätze auf konkrete Qualitätsangaben für den jeweiligen Raum angepaßt werden (vgl. KIEMSTEDT 1991).

---

[1] Die Landschaftsbewertung wurde schon in der Reichsbodenschätzung 1934 eingeführt. Zur Entwicklung der Landschaftsbewertung vgl. auch MARKS 1979, GFELLER et al. 1984, FINKE 1986, DOLLINGER 1989, BASTIAN und SCHREIBER 1994.

2.2 DIE THEORIE DER DIFFERENZIERTEN BODENNUTZUNG ALS BASIS ZAHLREICHER ANDERER ANSÄTZE

Verschiedene Standorte weisen unterschiedliche Eignung für deren Nutzung durch den Menschen auf. HABER (1972, 1979) geht daher von der Zielvorstellung aus, daß durch geschickte Zuordnung und Mischung von ökologisch unterschiedlich stabilen Nutzungstypen eine ökologische Stabilisierung der gesamten Kulturlandschaft erreicht werden kann. HABER entwickelt damit ODUMs Konzept einer Differenzierung in Nutzung und Schutz von Teilen des Ökosystems (*pattern*, ODUM 1969) weiter. Da ein technischer Ersatz der Selbststeuerung von Ökosystemen bei einem Eingriff des Menschen nicht möglich ist, weil Ökosysteme zu komplex und die Wirkungsgefüge nicht vollständig erfaßt sind, muß eine ökologisch orientierte Nutzung des Raumes durch den Menschen auf eine Anordnung von unterschiedlichen Nutzungen und Nutzungsintensitäten zielen. Die Selbststeuerungskräfte des Ökosystems bzw. des Ökosystemkomplexes sollen soweit wie möglich in die Konzeption der Nutzung des Raumes durch den Menschen einbezogen werden. Als Teilziele sind nach FINKE (1986, S. 159) zu nennen:

- Die Erhaltung und Förderung des Regenerations-/Regulationspotentials.
- Die Erhaltung bzw. bewußte Verbesserung (Herstellung) gegenseitiger funktionaler Beziehungen der Systeme untereinander, d. h. Optimierung der Nachbarschaftsbeziehungen, der Fernleistungen.
- Erhaltung der Stabilität im Sinne einer dauerhaften Funktionsfähigkeit, vor allem der anthropogen geprägten Ökosysteme.
- Der Einsatz biologischer Wirkungs- und Regelungskreisläufe, d. h. Regelung (im Sinne von Selbstregulation) statt Steuerung.
- Der kompensatorische Ausgleich der Labilitätssymptome intensiver Nutz-Ökosysteme durch Stärkung naturnaher Systeme.

Darauf aufbauend und aus der Erfahrung heraus, daß agrarische und industrielle Ökosysteme ohne Ausnutzung biologischer Regelleistungen nicht lebensfähig sind, entwickelt KAULE (1991, S. 26) ein planerisches Grundschema. Die einzelnen Hauptnutzungssysteme:

- städtisch-industrielle Nutzung
- Landwirtschaft
- Forstwirtschaft

sowie die vorwiegend dem Artenschutz und Schutz natürlicher Ökosysteme dienenden Schutzgebiete ergänzen sich, erfüllen jedoch unterschiedliche Ansprüche des Menschen und der Erhaltung aller Ökosystemleistungen. Durch die Nutzungsmischung werden Wechselwirkungen ermöglicht, die die negativen Auswirkungen einer Nutzung auf die Umwelt vermindern können. Ein anschauliches Beispiel der Stabilisierung durch eine hohe Nutzungsvielfalt gibt folgende Abbildung von KAULE (1978, S. 692):

Die Theorie der differenzierten Bodennutzung unterscheidet dabei vier Grundtypen von Schwerpunktnutzungen:

- Typ der urban-industriellen Nutzung (Urbaner Schwerpunkt)
- Typ der intensiven agrarisch-forstlichen Bodennutzung (Erzeugungsschwerpunkt)
- Typ der nur gelegentlich oder fehlenden Nutzung (Erhaltungsschwerpunkt)

- Typ der extensiven, überlagernden Nutzung (Mischnutzungsschwerpunkt)

Abb. 2.1: Beispiel der differenzierten Bodennutzung: Ausgleichsflächen und Stabilisierung durch Nutzungsvielfalt in der Landwirtschaft (KAULE 1978, S. 692)

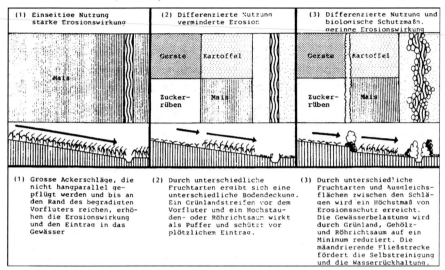

FINKE (1986, S. 160) erwähnt in diesem Zusammenhang das *Naturraumpotentialkonzept* (vgl. Kap. 2.3), indem er die räumliche Heterogenität von Physiotopgefügen als räumlich differenziertes Naturraumpotential bezeichnet. Die kulturelle Entwicklung der letzten 150 Jahre habe zu einer großräumigen Funktionsentmischung und der Herausbildung monostrukturierter Räume geführt. Über den Stabilitätsbegriff der Ökologie sieht FINKE den Ansatzpunkt des Konzeptes der differenzierten Bodennutzung: Nachdem, was die wissenschaftliche Ökologie heute unter dem Begriff *Stabilität* versteht (vgl. BEGON et al. 1990, S. 792ff, REMMERT 1993) ist davon auszugehen, daß ein Ökosystem ökologisch um so stabiler ist, je heterogener, d.h. kleinräumig differenzierter die abiotischen Bedingungen sind.

PLACHTER (1991, S. 13) stellt jedoch hinsichtlich der *Theorie der differenzierten Bodennutzung* fest, daß diese schon eine geraume Zeit vorliegt und bisher kaum umgesetzt wurde. Er schlägt vor, in Anlehnung an die von ERZ (1980) dargestellten Stufen der Einflußnahme des Naturschutzes statt dessen ein gestuftes Zielsystem für 100% der Fläche zu entwickeln. ZIELONKOWSKI (1988) leitet aus diesen Erkenntnissen ein Konzept differenzierter Schutz- und Nutzfunktionen ab und versucht, diese Ansprüche auch zu quantifizieren (vgl. Kap. 2.7). Ein Grundproblem ist hier wiederum die bereits in der Einleitung angesprochene Tatsache, daß Ökosysteme und Landschaften hochkomplexe Gebilde sind und all diese theoretischen Abgrenzungsbemühungen in der Praxis Probleme generieren, da die Einzelbausteine stark in einander verwoben und oft kaum trennbar sind (vgl. SCHREIBER 1989, NAVEH and LIEBERMANN 1993, BROWN 1994, MILLER 1994).

HABERs ursprüngliches Konzept findet offensichtlich in der praktischen Naturschutzarbeit im deutschsprachigen Raum wenig Anerkennung, während international die moderne Landschaftsökologie darauf Bezug nimmt, obwohl die wesentlichen Veröffentlichungen (HABER 1979, 1980) nur in deutscher Sprache vorliegen:

"HABER has deepened the theoretical foundations of landscape ecology as part of a cybernetic and dynamic ecosystem theory and has further developed Odum's (1969) concepts of differential protection and production ecosystem patterns for the specific needs of regional planning, within the framework of a planning-orientated ecology as the major task of landscape care" (NAVEH and LIEBERMANN 1993, S. 16).

2.3 ÖKOLOGISCHE LANDSCHAFTSBEWERTUNG UND DAS NATURRAUMPOTENTIALKONZEPT

Während verschiedene Autoren diese beiden Begriffe getrennt betrachten bzw. den Schwerpunkt in einer der beiden Richtungen setzen, sehen beispielsweise MARKS et al. (1989) und FINKE (1986) einen engen Zusammenhang. Für BASTIAN und SCHREIBER (1994) ist die Bewertung des gegebenen Landschaftszustandes mit all seinen Strukturen, Prozessen und Wechselwirkungen die grundlegende Voraussetzung, um für die Landschaftsbehandlung (Landschaftsplanung, -pflege, -gestaltung) wissenschaftlich begründete Schlüsse zu ziehen.

Als sehr frühe Landschaftsbewertung wird immer wieder die Reichsbodenschätzung von 1934 genannt, in der der Geofaktor Boden unter Einbeziehung des Klimas hinsichtlich seiner landwirtschaftlichen Eignung bewertet wurde (Überblick in FINKE 1971). Ebenfalls sehr alt ist die forstliche Standortkartierung, die, wie MARKS et al. (1989, S. 24) bescheinigen, „durchaus auf einem beachtenswerten wissenschaftlichen Niveau stand". Bei diesen frühen Versuchen einer Landschaftsbewertung standen wirtschaftliche Aspekte im Vordergrund. Diese Betrachtungsweise läßt sich in den Arbeiten der 70er und zum Teil der 80er Jahre erkennen. Während es in Nordamerika bereits in den fünfziger Jahren zahlreiche Arbeiten zum Thema Landschaftsbewertung gab, gilt im deutschsprachigen Raum die Arbeit von KIEMSTEDT (1967) als bahnbrechend, der versuchte, die vielfältige Ausstattung des Raumes hinsichtlich erholungswirksamer, natürlicher Landschaftselemente zu bewerten.

Auch der Ansatz von NEEF (1966) geht von der gesellschaftlichen Anforderung an die Nutzung des Naturraumes aus, der auf das entsprechende Potential zur Erfüllung dieser Anforderungen hin untersucht wurde. Unter dem *Naturraumpotential* versteht man das Leistungsvermögen eines Naturraumes in Bezug auf die Anforderungen, die sich aus den gesellschaftlichen Rahmenbedingungen ergeben. HAASE (1978, S. 114) definiert das allgemeine Potential eines Naturraumes folgendermaßen:

Der Naturraum mit seinen stofflichen Eigenschaften, latenten Energien und den zwischen ihnen vermittelnden Prozessen, d.h. mit seiner Struktur und Dynamik, hat ein bestimmtes Leistungsvermögen, das es ermöglicht, eine bestimmte Menge von Leistungen zur Befriedigung von Bedürfnissen der Gesellschaft zu vollbringen. Dieses Leistungsvermögen bezieht sich sowohl auf die Produktion materieller Güter, deren Zirkulation und Konsumtion, als auch auf die Reproduktion und Rekreation der Gesellschaft als Ganzes und des einzelnen Menschen.

In der Folge entwickelte sich ausgehend von den Arbeiten von NEEF (1966) und jenen seiner Schüler (JÄGER und HRABOWSKI 1976, HAASE 1978, MANNSFELD 1978) eine Art Schule, die auch in Zusammenhang mit den in der damaligen DDR herrschenden Rahmenbedingungen gesehen werden muß. So gab es eine fast parallele, unter anderen Schwerpunkten stehende Entwicklung des Potentialbegriffes in der Bundesrepublik Deutschland (LÜTTIG 1971, LÜTTIG und PFEIFFER 1974, FINKE 1971, SCHREIBER 1976, LESER 1978); die nur zum Teil von der Schule NEEF's beeinflußt war (zur ausführlichen Diskussion vgl. FINKE 1986, DOLLINGER 1989) und anfangs in hohem, später in abnehmendem Maße von einer geowissenschaftlich Rohstoff-orientierten Sichtweise dominiert war. Hinsichtlich weiterer Überlegungen zur Operationalisierung des Potentialgedankens sei auf BIERHALS (1980) verwiesen. Die Anwendbarkeit des Naturraumpotentialkonzeptes wird in Kapitel 3 am konkreten Beispiel der Ökotopbildungs- und Naturschutzfunktion nach MARKS et al. (1989) diskutiert. Generell ist jedoch festzuhalten, daß aus Sicht des Autors dieser Potentialansatz der in Kap. 2.1.1 diskutierten grundlegenden Forderung von Bewertung widerspricht, daß nämlich Bewertung stets an einem Ziel ausgerichtet sein muß. Die implizite Frage „was ist ein Teilausschnitt eines Gebietes „wert"?" muß stets die - möglichst explizit formulierte - Frage nach sich ziehen: „wofür?"[2]. Diese Frage wird bei dem sehr konkreten und praxisnahen Verfahren von MARKS et al. auch in Form einer detaillierten Einteilung in Funktionen und Potentiale (vgl. Kap. 2.8) bereits wesentlich deutlicher formuliert als bei dem ursprünglichen Naturraumpotentialkonzept.

2.4 DAS KONZEPT DER ÖKOLOGISCHEN VORRANGGEBIETE

Das Konzept der ökologischen Vorranggebiete ist in engem Zusammenhang mit dem Naturraumpotentialkonzept zu sehen. Während das Naturraumpotential als bewertende Erfassung der ökologischen Leistungsfähigkeit des Naturhaushaltes zu verstehen ist, geht das Konzept der Vorranggebiete einen Schritt weiter. Zwischen der Erfassung und Bewertung der einzelnen Teilpotentiale und der eigentlichen Vorrangausweisung schiebt sich ein Komplex der planerischen Informationsfilterung und Abwägung von Raumansprüchen (vgl. BRÖSSE 1981 und GEYER 1987).

Ein Vorranggebiet kann nach BRÖSSE (1981, S. 13) folgendermaßen definiert werden:

„Ein Vorranggebiet ist ein Gebiet, das vorrangig einer Nutzung vorbehalten ist und das andere Nutzungsmöglichkeiten nur dann erlaubt, wenn dadurch die Vorrangfunktion nicht beeinträchtigt wird".

Dem Konzept der ökologischen Vorranggebiete liegt implizit die Theorie der *differenzierten Bodennutzung* (Kap. 2.2) zu Grunde. Während einige Autoren diesen Zusammenhang nicht sehen oder zumindest nicht hervorheben, schlägt FINKE (1978, 1986) die Brücke zwischen diesen beiden Ansätzen.

JEDICKE (1990, S. 86f) erkennt in diesem Zusammenhang eine Polarisierung der Naturschutzansichten, die seiner Meinung nach in zwei konträren Konzepten mündet:

- Die Segregation, also eine Beschränkung des Naturschutzes allein auf schützenswerte Biotope.
- Die Integration des Naturschutzes in der Landschaft auch in stark menschlich geprägten Kulturlandschaften.

---

[2] Die Frage: „Für wen" wird hier gar nicht gestellt. Hier sei auf die generelle Diskussion der anthropozentrischen Sichtweise von Natur und Umwelt in Kap. 2.1 verwiesen.

Die gegenwärtige Naturschutzpraxis und vor allem die der letzten Jahrzehnte waren stark an der ersteren Variante orientiert. Dabei bleibt jedoch offen, ob dies stärker auf konzeptionelle oder pragmatische Überlegungen zurückzuführen ist. In der Praxis ist es klarerweise leichter, in einer gering genutzten Landschaft Ziele des Naturschutzes zu verwirklichen, als in einer von verschiedenen menschlichen Interessen geprägten Landschaft.

Die in den 70er und 80er Jahren in den meisten deutschen Bundesländern durchgeführten Biotopkartierungen ergaben sozusagen den Bestand an naturnahen Flächen oder Strukturelementen. Aufgrund der Komplexität von Ökosystemen und Biozönosen

Tab. 2.1: Flächenanspruch des Naturschutzes in Bayern (nach SCHREINER 1987)

Funktion	Nähere Charakterisierung	Flächengröße in Bayern (ha)	%-Anteil zur Gesamtfläche
absolute Schutzfunktion	Regeneration- und Wiederausbreitungszentren für Pflanzen und Tierarten. Reservate in Staatsbesitz	326000	4.6
generell vorrangige Schutzfunktion	alle natürlichen und naturnahen Ökosystemtypen sowie Bestände halbnatürlicher und alter Ökosysteme außerhalb der Reservate	350000	5.0
Förderung des biologischen Austausches	Trittsteinlebenräume und Bandstrukturen als Grundgerüst der Vernetzung von Reservaten	288000	4.1
Pufferzonen für Reservate	Ökotone; Schutz der Reservate vor Belastungen jedweder Art aus angrenzenden Gebieten	153200	2.2
Pufferzonen an Gewässern	beiderseits 5 m breite Streifen an allen Fließgewässern, 10 m breite Streifen an Seen	37500	0.5
Schutz von Moorböden	Sicherung der Grünlandnutzung oder Bestockung mit Wald zur Vermeidung von Winderosion. Angaben für landwirtschaftl. genutzte Fläche auf Moorböden	80000	1.1
Schutz der Böden vor Wassererosion	Sicherung der Grünlandnutzung oder Bestockung mit Wald zur Vermeidung von Wassererosion in hängigen Lagen. Angabe umfaßt die landwirtschaftliche Fläche, die von Ackernutzung in Grünland oder Wald zu überführen ist	850000	12
Schutz der Oberflächengewässer	Sicherung der Grünlandnutzung oder Bestockung mit Wald zur Vermeidung des Nährstoffeintrags in Oberflächengewässer in Überschwemmungsgebieten, die etwa 1 x jährlich überflutet werden. Angaben für landwirtschaftl. genutzte Fläche	112000	1.6
Schutz des Grundwassers	Sicherung einer extensiven Grünlandnutzung oder Bestockung mit Wald in Wasserschutzgebieten. Angaben für die Schutzzonen I bis III aller bestehender und geplanter Wasserschutzgebiete, soweit sie landwirtsch. Genutzt werden	135000	1.9

steht die Quantifizierung des Bedarfs dagegen immer noch vor großen Problemen, da die Kenntnisse von Arten und Lebensgemeinschaften nach wie vor sehr gering sind (vgl. JEDICKE 1990, S. 88, KAULE und HENLE 1991, HENLE und KAULE 1991a, FOECKLER und HENLE 1992).

Konkrete und differenzierte Flächenforderungen für den Naturschutz formuliert HEYDEMANN (1983) für das Bundesland Schleswig-Holstein. FINKE (1987) überträgt diese Ergebnisse auf das Gebiet der (alten) Bundesrepublik Deutschland und kommt auf etwa 11% absolute Vorrangflächen für den Naturschutz und weitere 7,2% Ausgleichsflächen. Generell schwanken die Forderungen für den Flächenanteil von Vorranggebieten und extensiven Ausgleichsflächen zwischen 10 und 20%. Dabei stellt 10% das Minimum dar, das sich häufig nur auf reine Vorrangflächen bezieht (JEDICKE 1990). SCHREINER (1987) kommt für Bayern auf folgende Flächenanteile des Naturschutzes:

2.5 NATURNÄHE - DAS KONZEPT DER HEMEROBIESTUFEN

Um den Grad des menschlichen Einflusses auf ein Ökosystem auszudrücken wurde das Konzept der Hemerobiestufen entwickelt. Das Konzept war zunächst in vier Ausprägungen gegliedert (JALAS 1955, SUKOPP 1969) und wurde später von BLUME und SUKOPP (1976) zu einer 7-stufigen Skala erweitert:

Tab. 2.2: Abstufungen verschiedener Landnutzungsformen nach dem Grad des Kultureinflusses auf Ökosysteme (BLUME und SUKOPP 1976)

ahemerob	naturbetont	Kultureinfluß nicht vorhanden, ursprüngliche oder natürliche Vegetation
oligohemerob		Kultureinfluß nicht stärker, als daß die ursprünglichen Züge der Vegetation noch deutlich auftreten
mesohemerob	kulturbetont	Kultureinfluß schwächer oder periodisch
β-euhemorob		Kultureinfluß in der Vergangenheit stark, gegenwärtig oder künftig geringer
α-euhemerob		Kultureinfluß anhaltend stark, Boden und Gewässer (Wasserregime) sind total durch den Menschen verändert
polyhemerob	völlig verändert	Kultureinfluß besteht in kurzfristiger und aperiodischer Vernichtung von Standorten
metahemerob		Kultureinfluß stark einseitig, so daß Lebewesen vernichtet werden

In den letzten Jahren ist dieses Konzept vor allem in den unteren (stärker menschlich beeinflußten) Stufen von verschiedenen Autoren verfeinert worden, um hier stärker differenzieren zu können, nicht zuletzt aufgrund einer allgemeinen Erhöhung des Hemerobiegrades der Landschaft Mitteleuropas in den letzten Jahrzehnten. Einen Überblick über verschiedene Hemerobieklassifizierungen in der Literatur geben BASTIAN und SCHREIBER (1994, S. 269).

Ursprünglich wurde die Darstellung der Hemerobiestufen für die Betrachtung von Pflanzengesellschaften entwickelt. Es stand daher eine großmaßstäbige Betrachtung im Vordergrund. BLUME und SUKOPP (1976) gehen jedoch von der Definition aus, daß Hemerobie die Gesamtheit aller Wirkungen bezeichnet, die bei Eingriffen des Menschen in Ökosysteme stattfinden. Aus diesen Wirkungen auf den jeweiligen Standort mit seinen Organismen ergibt sich der Hemerobiegrad des Ökosystems.

Vor allem seit Ende der 70er Jahre ist dieses Konzept weit verbreitet, vorwiegend in der Landschaftsplanung, aber auch in der Stadtplanung. BORNKAMM (1980) beschreibt Möglichkeiten der landschaftsplanerischen Anwendung und stellt insbesondere ein Beispiel zur Charakterisierung von Stadtteiltypen mit Hilfe des Hemerobiestufenkonzeptes vor (KIAS 1990). Vor allem Biologen und Landschaftsplaner wenden diesen Ansatz gerne an. In sehr vielen Anwendungen der Fließgewässerbewertung wird der Ansatz der Hemerobiestufen übernommen, wobei in der Bundesrepublik Deutschland häufig der Ansatz des LÖLF (1985) zum Vorbild genommen wird (vgl. ADAM et al. 1989, BRUNKEN 1986, BAUER 1992, ROSE 1992, WERTH 1992 ...). Auch in der vorliegenden Arbeit wird in der konkreten Bewertung des Untersuchungsgebietes der Natürlichkeitsgrad auf der Ebene der Pflanzengesellschaften eingesetzt. Es sei an dieser Stelle bereits vorweggenommen, daß der Aspekt der Naturnähe ein wichtiges Element jeder Inwertsetzung auf ökosystemarer, taxonomischer und landschaftlicher Ebene ist, daß er jedoch stets in einen Zusammenhang mit weiteren Merkmalen gestellt werden muß. Für einige Abschnitte, beispielsweise von Auwäldern, könnte eine Zentrierung auf diesen Punkt fatale Folgen haben, vor allem, wenn der Renaturierungsaspekt betrachtet wird. Viele Auwaldreste sind durch ihre forstwirtschaftliche Überprägung und fehlende Überflutungsdynamik nicht mehr als naturnah einzustufen, beherbergen jedoch häufig noch große Mengen an Auwaldspezifischen Arten. Daher sei bereits an dieser Stelle betont, daß eine Fixierung auf die Vegetation und die Lebensraumtypen alleine bei einer Bewertung gefährlich und meist unzureichend ist.

2.6 DIE INSELTHEORIE DER BIOGEOGRAPHIE UND IHRE BEDEUTUNG FÜR DEN NATURSCHUTZ

Insellebensgemeinschaften sind seit jeher bevorzugte Untersuchungsobjekte von Biologen und Biogeographen. Schon früh erkannte man charakteristische Eigenschaften wie den Trend zur Kleinwüchsigkeit, Zuwanderung durch besonders migrationsfreudige Arten mit anschließendem Verlust der Migrationsfähigkeit. Vor allem fiel auf, daß kleine Inseln deutlich weniger Arten beherbergen als große Inseln. Die Inseltheorie der Biogeographie (*Theory of Island Biogeography*) wurde von MCARTHUR und WILSON in den 60er Jahren entwickelt und von diesen Autoren sowie vor allem von SIMBERLOFF, DIAMOND und MAY weiterentwickelt. 1963 veröffentlichten MCARTHUR und WILSON die Gleichgewichtstheorie der Inselbiogeographie und legten damit einen Grundstein für eine ganze ökologische Teildisziplin, die zunehmend auch planungsrelevanten Charakter hat. Ausgangsbasis ist die Theorie, daß die Anzahl der Arten auf einer gegebenen Insel gewöhnlich mit der Fläche der Insel annähernd durch die Gleichung

$$S = CA^z$$

verknüpft ist. S bedeutet die Anzahl der Arten, A den Flächeninhalt, C eine Konstante, die unter den Taxa und entsprechend der Einheit des Flächenmaßes weit variiert, und z eine Konstante, die in den meisten Fällen zwischen 0,2 und 0,35 liegt. Dabei werden die Werte für z empirisch ermittelt unter der Verallgemeinerung, daß die Häufigkeitskurven der Arten, die verschiedene Zahlen von Individuen enthalten, auf einer logarithmischen Skala (*loglinear*) normalverteilt sind.

Ein zweiter, eng damit verknüpfter Grundstein dieses Ansatzes ist die Theorie des Gleichgewichts der Arten (*equilibrium theory*). Man geht davon aus, daß sich Einwanderungs- und Aussterberate quasi in einem dynamischen Gleichgewicht befinden und jeweils mit der Anzahl der vorhandenen Arten korrelieren. Je weiter eine Insel von einer Besiedlungsquelle entfernt ist, um so geringer ist der Zustrom an neuen Arten und je kleiner eine Insel ist, um so leichter sterben Arten aufgrund ihrer niedrigen Populationsgrößen aus. Eine ausführliche wissenschaftliche Diskussion dieser Theorie liefert WILLIAMSON (1981).

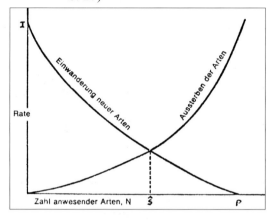

Abb. 2.2: Gleichgewichtsmodell einer Insel (MCARTHUR and WILSON 1967, S. 27)

Experimentell belegte SIMBERLOFF (1976) zuerst den Flächeneffekt auf die Artenzahl unabhängig von der Habitatdiversität. Er reduzierte die Fläche homogener Mangroveninseln durch Zurückschneiden der Vegetation und stellte bereits nach 1 - 2 Jahren eine Abnahme der Artenzahl fest. MÜHLENBERG (1982) hat in Deutschland ähnliche Experimente für Mähwiesen inmitten einer Akkerumgebung durchgeführt. Obwohl es sich hier um keine echten Inseln handelt, konnte ein Artenrückgang sowohl für epigäische Spinnen als auch für Laufkäfer nachgewiesen werden. Die Theorie erscheint heute für (echte) Inseln als weitgehend ausgereift und bestätigt, jedoch mit unzähligen Ausnahmen. Um so erstaunlicher erscheint es, daß dieses Gedankengut - zumindest im deutschsprachigen Raum - in den Ausbildungsplänen von Geographen und Biologen wenig Berücksichtigung findet. In der angewandten Ökologie dagegen besitzt diese Theorie einen großen Bekanntheitsgrad, ihre Anwendung, vor allem die Übertragung auf Habitatinseln am Festland, ist jedoch umstritten.

Es wurde mehrfach versucht, aus den aus der Inseltheorie gewonnenen Erkenntnissen wissenschaftlich fundierte Vorgaben für die Größe und Gestaltung von Schutzgebieten abzuleiten (z.B. DIAMOND and MAY 1976, SIMBERLOFF 1986). Für den angewandten Naturschutz erscheinen vor allem die Aussagen hinsichtlich des Aussterbens von Arten bei Veränderungen der Flächengröße bedeutsam. Empirische Forschungen im tropischen Regenwald scheinen dies zu bestätigen. Kleine Waldinseln verlieren schneller und mehr Arten als große. Vor allem seltene Arten verschwinden rascher (HOVESTADT et al. 1991, S. 69). Bei Untersuchungen in anderen Räumen stellt sich jedoch heraus, daß auch andere Einflußgrößen eine entscheidende Rolle spielen, vor allem der Strukturreichtum.

Schwierig erscheint in der Praxis, das Ausmaß der Isolation zu quantifizieren; zumindest ist in der Literatur kein einheitliches Vorgehen zu erkennen. Entweder wird der Abstand zur nächsten Insel oder zum Festland genommen oder eine Kombination aus mehreren Maßen (vgl. SCHULTE und MARKS 1985). Dabei ist weitgehend ungeklärt, wie Trittsteinbiotope (*stepping stone islands*) zu berücksichtigen sind. WHITECOMB et al. (1981) haben jedoch die Bedeutung des Isolationsgrades für die Avifauna nachgewiesen. Sie konnten sogar einen Artenverlust bei gleichbleibender Flächengröße und zunehmender Fragmentierung und Isolation feststellen.

Aus den Erkenntnissen der Inselbiogeographie ergab sich in den 70er und frühen 80er Jahren die sogenannte **SLOSS**-Debatte (*Single Large Or Several Small*). Mehrere Autoren waren der Ansicht, daß sich aus der Gleichgewichtshypothese ableiten läßt, daß eine große Fläche mehr Arten erhalten kann als zwei kleinere Gebiete von insgesamt gleicher Fläche (vgl. DIAMOND 1975, 1976, SIMBERLOFF 1986, HOVESTADT et al. 1991). Heute ist die Debatte etwas verstummt, auch wenn sie nicht endgültig entschieden ist. KAULE (1991, S. 373) nennt drei Gründe, warum keine eindeutige Antwort auf die SLOSS-Debatte gegeben werden kann:

- Die Arten in den zahlreichen Untersuchungsgebieten sind nicht identisch.
- Es kann sein, daß in (mehreren) kleinen Gebieten zwar mehr Arten vorkommen, aber die Arten, die vorrangig geschützt werden sollen, nur in den großen Gebieten.
- Die Populationsgröße ist in kleinen Gebieten möglicherweise zu klein, um ein dauerhaftes Überleben zu sichern.

Folgende generelle Kritikpunkte an der *Equilibrium Theorie der Inselbiogeographie* werden immer wieder genannt (nach HOVESTADT et al. 1991, MÜHLENBERG 1982, MÜHLENBERG und HOVESTADT 1991):

- Die Theorie behandelt nur die Artenzahlen, nicht die Individuenzahlen der Arten
- Die Theorie betrachtet alle Arten gleichwertig zusammen
- Die Theorie berücksichtigt nicht die historischen Faktoren
- Die Theorie befaßt sich in ihrer ursprünglichen Form nicht mit der Evolution

Die Ableitung genereller Regeln für eine Unterschutzstellung erscheint aus den genannten Perspektiven heraus als bedenklich, auch wenn einzelne Autoren immer wieder sinnvolle (allerdings auch stark divergierende) Ergebnisse erzielten. RINGLER and HEINZELMANN (1986) kommen zu dem Schluß, daß die Inseltheorie zwar wichtige Forschungsergebnisse lieferte, die Arten-Areal-Beziehung in der mitteleuropäischen Kulturlandschaft bzw. in den von ihnen untersuchten bayerischen Beispielsgebieten jedoch nicht ausreichend erklärt. Hinsichtlich der Flächenplanung - also der SLOSS-Debatte - folgern sie, daß Entscheidungen über die Form und Größe der Anlage von Schutzgebieten nicht ausschließlich auf der Basis inseltheoretischer Aussagen getroffen werden dürfen. Oft handelt es sich in der Praxis bei auszuweisenden Schutzgebieten um Flächen, die nicht den Jahreslebensraum ausreichend großer Populationen umfassen. Für einen vollständigen und umfassenden Schutz wären Flächen auszuweisen, die gesellschaftlich aufgrund anderer Ansprüche nicht durchzusetzen sind (vgl. PLACHTER 1984).

2.7 DAS KONZEPT DES BIOTOPVERBUNDSYSTEMS

In einer ursprünglichen Landschaft stehen nahezu alle terrestrischen und aquatischen Biotope durch sanfte Übergänge (*Ekotone*, HEYDEMANN 1986 bzw. *Ökotone,*

JEDICKE 1990) miteinander in Verbindung (HEYDEMANN 1986, S. 9). Vereinfacht könnte man behaupten, die Natur kennt keine scharfen Grenzen. Diese Aussage ist hinsichtlich der Computerbearbeitung äußerst wichtig und wird bei der Bearbeitung der Fallstudie nochmals diskutiert. Normalerweise wird gerade durch den Computer- und speziell durch den GIS-Einsatz ein ohnehin immanent bestehender Zwang zur Diskretisierung des Raumes noch verstärkt. Für das Konzept des Biotopverbundes sind die weichen Übergänge und ihre Ausprägungen, die Übergangsräume, von großer Bedeutung.

Solche Verbindungen, die aus einer Abstufung ökologisch ähnlicher Strukturen bestehen, sind in der Landschaft überall zu beobachten. In den Übergangssystemen, durch die miteinander verwandte Ökosysteme verbunden sind, hängt immer ein Teil des Arteninventars eines Ökosystems mit dem nachfolgenden Ökosystem zusammen. Durch solche ökologischen Verbindungssysteme ist sowohl ein Verbund zwischen einzelnen Biotopbeständen desselben Biotoptyps als auch zwischen verwandten Biotopbeständen gegeben. Verbund bedeutet also den „flächenhaften oder räumlichen Kontakt von Lebensräumen, die meist breitflächig miteinander in Verbindung treten" (HEYDEMANN 1986, S. 9).

In intakten Ökosystemen bestehen mehrere Ebenen von Vernetzungen, die z. B. von Räuber-Beute-Beziehungen bis zu Symbiosen reichen. Dort, wo diese Vernetzungen durch den Menschen unterbrochen werden, sind viele Arten und Lebensgemeinschaften in ihrer Existenz bedroht. Nach HEYDEMANN (1986, S. 10) ist etwa 97% der Fläche Mitteleuropas von Umwandlungen des Menschen betroffen, auf der Verbund und Vernetzungen von Ökosystemen zerstört oder vermindert wurden. Durch den Abbruch des natürlichen Verbunds von Biotopen werden in der Regel harte Grenzen von einem naturnahen Biotop zur umgebenden Kulturlandschaft aufgebaut. Viele Biotope unterschreiten durch die Fragmentierung und Isolation ihre Mindestarealgröße und können langfristig nicht existieren.

Im Gegensatz zur Naturlandschaft stoßen in unserer Kulturlandschaft verschiedenartige Ökosysteme meist mit harten Grenzen aneinander. Ackerflächen liegen ohne Übergangszonen oder Saumbereiche unmittelbar neben anderen, intensiv genutzten Gebieten, Straßen zerschneiden Waldstücke. Genau in diesem Punkt ist die eingangs aufgestellte These, daß die Natur praktisch keine Grenzen kenne, konterkariert. Daraus sowie aus weiteren Argumenten ergibt sich die Forderung nach einem Biotopverbundkonzept für den Arten- und Biotopschutz, das die gestörten und zerstörten Verbund- und Vernetzungsverhältnisse wenigstens teilweise wieder herzustellen versucht (HEYDEMANN 1986, KAULE 1991, JEDICKE 1990) und die Notwendigkeit der Schaffung von Übergangszonen, eben Ökotonen, die sich als Folge gegenseitiger Überschneidung durch ein vielfach höheres Angebot an Lebenserfordernissen wie Nahrung, Deckung und Mikroklima auszeichnen. Dieser sogenannte Rand- oder Grenzlinieneffekt äußert sich durch einen in der Regel deutlich größeren Artenreichtum und eine erhöhte Artendichte (MADER 1987, JEDICKE 1990, S. 84)

Zweifellos darf die Forderung nach Biotopverbundsystemen nicht vollständig die Forderung nach großflächigen Schutzgebieten ersetzen (vgl. FLECKENSTEIN und RAAB 1987). In vielen Bereichen der mitteleuropäischen Kulturlandschaft sind jedoch großflächige Schutzausweisungen wegen der durch den Menschen geschaffenen Eingriffe der Zerschneidung, Fragmentierung und Isolation kaum möglich. Für die (Wieder)Herstellung linearer und inselhafter Biotopverknüpfungen von vorhandenen Relikten erscheint die praktische Durchsetzbarkeit dann gegeben, wenn die

Zielkonflikte mit Landwirtschaft, Verkehr und Siedlungsbau entsprechend berücksichtigt werden.

Abb. 2.3: Beispiele für Verbund und Vernetzung (HEYDEMANN 1986, S. 16)

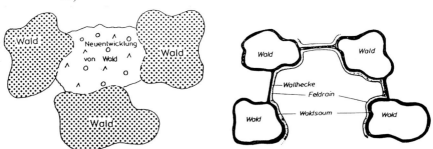

Abb. 1
1. **Verbund von Biotopen/Ökosystemen durch flächige Biotope**
Beispiel: Verbund von Waldbiotopen durch breitflächige Neuentwicklung von Wald

Abb. 2
2. **Verbund von Biotopen durch Saumbiotope**
Beispiel A: Vernetzung von Waldsäumen durch Anlage von Hecken, Knicks oder Gebüschreihen

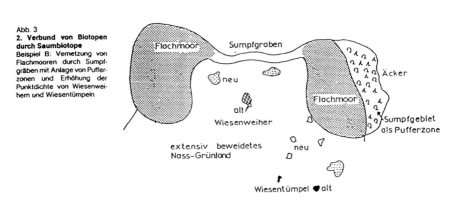

Abb. 3
2. **Verbund von Biotopen durch Saumbiotope**
Beispiel B: Vernetzung von Flachmooren durch Sumpfgräben mit Anlage von Pufferzonen und Erhöhung der Punktdichte von Wiesenweihern und Wiesentümpeln

In der extremsten Form moderner Kulturlandschaften stoßen verschiedenartige Ökosysteme zumeist mit harten Grenzen aufeinander: Ackerflächen liegen ohne Übergangszonen direkt neben Waldgebieten oder, wie in der vorliegenden Untersuchung, unmittelbar neben Resten eines Aue-Ökosystems. In der Natur geht dagegen der Übergang von einem Ökosystem in ein anderes kontinuierlich vor sich. Schwierig, und in der einschlägigen Literatur nicht einheitlich gelöst, erscheint jedoch eine scharfe Definition, ob es sich um Ökotone oder um ein übergangsloses Aufeinandertreffen benachbarter Ökosysteme handelt.

Aufgrund dieser positiven und ökologisch notwendigen Standortbedingungen von Übergangsbereichen leitet sich u. a. auch die Forderung nach Extensivierungen angrenzender Nutzungen an geschützte Gebiete ab. Es erschiene paradox, ein Naturschutzgebiet an einer vermessenen Grenze enden zu lassen, von der an intensiver Ackerbau mit entsprechender Düngung und Pestizideinsatz betrieben wird. ZIELONKOWSKI (1988) leitet in Anlehnung an ERZ (1980, 1986) aus diesen Erkenntnissen ein Konzept ab, in dem Flächen mit absoluter Schutzfunktion und ohne Nutzung, Flächen mit überlagernder Schutzfunktion und eingeschränkter Nutzung und Flächen mit Nutzfunktion ausgewiesen werden. Mehrere Autoren haben versucht, diese Anforderungen an Schutzgebiete flächenmäßig zu quantifizieren (HEYDEMANN 1983, FINKE 1987, SCHREINER 1987, ZIELONKOWSKI 1988).

Entgegen der eigentlichen Inseltheorie ist die Isolation von Habitatinseln für viele Arten nicht so gravierend wie die echter Inseln, da die Umgebung nicht so lebensfeindlich ist (HOVESTADT et al. 1991). Dies trifft vor allem auf Vögel zu. Für viele andere Gattungen, wie z. B. Amphibien und Reptilien, unterbinden jedoch verschiedene Barrieren der Kulturlandschaft (Eisenbahnen, Straßen, Siedlungen, Zäune) effektiv eine Verbreitung. HOVESTADT et al. (1991, S. 77) folgern daraus, daß in der Kulturlandschaft weniger die Entfernung, als die Zahl der trennenden Barrieren ein Maß für die Isolation sein könnten. Die Erkenntnisse der Inselbiogeographie sind daher in diesem Zusammenhang kritisch zu betrachten, auch wenn zweifellos grundlegende Gedanken daraus dem Konzept des Biotopverbundes zu Grunde liegen, so etwa das Konzept der Trittsteinbiotope (*stepping-stone islands*) (vgl. HOVESTADT et al. 1991, S. 111, JEDICKE 1990, 177ff).

Kritische Anmerkungen zum Biotopverbundkonzept gibt KAULE (1991, S. 376). Nach seiner Ansicht bietet dieses Thema durchaus Anlaß zu Kontroversen: „Mit der Begründung einer Biotopvernetzung werden inzwischen häufig beispielsweise Hecken oder Amphibiengewässer quasi nach Norm angelegt, ohne daß klare Vorstellungen darüber herrschen, warum eine solche Maßnahme sinnvoll ist, oder auch nicht". KAULE (1991) sowie HENLE und KAULE (1991b) und STREIT (1991) weisen ausdrücklich daraufhin, daß Biotopvernetzungsmaßnahmen auch *negative* Auswirkungen haben können, falls naturräumliche und kulturhistorische Gesichtspunkte nicht berücksichtigt werden. Die Anlage von Vernetzungselementen kann in manchen Fällen auch die Anlage von Trennelementen bedeuten. Einen konkreten Fall für eine neuseeländische Inselgruppe beschreiben z.B. O'CONNOR et al. (1990), wo Invasoren mittels *stepping stones* erst in der Lage waren, endemische Arten auszurotten. HABER (1986) und auch andere Autoren weisen auch darauf hin, daß trotz des zweifellos hohen Einflusses der landwirtschaftlichen Produktion in einer multifunktionalen Landschaft die Umweltbelastungen der Agroökosysteme nicht nur von der Land- und Forstwirtschaft ausgehen.

2.8 BEWERTUNG DES LEISTUNGSVERMÖGENS DES LANDSCHAFTSHAUSHALTES NACH MARKS ET AL.

Grundlegendes Gedankengut zu diesem Ansatzes ist das Naturraumpotentialkonzept (vgl. Kap. 2.3). Um sich jedoch von der „Rohstoff- und Ressourcenorientiertheit" des Naturraumpotentialbegriffs (MARKS et al. 1989, S. 32), vor allem, wie er in der ehemaligen DDR aufbauend auf die Arbeiten von NEEF (1966) entwickelt wurde (vgl. HAASE 1978, MANNSFELD 1978), zu distanzieren, wird der Begriff *Leistungsvermögen des Landschaftshaushaltes* eingeführt, der definiert wird als

> „*das aus der räumlich-materiellen Struktur, Funktion und Dynamik sowie aus den Substanzen, Energien und Prozessen der landschaftlichen Ökosysteme resultierende, für alle Lebewesen jeweils wichtige Leistungsvermögen des Landschaftshaushaltes*" (MARKS et al. 1989, S. 32).

Dieses setzt sich - ähnlich wie die partiellen Naturraumpotentiale - aus mehreren „Teilvermögen" (Funktionen und Potentiale) zusammen. Diese Funktionen und

Potentiale bezeichnen das Vermögen des Landschaftshaushaltes, „bestimmte Leistungen der Ökosysteme zu ermöglichen und auch für die (umweltverträgliche) Nutzung bereitzustellen" (ebda, S. 33). Auch wenn die Begriffe *Vermögen* und *Leistung* stark nutzungsorientiert sein mögen, und ein Großteil der nachfolgend aufgelisteten Funktionen Leistungen der Landschaft oder eines Ökosystems *für den Menschen* bedeuten, (z.B. Immissionsschutz, Wasserdargebot), erscheint dieser Ansatz wesentlich stärker ökologisch orientiert als das Naturraumpotentialkonzept, zumindest fließen ökologische Funktionen mit ein.

Als Funktionen und Leistungen sind zu nennen:
- Erosionswiderstandsfunktion
- Filter-, Puffer- und Transformatorfunktion
- Grundwasserschutzfunktion
- Grundwasserneubildungsfunktion
- Abflußregulationsfunktion
- Immissionsschutzfunktion
- Klimameliorations- und bioklimatische Funktion
- Ökotopbildungs- und Naturschutzfunktion
- Erholungsfunktion
- Wasserdargebotspotential
- Biotisches Ertragspotential
- Landeskundliches Potential

Der gesamte Ansatz erscheint von hohem praktischen Wert. Dennoch eignet er sich nach Ansicht des Autors im vorliegenden Fall nicht für eine großmaßstäbige, planungsrelevante Untersuchung und Bewertung. Die konkreten Handlungsanleitungen enthalten wertvolle Hilfen zur Ermittlung einzelner Zustands- und Prozeßgrößen. Als Beispiel sei hier eine Anleitung zur Bestimmung des mittleren Bodenabtrags pro Hektar und Jahr genannt, die als Zwischenschritt zur Ermittlung und Bewertung des Erosionswiderstandes in Abhängigkeit von Bodenart, Hangneigung und Hanglängenprofil sowie mittlerem Sommerniederschlag dient (MARKS et al. 1989, S. 55-59). Mit solchen klaren Anleitungen läßt sich sinnvoll arbeiten, wenngleich auch hier, vor allem bei der Bewertung, regionale Besonderheiten hinzukommen können. Der eigentlich unlösbare Widerspruch zwischen einer dringend benötigten, klaren Handlungsanweisung im Naturschutz (PLACHTER 1991, 1992a, HOVESTADT et al. 1991, HENLE und KAULE 1991b, VOGEL und BLASCHKE 1996) und der Berücksichtigung spezifischer Fragestellungen, regionaler Besonderheiten und unterschiedlicher konkurrierender Nutzungsansprüche führt dazu, daß auch ein solch fundiertes Verfahren in seiner Anwendbarkeit in gewisser Weise umstritten bleiben wird.

2.9 BIOINDIKATION, BIODESKRIPTION

Eine allgemeine Form einer These, die jeder Art von Bioindikation zu Grunde liegt, könnte folgendermaßen formuliert werden:

Jeder Organismus kann nur innerhalb einer bestimmten Bandbreite von Umweltbedingungen existieren. Aus dieser Tatsache bzw. über deren Umkehrschluß werden über das Vorkommen von Organismen Aussagen über die Umweltqualität abgeleitet (ELLENBERG 1980, BLAB 1988, SCHUBERT 1991, PLACHTER 1991, 1992a).

Allgemein ausgedrückt sind Bioindikatoren Organismen oder Organismengemeinschaften, deren Lebensfunktionen sich mit bestimmten Umweltfaktoren so eng korrelieren lassen, daß sie als Zeiger dafür verwendet werden können (SCHUBERT 1991). Teilweise wird der Begriff jedoch auch wesentlich eingeschränkter für die Bestimmung der Belastung eines Ökosystems oder Landschaftsausschnittes gebraucht. ARNDT et al. (1987) beschränken den Begriff Bioindikator daher auf Organismen oder Organismengruppen, die auf Schadstoffbelastungen mit Veränderungen ihrer Lebensfunktionen antworten bzw. den Schadstoff akkumulieren. Eine derartige Definition ist für den Einsatz in der Gebietsbewertung daher unbrauchbar.

Bioindikation zur Bewertung

PLACHTER (1991, S. 183) unterscheidet zwischen Bioindikatoren als *Zeigerorganismen* und *Leitarten* bzw. *Charakterarten*, wie sie in der (Pflanzen- oder Tier-) Soziologie zur Ansprache von Pflanzen- oder Tiergesellschaften verwendet werden. Leit- oder Charakterarten sind strenggenommen keine Bioindikatoren im Sinne der Gebietsbewertung, sondern ermöglichen lediglich die Einordnung der im Gelände vorgefundenen Situation in die wertfreien Klassifizierungsmodelle der Soziologie. Sie können nach PLACHTER (ebda.) nur dann zur Gebietsbewertung herangezogen werden, wenn die Schutzwürdigkeit oder der naturschutzfachliche Wert der einzelnen Gesellschaften festgelegt ist (Beispiel Rote Liste Pflanzengesellschaften). Derartige Wertzuweisungen fehlen heute leider noch zu einem erheblichen Teil. Für die vorliegende Studie der Salzachauen dürfte der naturschutzfachliche Wert der im Untersuchungsgebiet vorkommenden Auengesellschaften und -lebensgemeinschaften jedoch wegen des landesweit dramatischen Rückgangs der Auwälder relativ eindeutig festzulegen sein. Problematisch ist dennoch die konkrete Regionalisierung dieses Wertes, der auch von dem Natürlichkeitsgrad bzw. dem Grad der Beeinträchtigung der natürlichen Fließgewässerdynamik abhängig ist. Obwohl insgesamt das Kriterium *Natürlichkeit* nicht in den Vordergrund gerückt werden soll (vgl. Kap.3.10) und auch die Zeigerarten nicht ausschließlich an diesem Begriff ausgerichtet sein sollen, wird es sich kaum vermeiden lassen, daß bei einer Diskussion der Bewertungsergebnisse von außen immer wieder der Begriff Natürlichkeit als zentrales Kriterium eingebracht wird und daher zumindest berücksichtigt werden muß.

Pflanzen als Indikatoren

Hier sind nicht Klassifikationsindikatoren (vgl. PLACHTER 1992, S. 29) gemeint, die die Einordnung in wertneutrale Klassifikationssysteme ermöglichen (z.B. pflanzensoziologische Einheiten), sondern Bewertungsindikatoren. Dabei darf nach meinem Erachten auch nicht die Seltenheit und das Schutzbedürfnis bei der Auswahl im Vordergrund stehen, sondern die Eindeutigkeit der Repräsentierung eines bestimmten Biotop- bzw. Habitattyps. Pflanzen als Indikatoren sind daher sinnvoller bei einer Schnellansprache (PLACHTER 1989) bzw. Schnellprognose (HOVESTADT et al. 1991) einsetzbar.

Faunistische Indikatoren

Die Mehrzahl der bisherigen Bioindikationskonzepte zur Charakterisierung und Bewertung von Lebensräumen orientiert sich an vegetationskundlichen Kriterien (vgl. SPANG 1992, S. 158). Tiere und Tiergesellschaften sind oft schwieriger einzelnen Pflanzengesellschaften oder Habitaten zuzuordnen (BLAB 1988, JEDIKKE 1996). Die Fauna reagiert jedoch zum Teil schneller auf Veränderungen ihrer Lebensräume als Pflanzengesellschaften. In der gegenständlichen Studie kann z.B. der Auwald erst im Laufe von Jahrzehnten auf Veränderungen der Überflutungsdynamik und der Grundwasserverhältnisse reagieren. Zur Charakterisierung und Bewertung dieses Lebensraumes muß daher neben der Vegetation auch die Fauna ausreichend berücksichtigt werden. Dabei dürfen sich die Untersuchungen zu einzelnen Arten jedoch nicht in autökologischen Aspekten erschöpfen, die für das Gesamtökosystem eine geringe Relevanz aufweisen (ELLENBERG jun. 1981).

Ein einzelner Bioindikator ist jedoch nicht in der Lage, die Komplexität des Ökosystems entsprechend auszudrücken. Das Fehlen eines Indikators muß besonders vorsichtig beurteilt werden, da es verschiedene, nicht immer unmittelbar abzuleitende Gründe geben kann. Somit ist zu einer umfassenden Bewertung ein ganzes Spektrum verschiedener Indikatoren aus verschiedenen Artengruppen einzusetzen. Aus pragmatischen Gründen, vor allem aufgrund des Aufwandes der Erfassung dieser Leitarten, sollten hierfür wenige Arten oder Artengruppen genügen. PLACHTER (1991, S. 221) stellt die Vorteile der Verwendung von Zeigerarten bzw. Zeigerartenkollektiven heraus:

- Durch die gezielte Suche nach den jeweiligen Arten ist eine Minimierung des Erhebungsaufwandes im Gelände möglich.
- In das Bewertungsverfahren gehen qualitative biologische Eigenschaften ein. Fehlende Nachweise einzelner Arten können jedoch nicht ausgewertet werden.
- Selbst aus nur kursorischen Untersuchungen, wie sie in der Praxis häufig erforderlich sind („Schnellansprache"), lassen sich vorläufige Aussagen zur Wertigkeit eines Gebietes ableiten.

Der gleiche Autor (1992a, S. 12) warnt jedoch davor, das Instrument der Indikation zu überbeanspruchen. Es bestehe zunehmend die Tendenz, den naturschutzfachlichen Wert eines Naturelements aus ganz wenigen oder sogar nur einem einzigen Kriterium ableiten zu wollen. Ein derartiges Vorgehen werde weder der Komplexität der zu betrachtenden Objekte gerecht, noch sei eine solche Vereinfachung aus „verfahrenstechnischen Gründen" erforderlich.

Außerdem gibt es, wie MÜHLENBERG (1990, S. 190) hinweist, in fast jeder systematischen Tiergruppe ein Spektrum von Arten, das von Vertretern sehr weiter Toleranzen (*euryöken Arten*) bis zu Spezialisten mit sehr engen Ansprüchen (*stenöken Arten*) reicht. MÜHLENBERG kommt daher zu dem Schluß, daß Indikatoren im zoologischen Artenschutz nur sehr eingeschränkt geeignet sind. Dies ist eine Feststellung, die durchaus im Widerspruch zur gängigen Praxis und zu methodischen Überlegungen steht. Im abschließenden Kapitel dieser Arbeit wird bezugnehmend auf die Fallstudie der Wert und das Potential von indikatorischen Bewertungen, vor allem in Kombination mit anderen, z.T. quantitativen Daten, diskutiert. Wichtig ist bei der Interpretation der Ergebnisse einer Bioindikation, das Datenniveau zu beachten und nicht durch Rechenoperationen die bestenfalls ordinalen Aussagen wie kardinale Daten zu behandeln. Völlig klar muß bei der Verwendung von Tierarten sein, daß kurzfristige faunistische Aufnahmen Momentaufnahmen sind und die verschiedenen populationsdynamischen Zustände innerhalb der Arten nicht berücksichtigen. Somit können wesentliche bestandgefährdende Aspekte evtl. unberücksichtigt bleiben. Dieses Problem tritt bei vegetationsorientierten Verfahren nicht auf.

2.10 DIE DIVERSITÄTS-STABILITÄTS-THEORIE

In der Ökologie war lange Zeit die Auffassung vertreten, daß artenreiche Ökosysteme stabiler und belastbarer wären als artenärmere („Diversitäts-Stabilitäts-Hypothese", vgl. FINKE 1986, S. 152). Richtungsweisend für sehr viele Ansätze war dabei die Ansicht von HABER (1972, S. 295), der feststellt: „Aus dieser zwangsläufig summarischen Betrachtung ergibt sich, daß ein gesetzmäßiger Zusammenhang zwischen der Vielfältigkeit (Diversität) der Ökosysteme und ihrer Stabilität bestehen muß, obwohl wir für diesen Zusammenhang keine zwingenden, erst recht keine quantitativen Beweise erbringen können".

Diese Aussage muß heute differenzierter betrachtet werden. In zahlreichen Arbeiten sind mittlerweile auch gegenläufige Beziehungen nachgewiesen worden. Als Ausgangspunkt dieser Diversifizierung wird vielfach die Arbeit von ELLENBERG (1973) betrachtet. Ein direkter kausaler Zusammenhang zwischen der ökologischen Vielfalt und der Stabilität von Ökosystemen ist nicht nachweisbar, allerdings, wie z. B. HABER (1979) relativiert, in der unterstellten einfachen Form eines Zusammenhangs auch nicht gemeint. SEIBERT (1978, S. 335ff) stellt fest, daß die Maturität eines Ökosystems, die zumeist auch eine hohe Natürlichkeit bedeutet, ein viel wichtigeres Kriterium für die Stabilität eines Ökosystems darstellt als die Diversität. Ein eindeutiger Zusammenhang zwischen Diversität und Stabilität könne nur dann festgestellt werden, wenn man Pflanzengesellschaften gleichen Maturitäts- und Natürlichkeitsgrades miteinander vergleicht. HABER (1979, S. 21) differenziert daher den Begriff Stabilität näher und unterscheidet zwei Haupttypen:

- **Persistenz** oder persistente Stabilität als ein über längere Zeiträume mehr oder minder unverändertes Existieren, das von Störungen kaum beeinträchtigt wird und
- **Resilienz** oder elastische Stabilität als ein über längere Zeiträume mehr oder minder ungleichmäßiges Existieren, das viele verschiedene Zustände durchläuft, die oft nur kurzfristig andauern. Es läßt sich jedoch ein „Normalzustand" erkennen, zu dem das System immer wieder hin strebt und in dem es länger verharrt als in den übrigen Zuständen."

Man kann daher nicht einfach von einer größeren oder kleineren Stabilität sprechen, sondern in erster Linie von verschiedener Ausprägung der Stabilität (vgl. KIAS 1987, S. 85). Auch kann Stabilität nicht einfach mit der Belastbarkeit eines Systems gleichgesetzt werden.

Zur Diversitätsdiskussion stellt PLACHTER (1991, S. 214) darüber hinaus fest, daß hohe Artenzahlen keineswegs immer naturschutzfachlich positiv zu bewerten sind. Unerwünschte Belastungen und Veränderungen von Ökosystemen können die Artenzahlen unter bestimmten Bedingungen deutlich erhöhen, etwa bei der Eutrophierung nährstoffarmer Standorte oder bei einer Umwandlung von Fließgewässern in stehende Gewässer. Gerade in letzterem Fall kann die Artenzahl stark ansteigen. An Fließgewässerökosysteme gebundene Spezialisten sind dadurch jedoch häufig vom Verschwinden bedroht. Eine Überbewertung der (Arten)diversität kann daher in ein reines „Artenzählen" ausarten und qualitative Aspekte verwischen. Auch wenn die Diversitäts-Stabilitäts-Hypothese als Gesetzmäßigkeit kaum haltbar erscheint, kommt heute der Raumdiversität eine immer stärkere Bedeutung zu. Nicht nur die Theorie der differenzierten Bodennutzung (vgl. Kap. 2.2.), sondern auch viele andere Ansätze der ökologischen Planung gehen von einem Zusammenhang zwischen ökologischer Vielfalt und Stabilität, aber auch zwischen ökologischer Vielfalt, Komplexität, Regenerierbarkeit bzw. dem biotischen Regulationspotential aus. Daher soll in der

Studie der bayerischen Salzachauen versucht werden, mit Hilfe des Geographischen Informationssystems den Faktor *Strukturdiversität* zu berücksichtigen und Wege aufzuzeigen, diesen aus quantitativen und qualitativen Analysen abzuleiten.

2.11 DIE NUTZWERTANALYSE - EINE „OBJEKTIVE" BEWERTUNG?

Die Nutzwertanalyse ist eine Methode zur Bewertung und Auswahl von Alternativen, denen ein mehrdimensionales Zielsystem zugrunde liegt. Sie ist eine der in der Planungspraxis im deutschsprachigen Raum in den letzten Jahren am häufigsten eingesetzten Methoden. Die Besonderheit der Nutzwertanalyse (NWA) liegt nicht nur darin, daß bei der Entscheidungsfindung eine Vielzahl von Zielkriterien berücksichtigt wird, sondern daß neben sachbezogenen Informationen auch die subjektiven Präferenzen des Entscheidungsträgers bzw. der sachverständigen Experten in die Bewertung eingehen (TUROWSKI 1972). Formal und wertneutral formuliert ermöglichst sie, eine dimensionslose Rangordnung für konkrete Planungsalternativen aufzustellen. Der Entscheidungsprozeß der Nutzwertanalyse besteht aus folgenden Abschnitten:

- Zieldefinition: Formulierung von konkreten Zielsetzungen (Alternativen) als Grundlage für die Auswahl von Bewertungskriterien.
- Zustandsanalyse: konkrete Messung oder Schätzung der Objekteigenschaften
- Aufstellung eines Zielsystems und Konkretisierung der Ziele bis zu operationalen Zielkriterien (meßbaren Parametern).
- Messung der Zielerträge.
- Ermittlung der Zielerfüllungsgrade.
- Verteilung der Kriteriengewichte.
- Ermittlung der Teilnutzwerte und Bildung des Gesamtnutzwertes durch die Wertsynthese.

Verfahren der Nutzwertanalyse sind in unserem Alltagsleben, oft unbewußt, ein integrativer Bestandteil. Fachzeitschriften beurteilen beispielsweise den Nutzen nach gegebenen (subjektiv festgelegten) Kriterien einer Ware (Auto, Waschmaschine ...). Diese Bewertungsmethode konnte sich offensichtlich unbewußt in der Alltagskultur etablieren. Die Bewertungsregeln mit offensichtlich „ad hoc-aufgestellten", zumindest nicht wissenschaftlich fundierten oder ausführlichen Begründungen folgenden Kriterien müssen scheinbar nicht näher gerechtfertigt werden.

Während die klassische Nutzwertanalyse (ZANGEMEISTER 1973, TUROWSKI 1972) schon bald kritisiert und in den letzten Jahren kaum mehr angewandt wurde, ist die sogenannte Nutzwertanalyse der zweiten Generation (z. B. BECHMANN 1978) immer noch sehr verbreitet, aber auch umstritten. Diese Popularität, besonders im Rahmen von Umweltverträglichkeitsprüfungen, scheint im krassen Gegensatz zu den methodischen Schwächen dieses Verfahrens zu stehen. Zwar werden in der 2. Generation Nutzenabhängigkeiten einbezogen (z. B. „Das Ziel A ist dann erfüllt, wenn das Teilziel B zu mindestens 80% und das Teilziel C zu mindestens 90% erfüllt sind"), doch wird bei einer Berücksichtigung von komplexen Wechselbeziehungen der strukturelle Aufbau schwierig und kaum nachvollziehbar, wodurch einer der Vorteile der Methode entfällt. Es fehlen jedoch echte, weit verbreitete und allgemein anerkannte Alternativen zur Nutzwertanalyse.

Abb. 2.4: Der logische Ablauf der Nutzwertanalyse (aus DOLLINGER 1989, nach TUROWSKI 1972)

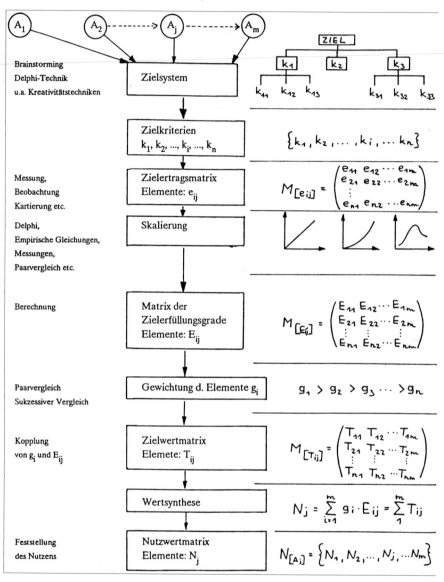

Trotz dieses Fehlens von vergleichbaren strikt formalisierbaren Methoden sind die Bewertungsvorschriften und Wertsyntheseregeln problematisch. Theoretisch sollen alle Kriterien für sich selbst bewertbar und in Bezug auf den angestrebten Nutzen voneinander unabhängig sein. Synergetische Rückkopplungseffekte und Wechselwirkungen sind daher generell ausgeschlossen. Darüber hinaus müssen Bewertungen in einer kardinalen Skala erfolgen, was für manche naturschutzfachlichen Aussagen fast unmöglich erscheint. Häufig lassen sich nicht mehr als vier bis fünf Stufen klar begründbar voneinander trennen. Die formale Strukturierung der Methode kann über inhaltliche Mängel hinwegtäuschen. Oft ist auch der Versuch zu erkennen, die als Manko empfundene begrenzte Wissenschaftlichkeit und Objektivität oder das Subjektive an Wertaussagen durch „Pseudoquantifizierung und Computereinsatz zu vertuschen" (WIEGLEB 1989, S. 18). Weiters werden bei einer kritischen Durchsicht der Literatur Beispiele höchst abenteuerlicher Konstruktionen von Bewertungsregeln attestiert, bei denen „sich die wissenschaftlichen Erkenntnisse, Vermutungen, Absichten und Vorstellungen zu zum Teil recht komplexen mathematischen Formulierungen verdichten, aus denen sich anschließend die in sie eingegangenen Hintergründe kaum mehr konstruieren lassen" (KIAS und TRACHSLER 1985, S. 65). Hinsichtlich der zahlreichen Kritik an der Nutzwertanalyse sei hier auf eine zentrale Aussage von FINKE (1986, S. 125) verwiesen, der zu der Schlußfolgerung gelangt, daß dieses in der Ökonomie entwickelte Verfahren auf ökosystemare Zusammenhänge (und damit wohl auch in der Landschaftsbewertung) gar nicht angewendet werden dürfte. Daher wird bei der gegenständlichen Bewertung (vgl. Kap. 9) dieses Verfahren nicht eingesetzt.

2.12 LANDSCHAFTSBEWERTUNG, ÖKOLOGISCHE BEWERTUNG UND NATURSCHUTZBEWERTUNG: WO LIEGEN DIE UNTERSCHIEDE?

Landschaftsbewertung als Grundlage einer Landschaftsplanung

Seit den späten 50er Jahren bestehen in Nordamerika verschiedene Verfahren der Landschaftsbewertung, die großteils aus den Wirtschaftswissenschaften, insbesondere aus der Betriebswirtschaftslehre übernommen wurden. Im deutschsprachigen Raum gilt die Arbeit von KIEMSTEDT (1967) als bahnbrechend, der versuchte, die vielfältige Ausstattung des Raumes hinsichtlich erholungswirksamer natürlicher Landschaftselemente zu bewerten. In der weiteren Entwicklung ging die Landschaftsbewertung ein in das Naturraumpotentialkonzept (vgl. MARKS et al. 1989, S. 25). FINKE (1986, S. 107) sieht demgegenüber die Entwicklung des Naturraumpotentialkonzepts aus der ökologischen Raumgliederung nach BIERHALS (1980).

Es bestehen nach wie vor Defizite in der wissenschaftlichen Fundierung der Bewertung allgemein (vgl. CERWENKA 1984), in der Auswahl aussagekräftiger Indikatoren (MARKS et al. 1989, S. 30) und deren Verknüpfung (FINKE 1986, S. 124) und in der wissenschaftlichen Fundierung einer naturschutzfachlichen Bewertung (vgl. PLACHTER 1992a, S. 42/43, PLACHTER und FOECKLER 1991, S. 324, HOVESTADT et al. 1991, HENLE und KAULE 1991b, FOECKLER und HENLE 1992). Eines der Hauptprobleme ist die Tatsache, daß ökologische Phänomene immer nur unvollständig erfaßt werden, weil die Wirklichkeit stets viel komplexer ist als ihre Abbildung in den Bewertungsverfahren. Andererseits sind in der täglichen Praxis Bewertungen von Naturelementen heute schon unumgänglich und auch die Gesetzesvorgaben enthalten meist entsprechende Anweisungen. Erschwerend kommt hinzu, daß je nach Fachdisziplin und wissenschaftlicher Grundströmung verschiedene Begriffe verwendet werden, die zum Teil Überschneidungen aufweisen, wenn nicht sogar das Gleiche meinen. Daher werden die in Frage kommenden Begriffe im folgenden kurz dargestellt:

Ebenso wie die noch folgenden Begriffe *Potentialbewertung* und *Eignungsbewertung* steht die Landschaftsbewertung häufig unter einem übergeordneten wirtschaftlichen Aspekt der Nutzung einer bestimmten Landschaft durch den Menschen. ELSASSER et al. (1977) unterscheiden etwa zwei Komponenten, die bei Investitionen zu beachten sind, nämlich die kurzfristig-wirtschaftliche Komponente einerseits, die charakterisiert wird durch Angebot und Nachfrage, Rendite und Amortisation und die langfristig-ökologische Komponente, die durch das Verhältnis von Investitionsbedarf und damit verbundener Attraktivitätssteigerung und der Erhaltung des natürlichen Angebots bestimmt wird. Landschaftsbewertung dient demzufolge sowie nach einer Definition von LESER et al. (1993, S. 197) der „*Ermittlung der Bedeutung und des Wertes eines konkreten Landschaftsraumes durch den Menschen, insbesondere für wirtschaftliche Zwecke*". Immer häufiger wird in diesem Zusammenhang das tatsächliche und potentielle Freizeit- und Erholungdargebot eines Landschaftsausschnittes bewertet. Aus dieser Bewertung entspringen meist konkrete Planungen, bzw. umgekehrt: Ohne konkrete Planungsabsichten meist auch keine Bewertung (vgl. Kap. 2.1). Landschaftsplanung wird aber häufig auch als ein integrativer, ganzheitlicher Ansatz gesehen, der dann auch als verallgemeinernder und zusammenfassender Begriff für eine ökologisch orientierte Planung im Sinne von BUCHWALD (1980) verstanden werden kann, die als Instrument der Landespflege der Erfüllung der Ziele von Naturschutz und Landschaftspflege dient. Eine Landschaftsplanung kann jedoch nur in Zusammenhang mit der gesamten Raumplanung gesehen werden, die - etwa in der Bundesrepublik Deutschland - als Gesamtplanung streng hierarchisch organisiert ist. Eine etwas andere, vielleicht „modernere" Ansicht der Rolle und Aufgabe einer ökologisch orientierten Planung vertreten BÄCHTOLD et al. (1995).

Ökologische Bewertung, ökologische Wertanalyse

Ziel einer ökologischen Bewertung ist es, „festzustellen, in welchem Grade Landschaftsteile oder Ökosysteme geeignet sind, die Umweltqualität für das körperliche und geistige Wohlbefinden des Menschen sowie für seine Nutzpflanzen, -tiere und Einrichtungen zu erhalten und zu verbessern" (SEIBERT 1980, S. 10). SEIBERT sieht diesen Ansatz im Gegensatz zu BAUER (1973, 1977) nur als Teil einer vollständigen Bewertung der Landschaft. Die Grundfrage bei unterschiedlichen Ansichten läßt sich auch hier wiederum auf den in Kap. 2.1 und 2.3 diskutierten Aspekt zurückführen, ob der Mensch ausschließlich im Mittelpunkt der Betrachtungen stehen soll[3]. Die ökologische Wertanalyse ist ein ökologisches Bewertungsverfahren im strengen Sinn (MARKS et al. 1989, S. 28). Es erscheint jedoch üblicherweise keine derartige Trennung der Begriffe zu erfolgen. In beiden Fällen wird darunter ein Bewertungsverfahren verstanden.

Unverkennbar stark sind die bereits angesprochenen Querverbindungen zum Naturraumpotentialkonzept. Nicht nur, daß die frühen Ansätze der Landschaftsbewertung in das Naturraumpotential eingingen, auch prägen viele Bearbeiter, vor allem aus der ehemaligen DDR, die Landschaftsbewertung mit dem Potentialgedanken. So beschreiben z.B. BASTIAN und SCHREIBER (1994) in Anlehnung an NEEF (1967) das Anliegen der ökologischen Bewertung damit, daß sie die räumlichen Strukturen, Nutzungen, Funktionen und Potentiale im Hinblick auf das Leistungsvermögen des Naturhaushaltes beurteilen. Teilweise wird auch von einer *bioökologischen Landschaftsbewertung* gesprochen (BECHET 1976, SCHUSTER 1980). Es ist jedoch keine klare Abgrenzung von der oben stehenden Art der Bewertung zu erkennen, so

---

[3] Dies ist eine starke Vereinfachung. Jede Bewertung und Planung ist selbstverständlich unter der Prämisse zu sehen, daß menschliche Nutzungs- oder „Nichtnutzungssabsichten" im Raum schweben. Bei der Bewertung ist jedoch zu klären, bis zu welchem Grad Natur überhaupt etwas zu „leisten" vermag und in wieweit nicht direkt faßbare Aspekte von Schönheit, Einzigartigkeit und Vielfalt mit quantifizierbaren Begriffen wie *Wasserdargebot* und *Wasserneubildungspotential* überhaupt kombiniert werden können.

daß diese Ansätze vereinfachend unter dem Begriff *ökologische Bewertung* subsumiert werden können. Diese Ansicht deckt sich auch weitgehend mit der von MARKS et al. (1989), die jedoch hinsichtlich der Einteilung der bestehenden Verfahren glauben, alle bisher entwickelten Ansätze auf vier „Verfahrensgrundmuster" zurückführen zu können:

- ökologische Eingungsbewertung
- ökologische Belastungsbewertung
- ökologische Wertanalyse
- ökologische Risikoanalyse (Wirkungsanalyse)

Dabei unterstreichen die Autoren, daß sich keine scharfe Trennung zwischen den Verfahrensgrundmustern durchführen läßt.

Ökologische Potentialbewertung, Eignungsbewertung

Nach MARKS et al. (1989, S. 28) ist das Ziel einer ökologischen Eignungsbewertung die Bestimmung des auf natürlichen Faktoren beruhenden Wertes, den ein Raum in Hinblick auf bestimmte Nutzungsansprüche (Nutzungsformen) innehat. Dabei wird unterschieden zwischen ökologischen Eignungsbewertungsverfahren für einzelne Nutzungsansprüche und solchen für mehrere Nutzungsansprüche. Zu letzteren ist auch die Gruppe der ökologischen Standortkarten zu zählen. Eine Brücke von den Bewertungsverfahren hin zum Naturraumpotentialansatz schlägt FINKE (1986, S. 108f). Er streicht ausdrücklich die methodischen Stärken des Potentialansatzes heraus, weist aber darauf hin, daß diese Potentiale ja nicht „fein säuberlich getrennt, räumlich nebeneinander vorkommen, sondern häufig am gleichen Standort übereinander auftreten". FINKE schließt daraus, daß die erhobenen Daten anschließend zu bewerten, in Kategorien unterschiedlicher Schutzwürdigkeit, Leitstungsfähigkeit oder Eignung räumlich zu erfassen und vom Wissenschaftler und Planer den politischen Entscheidungsträgern begründete, rational nachvollziehbare Empfehlungen als Entscheidungsgrundlage zur Verfügung zu stellen sind.

Naturschutzfachliche Bewertung

„Aufgrund der vielfältigen Belastungen und Veränderungen des Naturhaushaltes wäre ein Handlungsaufschub unter Verweis auf die ungenügende Datenlage in vielen Fällen unverantwortlich" (PLACHTER 1992a, S. 13).

Erst etwa ab Mitte bis Ende der 60er Jahre wurden für Erfassungs- und Bewertungsaufgaben in Naturschutz und Landschaftspflege standardisierte und erste quantifizierte Konzepte und Methoden entwickelt. Dies geschah vor allem in Verbindung mit der Landschaftsplanung (BECHMANN 1977) und mit der landschaftsbezogenen Erholungsplanung (KIEMSTEDT 1967). Die Bewertungsfrage wurde etwa zur gleichen Zeit für die Auswahl und Beurteilung von Naturschutzgebieten intensiver erörtert (ERZ 1994). (PLACHTER 1992a,b) folgert daraus, daß die „ersten" naturschutzfachlichen Bewertungsverfahren unvollständig und mit methodischen Fehlern behaftet sein müssen und vergleicht dies mit der Entwicklung von verschiedenen technischen Innovationen, die auch nicht am grünen Tisch erfolgten. Da das, was im Naturschutz zu bewerten ist in höchstem Maße komplex und variabel ist, und aufgrund der Tatsache, daß naturwissenschaftliche Daten mit gesellschaftlichen Werten verknüpft werden müssen, ergeben sich zum Teil komplizierte Zusammenhänge, die nur bis zu einem gewissen Grad vereinfacht werden können. Naturschutzfachliche Bewertungen sind daher Fachinstrumente, die nur von eingearbeiteten Spezialisten sinnvoll und richtig angewendet werden können, wie dies auch in anderen Fachverfahren der Fall

Abb. 2.5: Begriffsvielfalt in der ökologisch orientierten Bewertung

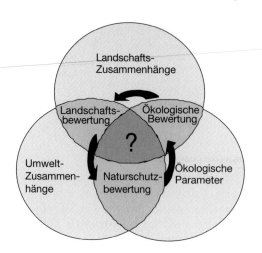

ist. Dies entbindet jedoch nicht von der Zielsetzung der größtmöglichen Transparenz. NIEMANN (1986, S. 75) fordert daher, daß die Ergebnisse einer Bewertung nur als Entscheidungshilfen und nicht als Entscheidungsvorschriften zu verstehen sind.

3 LANDSCHAFTLICHE UND ÖKOSYSTEMARE BEWERTUNGSVERFAHREN

3.1 DER ÖKOLOGISCHE WERT (EINER PFLANZENGESELLSCHAFT) NACH SEIBERT

Ziel dieser ökologischen Bewertung ist es, festzustellen, in welchem Grade Landschaftsteile oder Ökosysteme geeignet sind, die Umweltqualität für das körperliche und geistige Wohlbefinden des Menschen sowie für seine Nutzpflanzen, -tiere und Einrichtungen zu erhalten und zu verbessern.

SEIBERT (1980) geht davon aus, daß auf einem gegebenen Standort Klimax- oder Dauergesellschaften den höchsten Grad von Stabilität haben. Er schränkt selbst ein, daß die Aussage, daß einem Ökosystem mit hoher Stabilität auch ein hoher Grad von Belastbarkeit zu eigen ist, in dieser allgemeinen Form nicht zutrifft. Dies belegt er mit Beispielen des tropischen Regenwaldes und der Tundra. Dennoch zeichnen sich in Mitteleuropa Klimaxgesellschaften gegenüber dynamischen Pionier- oder Ersatzökosystemen durch eine größere Strukturvielfalt und in der Regel auch durch eine größere Stabilität aus. Er verwendet daher zur Bewertung folgende Parameter:

Natürlichkeit (N)

5 Abstufungen (natürlich, naturnah, bedingt naturfern, naturfern, künstlich)

Maturität (M)

5 Abstufungen von Klimaxgesellschaften bis hin zu offenen Böden als Initialstadien.

Diversität (D)

nach Artenvielfalt und Strukturvielfalt:

Es wird von der Hypothese ausgegangen, daß auf einem gegebenen Standort die Diversität bei Klimaxgesellschaften am höchsten ist.

Präsenz (P)

Der Präsenzwert eines Ökosystems ist um so höher, je weiter gleiche oder ähnliche Ökosysteme von ihm entfernt liegen. Umgekehrt ist er um so geringer, „und das Ökosystem um so eher entbehrlich" (SEIBERT, 1980, S. 21), je mehr gleiche Ökosysteme dicht beieinander liegen.

Seltenheit / Gefährdung (G)

Unterschieden wird die Seltenheit von Ökosystemen und die Seltenheit von den in ihnen enthaltenen Pflanzen- und Tierarten. *Seltenheit* wird dabei auch in Zusammenhang mit *Gefährdung* gesehen. „Angaben über den Gefährdungsgrad stellen deshalb zugleich auch eine Aussage über die Seltenheit der entsprechenden Tier- und Pflanzenarten dar und können stellvertretend für diese verwendet werden" (SEIBERT 1980, S. 13).

Bevölkerungsdichte (B)

Die Bevölkerungsdichte in Einwohner/km^2 geht mit in die Bewertung ein.

Die Gesamtbewertung erfolgt nach der Formel:

$$\text{Ökologischer Wert } (ÖW) = (N+M+D+G+P)/B$$

wobei der Erfüllungsgrad der einzelnen Zielkriterien in einer fünfteiligen Skala dargestellt ist.

3.2   DER ÖKOTOPTYPENWERT NACH SCHUSTER

SCHUSTER (1980) geht von Schutzfunktionen (Präventivfunktionen) bestimmter Ökotoptypen aus. Deren Erfüllungsgrade werden nach Natürlichkeit, Seltenheit und Diversität skaliert. Zur Beschreibung des zu konstruierenden Ökotoptypenwertes werden folgende Zielkriterien aufgestellt:

- Artendiversität
- Seltenheit von Arten
- Seltenheit der Vegetationstypen
- Vegetationsdiversität
- Natürlichkeitsgrad
- Gartentypenwert (für besiedelte Landschaft)

Die Verknüpfung erfolgt durch eine Nutzwertanalyse:

Diversität : Seltenheit : Natürlichkeit = 42 : 33 : 25

Anzumerken ist, daß der Gartentypenwert eingeführt wurde, um den Wert besiedelter Teile der Landschaft zu erfassen, weil die anderen Kriterien hier nur bedingt anwendbar sind. Aus der allgemeinen Verarmung der Landschaft wird in diesem Ansatz abgeleitet, den Faktor *Diversität* relativ hoch bewerten zu müssen. Dieses Bewertungsverfahren hat in den 80er Jahren viele Arbeiten im deutschen Sprachraum beeinflußt, wird aber heute kritischer betrachtet. Die strenge Kardinalisierung der Zielelemente innerhalb einer Nutzwertanalyse erscheint angesichts der Datenlage und der relativ willkürlich wirkenden Gewichtung der Faktoren als pseudo-objektiv (vgl. auch EDELHOFF 1983).

3.3 DER AUEBIOTOPWERT NACH AMMER UND SAUTER

In dem Ansatz von AMMER und SAUTER (1981) wird versucht, den Wert von Auebiotopen zu erfassen. Dabei wird ausdrücklich darauf hingewiesen, daß statt des Begriffs *Auwald* besser der Begriff *Auebiotop* verwendet werden sollte, da der Auwald nur eine der möglichen Ausprägungen des Auebiotops darstellt. Zur Ermittlung eines Auebiotopwertes werden folgende Kriterien herangezogen:
- Naturnähe der Vegetation
- pflanzenverfügbares Wasserangebot
- Flußdynamik

Zur Erfassung der Naturnähe wird den jeweils kartierten pflanzensoziologischen Einheiten eine Zahl zwischen 1 und 9 zugewiesen, wobei die Naturnähe an der *naturraumspezifischen Vegetation* (vergleichbar mit der *potentiell natürlichen Vegetation* nach ELLENBERG 1978), speziell an die Situation eines mitteleuropäischen Flußauenökosystems angepaßt, skaliert wird. Es wurde zur Benutzung dieser Skala in einem Testgebiet für bestimmte Pflanzengesellschaften eine Ableitungsvorschrift zur Ermittlung der jeweiligen Werteziffer erstellt. Dabei gehen verschiedene Parameter, wie Struktur, Artenfehlbetrag, Deckungsgrad gesellschaftsfremder und gesellschaftszugehöriger Arten, sowie unterschiedliche Nutzungsintensitäten in die jeweiligen Skalenwerte in Form von Abschlägen von erreichbaren Höchstwerten ein.

Neben der *Naturnähe* wird der *Flußdynamik* ein hoher Wert zuerkannt. Zur Beschreibung der Flußdynamik wird die Intensität der menschlichen Veränderungen auf Flußbett und Abflußregime in einer fünfstufigen Skala (völlig ungestört bis völlig zerstört) bewertet. Obwohl die Flußdynamik in verschiedenen Ausprägungen der Auenvegetation unterschiedlich wirksam ist, wird auf ihre übergeordnete Bedeutung hingewiesen: „Vielmehr ist sie als ein wichtiges Merkmal der Wildflußauen insgesamt zu begreifen, deren wesentliche Charakterzüge wie Veränderlichkeit der Zonierung und Vorhandensein aller Sukzessionsstadien sind direkt abhängig vom Grad der Flußdynamik" (AMMER und SAUTER 1981).

Der dritte Faktor, das *pflanzenverfügbare Wasserangebot*, geht lediglich mit einem Abzug von einem Punkt gegenüber der Verknüpfungsmatrix aus Vegetation und Flußdynamik in die Bewertung ein, wenn angenommen werden kann, daß der Grundwasserhaushalt durch Verbauungsmaßnahmen beeinträchtigt wurde.

Das Ergebnis ist der **Auebiotopwert**, der jedoch hinsichtlich der Schutzwürdigkeit eines Gebietes noch zusätzlicher Komponenten bedarf, die die Bedeutung des untersuchten Gebietes hinsichtlich der Erholungs-, der Wasserschutzfunktion und des Artenschutzes ausdrücken. Für den unterschiedlichen Erfüllungsgrad dieser Funktionen wird ein Zuschlag von insgesamt bis zu 2 Punkten erteilt. Die so ermittelte Schutzwürdigkeitsziffer wird noch einem neunstufigen Gefährdungspotential gegenübergestellt, wobei jedoch nur die Ränge 1,3,5,7 und 9 besetzt sind.

3.4 AUWERTZIFFER UND BIOTOPWERT NACH EDELHOFF

Aufgrund einer ausführlichen Diskussion der Verfahren von SCHUSTER (1980), SEIBERT (1980) und AMMER und SAUTER (1981) kommt EDELHOFF (1983) zu dem Ergebnis, daß keines der Verfahren direkt auf die Salzach anwendbar ist. Er entwickelt daher - allerdings in starker Anlehnung an AMMER und SAUTER (1981) unter Einbeziehung einzelner Bewertungsschritte von SEIBERT (1980) ein eigenes Bewertungsverfahren. Mit Hilfe einer Auwertziffer (AWZ) wird die Qualität eines Augebietes über das Vorhandensein auetypischer Vegetationseinheiten und deren Anteil und Verbreitung am gesamten Vegetationsbestand ermittelt.

EDELHOFF (1983, S. 13) stellt für das Untersuchungsgebiet der Salzachauen zwischen der Saalachmündung und Laufen fest, daß keine genauen Unterlagen über den natürlichen Zustand des Auenökosystems vorliegen. Er schlägt daher vor, die Gebietsqualität an einem hypothetischen, „ideellen" Auökosystemmodell zu messen. Für den Mittellaufabschnitt eines Alpenvorlandflusses stellt er folgende Abfolge von der Talmitte bis zur Terrasse als typisch fest:

- vegetationsfreie Kies- oder Sandbänke
- Spül- oder Schwemmsäume, Staudenfluren, Ufersäume
- krautige Pioniergesellschaften
- Pionierstadien aus Sträuchern (Weiden, Tamarisken)
- Baumweidenzone, z.T. mit Pappeln
- Grauerlenwald
- Übergangsphasen Weichholzaue-Hartholzaue
- Hartholzaue
- Verlandungsgesellschaften

Je mehr dieser Vegetationsgruppen in einem Gebiet zu finden sind, um so höher ist seine Qualität als Auen-Ökosystem. Obwohl EDELHOFF (1983, S. 14) zugesteht, daß dies eine idealisierte Abfolge ist, und z. B. an Prall- und Gleithängen unterschiedliche

Abb. 3.1: Ablauf des Bewertungsvorgangs nach EDELHOFF (1983, S. 16)

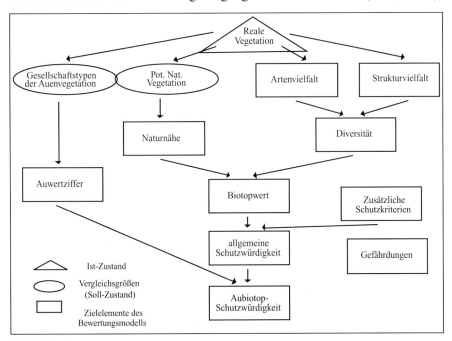

Verhältnisse herrschen, fordert er dennoch für ein intaktes Auen-Ökosystem innerhalb einer bestimmten Gebietsgröße (die er nicht näher definiert) das Vorhandensein aller aufgeführter Gesellschaftsgruppen. Die AWZ ergibt sich aus dem Vorhandensein der einzelnen Gesellschaftsgruppen, wobei jeweils ein Punkt vergeben und das Ergebnis in drei Qualitätsklassen aufgeteilt wird:

    7 - 9: optimal ausgeprägtes Auökosystem

    4 - 6: erheblich gestörtes Auökosystem

    1 - 3: Auökosystem nur noch reliktisch

Eine hohe Auwertziffer ist demnach Ausdruck einer Vielfalt der Pflanzengesellschaften und ist nach EDELHOFF (1983, S. 15) auch ein großes Habitatpotential für die Tierwelt.

In einem zweiten Schritt werden die Indikatoren *Naturnähe* und *Diversität* (aus Arten- und Strukturdiversität) bestimmt und mit einer Gewichtung von 0,7 für Natürlichkeit und 0,3 für Diversität zu einem Biotopwert zusammengefaßt. Dieser Biotopwert wird anschließend um „zusätzliche Schutzkriterien" korrigiert, wobei eine Erhöhung des Biotopwertes um maximal 2 Punkte möglich ist.

3.5 NATURSCHUTZWERT AUFGRUND DER ÖKOTOPBILDUNGS- UND NATURSCHUTZFUNKTION NACH MARKS ET AL.

Dieser Ansatz lehnt sich stark am Naturraumpotentialkonzept an, obwohl versucht wird, die starke Ressourcen- und Rohstofforientiertheit des Naturraumpotentialkonzepts zu vermeiden. Es steht jedoch ebenfalls das „Leistungsvermögen" des Naturraumes oder des Landschaftshaushaltes im Vordergrund. Dabei versucht man sich doch vom reinen Naturraumpotentialkonzept zu distanzieren, indem der Terminus *Potential* auf die wirtschaftlich nutzbaren Ressourcen (land- und forstwirtschaftliches Ertragspotential, Wasserdargebotspotential) beschränkt wird. Dennoch steht der Anspruch des Menschen weiterhin im Mittelpunkt und prägt diesen Ansatz. Das Leistungsvermögen setzt sich aus der Summe seiner Funktionen und Potentiale zusammen.

MARKS et al. (1989, S. 108) verstehen unter der **Ökotopbildungsfunktion**:

> *„das Leistungsvermögen eines Landschaftshaushalts, durch Wechselwirkungen zwischen den abiotischen und biotischen Landschaftsbestandteilen ökologische Wirkungsgefüge (räumlich abgegrenzte Biotope) zu bilden, die sich bis zu einem gewissen Grade selbst erhalten und regenerieren. Die Ökotope bilden Lebensstätten (Biotope) mit ihren Lebensgemeinschaften (Biozönosen) von Pflanzen und Tieren."*

Dabei ziehen die Autoren den Begriff *Ökotopbildungsfunktion* dem Begriff *Biotopbildungsfunktion* vor, da die existierenden Lebensgemeinschaften mit den abiotischen Kompartimenten der Ökosysteme (Klima, Boden, Wasserhaushalt) eine funktionale Einheit bilden. Die Funktionstüchtigkeit der Ökosysteme wird an ihrer Fähigkeit gemessen, durch das Wirkungsgefüge ihrer biotischen und abiotischen Einzelfaktoren in sich stabile, d. h. sich selbstregulierende Einheiten zu bilden. Selbstregulierend heißt in diesem Zusammenhang, daß ein Gleichgewichtszustand unter Störungsbedingungen erhalten oder wiedererlangt werden kann. Dies bedeutet ein hohes Maß an Stabilität.[4] Als Indikatoren werden herangezogen: *Maturität, Natürlichkeit, Diversität*, und *anthropogene Beeinträchtigung des natürlichen Zustandes*, wobei die Bewertung offensichtlich stark an SEIBERT (1980) angelehnt ist.

In diesem Ansatz wird parallel zu bzw. aufbauend auf der Ökotopbildungsfunktion eine *Naturschutzfunktion* ausgewiesen, da in der Ökotopbildungsfunktion keine Kriterien wie *Seltenheit* oder *Gefährdung* enthalten sind. Mit Kriterien für die Schutzwürdigkeit (Bedeutung des Lebensraumes für Tiere und Pflanzen) und einer besonderen Schutzbedürftigkeit (Seltenheit von Pflanzen, Tieren und Biozönosen) wird eine Naturschutzfunktion erfaßt. Die Bewertung erfolgt nach:

- Gefährdungsgrad hinsichtlich des Artenschutzes (Rote Liste Arten)
- Gefährdungsgrad hinsichtlich des Biozönoseschutzes
- Präsenzwert (prozentualer Anteil der noch vorhandenen realen Vegetationstypen an der Gesamtfläche der potentiellen natürlichen Vegetationstypen in einer naturräumlichen Einheit)
- Wiederherstellbarkeit (Entwicklungsdauer)

Besonders zu erwähnen ist zu diesem Ansatz, daß über die Bewertung des realen Zustandes hinaus auch eine standörtliche *Ökotopentwicklungsfunktion* zusätzlich beurteilt wird. Dies ermöglicht z.B. einen niedrig bewerteten Fichtenforst höher zu stufen, wenn sich daraus bei entsprechender forstlicher Umorientierung ein bodensaurer Laubwald entwickeln würde. Dieser Aspekt ist überaus interessant, aber nicht unproblematisch, weil die „echten" hohen Werte der Bewertung des realen Zustandes relativ zu solchen Standorten wieder an Vorsprung verlieren.

3.6 DAS BIOTISCHE REGULATIONSPOTENTIAL

Das biotische Regulationspotential wird verstanden als

> *„Vermögen eines Naturraums zur Aufrechterhaltung und Steuerung oder auch zur Wiederherstellung der Lebensprozesse, der biotischen Diversität und Komplexität sowie dem biologisch bedingten Anteil an der Stabilität von Ökosystemen"* (HAASE 1978, S. 120).

Es bezeichnet also im weitesten Sinne die Leistungsfähigkeit der Regenerationsfunktion für die Tier- und Pflanzenwelt. Dabei besteht eine eindeutige Beziehung: Eine Fläche ist um so höher einzustufen, je eher zu erwarten ist, daß sie als Standort oder Rückzugsort für die Tier- und Pflanzenwelt geeignet oder von Bedeutung ist (KIAS 1990, S. 187).

Das biotische Regulationspotential besteht aus vier Teilaspekten (SCHLÜTER 1977, BASTIAN und HAASE 1992):

- Die Regulierung des Stoff- und Energiekreislaufs.
- Die biotische Reproduktion (Selbsterhaltung und Selbsterneuerung vorhandener Biozönosen).
- Die biotische Regeneration (Fähigkeit zur optimalen Ausnutzung bzw. Besiedlung aller Biotope/ökologischen Nischen).
- Die biotische Diversität und Komplexität (Erhaltung und Wiederherstellung der biotischen Mannigfaltigkeit).

---
[4] vgl. auch Kap 2.10 zum Thema Stabilität

Widersprüchliche Ansichten bestehen in der Fachliteratur über die Einsatzmöglichkeiten des biotischen Regulationspotentials in der Praxis. „Die Beurteilung des biotischen Regulationspotentials in dieser umfassenden Form ist methodisch bislang noch nicht gelöst worden" (BASTIAN und HAASE 1992, S. 24). Dennoch versuchen dieselben Autoren in der gleichen Arbeit, diesen Ansatz anzuwenden.

3.7 INDIKATORISCHE BEWERTUNGSANSÄTZE

„Bewertung im Naturschutz muß sich in der Regel indikatorischer Verfahren bedienen, da eine vollständige Erfassung aller Teile und Wechselwirkungen der zu bewertenden Naturelemente wegen ihrer hohen Komplexität ebensowenig operabel wäre wie die Entwicklung qualifizierter naturwissenschaftlicher Modelle ,, (PLACHTER 1992a, S. 28/29).

Das Konzept der Bioindikation wurde in Kap. 2.9 dargestellt. Unabhängig vom Anwendungsgebiet (z. B. faunistische Indikatoren) werden von der Art der Indikation zumeist folgende Gruppen unterschieden (nach SCHUBERT 1985 und PLACHTER 1992a):

Klassifikationsindikatoren: Sie ermöglichen die Einordnung realer Zustände der Natur in vorgegebene (wertneutrale) Klassifikationssysteme (Beispiele sind die Charakterarten der Pflanzensoziologie).

Zustandsindikatoren: Sie ermöglichen die indikatorische Bestimmung bestimmter Zustände oder Entwicklungen von Naturelementen. Hierzu zählen u. a. die immissionsökologischen Bioindikatoren.

Bewertungsindikatoren: Sie geben wertbestimmende Eigenschaften von Naturelementen wieder.

Allerdings sind viele Indikatoren in zwei oder sogar drei dieser Bereiche einsetzbar. So kann z. B. eine bestimmte Rote Liste-Art sowohl als Klassifizierungs- (auch Differentialart), Zustands- (Nährstoffbelastung) oder auch als Bewertungsindikator fungieren. PLACHTER (1992a, S. 29) zieht aus diesen Erkenntnissen den Schluß, daß sich die Summe der Indikatoren (Kollektive) von Aufgabe zu Aufgabe deutlich unterscheiden wird. Auch für die vorliegende Studie Salzachauen ist dies von wesentlicher Bedeutung. Es soll versucht werden, anstatt eine einzelne Art mehrere Zeigerarten bzw. Zielartenkollektive zu berücksichtigen (vgl. MÜHLENBERG 1989, HOVESTADT et al. 1991, PLACHTER 1992a, HENLE und KAULE 1991b). Viele Autoren, die sich beispielsweise mit Immissionsökologie beschäftigen, verstehen den Begriff der Bioindikation viel enger, während andere alle lebenden Organismen von Einzelarten bis hin zu Ökosystemen als Bioindikatoren betrachten. Das gemeinsame Kennzeichen ist - wie bereits kurz dargestellt - eine Reaktion auf Umweltbelastungen und -veränderungen. In den meisten Fällen werden Pflanzen verwendet, weil diese nicht durch Abwanderung ausweichen können. Ein Spezifikum des Naturschutzes ist daher auch etwa gegenüber dem technischen Umweltschutz, daß Tiere unbedingt einbezogen werden müssen (vgl. USHER 1986, SOULÉ 1986, WIENS 1976, 1989, HOVESTADT et al. 1991, PLACHTER 1992a, PRIMACK 1993, 1995, HENLE 1994, JEDICKE 1990, 1996). Im folgenden wird daher besonders dieser Aspekt dargestellt.

3.7.1 Faunistische Bewertungsmethoden

Die Mehrzahl der bisherigen Bioindikationskonzepte zur Charakterisierung und Bewertung von Lebensräumen orientiert sich an vegetationskundlichen Ansätzen. Tiere und Tiergesellschaften sind jedoch nicht an die gleichen Raumstrukturen gebunden wie Pflanzen und reagieren in artspezifischer Weise auf die Veränderung von Standortfaktoren (SPANG 1992, S. 158). Sie sind daher in der Regel keiner Pflanzengesellschaft eindeutig zuzuordnen (BLAB 1988) und unterliegen oft auch auf Ebenen der Biotoptypen einer Mehrfachbiotopbindung (MÜHLENBERG 1993, JEDICKE 1996). Untersuchungen zum faunistischen Inventar müssen sich nach JEDICKE (1990, S. 140) mit Ausnahme der Vögel, der Amphibien und vielleicht der Fledermäuse nicht nur auf Probeflächen, sondern wegen der unüberschaubaren Artenfülle auch auf Artengruppen beschränken, die relativ leicht bestimmbar sind und denen eine gewisse Indikatorfunktion zugeschrieben wird. Dazu kommt, daß verschiedene Tierarten nicht flächenhaft vorkommen, sondern in fleckenhaft verbreiteten Teilpopulationen aufgeteilt sind, die sich durch den Austausch von Individuen gegenseitig beeinflussen und gemeinsam eine Metapopulation bilden (HANSKI and GILPIN 1991).

Auf Grund dieser Tatsachen haben sich bestimmte Konzepte entwickelt: Bei der tierökologischen Bewertung von Habitaten wird häufig auf das Konzept der *Leitarten* (PLACHTER 1991) oder *Zielarten* (MÜHLENBERG 1989, HOVESTADT et al. 1991, PIRKEL und RIEDL 1991, FOECKLER und HENLE 1992, RIECKERT 1992, VOGEL et al. 1996) zurückgegriffen, da eine vollständige Erfassung aller Arten bereits in einem Gebiet geringer Größe kaum möglich ist. Ausgehend von dem *management indicator species* Konzept (WILGROVE 1989) schlägt PLACHTER (1991, 1992a) vor, statt einzelne Arten sogenannte Management-Gilden als *Zeigerartenkollektive* zu verwenden. Zum Problem der praxisgerechten Eignung faunistischer Taxa als Bioindikatoren und für eine sachgerechte Auswahl schlägt SPANG (1992, S. 158f) folgende Kriterien vor:

1. Kenntnisstand der Literatur bezüglich Biologie, Biogeographie und Ökologie der Organismen.
2. Indikatorbedeutung, Empfindlichkeit, Genauigkeit und Repräsentanz.
3. Verfügbarkeit der Arten (geographische Verbreitung, Abundanz).
4. Methodik der Erfassung (Fang, Beobachtung, Verhören etc.: Sind quantitative oder nur qualitative Erfassungsmethoden möglich?).
5. Determination: allgemeiner Kenntnisstand bzgl. Taxonomie, Verfügbarkeit von Bearbeitern.
6. Zeitaufwand bezüglich der Erfassung und der Determination.

Die tierökologische Bewertung von Habitaten aufgrund von Bestandsaufnahmen wird immer ein Problem bleiben, solange sie nicht auf der Basis eindeutig nachprüfbarer Zielvorstellungen durchgeführt wird (MÜHLENBERG 1989). Während Aussagen über Häufigkeiten und über die Populationsdynamik in der Regel[5] nur durch arbeitsintensive Felderhebungen getroffen werden können, ist es mit Hilfe von Geographischen Informationssystemen möglich, aus Punktbeobachtungen oder durch Fernerkundung gewonnenen habitatrelevanten Flächendaten mittels Modellbildung die

---

[5] Außer wenn es sich um Individuen handelt, die z. B. mit Fernerkundungsmethoden erfaßt werden können (Einzelbaumkartierung, Zählung von Großsäugetieren aus der Luft ...)

Habitateignung für bestimmte Arten zu ermitteln (HSI) oder potentielle Verbreitungsgebiete (*potential range*) zu konstruieren (z. B. SCOTT et al. 1989, AVERY and HAINES-YOUNG 1990, ASPINALL 1992, ASPINALL and VEITCH 1993, GRIFFITHS et al. 1993, MILLER 1994, BUTTERFIELD et al. 1994, HOLLANDER et al. 1994, MAURER 1994). Dadurch kann keinesfalls ein ausführliches Studium der Populationsbiologie, der Populationsgenetik und der speziellen Habitatansprüche einer Art ersetzt werden. In der Praxis bleibt bei Planungsentscheidungen jedoch selten die Zeit für solche Untersuchungen.

Viele der üblichen Bewertungsverfahren orientieren sich allein an der realen Vegetation, deren Natürlichkeitsgrad (*Hemerobie*), *Maturität* und/oder deren *Ersetzbarkeit* (AMMER und SAUTER 1981, SCHUSTER 1980, EDELHOFF 1983). Gerade in jüngster Zeit müßte u.a. durch die Biodiversitätsdiskussion auch außerhalb von Expertenkreisen das Bewußtsein wachsen, daß wir auch oder gerade in einer hochgradig kultivierten Landschaft die Vielfalt des Lebens benötigen. Schwierig ist jedoch nicht nur die Frage der politischen Durchsetzbarkeit von Schutzgebieten und Vorgaben, sondern bereits die Bewertung der Schutzwürdigkeit. MÜHLENBERG (1989, S. 193) wirft daher die Frage auf:

> *„Erlangt ein Habitat seine besondere Qualität durch eine hohe Artenvielfalt oder durch das Lebensraumangebot für eine besondere Art?"*

Im letzteren Fall wird das Vorkommen bzw. Nicht-Vorkommen einzelner, ausgewählter Arten als wertbestimmendes Kriterium eines Biotopes angesehen. Nicht zuletzt, da die Bewertung der Fauna wiederum nur *ein* Element in der Gesamtbewertung des Lebensraumes darstellt, erscheint diese Vorgangsweise der Bioindikation gerechtfertigt. Von der früher üblichen Artendiversität als Wertkriterium eines Lebensraums wird mehr und mehr Abstand genommen, da der grundlegende Zusammenhang zwischen Artenreichtum und anderen ökologischen Größen, wie z. B. Stabilität, angezweifelt werden muß (BEGON et al. 1990).

3.7.2 Indikatoren und Zielartensysteme in der Naturschutzplanung

Die vorgestellten sowie noch folgenden Verfahren der Indikation haben zwar primär eine analytische Funktion, allen übergeordnet ist jedoch stets die praktische Notwendigkeit der Bewertung für planerische Entscheidungen (vgl. Kap. 2.1). Indikatoren können in der Planung in verschiedenen Betrachtungsebenen eingesetzt werden. Einzelne Arten- und Standortparameter, aber auch Biozönosen und ganze Ökosysteme sind daher prinzipiell geeignet, als Indikatoren zu fungieren. So kann von der Empfindlichkeit gegenüber anthropogenen Einflüssen oder der Schutzwürdigkeit bestimmter Pflanzen- und Tierarten auf die Empfindlichkeit und die Schutzwürdigkeit eines ganzen Ökosystems geschlossen werden.

Umgekehrt gibt es aber auch die Fälle, in denen bereits die Feststellung eines bestimmten Ökosystemtyps ausreicht, um Aussagen über darin vorkommende Arten oder über bestimmte Standorteigenschaften zu treffen (PIRKL und RIEDEL 1991). Bei Eingriffsbeurteilungen werden meist die einzelnen Indikatoren (z. B. Arten) auf einer höheren Ebene zu Aussagen über komplexe Zusammenhänge aggregiert. Man spricht daher in der Naturschutzplanung auf Grundlage ökosystemarer Theorien (vgl. HABER et al. 1988, TOBIAS 1990) von einem hierarchischen Aufbau des Indikatorsystems.

Der bereits erwähnte Ansatz der Zielartensysteme (MÜHLENBERG 1989, HENLE und KAULE 1991b) bzw. Leitartensysteme (PLACHTER 1991a) kann demgegenüber nicht als gegensätzlicher, sondern muß als ergänzender Ansatz betrachtet werden. Wie RECK et al. (1991, S. 348) feststellen, ersetzt die Auswahl von Zielarten nicht die Herleitung landschaftlicher Ziele. Diese ergeben sich nicht nur aus dem aktuellen Bestand von Lebensräumen und Arten, sondern auch aus der historischen Entwicklung, den Anforderungen der örtlichen Bevölkerung an Erholung und Wohnumfeld, den Anforderungen der Landnutzer sowie aus ökonomischen Entwicklungszielen.

Hier ist allerdings die entscheidenden Frage zu stellen, ob bereits bei der Findung von Zielarten diese konkurrierenden Nutzungsabsichten berücksichtigt werden sollen, oder ob nicht ein Zielartenkonzept aufgestellt werden sollte, das in einem bewußten Gegensatz zu den Zielen anderer Interessengruppen steht, um erst bei der Realisierung Kompromisse eingehen zu müssen und nicht schon vorher.

Ein weiterer, für die Planung entscheidender Punkt ist die Tatsache, daß speziell für den Artenschutz immer mehr Ziele innerhalb eines Flächensystems verwirklicht werden müssen. Gerade in diesem Zusammenhang wird in die Entwicklung von Zielartensystemen große Hoffnung gesetzt, daß damit Planungs- und Umsetzungsinstrumente zur Verfügung stehen werden, um Maßnahmen herzuleiten und den Erfolg zu kontrollieren (RECK et al. 1991). Trotz all dieser Schwierigkeiten fordern HENLE und KAULE (1991b) auf Grund von positiven Erfahrungen in anderen Regionen der Erde (hier Australien und Neuseeland) auch für Deutschland die Aufstellung von Zielartensystemen:

„Statt zunehmend mehr Artenlisten aneinanderzureihen, von denen wir nicht wissen, was sie bedeuten, da wir über die Ökologie der aufgelisteten Arten so gut wie nichts wissen, sollte sich unserer Meinung nach auch der Naturschutz dazu bereit finden, seine Forderungen wissenschaftlich möglichst genau abzusichern. Dies ist jedoch nur möglich, wenn die Ökologie der Arten oder Artengruppen, mit denen argumentiert wird, hinreichend bekannt ist" (HENLE und KAULE 1991b, S. 64).

3.7.3 Beispiel: Ornithologische Bewertung im Arten- und Biotopschutz

Erstaunlich viele faunistische Bewertungsverfahren stützen sich auf die Analyse der Avifauna in einem Gebiet. Dies ist nicht nur damit zu begründen, daß Vögel auffällige und häufig bunte Lebewesen sind sondern u.a. auch auf ihre Eignung als Anzeiger für Umweltbelastungen und ihre starke Bindung an strukturelle Aspekte von Biotoptypen (vgl. WIENS 1989). Die vogelkundliche Beobachtung hat eine lange Tradition und geschieht sowohl aus wissenschaftlichem Interesse als auch aus Freude an der Natur. Bestimmte Arten gelten als Anzeiger für Umweltbelastungen, etwa für Schwermetall- und Pestizidrückstände (z. B. Greifvögel). Eine gute Übersicht über ornithologische Bewertungen für den Arten- und Biotopschutz bieten FULLER und LANGSLOW (1994), eine Übersicht über die in Deutschland verwendeten Bewertungsverfahren gibt BEZZEL (1982). Die ornithologisch wichtigeren unter vielen möglichen Merkmalen, die auf der Grundlage von Erhebungen ermittelt werden können, sind nach FULLER und LANGSLOW (1994):

Gebietsgröße: Sie gilt als wichtiges Merkmal für ornithologische Bewertungen unter der zentralen Fragestellung: Ist das Gebiet groß genug, um den Ansprüchen einer Art gerecht zu werden? Schwierig ist diese Frage für die sehr großen genutzten Gebiete von Greifvögeln und Seevögeln sowie für alle jahreszeitlichen Mehrfachbiotopnutzungen und für Teilsiedler. Die absolute Gebietsgröße muß auch stets in Zusammenhang mit der Isolation/Vernetzung des Biotops gesehen werden (vgl. auch JEDICKE 1990).

Diversität und Artenreichtum: Während lange Zeit Diversitätsindizes aus den Untersuchungen und Bewertungen nicht wegzudenken waren, werden sie inzwischen immer häufiger kritisch betrachtet (BEGON et al. 1991, HOVESTADT et al. 1991, PLACHTER 1991, 1992a, FULLER und LANGSLOW 1994). Bei verantwortlicher Interpretation der Ergebnisse geben sie aber dennoch wichtige Hinweise.

Bestandesgröße: Dieses Merkmal wird bisher nur in begrenztem Umfang eingesetzt, obwohl nach FULLER und LANGSLOW (1994, S. 217) es durchaus sinnvoll ist, den in einem Gebiet vorkommenden Anteil an der Gesamtpopulation für die Bewertung heranzuziehen.

Seltenheit: Dieses Kriterium wird in fast allen Bewertungen verwendet, obwohl es nicht unumstritten erscheint, Seltenheit zu definieren. Vor allem erfordert die Verwendung des Begriffes eine klare Definition des räumlichen Bezugs. Sinnvollerweise werden hierzu naturräumliche Gliederungen herangezogen. Leichter im praktischen Vollzug erscheint dagegen die Verwendung von administrativen Einheiten, z. B. eines Kreises/Landkreises und/oder eines Bundeslandes.

Vom Aussterben bedroht/gefährdet: Dieses Kriterium erscheint eng verwandt mit dem Kriterium Seltenheit. Dennoch gibt es viele Tierarten, die wegen ihrer Lebensweise oder Habitatansprüche zwar selten, jedoch nicht zwangsläufig gefährdet sind (REMMERT 1992, HOVESTADT et al. 1991). Andererseits lassen sich die natürliche Seltenheit von Arten und die durch den Menschen bedingte Seltenheit nicht immer klar unterscheiden (ZWÖLFER 1980).

Empfindlichkeit: Darunter wird die Empfindlichkeit von Tieren und Pflanzen gegenüber Veränderungen der Umwelt durch den Menschen im weitesten Sinne verstanden. Wegen der ökologischen Bindung der Vögel an ihre Umwelt sind diese sehr häufig als Indikatoren für Umweltbedingungen und ihren Veränderungen zu gebrauchen.

Potentieller Wert für Pflanzen und Tiere: „Der potentielle Wert kann ein wichtiges Entscheidungskriterium bei der Auswahl von Gebieten sein, in denen Bildungsaufgaben ein Hauptanliegen sind und die durch aktives Management so entwickelt werden können, daß sie ornithologische Bedeutung bekommen" (FULLER und LANGSLOW 1994, S. 221). Allerdings scheint dieses Kriterium sehr schwer zu quantifizieren zu sein.

Habitatvielfalt: Für eine Abschätzung der ornithologischen Bedeutung sollte dieses Kriterium in der Zukunft verstärkt herangezogen werden, vorausgesetzt, daß der Kenntnisstand über die Habitatansprüche von Arten weiter verbessert wird.

Natürlichkeit: Natürlichkeit wird durch einen Vergleich mit einem vom Menschen nicht veränderten Habitattyp beurteilt (FULLER und LANGSLOW 1994, S. 221). Dies ist in der Praxis leider nicht immer möglich. So gibt es beispielsweise in ganz Mitteleuropa keinen Lebensraum mehr, wie z. B. einen Alpenvorlandsfluß, wie ihn die Salzach anfangs des vorigen Jahrhunderts darstellte. Das Konzept der Hemerobiestufen (vgl. Kap. 2.5) läßt sich zwar auf die Vegetationseinheiten gut anwenden, jedoch nicht direkt auf den Natürlichkeitsgrad von Vogelgemeinschaften und deren Habitate.

Repräsentanz: Dies wird häufig als ein elementares Ziel des Artenschutzes angesehen. Ein klarer, intersubjektiv nachvollziehbarer Wert scheint jedoch sehr schwer festzulegen zu sein. Eine Alternative bilden multivariate, statistische Analysemethoden von Vogelgemeinschaften.

Lebensraumzerstückelung (Verinselung): Ausgehend vom Konzept der *Minimum Viable Population* (MVP) liefern Angaben über den Flächenbedarf einer Population Aussagen darüber, ob in kleinen und isolierten Habitaten ein Überleben der Population langfristig möglich ist. Für den Bestand einer Art müssen daher einzelne Flächen funktional zusammenhängen (z. B. erreichbar sein), damit eine Wiederbesiedelung aus einem anderen Gebiet möglich ist. Dies erscheint zwar auf den ersten Blick für Vögel weniger problematisch als für andere Taxa, jedoch ist nicht nur die absolute Entfernung, sondern auch die Wirkung von Barrieren (vgl. JEDICKE 1990, REICHHOLF 1987) zu berücksichtigen.

Ökologische Funktion im Lebenszyklus: Nach FULLER und LANGSLOW (1994, S. 222) besteht die Tendenz, sich bei ornithologischen Bewertungssystemen auf Gebiete zu konzentrieren, in denen sich zu einem gewissen Zeitpunkt im Jahr große Anzahlen oder Artenzahlen aufhalten. Daher ist es notwendig, auch andere Gebiete, die für den Gesamtbestand der Population Bedeutung haben, zu erfassen.

3.7.4 HSI (Habitat Suitability Index) und Habitat Evaluation Procedure (HEP)

Habitat Suitability Indices sind standardisierte Berechnungsvorschriften einer Habitateignung unter zumeist kleinmaßstäbiger Betrachtung, die auf den für die betreffende Art relevanten Schlüsselkomponenten des Habitats basieren. Es handelt sich dabei um einen in den USA gängigen Ansatz. Unter Federführung des US Fish and Wildlife Service wurden eine ganze Reihe von Einzelmodellen für verschiedene Arten entwickelt. Diese Modelle sind in der Regel stark vereinfacht und behandeln nur die wesentlichen Komponenten des Habitats. Dies ist unter einem Kosten- und Zeitdruck zu betrachten, unter dessen Diktion kosten- und zeiteffektive Verfahren benötigt wurden (vgl. SPELLERBERG 1992): So wird beispielsweise bei vielen Vogelarten nur das Bruthabitat berücksichtigt, und bei Amphibienarten nur das Habitat während der Laichzeit. Einerseits handelt es sich bei diesen Phasen um wesentliche Lebensabschnitte, die für den Fortbestand einer Art entscheidend sind. Andererseits bleiben aber entscheidende Elemente, die das Überleben einer Art mit beeinflussen, unberücksichtigt.

Der HSI ist stets ein Wert zwischen 0 und 1, wobei 1 die beste Habitatausprägung (Qualität) für eine Art in einem definierten Gebiet darstellt. Im folgenden ist ein Beispiel der Berechnung des HSI für den amerikanischen Marder (*Martes americana*) dargestellt (nach SPELLERBERG 1992, 120f):

$$HSI = (V_1 \times V_2 \times V_3)^{1/3}$$

wobei V_1 eine Funktion der gesamten Baumkronendichte, V_2 eine Funktion der Baumkronendichte von Tannen und Fichten und V_3 eine Funktion des Sukzessionsstands eines Standorts repräsentieren. Die Funktionen sind dabei nicht linear, sondern in Form von Kurven festgelegt. Der Habitat suitability Index steht meist nicht für sich allein, sondern ist in der Regel in eine *Habitat Evaluation Procedure* (HEP) eingebunden. Auch wenn der Ansatz für eine kleinräumige und detaillierte Untersuchung wie die in der vorliegenden Arbeit untersuchte Fallstudie nicht direkt anwendbar ist, ist doch die Verknüpfungsvorschrift interessant und es wird in Kapitel 9 geprüft, inwieweit diese kombinatorische Zusammenführung etwa einem arithmetischen Mittel gegenüber zu bevorzugen ist.

Ein, vor allem in den USA, sehr weit verbreitetes Verfahren ist die *Habitat Evaluation Procedure* (HEP). Es beruht darauf, die Tragfähigkeit (*carrying capacity*) eines Lebensraumes für eine oder mehrere Tierarten zu prognostizieren (HOVESTADT et al. 1991). Es unterscheidet sich damit von vielen anderen und auch den bisher vorgestellten Verfahren darin, daß nicht abstrakte Faktoren, wie Seltenheit, Natürlichkeit, Diversität etc. zur Bewertung herangezogen werden. Voraussetzung ist, daß ausreichende Kenntnisse über die Ökologie der betreffenden Arten vorliegen. Das Vorgehen bei einer Habitat Evaluation Procedure läßt sich in folgende sechs Schritte gliedern (nach HOVESTADT et al. 1991, PEARSALL et al. 1986):

1. Einteilen des gesamten Gebietes in Flächen, die hinsichtlich ihres Habitattyps als relativ homogen angesehen werden können (*patches*).
2. Auswahl der Art oder Arten, auf denen die Bewertung basieren soll. Werden mehrere Arten gewählt, so ist darauf zu achten, daß sie verschiedene ökologische Gilden repräsentieren.
3. Ermitteln der Habitatfläche innerhalb der zu bewertenden Fläche für jede der einbezogenen Arten.
4. Errechnen des Habitat Suitability Index (HSI) für die betreffenden Arten (Ergebnis in Habitat Units).
5. Multiplikation der Habitatfläche jeder ausgewählten Art mit dem ermittelten HSI.
6. HEP accounting procedures.

Die Einsetzbarkeit dieses Verfahrens in der Naturschutzpraxis zur Ausweisung von Schutzgebieten ist jedoch noch nicht bewiesen (HOVESTADT et al. 1991, S. 204). Andererseits scheinen hier noch große Chancen zu liegen, weil wegen des hohen Forschungsaufwandes zur Erstellung der Modelle noch relativ wenige Verfahren vollständig durchgeführt wurden. Für die vorliegende Untersuchung ist festzuhalten, daß hier explizit gewisse Defizite einer „Vollständigkeit" in Kauf genommen werden, andererseits ein detailliertes Wissen zur Populationsbiologie einer Art vorliegen muß. Eine der entscheidenden Fragen, die aus der vorliegenden Literatur zur HEP nicht eindeutig beantwortet werden kann, ist, ob z.B. die Sicherung von Bruthabitaten einen großen Teil eines Lebensraumes gleichsam „mitsichern" kann, oder ob hier komplexere Verfahren mit jahreszeitlich unterschiedlichen räumlichen Ansprüchen notwendig sind. Für die letztere Methode bietet sich besonders eine GIS-Bearbeitung zur Beantwortung einer solch komplexen Fragestellung an; die Erhebung der notwendigen Daten dürfte jedoch über exemplarische Untersuchungen hinaus zu aufwendig sein.

3.7.5 Beispiel: Wassermolluskengesellschaften als Bewertungsmaßstab von Augewässern

In dem Bewertungsverfahren von FOECKLER (FOECKLER 1990, 1991, FOECKLER et al. 1992, 1995) wird die Anzahl und die Zusammensetzung der in einem Auengewässer festgestellten Makroinvertebratenarten bewertet. Als Wertmaßstab gilt die Anzahl der „typischen" und „reduzierten" Wassermolluskengesellschaften, die nach multivariaten, statistischen Verfahren, die einer Clusteranalyse im weiteren Sinne entsprechen, in drei Kategorien eingeteilt werden. Es werden nach dem Ausschluß von allgemein verbreiteten und vereinzelt vorkommenden Arten die verbleibenden 40 Arten in 5 Makroinvertebratengemeinschaften typisiert. Die Gewässer der Kategorie 1 gelten als absolut schützenswert, die der Kategorie 2 noch als sehr wertvoll, die der Kategorie 3 als nur durch Sanierungs- und Renaturierungsmaßnahmen zu verbessernde Biotope. FOECKLER sieht in diesem Ansatz einen naturraumorientierten Bewertungsmaßstab und kann sich hierbei auf umfangreiche Studien an der Rhone berufen (Überblick in AMOROS et al. 1987). Dieser französische Ansatz ist u.a. deswegen bemerkenswert, da er statistische, vor allem multivariate Analyseverfahren in qualitative und Hypothesen-geleitete Bewertungen integriert.

PLACHTER und FOECKLER (1991) vergleichen diesen Ansatz am konkreten Beispiel der ostbayerischen Donauauen mit dem synoptischen Verfahren der OAG (1986). Die Übereinstimmung der Bewertung beider Verfahren ist relativ hoch, vor allem in der Klasse des höchsten Naturschutzwertes. Während das Verfahren der OAG überaus aufwendige Erhebungen erfordert, kann die Methode von FOECKLER als sektorales Verfahren bezeichnet werden. Es stünde damit eine Methode mit relativ geringem Aufwand zur Verfügung, um in einer Art „Schnellansprache" (HOVESTADT et al. 1991) den naturschutzfachlichen Wert von Auen zu ermitteln.

Während dieses Verfahren zu Recht sehr stark an der Hydrologie und der Hydrodynamik ausgerichtet ist, die zweifellos die entscheidende Triebfeder des Ökosystems Aue darstellen (vgl. GEPP 1985, GERKEN 1988), bleiben dennoch in dieser sektoralen Betrachtung zwangsläufig einige naturschutzfachliche Aspekte unberücksichtigt, die in einigen Fällen eine höhere Einstufung rechtfertigen würden. Dies betrifft etwa das Vorkommen von seltenen, repräsentativen und/oder gefährdeten Arten anderer Klassen oder z. B. das Vorkommen spezifischer Pflanzengesellschaften. Auch wenn also der aktuelle Zustand bzw. das Ausmaß einer Auendynamik gut klassifiziert werden kann, bleibt - ähnlich wie bei der bereits diskutierten starken Anlehnung an den Faktor Natürlichkeit - das Renaturierungspotential aus der Sicht anderer biotischer Parameter offen. Es sei abschließend nochmals festgehalten, daß unter allen sektoralen Verfahren, die zweifellos in vielen Fällen aus Zeit- und/oder Kostengründen die einzig realisierbaren sind, dieser Ansatz der für Auen geeignetste zu sein scheint.

3.8 DIE ÖKOLOGISCHE RISIKOANALYSE

Die ökologische Risikoanalyse geht zurück auf die Dissertation von BACHFISCHER (1978) und findet sich in vielen Bewertungsansätzen der 80er und auch 90er Jahre im deutschsprachigen Raum wieder. BASTIAN und SCHREIBER (1994, S. 345) attestieren diesem Verfahren, es sei ein „interessanter, hinreichend transparenter, aber auch relativ leicht zu handhabender Ansatz". Während die Verknüpfungsschritte leicht zu verfolgen sind, stellt sich auch bei diesem Verfahren das generelle Problem des „Bewertens" von einzelnen Größen (vgl. Kap. 2.1). Wenn man dieses Grundproblem als gegeben oder als durch Argumentation hinreichend begründet und damit gelöst betrachtet, so berücksichtigt dieses Verfahren trotz seiner Transparenz (oder auch gerade deswegen) die Komplexität ablaufender Wirkungsprozesse. Die ökologische Wirkungsanalyse basiert auf dem Versuch, den Zusammenhang des Verursacher-Auswirkung-Betroffener-Systems anthropozentrischer Denkweise planerisch zu operationalisieren und ist eine Form der Wirkungsanalyse im Mensch-Umwelt-

System (BACHFISCHER 1978). Ohne auf die in der Originalarbeit ausführlich diskutierten Rahmenbedingungen einzugehen, soll das Prinzip kurz vorgestellt werden. Generell sind zwei Wirkungskomplexe zu unterscheiden, die sich aus einer zweistufigen Sicht der Beziehung Verursacher, Wirkung und Betroffener ergeben:

Wirkungskomplex 1: Verursachender Nutzungsanspruch - ausgelöste Folgewirkung
umweltrelvante Auswirkungen von Nutzungsansprüchen als Ursache-Veränderungen von Quantitäten und Qualitäten natürlicher Ressourcen als Wirkung.

Wirkungskomplex 2: ökologische Folgewirkung - davon betroffene Nutzungsansprüche
veränderte Quantitäten und Qualitäten natürlicher Ressourcen als Ursache - veränderte Nutzungsmöglichkeiten bzw. Nutzungsqualitäten als Wirkung

Die ökologische Risikoanalyse konzentriert sich besonders auf den Wirkungskomplex 1. Der Wirkungskomplex 2 umfaßt wesentlich stärker klassische Eignungsbewertungen. In einem ersten Schritt wird das Mensch-Umwelt-System mit seinem komplexen Wirkungsgefüge in weitgehend unabhängige Teilsysyteme gegliedert. Die natürlichen Faktoren, wie Vegetation, Fauna und Boden werden mit Indikatoren versehen, die ihre Leistungen und potentiellen Eignungen bewerten lassen. Auf der anderen Seite werden die potentiellen Nutzungsansprüche, wie z.B. die der Industrie, von denen Beeinträchtigungen auf die natürlichen Faktoren ausgehen und betroffene Nutzungsansprüche beeinflussen, definiert und Indikatoren dafür gesucht. In einem zweiten Schritt werden die in jedem Konfliktbereich erzielten Ergebnisse der Einzeluntersuchungen aggregiert zu einer komplexen Größe „Empfindlichkeit gegenüber Beeinträchtigungen". In einem dritten Schritt werden die von den geplanten Nutzungsansprüchen ausgehenden und über das Indikatorprinzip in jedem Konfliktbereich erfaßten Beeinträchtigungswirkungen zu der Größe „Intensität potentieller Beeinträchtigungen" aggregiert. Im vierten Schritt werden schließlich die beiden Aggregationsgrößen „Empfindlichkeit gegenüber Beeinträchtigungen" und „Intensität potentieller Beeinträchtigungen" zum „Risiko der Beeinträchtigungen" zusammengeführt. Dieses Aggregationsverfahren erlaubt es, sowohl Erkenntnisse ökologischer Forschung als auch Ergebnisse konkreter Einzeluntersuchungen zu berücksichtigen.

3.9 DISKUSSION DER BESCHRIEBENEN VERFAHREN

Unbestritten seien die Verdienste der Bearbeiter der zuvor vorgestellten Verfahren, die z.T. die ökologische und naturschutzfachliche Bewertung im deutschsprachigen Raum überhaupt erst ermöglichten. Dennoch werden im folgenden diese Bewertungsmethoden teilweise deutlich kritisiert. Dies ist zum einen auf den in den letzten Jahren stark gestiegenen Methodenpool sowie auf das Potential des Computereinsatzes zurückzuführen. Es bestehen inzwischen auch deutschsprachige lehrbuchartige Darstellungen der naturschutzfachlichen Bewertung (USHER und ERZ 1994).

Bei dem Verfahren von SEIBERT (1980) erscheint es dem Autor bedenklich, daß die Bevölkerungsdichte mit in die ökologische Bewertung eingeht, weil hier u.a. die Schutzwürdigkeit einer gleichartigen Biotopausprägung in einem dünn besiedelten Gebiet herabgesetzt wird. Auch ist zu fragen, ob Naturnähe und Maturität als zwei unabhängige Größen in das Bewertungsverfahren einfließen können. Generell scheint der Ansatz dem Titel „ökologische Bewertung" nicht ganz gerecht zu werden, da, wie SEIBERT selbst erwähnt (1980, S. 10), eine eigenständige ökologische Bewertung nicht erfolgt, ökologische Kriterien lediglich nur teilweise berücksichtigt werden.

Bei dem Ansatz von SCHUSTER (1980) dürfte vor allem die starke Ausrichtung an der Nutzwertanalyse bedenklich sein, weil, wie EDELHOFF (1983, S. 8) kritisiert, die berechnete Genauigkeit der Arten- und Vegetationstypenvielfalt über den SHANNON-WEANER Index fragwürdig erscheint[6]. Auch unterstellt die Verwendung dieses Index, daß auf einer beliebig kleinen Fläche eine chaotische Vielfalt an Arten und Vegetationstypen das ökologische Optimum darstellt. Dies trifft, wie bereits ELLENBERG (1973) hervorhebt, in dieser Form nicht zu.

In der vorliegenden Studie kann der Ansatz von AMMER und SAUTER (1981) stärker in Betracht gezogen werden, da hierbei speziell der Wert von Auebiotopen untersucht wird. Wie in Kap. 3.3 dargestellt, ist die Naturnähe ein wesentlicher Faktor dieses Ansatzes. Diese wird in einer 9-stufigen Skala von *künstlich* bis *unberührt* definiert und mit Beispielen belegt. Auch wenn diese Vorgangsweise fundiert ist, erscheint es aber als bedenklich, sich so stark an dem Faktor *Natürlichkeit* auszurichten (vgl. Kap. 2.5 und 3.9). Daneben orientiert sich dieser Ansatz stark an der Flußdynamik, zu deren Beschreibung die Intensität menschlicher Einflußnahme auf das Abflußregime und die Möglichkeit der Flußbettverlagerung herangezogen werden. Die Abstufungen menschlicher Beeinträchtigung dieser Flußdynamik werden in einer fünfstufigen Skala von *völlig ungestört* bis *völlig gestört* ausgedrückt. Die Berücksichtigung der Flußdynamik wird als bedeutender Schritt von einer mehr statischen hin zu einer dynamischen Betrachtung im Naturschutz interpretiert. Somit ist diese Sichtweis ihrer Zeit voraus, da eine dynamische Betrachtung erst in den 90er Jahren auf breiterer Basis in ihrer Bedeutung erkannt wird (BLAB 1992, PLACHTER 1991, 1992a, REMMERT 1991, 1993, SCHERZINGER 1991). Der von EDELHOFF (1983, S. 9) getroffenen Feststellung, daß dem Faktor *Flußdynamik* innerhalb dieses Bewertungsverfahrens eine zu große Bedeutung beigemessen werde, kann daher so nicht zugestimmt werden.

Auch die von EDELHOFF (1983) vorgestellte Auwertziffer entbehrt einer grundsätzlichen, theoriegeleiteten Fundierung. Selbst in einem natürlichen (ungestörten) Auenökosystem ist die regelhafte Abfolge der Vegetationseinheiten nicht immer gegeben, vor allem, wo geomorphologische Besonderheiten im Mikrorelief wirksam werden. EDELHOFF (1983, S. 16) stellt zwar in Anlehnung an AMMER und SAUTER (1981) den Vorzug der logischen Kombination gegenüber der Nutzwertanalyse dar, die Grundproblematik des subjektiven Gewichtens ist damit jedoch die Gleiche: Durch die komplizierte Verknüpfung einzelner Indikatoren und konstruierter Werte (AWZ, Biotopwert, vgl. Abb. 3.1) wird die Bewertung des Auenökosystems keineswegs genauer, vielmehr entsteht der Eindruck, daß durch die „objektive" Verknüpfung die Subjektivität der Einzelwerte kompensiert werden soll. Die konkreten, regionalisierten Ergebniswerte von EDELHOFF (1983) scheinen dagegen gut die Situation der Salzachauen in diesem Bereich widerzuspiegeln.

Das Verfahren von FOECKLER erscheint sehr fundiert, zielt jedoch rein auf die rezente Überflutungsdynamik bzw. Grundwasseranbindung der Altwässer ab. Diese ist sicherlich *ein*, wenn nicht *der* entscheidende Faktor für die Funktionsfähigkeit und

---

[6]Immer mehr moderne ökologische Literatur vermittelt inzwischen eine kritische Distanz zu diesen weltweit seit vielen Jahren weit verbreiteten, oft eingesetzten und evtl. zu wenig hinterfragten Indizes, wie den SHANNON WEANER Index.

für den Zustand des Ökosystems (vgl. GEPP 1985, DISTER 1985, AMOROS et al. 1987, GERKEN 1988). Die Aue als Lebensraum einiger seltener Arten und Gesellschaften der Flora und Fauna sowie Lebensgemeinschaften, die evtl. auch bei einer gestörten oder fehlenden Überflutungsdynamik schützenswert sind, wird bei diesem Ansatz nicht immer hinreichend berücksichtigt und die Methode daher als „sektorale" Betrachtung eingeordnet. Eine solcher sektoraler Ansatz kann jedoch sehr wichtig werden, wenn bei limitierten Forschungsausgaben relativ schnell (Stichwort „Schnellprognose") eine Planungsgrundlage geschaffen werden soll.

Insgesamt ist festzuhalten, daß nach Ansicht des Autors in den meisten dieser Arbeiten einzelne Faktoren, wie etwa *Diversität* und *Natürlichkeit* zu stark bewertet werden. Zwar ist ein Artenreichtum praktisch immer positiv zu sehen, doch ist der Umkehrschluß, daß artenarme Systeme grundsätzlich niedrig zu bewerten sind, nicht zulässig. Es gibt, wie ELLENBERG 1973 (S. 17, 24) feststellt, auch stabile, leistungsfähige artenarme Ökosysteme, wie er am Beispiel der Schilfbestände am Neusiedler See zeigt. ELLENBERG (ebda.) schließt daraus, daß Diversität, Stabilität und Produktivität nicht unbedingt miteinander gekoppelt sind (vgl. auch HOVESTADT et al. 1991, S. 211f). Auch der Faktor Natürlichkeit, der von fast allen Ansätzen als wesentlicher Indikator verwendet wird, ist kritisch zu betrachten (vgl. Kap. 3.10).

Trotz der nötigen Interdisziplinarität der Ökosystemforschung können in der Praxis Schwerpunkte einzelner Betrachtungsweisen festgestellt werden: Während Biologen der Vegetation bei der Bewertung eine (und oft die einzige) zentrale Rolle beimessen und etwa abiotische Faktoren häufig vernachlässigen, zeigen sich in der geowissenschaftlichen und geoökologischen Landschaftsforschung entgegengesetzte Tendenzen. BASTIAN und HAASE (1992, S. 24) sehen die Ursachen für letzteres u.a. in der „nahezu unüberschaubaren Artenvielfalt" und in den z. T. sehr aufwendigen Untersuchungsmethoden. Anschließend sind noch einmal in der Tabelle 3.1 wesentliche Charakteristika der hier diskutierten Ansätze vergleichend gegenübergestellt.

Tab. 3.1: Gegenüberstellung und Beurteilung der diskutierten Verfahren (++ hoch bis sehr hoch, + mittel bis hoch, o gering)

	SEIBERT	SCHUSTER	AMMER SAUTER	EDELHOFF	MARKS et al.	biot. Reg.-potential	FOECKLER
Vollständigkeit	+	+	o	o	+	+	o
Genauigkeit	o	o	+	+	++	+	++
Planungsrelevanz	o	o	o	o	+	o	
räumlicher Bezug	+	+	+	+	+1	o	o
Maßstabsunabhängigkeit	o	o	o	o	+	+	+
Übertragbarkeit	+	+	+	o	++	++	+ 2

Folgerungen für die vorliegende Studie

In der vorliegenden Untersuchung liegen im Vergleich zu den meisten beschriebenen Verfahren umfangreiche Daten verschiedener Fachwissenschaften vor. Es besteht von der Datenseite daher prinzipiell die Möglichkeit, interdisziplinär vorzugehen. Eine interdisziplinäre Analyse und Bewertung ist jedoch nicht unproblematisch, da sie auf viele Belange einzelner Fachdisziplinen Rücksicht nehmen soll. Bei einer pragmatischeren Vorgangsweise kann leicht der Vorwurf einzelner Wissenschaftler einer Verletzung oder Nichtberücksichtigung von bewährten Regeln und Verfahren

---

[7] Regionale Besonderheiten können zusätzlich einfließen
[8] auf Auenökosysteme

der Fachdisziplinen laut werden. Andererseits soll aus der Kritik an einfacheren oder an einer Sicht (etwa ausschließlich an der Vegetation oder an einzelnen faunistischen Leitarten) ausgerichteten Betrachtungsweisen nicht abgeleitet werden, daß „weniger aufwendige" Verfahren in vielen Fällen pragmatisch nicht auch zielführend sein können, vor allem, da in der Praxis nicht immer Zeit und Geld zur Verfügung stehen, aufwendige Datenerhebungen durchzuführen.

⇒ **Vereinfachend kann daher festgestellt werden, daß Bewertungsverfahren einerseits einfach und nachvollziehbar gestaltet sein sollen, andererseits ein breites Spektrum biotischer und abiotischer Faktoren abdecken sollen. Da sich diese Forderungen offensichtlich widersprechen, ist eine naheliegende Schlußfolgerung aus der Literaturstudie, daß sowohl Indikatoren als auch komplexe biotische und abiotische Faktoren analysiert und bewertet werden sollen. Die Verknüpfung sollte möglichst einfach und nachvollziehbar gestaltet sein.**

Generelle Kritik an den üblichen Bewertungsverfahren:
Einige Aspekte der bereits angesprochenen kritischen Methoden und Größen ziehen sich durch viele der in der Praxis üblichen Bewertungsverfahren (nach HOVESTADT et al. 1991, BASTIAN und HAASE 1992):

Unklare Zielvorgaben: Die Verfahren, die Indexmethoden verwenden, spiegeln häufig die Unklarheit wieder, die bei den meisten Indexmethoden hinsichtlich der Zielvorgaben für die Bewertung herrscht:

„Diffuse Leitlinien führen dazu, daß versucht wird, alle möglichen Zielsetzungen gleichzeitig zu berücksichtigen. .... Am Ende kann niemand mehr wissen, was ein Index, der so viele Habitateigenschaften aus völlig unterschiedlichen Bereichen zu einem einzigen Endwert vermischt, tatsächlich mißt" (HOVESTADT et al. 1991, S. 212).

Fehlende Objektivität: Das Bestreben, möglichst objektiv zu sein, schlägt sich manchmal ebenfalls in dem Bemühen nieder, alle denkbaren Faktoren in die Bewertung mit einzubeziehen. Ebenso wie die Tatsache, daß eine Bewertung niemals objektiv sein kann (CERWENKA 1984, vgl. Kap. 2.1) ist auch die relative Wichtigkeit der Faktoren untereinander genauso willkürlich wie ihre Auswahl (vgl. auch GÖTMARK et al. 1986).

Fehlende Unabhängigkeit: Durch die Vermischung verschiedener Kriterien aus z. T. völlig verschiedenen Anwendungsbereichen (ökologische Meßgrößen, menschliche Inwertsetzungen, wie z. B. „Freizeitpotential"...) werden die Verfahren unübersichtlich und Korrelationen zwischen den verschiedenen Größen sind oft versteckt vorhanden.

Meßfehler: Bei allen Verfahren, in denen verschiedene Werte aus verschiedenen Themen miteinander kombiniert werden, besteht die Gefahr, daß man sich der Genauigkeit der Daten nicht bewußt ist bzw. das Ergebnis in dieser Hinsicht kaum mehr interpretiert werden kann.

Starrheit: Bei gleicher Kombination von Kriterien könnten immer wieder ähnliche Gebiete bewertet werden, die sich hinsichtlich einer notwendigen Unterschutzstellung oder bestimmter menschlicher Nutzungen anbieten bzw. einer Untersuchung bedürfen.

Werturteile in wertfreien Wissenschaften: Ein grundsätzliches Problem besteht darin, daß wertfreie Wissenschaften, wie die naturwissenschaftlichen Disziplinen Ökologie, Biologie oder Geographie, in der Praxis Bewertungen vornehmen müssen.

PLACHTER (1992a) stellt fest, daß in den meisten Verfahren nicht erkannt wird, daß Bewertungsverfahren im Naturschutz generell normative Schritte involvierten. SCHERNER (1995, S. 377) weist zusätzlich auf die Tatsache hin, daß Biologen (und andere Naturwissenschaftler, eigene Anmerkung) in ihrer Ausbildung zwar viel über Struktur und Dynamik lebender Systeme, kaum aber etwas über deren „Wert" erfahren. HOVESTADT et al. (1991, S. 213) kommen sogar zu dem Schluß, daß es nicht möglich sei, einem Habitat mit wissenschaftlichen Methoden so etwas wie einen Gesamtwert zuzuordnen.

Aggregationsgrad und **Räumliches Bezugssystem**: Jede Raumgliederung strebt nach Einheiten, in denen bestimmte Merkmale homogen sind. Die Festlegung auf ein räumliches Bezugssystem, einen spezifischen Erfassungs- und Betrachtungsmaßstab und/oder auf eine bestimmte hierarchische administrative Ebene hat vielfältige Konsequenzen hinsichtlich der Bewertung, über die man sich nicht immer aktiv bewußt ist.

3.10 DISKUSSION DER AM HÄUFIGSTEN VERWENDETEN KRITERIEN IN HINBLICK AUF DIE STUDIE SALZACHAUEN

Natürlichkeit

Das im Naturschutz wohl am meisten verwendete wertbestimmende Kriterium ist der Grad der Natürlichkeit (PLACHTER 1991, S. 242). Wenn auch dieses Kriterium in der Praxis nicht einheitlich gebraucht wird und das Konzept der Hemerobiestufen (vgl. Kap. 2.5) oft in abgewandelter Form, d. h. in eigenen Bezugssystemen und in 5-, 7- oder 9-stufigen Skalen verwendet wird, glauben offensichtlich alle, die Bewertungen vornehmen, daß man ohne dieses Kriterium nicht auskommt, ohne es zu hinterfragen. Dabei werden z. T. in der Literatur zur Fließgewässerbewertung bestehende Ansätze (z. B. KONOLD 1984, LÖLF 1985, PATZNER et al. 1985, WERTH 1987, ADAM et al. 1989, BAUER 1992, ROSE 1992, GIESSÜBEL 1991, 1993) undifferenziert übernommen. Vor allem, wenn der Begriff auf den Pflanzenartenbestand im Vergleich zu unbeeinflußten Verhältnissen reduziert wird, erscheint dem Autor dieses Kriterium als wesentliches Wertkriterium bedenklich.

Diversität - Vielfalt

Ein Rahmenziel des Naturschutzes ist die Förderung der landschaftlichen, ökosystemaren und artlichen Vielfalt und Eigenart, wobei in §1 des Deutschen Bundesnaturschutzgesetzes festgeschrieben wurde, daß diese Vielfalt und Eigenart nachhaltig gesichert werden soll. Dies bedeutet vor allem auch den Schutz und die Entwicklung der landschaftlichen und/oder naturräumlichen Besonderheiten. Für die Ebene der Ökosysteme ist daher ein möglichst großes Spektrum unterschiedlicher Varianten eines Ökosystemtyps anzustreben. Vielfalt in Verbindung mit der Eigenart hat daher wenig mit dem Artenzählen zu tun. Dies sollte auch bei der Debatte über die Umsetzung der Erkenntnisse der Inseltheorie (vgl. Kap. 2.6) beachtet werden.

Wie bereits in Kap. 2.1.3 kurz diskutiert, wird ein reines Artenzählen als wertbestimmendes Maß in neueren Arbeiten (BEGON et al. 1990, PLACHTER 1991, 1992a, KAULE und HENLE 1991a, 1991b, HOVESTADT et al. 1991, PRIMACK 1993, 1995, HENLE 1994, SCHERNER 1995) verstärkt abgelehnt. Uneinheitlicher sind die Ansichten über verschiedene, zum Teil komplizierte Diversitätsmaße. Zahlreiche Autoren wenden die bekannten Indizes (*Shannon-Weaner-Index, Simpson's Index* ..., vgl. BEGON et al. 1990, 615ff) an, die eigentlich keine Wertaussagen darstellen. GOODMAN (1975) zweifelt sogar grundsätzlich an der Brauchbarkeit des am häufigsten gebrauchten Diversitätsindex (*Shannon-Weaner diversity index*), da letztlich völlig unklar bliebe, welche ökologische Größe dieser Index repräsentiere.

Vielfalt ist dennoch ein wichtiges Kriterium des Naturschutzes (USHER 1986, MARGULES 1981, 1986, 1994). MARGULES (1994, S. 266) schlägt aufgrund des häufig mißverstandenen Artenzählens zur Ermittlung der Vielfalt eine Orientierung am Begriff *Biologische Vielfalt (biodiversity)* vor. Bereits ELLENBERG (1973) weist (wenn auch im Zusammenhang mit der Stabilitätsdiskussion) darauf hin, daß manche Ökosysteme von Natur aus artenarm und überaus stabil sein können. Den Wert nur aufgrund der Vielfalt (der Artenzahl) zu beurteilen, würde bedeuten, ganze Gruppen von Arten zu ignorieren und in der Folge die maximal erreichbare genetische Vielfalt herabzusetzen. MARGULES (1986, 1994) kommt zu dem Schluß, daß Diversität keine Grundlage für einen Vergleich bietet, sofern die verglichenen Gebiete nicht zum selben Biotoptyp gehören. In Anlehnung daran stellt PLACHTER (1992a) fest, daß immer wieder unterstellt wird, daß hohe Artenzahlen einen hohen Grad an Natürlichkeit (im Sinne von Stabilität oder Elastizität) indizieren. Solange dies aber nicht im Einzelfall spezifiziert und die indikatorische Qualität belegt ist, sei die Angabe der Artenzahl letztlich inhaltslos.

Seltenheit - Gefährdung

Zu unterscheiden ist die Seltenheit von Ökosystemen und die Seltenheit von den in ihnen enthaltenen Pflanzen- und Tierarten. In Roten Listen (RL) werden jene Arten aufgenommen, die durch menschliche Einflußnahme in wesentlichen Teilen ihres Areals in ihrem Fortbestand bedroht sind. Die Anwesenheit sogenannter *Rote-Liste-Arten* in einem Gebiet wird als wertbestimmendes Kriterium gesehen. Weit verbreitet sind Vergleiche der Absolutzahlen nachgewiesener Arten der Roten Liste (USHER 1986, MARGULES 1986, 1994, USHER und ERZ 1994, KAULE 1991). In quantitativen Bewertungsverfahren werden den einzelnen Gefährdungsstufen oft unterschiedliche Punktzahlen zugeordnet. Die Wertigkeit eines Gebietes ergibt sich dann als Punktsumme aller Arten (PLACHTER 1991, S. 216/217).

Auch der prozentuale Anteil bedrohter Arten wird als wertbestimmendes Kriterium häufig verwendet (z. B. MILLER et al. 1987). Da beispielsweise in den USA, Großbritannien, Deutschland oder Österreich solche Rote Listen seit einigen Jahren vorliegen und ständig aktualisiert werden, fließen die entsprechenden, leicht eruierbaren Zahlen sehr oft in Bewertungen ein. Die Gefahren einer Zahlenakrobatik dürfen jedoch nicht übersehen werden. SCHERNER (1995) weist in beeindruckender Deutlichkeit auf Mißanwendungen und Gefahren hin. Da Rote Listen (RL) stets ordinale Skalen darstellen, sind vergleichende Bewertungen unterschiedlicher Ausprägungen nicht zulässig. Es kann daher keine Antwort auf eine Frage geben, ob das Vorkommen einer RL 1 Art wertvoller sei als das Vorkommen von fünf RL 2 Arten. Darüber hinaus birgt die bevorzugte oder ausschließliche Betrachtung von Rote Liste-Arten die Gefahr der Konzentration der Betrachtungsweise auf einzelne Arten sowie der Vernachlässigung ökosystemarer Zusammenhänge in sich (HABER et al. 1988, PIRKL und RIEDEL 1991). Seltenheit wird meist auch in Zusammenhang mit Gefährdung gesehen:

> „*Angaben über den Gefährdungsgrad stellen deshalb zugleich auch eine Aussage über die Seltenheit der entsprechenden Tier- und Pflanzenarten dar und können stellvertretend für diese verwendet werden*" (SEIBERT 1980, S.13).

Dieser Zusammenhang ist jedoch sorgfältig zu prüfen. Tierarten können aufgrund ihrer Lebensweise relativ selten, d. h. mit geringen Individuendichten vorkommen und dennoch stabile Populationen bilden. Umgekehrt sind einst sehr häufige Arten, wie z. B. der Feldhase oder der Laubfrosch, in ihrem Vorkommen gefährdet. Dies bedeutet, daß der Umkehrschluß zu der oben zitierten Feststellung, nämlich *daß Aussagen über Seltenheit auch Aussagen über die Gefährdung* beinhalten, nicht zulässig ist.

Flächengröße

Flächengröße ist ebenfalls ein häufig verwendetes Kriterium der Bewertung (siehe Tab. 3.2). Dabei kann dem Attribut Flächengröße für sich allein keinerlei Wert zugemessen werden. Erst die Relation, daß etwa ein bestimmtes Biotop das größte und damit oft bedeutendste Vorkommen einer bestimmten Tier- oder Pflanzenart oder Vegetationsgesellschaft innerhalb einer bestimmten Region darstellt und bestimmte Funktionen innerhalb eines Biotopverbundsystems einnimmt, macht es „wertvoll" für den Naturschutz. Die Einstufung ist jedoch schwierig, da es zuwenig gesicherte Daten über Minimalareale von Arten und Lebensgemeinschaften gibt und absolute Werte generell schwer festzulegen sind.

Repräsentanz

Ein wichtiges Ziel des Naturschutzes ist es, die für einen bestimmten Raum repräsentativen Arten und Ökosysteme zu erhalten und zu entwickeln (PLACHTER 1991, S. 242). Sowohl aus kulturhistorischen Gründen, wie etwa dem Erhalt gebietstypischer Ökosysteme und Landschaften, vor allem aber ausgehend von der Erkenntnis, daß jede Region wegen ihrer standörtlichen Voraussetzungen nur einem bestimmten Spektrum an Arten und Biozönosen besonders günstige Existenzbedingungen bietet, sollten diese typischen und repräsentativen Arten und Biozönosen erhalten werden. Auch hier ist wie bei dem Kriterium Gefährdung die Ebene der Pflanzengesellschaften (noch besser wäre Lebensgemeinschaften) am aussagekräftigsten. Als Bezugssysteme hierfür bieten sich etwa die naturräumlichen Einheiten an.

Überblick der in verschiedenen Studien verwendeten Indikatoren

In der folgenden Tabelle sind Häufigkeiten der verwendeten Kriterien bei naturschutzfachlichen Bewertungen im deutschsprachigen und im englischsprachigen Raum dargestellt (Überblick in MARGULES 1981, 1986, USHER 1986, 1994, PLACHTER 1991, 1992a, KAULE 1991).

Tab. 3.2: Hitliste der Verwendung von Kriterien im deutschsprachigen Raum (ausgewertete Arbeiten: SEIBERT 1980, SCHUSTER 1980, AMMER und SAUTER 1981, EDELHOFF 1983, LÖLF 1985, WIESMANN 1987, MARKS et al. 1989, KAULE 1991, BASTIAN und HAASE 1992, WITTIG und SCHREIBER 1983, BASTIAN und SCHREIBER 1994), $n = 19$ sowie von Kriterien im englischsprachigen Raum, $n = 17$ (nach USHER 1994, verändert)

Kriterien	Verwendung im englischspr. Raum	Verwendung im deutschspr. Raum
Diversität, Vielfalt	16	18
Natürlichkeit, Seltenheit (zusammengefaßt)	13	17
Fläche	11	11
Gefährdung (durch den Menschen)	8	11
Schönheit, ästhetischer Wert, Repräsentanz	7	9
wissenschaftl. Bedeutung	6	5

4 ZUM EINSATZ GEOGRAPHISCHER INFORMATIONSSYSTEME IN LANDSCHAFTSANALYSE, LANDSCHAFTSÖKOLOGIE UND NATURSCHUTZ

4.1 GEOGRAPHISCHE INFORMATIONSSYSTEME - GEOGRAPHISCHE INFORMATIONSVERARBEITUNG

4.1.1 Zum Begriff GIS

„Ein Geographisches Informationssystem ist ein Computersystem zur Erfassung, Speicherung, Prüfung, Manipulation, Integration, Analyse und Darstellung von Daten, die sich auf räumliche Objekte beziehen" (STROBL 1988).

Geographische Informationssysteme entstanden bereits in den 60er Jahren ausgehend von unterschiedlichen Fachrichtungen. Der nach wie vor multidisziplinäre Charakter von GIS deutet die Vielfalt der Einsatzmöglichkeiten, aber auch der Methoden an. Die Frage, ob GIS eher als Werkzeug oder als Methode einzuordnen ist, würde bei einer fundierten Diskussion den gegebenen Rahmen sprengen. So soll hier kurz auf einige zentrale Punkte *Geographischer Informationsverarbeitung* (GIS, Fernerkundung, Bildverarbeitung, GPS etc., vgl. Kap. 4.3.) eingegangen werden. Den zahlreichen, meist funktional-deskriptiven Definitionen eines GIS (vgl. u.a. BURROUGH 1986, ARONOFF 1989, STAR and ESTES 1990, STROBL 1988, BILL und FRITSCH 1991) liegt neben den elementaren Bestandteilen der Erfassung, Verwaltung und Darstellung der Daten vor allem die Analyse als gemeinsamer Nenner zu Grunde. Wie STROBL (1992, S. 48) hervorhebt, unterscheiden sich Geographische Informationssysteme durch die analytische Funktionalität von vielen anderen „Informationssystemen". Der Nichtfachmann stellt sich unter einem solchen System wohl etwas ähnliches wie z.B. ein abfrageorientiertes Fahrplanauskunftssystem vor. Bei den meisten Informationssystemen liegt der Schwerpunkt auf der Speicherung, Organisation und Abfrage von Informationen oder wie STROBL (1992, S. 48) es formuliert: „Man ist froh, aus einem Informationssystem bestenfalls das wieder herauszubekommen, was im Laufe der Zeit „hineingesteckt" wurde".

Auch dort, wo eigentlich die Analyse im Vordergrund stehen sollte, etwa bei Umweltverträglichkeitsprüfungen, Variantenbewertungen, Maßnahmenplanungen durch private Planungsbüros etc., wird aus Zeit- und Kostengründen wenig mit den Daten gearbeitet in dem Sinne, daß durch theoriegeleitete Kombination vorhandener oder zu erhebender Daten *neue* Information entsteht. SINTON (1992, S. 5) formuliert es noch deutlicher:

„Today the GIS industry could be characterised as a sinkhole for data, most of which is used to derive real information for a few purposes and often only a single purpose".

Im Gegensatz dazu ist das zentrale Kriterium eines GIS die Eigenschaft des räumlichen Bezugs von Sachdaten bzw. die enge Integration von geometrischen und thematischen Attributen räumlicher Objekte. Wesentliche Werkzeuge eines solchen Systems sind neben der Datenerfassung und der kartographischen Bearbeitung Module zur Analyse und Modellierung. Daher ist der Auffassung zu widersprechen, Geographische Informationssysteme *"sind im Grunde genommen nichts anderes als in digitalisierte Einzelschichten zerlegte Karten"* (BECKEL 1988, S. 55). Das *Layer-(Schichten-, Overlay-) konzept* beinhaltet zwar die Organisation einzelner Themen in verschiedenen Schichten, darf aber nicht so verstanden werden, wie z.B. die definitive Trennung einzelner Karteninhalte in verschiedenfarbige Druckvorlagen.

Dieses Layerprinzip, das eine Trennung von Geometrie- einschließlich zugehöriger Attributdaten unterschiedlicher thematischer Bedeutung in (durchaus willkürlich abgegrenzte) thematische Ebenen bewirkt, geht auf das *länderkundliche Schema* von HETTNER (1928) zurück. Es unterliegt keiner hierarchischen Struktur, da alle Schichten gleichberechtigt gehandhabt werden. Dadurch entstehen je nach Betrachtung verschiedene Modelle der realen Welt mit der Möglichkeit einer einfachen thematischen Separation sowie der vertikalen und horizontalen logischen Verknüpfung der Daten. Mittels der Überlagerung mehrerer Ebenen bzw. der geometrischen Verschneidung kann eine Gesamtdarstellung gewonnen werden. Dadurch lassen sich abstraktere (nicht direkt aus einer Originaldatenerfassung resultierende) Themen konstruieren, z. B. „Erodierbarkeit", „Naturschutzpotential", oder temporäre Datenbasen als Grundlage für quantitative und qualitative Analysen. Moderne Ansätze, von denen die objektorientierten Systeme (vgl. z.B. WORBOYS et al. 1990) die verbreitetsten sind, überwinden diese Schichteneinteilung weitgehend.

Ein Spezifikum von GIS ist der Anspruch des **Generierens neuer Informationen** durch theoriegeleitete Kombination vorliegender Datenbestände. Dabei stellen die auf bestimmte Fragestellungen abgestimmten Untersuchungsabläufe meist eine individuelle Kombination einer Vielzahl von Analyseschritten dar, deren Anwendung theoretische, methodische und instrumentelle Qualifikation erfordert (vgl. STROBL 1992).[9] Im folgenden ist ein einfaches Beispiel der Festlegung einer Konfliktzone zwischen zwei angrenzenden Nutzungen dargestellt. Die Ableitungsregeln solcher „Sekundärinformation" können durchaus komplexer Art sein.

Abb. 4.1: Illustration der Generierung von Zonen und Gebieten, die nicht in Originalkartierungen festgelegt werden aus ihren topologischen und Nachbarschaftsbeziehungen sowie weiterer statistisch-quantitativer Größen und kausalen Verknüpfungregeln.

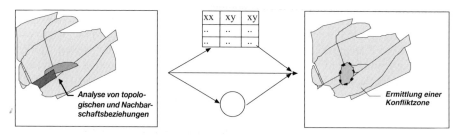

Es erscheint angesichts dieses spezifischen Anspruches als logische Konsequenz, daß einige Installationen *Geographisches Informations- und Analyse-System* (GIAS oder ähnliche Abkürzungen mit regionalem Bezug im Namen) genannt werden, was jedoch zusätzlich zur herrschenden Begriffsvielfalt bzw. -verwirrung beiträgt. Wenn von

---

[9]Manche sprechen von einem gewissen *Theoriedefizit* der jungen Disziplin *Geoinformatik*. Angesichts der nahezu unüberschaubaren Flut an Veröffentlichungen und der seit einigen Jahren betriebenen systematischen Theoriefindung (z. B. NCGIA mit entsprechenden Forschungsinitiativen) trifft dies auf die Situation der 90er Jahre nicht mehr zu.

Geographischen Informationssystemen als Instrumentarium oder wissenschaftlicher Disziplin gesprochen wird, erscheint der weiter gefaßte Begriff *Geographische Informationsverarbeitung*, der dem englischen Terminus *Geographic Information Science* gleichgesetzt wird (vgl. GOODCHILD 1992), durchaus angebracht. Während im englischen Sprachraum *geographic information system* als eindeutiger Terminus allgemein (auch außerhalb des Faches Geographie) anerkannt ist, herrscht im deutschsprachigen Raum ein gewisser Streit über den Begriff. Vor allem Geodäten versuchen, den Begriff *geographisch* zu vermeiden und sprechen daher von einem *Geo-Informationssystem*.

4.1.2 Stand Geographischer Informationsverarbeitung

Mit einer gewissen zeitlichen Verzögerung hat sich die geographische Datenverarbeitung in Mitteleuropa in Forschung und Lehre, aber auch in der operationellen Anwendung etabliert. Es existieren inzwischen auch verschiedene deutschsprachige Lehrbücher (z.B. BARTELME 1989, BILL und FRITSCH 1991). Teilweise angetrieben von der technischen Entwicklung (vgl. SINTON, 1992, GOODCHILD 1992) hielt die Entwicklung der Methodik nicht immer Schritt. Dennoch gibt es auch genügend Beispiele für GIS-Konzepte, die technologische Weiterentwicklungen nach sich gezogen haben. Es wird im folgenden nicht ausdrücklich unterschieden zwischen *Geographischen Informationssystem* (GIS) und *Geographischer Informationsverarbeitung* (GIV), da allmählich die Unterschiede verschwinden bzw. Geographische Informationssysteme mit Fernerkundung, digitaler Bildverarbeitung, digitaler Photogrammetrie (*softcopy photogrammetry*) und digitaler Kartographie zusammenwachsen (vgl. u.a. EHLERS 1993a). Auch die direkte Integration von GPS (*global positioning system*) ist inzwischen weitgehend standardisiert.

Das Einsatzspektrum von GIS ist sehr breit[10]. In vielen Aufzählungen werden die Anwendungen nach (wissenschaftlichen) Fachdisziplinen zu gruppieren versucht, z. B. Forstwirtschaft, Bodenkunde, Meteorologie/Klimatologie usw. Dies ist nicht immer zielführend, da nahezu jede Disziplin, die Daten mit räumlichen Bezug behandelt, ein potentielles GIS-Anwendungsgebiet darstellt. Andere Einteilungen nach der Domäne (privat/kommerziell, öffentliche Verwaltung, Wissenschaft) oder nach dem Anwendungsgrad (*pure* vs. *applied*, vgl. GOODCHILD 1992) sind wiederum zu grob, um eine hierarchische Einteilung von GIS-Funktionalitäten zu ermöglichen, deren Zahl an Einzeloperatoren wahrscheinlich in der Größenordnung von 10^4 liegt. Eine allgemein gültige Einteilung ist derzeit nicht in Sicht, erscheint jedoch langfristig, vor allem in Hinblick auf Standardisierungen und für Ausbildungszwecke als notwendig.

Ein mögliches Ordnungsschema für Analysefunktionen ist die sogenannte „*map algebra*" (Kartographische Algebra, cartographic modelling), die als formale Sprache ähnlich der bekannten mathematisch-algebraischen Formelschreibweise konzipiert wurde. Im Mittelpunkt stehen dabei die zur Verarbeitung von Information benötigten Transformationen, die aus einem oder mehreren Operatoren bestehen (TOMLIN 1990, 1991).

---

[10]Es kann in dieser Arbeit nicht Ziel sein, einen vollständigen Überblick zu geben. Dazu sei auf die inzwischen zahlreichen Übersichtswerke verschiedener thematischer und konzeptuell verwandten Anwendungen hingewiesen.

Datenformat

Ursprünglich hatte sich der Anwender zwischen dem Vektor- und dem Rasterdatenmodell zu entscheiden, wobei in zunehmenden Maße leistungsstarke Systeme beide Arten von Daten verwalten und bearbeiten können, was häufig als *hybrides System* bezeichnet wird. Meist handelt es sich jedoch nicht um ein wirklich hybrides System, sondern um ein System, das intern das Datenformat in beide Richtungen umwandeln und/oder Berechnungen und Darstellungen in beiden Datenmodellen durchführen kann. Dies stellt bereits einen großen Fortschritt gegenüber den vor wenigen Jahren bestehenden Restriktionen dar.

Raster- und Vektormodelle können grundsätzlich als zwei alternative Datenmodelle angesehen werden (vgl. EHLERS et al. 1991, STAR and ESTES 1990, BURROUGH 1986). In Wirklichkeit existieren auch andere Modelle und innerhalb der Raster- und Vekordatenmodelle bestehen verschiedene Ansätze (z. B. Quadtrees), so daß eigentlich von *Raster- und Vektordatenmodellgruppen* gesprochen werden müßte. Es kann wegen spezifischen Vor- und Nachteilen keine generelle Antwort auf die Frage geben, welches Modell „besser" oder „schlechter" sei (vgl. z.B. EHLERS et al. 1991, S. 671), bzw. erübrigt sich durch die aktuelle technische Entwicklung (EHLERS 1993a, 1993b) die Diskussion zunehmend.

Die Auflösung von **Rasterdaten**[11] ist durch die Maschenweite des Gitters vorgegeben. Darüberhinaus sind die generische Form der Repräsentation und die räumlichen Beziehungen implizit vorgegeben. U.a. aufgrund dieser einfachen rechentechnischen Handhabbarkeit verfügten bereits Anfang der 70er Jahre Raster-GIS über lokale Operatoren. Später kamen Boole'sche Operatoren hinzu, die große Möglichkeiten der statistischen und räumlichen Modellierung eröffneten. Rasterdaten können aus Vektordaten mit geringem Aufwand abgeleitet oder direkt durch Fernerkundungssensoren gewonnen werden. Eine immer bedeutendere Form der Datengewinnung ist das Scannen von vorhandener analoger Information.

Vektordaten bestehen aus Punkten, Linien und Flächen (Polygonen) sowie aus alphanumerischen Attributen, die in einer Datenbank mitgeführt werden. Im Gegensatz zu CAD-Lösungen sind die räumlichen Daten in der Regel topologisch strukturiert. Durch dieses Datenmodell kann die Wirklichkeit „beliebig genau" abgebildet, bzw. räumliche Objekte annähernd in der Erfassungsgenauigkeit von Phänomenen der realen Welt gehandhabt werden[12] :

> *„All Geographical data can be reduced to three basic topological concepts - the point, the line, and the area. Every geographical phenomenon can in principle be represented by a point, line or area plus a label saying what it is"* (BURROUGH 1986, S. 13).

Diese Aussage kann uneingeschränkt nur für räumliche Diskreta gelten. Kontinuierliche Phänomene können nur mit gewissen vereinfachenden Restriktionen derart diskretisiert werden (vgl. KEMP 1993).

In der vorliegenden Studie wurde mit *Arc/Info* als GIS-Software ein Geographisches Informationssystem bei der Bayerischen Akademie für Naturschutz und Landschaftspflege (ANL) eingeführt. Diese Software, die sich ursprünglich aus der Landschaftsplanung entwickelt hat, erscheint für ökosystemare Studien (neben anderen Produk-

---

[11]oft etwas vereinfachend mit dem Begriff „Lagegenauigkeit" gleichgesetzt, der auch noch andere Determinanten impliziert

[12]Dies gilt auch für das Rasterformat

ten) als gut geeignet (vgl. SPANDAU 1988, LUDEKE 1991, SCHALLER 1989, SCHALLER und DANGERMOND 1991). Seit der Version 6 verfügt *Arc/Info* über ein leistungsfähiges Rastermodul, so daß inzwischen Vorteile beider Datenformate innerhalb des Softwarepaketes genutzt werden können (was man jedoch nicht als hybrid bezeichnen kann).

Neben der Frage der Datenstrukturen, die in den nächsten Jahren allmählich in den Hintergrund treten sollte, ist eine Differenzierung nach den Arbeitsschritten in einem GIS weit verbreitet. Dabei wird in der Regel dieser Prozeß in

- Datenerfassung und Qualitätskontrolle
- Datenbasisorganisation und -verwaltung
- Datenanalyse und Modellierung
- Datenausgabe und -visualisierung

eingeteilt (in Anlehnung an BURROUGH 1986, MAGUIRE and DANGERMOND 1991, verändert).

Abb. 4.2: Prozessuale Einteilung von GIS-Funktionalitäten (nach BURROUGH 1986, MAGUIRE and DANGERMOND 1991, verändert).

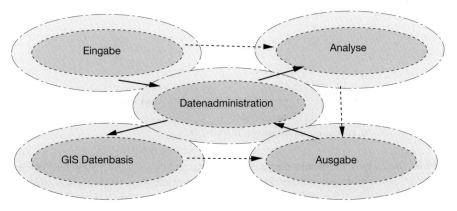

Datenerfassung

"Enormous strides have been made in the technology for capturing digital geographical data in the past decade" (GOODCHILD 1992, S. 35).

Darunter fallen alle Bearbeitungsschritte, die nötig sind, die erforderlichen Sach- und Lagedaten, die in unterschiedlichen Quellen und in unterschiedlicher Form (Karten, Bilder, Tabellen, Listen oder bereits Computerdateien) vorliegen, in das für die verwendete Software adäquate digitale Format zu überführen. Dazu zählen: Digitalisieren, Scannen, Eintippen von Tabellen, digitales Importieren, Transformationen, Fernerkundung, Vektorisieren von Rasterdaten, etc. Ohne hier auf den technischen Stand eingehen zu können, sind die Möglichkeiten allgemein vielfältig und ausgereift, Daten in digitales Format zu überführen. Auch langfristig wird beispielsweise manuelles Digitalisieren nicht ganz zu vermeiden sein. Nach GOODCHILD (ebda.) können zwei Trends in den nächsten Jahren die Situation ändern: Zum einen, daß bei der Erstellung digitaler Datenbasen analoge Karten als Zwischenprodukte vermieden werden, und zum zweiten, daß die (auch weiterhin notwendige) analoge Kartographie auf die Anforderungen der Datenerfassung stärker eingeht.

Analyse

Im Gegensatz zu Datenbasis-orientierten Anwendungen mit allenfalls koordinativem Bezug von Objekten zu ihrer räumlichen Lage in Geographischen Informationssystemen steht das Bestreben nach analytischer Auswertung zumeist im Mittelpunkt und *„bildet einen konstituierenden Bestandteil und wesentliches Spezifikum von GIS"* (STROBL 1992, S. 47). Die analytische Untersuchung und Aufbereitung räumlicher Phänomene und Prozesse ist in der Regel nur durch die zielorientierte Verkettung einer Reihe elementarer Techniken und Verarbeitungsschritte zu erreichen. STROBL (1992, S. 49) stellt dabei im Gegensatz zu einigen anderen Autoren fest, daß der oft vordergründig bestehende Eindruck unterschiedlicher Analysetechniken zwischen vektor- und rasterbasierten Systemen nicht grundsätzlich besteht, sondern vielmehr unterschiedlichen Entwicklungsstadien und unterschiedlicher Effizienz des Einsatzes zuzuschreiben ist. Es bestehen verschiedene Klassifizierungsansätze von analytischen GIS-Funktionen bzw. von GIS-Verarbeitungsfunktionen (BURROUGH 1986, 1992, MAGUIRE and DANGERMOND 1991, ALBRECHT 1994). Aus Sicht des Benutzers eines Geographischen Informationssystems mögen solche Einteilungsversuche als nicht praxisrelevant anmuten. Angesichts der Fülle der Verfahren und im Sinne der (Weiter)Entwicklung einer Methodologie von GIS wäre ein allgemeiner Ordnungsrahmen jedoch wünschenswert. Die fehlende allgemeingültige Nomenklatur und Klassifizierung von Verfahrenstechniken trägt nicht dazu bei, die Verbreitung von GIS als ein einfaches alltägliches Anwendungswerkzeug („*Desktop-GIS*") zu etablieren (vgl. Kap. 10.6).

Datenausgabe

Nach GOODCHILD (1987) können prinzipiell zwei Modi der Datenausgabe unterschieden werden. Im *Produktmodus* wird bei der Visualisierung hauptsächlich eine Hardcopy in Form von Karten, Tabellen oder Listen erstellt, um dem Anwender die interaktive Kommunikation mit dem System „zu ersparen" und die gewohnte Art der graphischen Präsentation zu bieten. In diesem Modus stehen nur beschränkte Methoden der Visualisierung zur Verfügung, da verschiedene Techniken der traditionellen Kartographie verwendet werden und diese gerade bei kontinuierlichen Daten - um die es in den meisten Fällen bei GIS-Projekten geht - gering geeignet sind. Der Vorteil von spezialisierten Desktop-mapping-Systemen liegt dagegen darin, daß sie eine reiche Palette an Werkzeugen für die Bearbeitung bieten. Zugriffs- und Antwortzeiten sind im Produktmodus relativ unbedeutend.

Im *Abfragemodus* kommuniziert der Anwender durch interaktive Abfragen direkt mit dem System. Dadurch werden an den Benutzer höhere Anforderungen hinsichtlich allgemeiner GIS-Kenntnisse einerseits und spezieller Software andererseits gestellt. Von Systemseite her sind schnelle Zugriffs- und Antwortzeiten bei Abfragen von Bedeutung. Im Abfragemodus können die vielfältigen Möglichkeiten der Bildschirmdarstellung ausgeschöpft werden, was im Vergleich zur Kartenerstellung auf analoger Basis einen großen Vorteil darstellt. Eine vielversprechende Möglichkeit der Bildschirmdarstellung bezeichnet GOODCHILD (1987) als *scene generation*. Mit dieser Art der Computeranimation können räumliche Informationen durch Simulation der tatsächlichen Verteilung und Erscheinung abgebildet werden und nicht, wie sonst üblich, mit Hilfe von kartographischen Symbolen. Dies heißt jedoch nicht, daß auf die Erzeugung von analogen Karten als graphische Ausgabe gänzlich verzichtet werden kann. Auch ist die Abgrenzung zwischen Produkt- und Abfragemodus nicht immer genau zu definieren. Heute bieten Abfragemodus-Systeme zunehmend verbesserte

Benutzerschnittstellen. In der praktischen Anwendung wird keine so klare Unterscheidung der beiden oben dargestellten Modi auftreten, vielmehr ergeben sich ständig, je nach spezifischen Fragestellungen, Kombinationen zwischen beiden.

Geographische Informationsverarbeitung als Wissenschaft?

Nicht ganz eindeutig läßt sich die Frage beantworten, ob Geographische Informationsverarbeitung inzwischen eine eigene Wissenschaft ist. Es sind mehrere

Abb. 4.3: Raster- und Vektormodell und einige wesentliche Konzepte von GIS

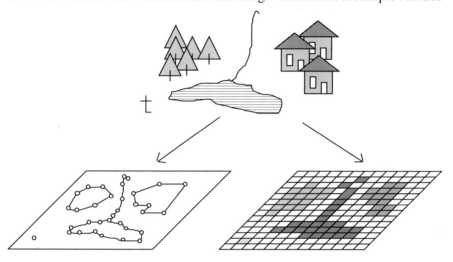

Ein GIS besteht aus Hardware, Software, entsprechend organisierten Daten und seinen Betreibern. Nur eine sinnvolle Kombination dieser Komponenten ermöglicht einen erfolgreichen Einsatz eines Geographischen Informationssystems.

Sämtliche Schritte der Handhabung räumlicher Daten werden EDV-gestützt durchgeführt.

Aus der Zusammenführung verschiedener Daten des gleichen Raumausschnittes können neue Informationen gewonnen werden.

Mittels des *georelationalen Konzepts* wird eine Verbindung zwischen räumlichen Objekten und deren Eigenschaften (Attributen) hergestellt, so daß jederzeit über ein räumliches Selektieren auf Attributwerte zugegriffen werden kann und umgekehrt.

Alle räumlichen Erscheinungen werden in einem Vektor-basierten System auf die Grundelemente *Punkte*, *Linien* und *Flächen* abgebildet.

Eine topologische Struktur bietet ungleich mehr Möglichkeiten der analytischen Auswertung als ein CAD-System, Linien sind nicht doppelt vorhanden.

In einem rasterbasierten Datenmodell ist die Lage und Auflösung durch den Ursprung und die Maschenweite des Gitternetzes festgelegt (Ausnahme Quadtree).

Durch das traditionelle Schichtenkonzept werden zumeist verschiedene Themenbereiche der realen Welt in thematisch zusammengehörige Schichten zerlegt, die jeweils Sichten der realen Welt repräsentieren.

als formal zu betrachtende Kriterien (Lehrstühle und Studienrichtungen an Universitäten etc.) erfüllt (vgl. GOODCHILD 1992, DOLLINGER 1992), doch bedeutet die Existenz wissenschaftlicher Fragen bzw. „akademischen" Interesses alleine noch nicht, daß GIS/GIV (Geographische Informationsverarbeitung) eine Wissenschaft ist. Sehr viele Indizien sprechen jedoch dafür, daß in einem rasant anwachsenden technischen wie wissenschaftlichen Umfeld Geographische Informationsverarbeitung vielen klassischen Anwendungsdisziplinen (auch der Geographie) entwachsen ist und zu einer übergeordneten Klammer einer ganzen Reihe computergestützter räumlicher Analysemethoden geworden ist, vielleicht vergleichbar mit dem Prozeß, den die wissenschaftliche Kartographie in den Anfangsjahren durchlebte (vgl. ARNBERGER 1966).

4.1.3 Grundlegende Konzepte Geographischer Informationssysteme hinsichtlich des Einsatzes in Landschaftsanalyse, Ökologie und Naturschutz

Der Einsatz von GIS in der Landschaftsanalyse, ökologischen und naturschutzfachlichen Fragestellungen, insbesondere in der Ökosystemforschung und bei planerisch relevanten Fragestellungen, besitzt eine hohe gesellschaftliche Relevanz. Angesichts des wachsenden Bewußtseins der anthropogenen Umweltschäden vom lokalen (Beispiel Standortfindung für eine Mülldeponie) bis zum globalen Maßstab (Stichwort Rio-Konferenz, Biodiversity-Diskussion) sind nicht nur die Experten sondern auch eine breite Öffentlichkeit an Informationen über den Stand der Dinge oder über zu erwartende Entwicklungen interessiert. Der Informationsbedarf ist also riesig.

Ein Geographisches Informationssystem kann durch die Bereitstellung vorhandener und relevanter Informationen dazu beitragen, daß vom Bürger bis zum entscheidenden Politiker die Aufmerksamkeit für die Problematik geweckt oder gesteigert wird. Für Experten ist ein GIS ein wertvolles Werkzeug, die Auswirkungen von Umweltschäden quantifizieren und räumlich zuordnen zu können. Mit Hilfe von räumlicher Analyse und Modellierung können Planungsgrundlagen geschaffen werden, die die Entscheidungsfindung für z. B. Sanierungs-, Rekultivierungs- oder Verbesserungsmaßnahmen unterstützen. In weiteren Schritten können Alternativszenarien berechnet werden, um zu ermitteln und aufzuzeigen, wie sich unterschiedliche Maßnahmen unter bestimmten (meist vereinfachten) Rahmenbedingungen auswirken können.

Es soll an dieser Stelle festgehalten werden, daß Geographische Informationssysteme die Voraussetzung liefern, jedoch keine Garantie für „richtige" Entscheidungen bieten. Sie dienen einer „Entscheidungsunterstützung" und nicht einer „Entscheidungsfindung". Auch die oft implizite oder explizite Annahme einer Transparenz der Vorgangsweise bei Analyse und Bewertung durch den Computereinsatz allgemein und durch den GIS-Einsatz bei räumlich-relevanten Fragestellungen im besonderen ist nicht zwangsläufig erfüllt. Es sind lediglich Voraussetzungen hierfür gegeben, die keineswegs zwangsläufig zu einer Vereinfachung der Arbeitsschritte führen.

Ohne hier im Detail auf räumliche Konzepte eingehen zu können, muß an dieser Stelle erwähnt werden, daß unterschiedliche Repräsentationen von *Raum* existieren. Für die vorliegende Studie von entscheidender Bedeutung ist die Darstellung der Umwelt als *topologisch strukturierter* Raum. Die Berechnung von euklidischen Distanzen in einem kartesischen Raumsystem muß im Prinzip auch jeder anderen Form des Generierens von Distanz im Sinne eines Abstandsmaßes zu Grunde liegen, doch kann die *euklidische Distanz* selbst nur eine Annäherung an die Wirklichkeit sein. Für die vorliegende Studie hat dies z. B. für die Modellierung von Habitaten und Lebensräumen eine Bedeutung.

Einer der wesentlichen (und für eine breite Öffentlichkeit plausiblen) Anwendungsbereiche von GIS ist die Umweltbeobachtung. Nicht von ungefähr waren es u. a. Nationalparke und andere wertvolle und/oder vor dem Menschen zu schützende Gebiete, die in einer frühen Phase bekannte GIS-Applikationen darstellten. Für den deutschsprachigen Raum wird immer wieder auf die Mitte der 80er Jahre im Nationalpark Berchtesgaden gewonnenen Erfahrungen (vgl. z.B. SPANDAU 1988) zurückgegriffen, für die eine breite Palette von Auswertungen und Folgeprojekten besteht. Umweltbeobachtung konzentriert sich nach SCHALLER und DANGERMOND (1991) vor allem auf die objektiven Tatsachen und ihre Dokumentation, so daß zu einem späteren Zeitpunkt quantitative oder qualitative Veränderungen an biotischen Ressourcen erkannt und ausgewertet werden können. Das Ziel von Umweltmonitoring und Dauerbeobachtungsprogrammen ist vor allem, den derzeitigen Zustand zu beschreiben und eventuelle Veränderungen so rechtzeitig oder frühzeitig wie möglich zu erkennen (Frühwarnsysteme), um rechtzeitig entsprechende Gegenmaßnahmen einleiten zu können. Dies geschieht in der Regel auf verschiedenen Ebenen, sowohl maßstäblich wie administrativ.[13] So haben beispielsweise in Deutschland praktisch alle Bundesländer Meß- und Beobachtungsnetze zur Überwachung der Umweltqualität aufgebaut, etwa zur Beobachtung und Kontrolle der Qualität von Luft, Oberflächen- und Grundwasser. Viele dieser Monitoringansätze sind jedoch sektoral konzipiert mit geringen Querverbindungen zu thematisch anderen Anwendungen des gleichen Gebietes.

4.1.4 Die Notwendigkeit der Modellbildung beim GIS-Einsatz

Der Begriff Modell wird in vielen verschiedenen Wissenschaften unterschiedlich verwendet. Auch in der geographischen Literatur wird er mit unterschiedlichen Bedeutungen verbunden (vgl. CHORLEY and HAGGET 1967). Darunter wird häufig entweder eine Theorie oder Arbeitshypothese oder ein gedachtes, nie voll verwirklichtes Idealbild oder die anschaulich-konkrete Abbildung eines an sich unanschaulichen Sachverhaltes oder die mathematische Formulierung eines Sachverhaltes verstanden. Aus den meisten dieser verschiedenen Bedeutungen lassen sich drei gemeinsame Grundzüge als charakteristische Merkmale von Modellen herausstellen (nach WIRTH 1979):

1. Ein Modell ist eine Abbildung.
2. Modelle beinhalten Vereinfachungen, Verkürzungen. Sie erfassen daher nicht alle Eigenschaften des durch sie repräsentierten Originalsystems.
3. Ein Modell setzt stets eine subjektive Pragmatik voraus. Dies bedeutet, daß ein Modell stets zu einem bestimmten Zeitpunkt für einen bestimmten Zweck gilt.

In Modellen sind stets explizit oder implizit Hypothesen über Wirkungszusammenhänge enthalten. Da grundsätzlich jedem GIS-Einsatz wie überhaupt jeder Abstraktion eines Sachverhaltes eine Modellbildung vorausgehen muß (und sei es unbewußt),

---

[13]Wobei beide Aspekte in der Praxis eng gekoppelt sind, da administrative Einheiten hierarchisch höherer Ordnung (z. B. Bundesländer gegenüber Bezirken oder Kreisen) auch eine größere Fläche aufweisen und damit in der Regel auch andere Erfassungs- und Betrachtungsmaßstäbe erfordern.

ist vor allem bei Aussagen über dynamische Zusammenhänge ein „hierarchisches Hypothesenmodell" notwendig (vgl. SPANDAU 1988, SPANDAU et al. 1990, BLASCHKE 1993). Die in Abbildung 4.4 stark schematisierte hierarchische Modellbildung soll die oft übersehene Tatsache illustrieren, daß Daten über die reale Welt oft

Abb. 4.4: Modellbildung auf verschiedenen Hierarchiestufen (in Anlehnung an Spandau 1988, verändert).

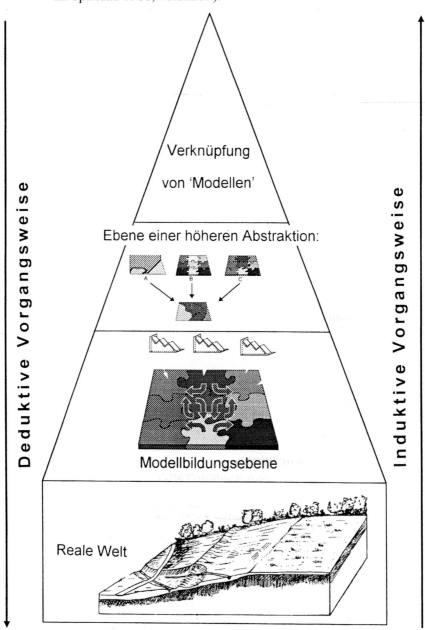

nach Regeln der (bewußt oder unbewußt immanenten Modellbildung) mehrfach abstrahiert, interpretiert und vereinfacht sind. Aussagen aus komplexen Verknüpfungsergebnissen (Verschneidung, Addition, Multiplikation ...) müssen dieses Abstraktionsniveau widerspiegeln.

> *„Although GIS have developed rapidly as tools for the storage, retrieval and display of geographic data, they have been less rapid to develop in the area of spatial analysis" (FOTHERINGHAM and ROGERSON 1993, S. 3).*

Die gegenwärtigen Voraussetzungen der Informationstechnologie sowie der theoretischen Fundierung eröffnen jedoch ungeachtet der obenstehenden Aussage interessante Möglichkeiten der Integration von Modellen durch theoriegeleitete, integrative Auswertungen von Umweltdaten. Zwar bieten bereits die in "high-end-Systemen" enthaltenen Analysewerkzeuge Geographischer Informationssysteme (*overlay, buffer, selection, interpolation*....) ein reichhaltiges Repertoire zur regionalisierten Umweltbeobachtung, doch ist zur angemessenen Erfüllung prognostischer Aufgaben oft zusätzlich der Einsatz von numerischen Simulationsmodellen notwendig (vgl. ZÖLITZ-MÖLLER und REICHE 1992, COLEMAN et al. 1994).

Räumliche Analyse erfordert eine explizite Dimensionierung des Phänomens Raum. Es genügt daher nicht, räumliche Phänomene als Attributinformation in herkömmlichen Statistikprogrammen zu analysieren, vielmehr sind eigenständige räumliche Analysemethoden (*spatial analysis,* Exploration von Punktdaten, Regionalisierung, Klassifikation, räumliche Autokorrelation, Allokation, Diffusion, Kriging usw.) notwendig. Diese Verfahren sind bisher in der Praxis jedoch wenig verbreitet (vgl. GOODCHILD 1987, 1991, ANSELIN 1992, FISCHER and NIYKAMP 1992, FOTHERINGHAM and ROGERSON 1993, 1994). In Kap. 4.3 sollen Grundzüge geostatistischer Verfahren diskutiert werden, von denen dann einige wenige in der konkreten Fallstudie der bayerischen Salzachauen zur explorativen Datenanalyse angewandt werden. Eine wichtige Technik im Bereich der Umweltprognose ist die Kombination räumlicher Analyse mit der zeitlichen Dynamik durch die Verknüpfung systemdynamischer Modelle mit GIS-Systemen, die vor allem für die Früherkennung und flächenbezogene Darstellung von Risiken mittels Zeitkarten geeignet ist (HABER et al. 1989, GROSSMANN and SCHALLER 1990, SCHALLER und DANGERMOND 1991). In der anschließenden Fallstudie soll diese Technik für die Simulation von Grundwasserständen im Salzachauen-Ökosystem angewandt und aufgrund einer modellhaften Abschätzung des Ist-Zustandes mehrerer Variablen ein Trend der gegenwärtigen Dynamik abgeschätzt werden (Kap. 8).

4.1.5 Geographische Informationsverarbeitung als limitierender Faktor der ökologischen Modellierung?

Geographische Informationssysteme haben sich in vielen Anwendungsbereichen in den vergangenen 10 bis 15 Jahren etabliert. Im deutschsprachigen Raum ist aber in der angewandten Ökologie, der Landschaftsökologie und im Naturschutz erst seit Beginn der 90er Jahre eine wachsende Verbreitung zu beobachten. Diese späte Entwicklung erscheint unverständlich, wenn man die Mächtigkeit des Werkzeuges GIS und sein Potential für komplexe, ökosystemare Studien betrachtet (Überblick u.a. in ASHDOWN and SCHALLER 1990, GOODCHILD et al. 1993, MICHENER et al. 1994). Ein Spezifikum von GIS ist im gegebenen Kontext der Anspruch des Generierens *neuer* Informationen durch theoriegeleitete Kombination vorliegender Datenbestände. Es wurde bereits erwähnt, daß die Dichotomie von Raster- und Vektordaten zunehmend aufgeweicht wird, so daß das Schichten (*layer, Ebenen*)-Konzept als Hilfskonstruktion nicht zu einem Hindernis zu werden braucht, indem beispielsweise neuere Ansätze, etwa objektorientierte GIS, dieses Schema durchbrechen. Was steht also einer weiten Verbreitung im Weg? Da die technischen Fragen also nicht mehr als Hindernis zu gelten haben (vgl. GOODCHILD 1992), ist es vor allem die Qualifikation der Betreiber, die zum limitierenden Faktor wird. In einer angewandten Studie müssen die auf spezifische Fragestellungen abgestimmten Untersuchungsabläufe meist eine individuelle Kombination einer Vielzahl von Analyseschritten darstellen, deren Anwendung theoretische, methodische und instrumentelle Qualifikation erfordert (STROBL 1992). Hierin scheint der kritische Punkt zu liegen:

Nicht Geographische Informationssysteme stellen derzeit den Flaschenhals in der ökologischen Modellierung dar, sondern die erforderliche disziplinspezifische <u>und</u> Geoinformatik-Qualifikation, die nur wenige Bearbeiter auf sich vereinigen.

Raster versus Vektor zur ökologischen Modellierung?

Raster- (umfassender und zielführender ist der englische Begriff *tesselation*) und Vektormodelle wurden bereits kurz gegenübergestellt. Sie können zwar grundsätzlich als zwei übergeordnete und alternative Datenmodelle angesehen werden (vgl. EHLERS et al. 1991, STAR and ESTES 1990). Die Diskussion, welches Modell „besser" oder „schlechter" sei, wird durch die technischen Möglichkeiten zunehmend überflüssig. Hinsichtlich einer ökologischer Modellierung sind jedoch mehrere Punkte zu beachten:

- Die Notwendigkeit der Diskretisierung kontinuierlicher räumlicher Phänomene und Beziehungen zwingt uns zu einer Festlegung der Erfassungs- und Betrachtungsschärfe.
- Diese Notwendigkeit erfordert (derzeit) eine Festlegung auf eine der Domänen *Raster* oder *Vektor* bei der Analyse. Konvertierungen in beide Richtungen sind in den meisten Programmen möglich, nicht aber eine simultane analytische Handhabung beider Domänen.
- Die in fast allen Systemen derzeit immanente thematische Separation von Objekten eines bestimmten Entitätstyps führt zu dem bekannten Schichten- oder *layer*- Konzept mit allen Vorteilen (z. B. separate Gewährleistung topologischer Struktur) und Nachteilen (z.B. Redundanzen bei identischen Grenzlinien).
- Es gibt kaum softwareübergreifende, maßstabsunabhängige, generelle und allgemein anerkannte Analysefunktionen. Dies bedeutet u. a., daß in zwei verschiedenen Software-Produkten beispielsweise gleichlautende Buffer- oder Overlayfunktionen zu unterschiedlichen Ergebnissen führen können.
- Rasterdarstellungen weisen eine geringe Akzeptanz auf. Auch wenn die gewählte Rasterauflösung weit höher ist als die Erfassungsgenauigkeit der Daten, lassen sich Vektordarstellungen besser präsentieren. Bei parzellenscharfen rechtlich-verbindlichen Aussagen, wie z. B. im Rahmen einer Umweltverträglichkeitsprüfung werden Rasterdaten kaum akzeptiert. Dennoch ist für viele kontinuierliche Phänomene nur eine „quasi-kontinuierliche" Verarbeitung mit Rastern[14] sinnvoll (Ausbreitung von Schadstoffen, Diffusion, Hydrologische Modellierung usw.)

---

[14]Wenn hier von Rastern gesprochen wird, ist dies ausschließlich eine sprachliche Vereinfachung für regelmäßige Einteilungen. Treffender ist hier der englische Begriff tesselation, der auch andere Formen (Hexagone, Quadtrees) umfaßt.

Abb. 4.5: „Genauigkeit" von Rasterdaten in Abhängigkeit der Auflösung. Bei einer „groben" Rasterweite geht Lagegenauigkeit und u. U. auch Flächenproportionen verloren. Andererseits ist stets zu fragen, wie genau eine Linie (Punkt, Fläche) die Wirklichkeit tatsächlich repräsentiert. Während bei wirklich linienscharfer Information, wie z. B. Parzellengrenzen, eine Rasterdarstellung nicht zielführend erscheint, ist letztere bei aus verhältnismäßig wenig Rammsondierungen konstruierten Bodenkarten oder Schneehöhendarstellungen besser geeignet. Die Fragezeichen sollen andeutet, daß Regeln aufgestellt werden müssen, wann eine Rasterzelle einen bestimmten Wert erhält („ist enthalten"; „Ausprägung am Zellmittelpunkt", „über 50% der Fläche" etc.).

 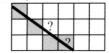 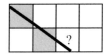

Die Auflösung von Rasterdaten sowie die generische Form der Repräsentation und die räumlichen Beziehungen sind durch die Maschenweite des Gitters implizit vorgegeben. Sie können aus Punkt- und Vektordaten mit geringem Aufwand abgeleitet, direkt durch Fernerkundungssensoren oder indirekt durch Scannen vorhandener analoger Information gewonnen werden.

Da mittels einer Vektor-basierten Repräsentation, wie in Kap. 4.1.2 kurz dargestellt, die Wirklichkeit „beliebig genau" abgebildet werden, bzw. räumliche Objekte annähernd in der Erfassungsgenauigkeit von Phänomenen der realen Welt gehandhabt werden können, stellt sich die Frage, warum für viele Anwendungen zusätzlich das Rasterformat erforderlich ist. In der folgenden Fallstudie der Salzachauen wird am Beispiel von Amphibien gezeigt, daß für die Modellierung der Verbreitung einer Tierart vektorielle Darstellung und Raster-basiertes Modell adäquat sein können, je nachdem, ob z.B. ausschließlich diskrete oder auch in ihrem Wesen kontinuierliche Informationen (z.B. Höhen) mit einfließen.

Raster plus Vektor

Bis vor einigen Jahren mußten fast immer aus analogen Quellen gewonnene digitale Daten in ein Geographisches Informationssystem transferiert werden, um sie mit anderen geokodierten Daten verknüpfen zu können, was oft zu Beschränkungen führte, oder negativer gesehen:

„ Such an interface between image processing and vector (or raster) GIS analysis is, at best, akward and, at worst, counter productive" *(DYKSTRA 1990, S. 2).*

Eine Fixierung in der Raster-/ Vektor- Dichotomie in einem ausschließenden Sinne (wie häufig festzustellen) ist daher zu vermeiden. Die Kombination von Satellitenbildern und anderweitig gewonnenen Daten in einem GIS findet nicht zuletzt aufgrund der sinkenden Hardwarekosten zunehmende Verbreitung. In Nordamerika wurden bereits in den 70er Jahren Fernerkundungsdaten in größerem Umfang in ein GIS integriert. Dabei fehlte zunächst ein theoretisches *GIS/Remote Sensing Processing Concept* (EHLERS 1989, S. 43). Inzwischen existieren zahlreiche Abhandlungen zu diesem Thema, so daß meiner Ansicht nach nicht von einem Theoriedefizit gesprochen werden kann (FAUST et al. 1991, LAUER et al. 1991, LUNETTA et al. 1991,

EHLERS et al. 1991, STAR et al. 1991, EHLERS 1993). Als „Brennpunkte" des Ineinanderwachsens von Fernerkundung und GIS seien hier nur exemplarisch „Softcopy-Photogrammetrie", Monoplotting und die breite Verwendung von digitalen Geländemodellen, die thematische und zunehmend topographische Kartographie, das Erkennen und Quantifizieren von Landnutzungsänderungen, von Umweltverschmutzung oder die Ermittlung von Konflikt- und Potentialgebieten genannt.

Die Lösung der Zukunft ist daher eine **volle** Integration von Vektor-, Raster-GIS und Bildverarbeitungsalgorithmen. Hier zeichnen sich neue Entwicklungen ab. Selbst für den PC werden Geographische Informationssysteme mit (meist eingeschränkten) Bildverarbeitungsfähigkeiten angeboten, ebenso wie den Bildverarbeitungssystemen zunehmend Raster-GIS Funktionen verliehen werden. Leistungsfähige Geographische Informationssysteme bieten in den 90er Jahren Methoden, um große Datenmengen handhaben und effektiv zu nutzen zu können.

⇒ *Nach fast drei Jahrzehnten GIS-Entwicklung sind die grundlegenden Verarbeitungsprozesse und Algorithmen weit entwickelt (GOODCHILD 1992, SINTON 1992). Die Probleme bei der Anwendung scheinen mehr in der konkreten Umsetzung von Methoden und Theorien verschiedener Fachdisziplinen zu liegen.*

4.2 ANFORDERUNGEN AN EIN GIS AUS SICHT DES NATURSCHUTZES UND DER ÖKOSYSTEMFORSCHUNG

4.2.1 Grundsätzliche Aspekte

Ein wesentliches Kriterium von „Geoinformation" ist die Eigenschaft des räumlichen Bezugs von Sachdaten bzw. die enge Integration von geometrischen und thematischen Attributen räumlicher Objekte. Die digitale Handhabung von geometrischen und beschreibenden Daten ermöglicht es, das vorhandene Datenmaterial unter den verschiedensten Gesichtspunkten zusammenzustellen. Durch die übliche Separation thematisch homogener Informationen in einzelnen Schichten (*layern*) können, wie bereits kurz beschrieben, je nach Betrachtung verschiedene Modelle der realen Welt abgebildet werden.

Umgekehrt könnte man formulieren, daß aus der (oft entstehungsgeschichtlich, speichertechnisch oder sonstigen pragmatischen Gründen der Datenerfassungsphase entstammenden) Schichtenstruktur ein Modell der realen Welt „zurechtgebastelt" werden muß und vereinzelt nachträglich Datenlage-konforme Arbeitshypothesen aufgestellt werden.

Die simultane Betrachtung mehrerer thematischer Ebenen bereitet ohne EDV-Einsatz Probleme, wenngleich es auch auf analogem Weg - meist über Transparentdarstellungen mit visueller Überlagerungsmöglichkeit - vereinzelt beispielhafte Anwendungen gab. Dabei stand die Ausweisung landschaftlich (z. B. BOBEK und SCHMITHÜSEN 1949, HAASE 1967) bzw. landschaftsökologisch (LESER 1978) homogener Raumeinheiten im Mittelpunkt.

KIAS (1990, S. 125) unterscheidet hinsichtlich des GIS-Einsatzes grundsätzlich zwei Aspekte:

- Einsatz eines GIS als Instrument zur Datenhaltung und Automation der Darstellung.

- Einsatz eines GIS als Hilfsmittel zur Analyse und Planung (einschließlich Bewertungs-, Simulations- und Optimierungsverfahren).

Tab. 4.1: Generelle Anforderungen an ein Geographisches Informationssystem (in Anlehnung an KIAS 1990, stark verändert)

Anforderung	in kommerzieller Software verfügbar	verfügbar in Arc/Info[15]
Benutzerfreundliche Unterstützung der Datenerfassung	ja	ja
Übernahme der formalisierbaren Teile der Datenprüfung (Plausibilitätsprüfungen, Möglichkeiten der interaktiven Kontrolle)	ja	ja
Transformation Raster-Vektor und umgekehrt	ja	ja
Simultane Handhabung von Raster und Vektor ("hybrid")	nein	nein
Schnittstellen zu anderen Programmen	zahlreich, aber nie vollständig	zahlreich
Schnittstellen zu offiziellen Datenformaten ("Standards")	unterschiedlich	einige
Analytische Kapazitäten	unterschiedlich	hoch
Leistungsstarke und benutzerfreundliche kartographische Präsentation	unterschiedlich	hoch[16]
Spezielle Funktionen der Geostatistik	kaum implementiert, teilweise in Zusatzprogrammen	nur im Rastermodul

Dabei liegen die Stärken der aus dem Bereich des Vermessungswesens stammenden Programmpakete nach wie vor auf dem ersteren Aspekt, insbesondere auch in der Sicherung der Datenkonsistenz und Datenintegrität. Der Schwerpunkt der Anforderungen an ein geographisches Informationssystem für z.B. Raumplanung oder Landschaftsplanung ist dagegen im zweiten Bereich anzusiedeln. Aus heutiger Sicht kann man jedoch unter Berücksichtigung von verschiedenen Definitionen der inzwischen zahlreichen Lehrbücher (BURROUGH 1986, ARONOFF 1989, STAR and ESTES 1990, MAGUIRE et al. 1991, LAURINI and THOMPSON 1992, BILL und FRITSCH 1991) ein System, das den zweitgenannten Aspekt nicht ausreichend berücksichtigt, kaum als Geographisches Informationssystem bezeichnen.

4.2.2 GIS als Analyse- und Planungswerkzeug

Analyse ist der entscheidende Unterschied gegenüber anderen (abfrageorientierten) Informationssystemen. Analyse ist auch mehr als eine reine Überlagerung („Verschneidung") von verschiedenen Datenschichten, wenngleich dies schon eine große Hilfe bei der inhaltlichen Auswertung sein kann und einen Fortschritt gegenüber der manuellen Überlagerung (beispielsweise am Leuchttisch) darstellt.[17] Überlagerung

---

[15] In der vorliegenden Arbeit wurde Arc/Info, Version 7.02 verwendet.

[16] aber nicht benutzerfreundlich

[17] Auch in der Literatur ist die Ansicht weit verbreitet, daß GIS vor allem zu Flächenstatistiken eingesetzt werden kann bzw. daß dies ein Charakteristikum von GIS ist: „Der wesentliche innovative Beitrag der GIS-Technologie in Hinblick auf die wissenschaftliche und planetarische Methodik der Landschaftsanalyse liegt darin, daß die Ergebnisse simultaner Betrachtungen mehrerer thematischer Ebenen mit Hilfe des GIS-Einsatzes nicht nur qualitativ, sondern auch quantitativ ausgewertet werden können" (MUHAR 1992, S. 10)

im Sinne der Verschneidung von Datenschichten könnte als erste Stufe oder Vorstufe der Analyse bezeichnet werden. In der vorliegenden Studie wird in Kap. 6.4 gezeigt, daß flächenbezogene statistische Auswertungen und verschiedene Plausibilitätsprüfungen unterschiedlicher Kartierungen mit analogem Kartenmaterial kaum möglich sind. Andererseits stellt sich die Frage, ob ohne einen analytischen und planerischen Gebrauch von GIS der hohe Aufwand des Einsatzes sinnvoll ist. Die folgende Abbildung zeigt eine Übersicht von GIS-Funktionalitäten. BURROUGH (1986) hat in einer der ersten lehrbuchartigen umfassenden Darstellungen zum Thema GIS diese Funktionalitäten wie folgt gruppiert.

Abb. 4.6: Schematischer Überblick über die Transformationsoperationen in Geographischen Informationssystemen (STROBL 1994, nach BURROUGH 1986).

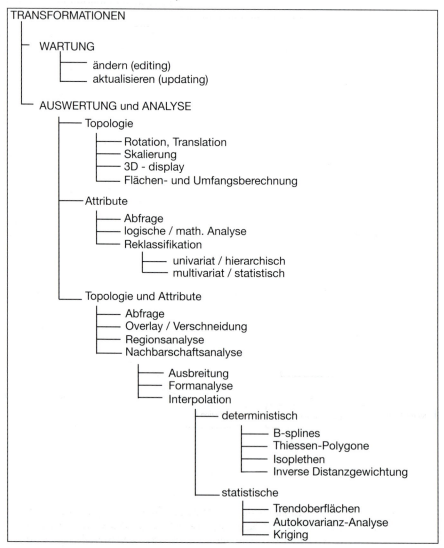

Betont werden in der Literatur immer wieder die Möglichkeiten der quantitativen Analyse von Primärdaten im Sinne von Flächenbilanzen, deskriptiver und analytischer Statistik. Durch die GIS-spezifischen Möglichkeiten von Overlaytechniken (Verschneidung) können Flächen ausgewiesen werden, die in verschiedenen Ausgangsdatenschichten verschiedene Bedingungen erfüllen. Geographische Informationssysteme als Analyse- und Planungsmittel können prinzipiell (bei entsprechender Datenverfügbarkeit und sonstigen Rahmenbedingungen) folgende Fragestellungen beantworten:

- Wo ist ... ?
- Was ist an der Stelle x,y ?
- Was ist im Umkreis von ... ?
- Was grenzt an ... ?

Durch vielfältige Kombinationsmöglichkeiten dieser trivialen Fragestellung läßt sich ein erstaunliches Spektrum an planungsrelevanter Information ableiten. Diese Verschneidungen liefern die Basis für Modellrechnungen und Bewertungen. Sie decken jedoch nur einen Teil der mehr deskriptiv-analytischen Aufgaben ab. Zusätzlich sind „horizontale" Analysemethoden notwendig, die die Abhängigkeiten der räumlichen Ausprägung eines Sachverhaltes gegenüber seiner Umgebung analysieren (Nachbarschaftsanalyse, Distanzfunktionen, Interpolation, Diffusion, Allokation). Es gibt verschiedene, unterschiedlich erfolgreiche Ansätze, die zugehörigen Rechenoperationen einzuteilen. Ein solcher Ansatz ist etwa die *„map algebra"* (vgl. Kap. 8). Übergeordnete Gruppen einer großen Zahl von Funktionen und Operatoren im Sinne der *„map algebra"* sind fokale, zonale und globale Operatoren (Übersicht in TOMLIN 1990).

Eine generelle Unterscheidung in *räumliche* und *a-räumliche* Analysemethoden wird nicht immer explizit vorgenommen. Dies kann durchaus Probleme nach sich ziehen, da räumliche Analyse mehr ist als die Anwendung a-räumlicher Verfahren auf räumliche Daten (vgl. FOTHERINGHAM and ROGERSON 1993). Folgende Abbildung soll dies verdeutlichen:

Abb. 4.7: A-räumliche vs. räumliche Hierarchien (nach FOTHERINGHAM and ROGERSON 1993, S. 5)

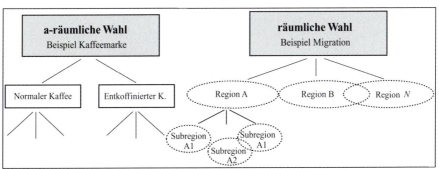

Hinsichtlich des GIS-Einsatzes in der ökologischen Planung sollte in den kommenden Jahren eine Verlagerung des Schwerpunktes von der Kontrolle und Überwachung der Umwelt hin zu einer Entscheidungs- und

Handlungsunterstützung erfolgen. Umweltmonitoring wird in Zukunft keineswegs weniger wichtig sein als heute; im Gegenteil: Die Notwendigkeit wird angesichts der zunehmenden Bedrohung natürlicher Ressourcen steigen. Noch stärker steigen wird jedoch der Bedarf an ökologischem Management und Planung.

4.2.3 Die Notwendigkeit des GIS-Einsatzes in der ökologischen Planung

BIERHALS (1978, zit. n. KIAS 1990) hat in seinen Anmerkungen zum ökologischen Datenbedarf für die Landschaftsplanung im Hinblick auf die Konzeption einer Landschaftsdatenbank drei Fragen herausgearbeitet, die von der Landschaftsplanung beantwortet werden müssen:

- Was ist wertvoll, schützenswert, erhaltenswürdig; was ist als Schutzobjekt oder natürliche Ressource zu sichern?
- Was würde geschehen, wenn ... (ökologische Wirkungsanalyse)
- Welche Lösungsmöglichkeiten gibt es zur Sicherung wertvoller, schutzwürdiger Landschaft und zur Vermeidung bzw. Reduzierung von Belastungen oder Konflikten?

Für eine ökologische Planung, die Teilbereich einer Landschaftsplanung sein sollte, gelten ähnliche Fragestellungen. Dabei ist nicht nur die Erhebung gezielter Information wichtig, sondern offensichtlich auch die Verwaltung von Daten hinsichtlich einer Mehrfachverwendung. Trotz einer Vielzahl bereits in verschiedenen Bereichen erhobenen und in unterschiedlichen Datenbanksystemen abgespeicherter Grundlageninformation besteht in der Praxis ein Manko an effizienten Informationsmöglichkeiten, z. T. auch über die Informationen selbst (*Metainformation*).

Speziell in der Landschaftsplanung, aber auch in jeglicher Planung, die Umweltinteressen berührt (also praktisch jeder Planung), fallen große Datenmengen an. Die systematische Erhebung aller planungsrelevanten Parameter erfordert daher eine Integration von Einzelergebnissen, die oft in interdisziplinärer Zusammenarbeit von unterschiedlichen Personen oder Institutionen erhoben werden. Der EDV-Einsatz als solcher muß daher keineswegs mehr gerechtfertigt werden. Der Einsatz Geographischer Informationssysteme ist dagegen (noch) keine Selbstverständlichkeit. Der nach wie vor hohe Anfangsaufwand hinsichtlich Anforderungen an die Qualifikation der Mitarbeiter sowie die Kosten erfordern meist explizit auf das jeweilige Projekt zugeschnittene Argumentationsstrategien zu einer erfolgreichen Verwirklichung.

Die wesentlichen Vorteile von GIS im Rahmen der ökologischen Planung gegenüber einer a-räumlichen Handhabung der Daten in Datenbanksystemen, aber auch gegenüber einer in vielen deutschen Bundesländern üblichen Datenerhebung (beispielsweise für den Arten- und Biotopschutz im Blattschnitt der Topographischen Karte 1:25000) sind u. a.:

- Koordinatenscharfe Daten ermöglichen koordinatenscharfe und damit planungsrelevante Aussagen.
- Koordinatenscharfe digitale Daten können für viele weiteren (Planungs)Zwecke verwendet werden.
- Für die Konstruktion von Potential- oder Risikogebieten, die nicht direkt aus der

Primärdatenerfassung hervorgehen, stehen Werkzeuge der Verschneidung und logischen Kombination zur Verfügung.
- Eine Bewertung ist nicht an die Grundmuster der Primärdatenerfassung gebunden.
- Die bei einer Bewertung notwendigen Einzelkriterien können räumlich differenziert werden.
- Bei einer Variantenbewertung können die vielfachen Bewertungsvorgänge bzw. deren Ergebnisse mit unterschiedlichen Gewichtungen zur Ermittlung und Optimierung des Bewertungsverfahrens räumlich dargestellt werden.
- Es bestehen vielfältige Möglichkeiten der kartographischen Ausgabe, der Visualisierung von Varianten und Szenarien auch in dreidimensionaler Darstellung.
- Eine hohe Transparenz und damit eine verbesserte Akzeptanz ist generell bei Offenlegung aller Bewertungs- und Rechenvorschriften möglich, wenn auch nicht implizit.
- Es besteht ein hoher Bedarf an quantitativen Aussagen in der Landschaftsplanung (vgl. MUHAR 1992)

Aus den bisher aufgezeigten Einzelaspekten geht hervor, daß fast allen Auswertungs- und Planungsschritten irgendeine Form von Bewertung immanent ist. Der Themenkreis Bewertung in den Kapiteln 2 und 3 ausführlich begehandelt. Hier soll (nochmals) auf den Aspekt hingewiesen werden, daß dieses „Inwertsetzen" in der Praxis nicht immer theoriegeleitet vor sich geht. Der GIS-Einsatz darf daher nicht dazu verwendet werden, Objektivität vorzutäuschen, wo fundierte Bewertungsschemata fehlen bzw. derartige Schemata paradigmatisch, oft unter einer impliziten Verleugnung eines gewissen Grades an Subjektivität, aufgestellt werden, die bei der Inwertsetzung absoluter naturwissenschaftlichen Größen in gesellschaftliche Zusammenhänge nicht zu vermeiden sind (vgl. auch CERWENKA 1984).

Im Zuge einer komplexen Betrachtung sind nicht nur komplexere (und dennoch möglichst transparente) Bewertungsmodelle notwendig (vgl. Kap. 10), auch die (ökologische) Planungspraxis kann und sollte nach Meinung des Autors verändert werden. Idealerweise sind Geographische Informationssysteme Werkzeuge, die ein umweltgerechtes und rasches Handeln und Entscheiden ermöglichen. Ohne die Ergebnisse dieser Studie vorwegzunehmen, sei angemerkt, daß die Voraussetzungen aus Sicht von GIS gegeben scheinen, die Problematik daher mehr in der fachlichen Dimension und in der Umsetzung von Methoden von Fachdisziplinen liegt. Konkret müssen Bewertung und Planung stärker zusammenwachsen, um von einem „Hinterherlaufen" von Naturschutz und ökologischer Planung hinter den durch andere Interessen geschaffenen Tatbeständen in unserer Umwelt in eine stärker prognostisch-dominierte Rolle der Vorsorge und vorausschauenden Planung zu gelangen.

4.2.4 *Einige für die GIS-Bearbeitung wesentliche Konzepte und Theorien der Ökosystemforschung*

„Ein Ökosystem ist ein Wirkungsgefüge von Lebewesen und deren anorganischer Umwelt, das zwar offen, aber bis zu einem gewissen Grade zur Selbstregulation befähigt ist..... Ein solches System ist nie eine additive Summe, sondern eine Einheit oder Ganzheit" (HARTMANN 1933, zit. n. ELLENBERG 1973, S. 1).

Diese grundlegende Aussage sollte bei einer GIS-Bearbeitung stets im Auge behalten werden. Aufgabengebiete der Ökosystemforschung sind sowohl die beschreibende Inventarisierung als auch die Analyse der Funktion und Leistung einzelner Komponenten oder Komponentengruppen, die Erfassung von Funktionszusammenhängen, die Aufstellung von Modellen und die mathematische Systemanalyse sowie die experimentelle Abwandlung von Ökosystemen zur Vertiefung ihrer kausalen Analyse (ELLENBERG, ebda.). Es ist stets irgendeine Form der Gliederung des Ökosystems notwendig. In einer induktiven Vorgangsweise werden die einzelnen Elemente auf ihre Rolle im System hin untersucht, während der deduktive Weg umfassende Kenntnisse der Struktur und Funktion des Ökosystems voraussetzt.

In der Praxis werden nahezu alle natürlichen Systeme auf reduktionistischem Wege erforscht. Da jedoch immer mehr Daten über Einzelprozesse gewonnen werden, werden die Erklärungen über das Verhalten des Ganzen immer schwieriger. Es besteht die Gefahr, daß über die Deutung der Einzelphänomene hinaus der Blick für das Gesamtsystem teilweise verloren geht. Daher erscheint es notwendig, gemeinsame Verhaltensweisen von Systemen darzustellen, die eine Einordnung der Ergebnisse über Einzelprozesse erlauben (vgl. TOBIAS 1991). Diese Argumentation führt direkt zu der nachfolgend kurz diskutierten hierarchischen Strukturierung von Modellen und Systemen.

Das regionale Mensch-Umweltsystem

Nach B. MESSERLI und P. MESSERLI (1979) besteht ein **regionales ökonomisch-ökologisches System** im wesentlichen aus folgenden drei Komponenten:

1. Das natürliche System, das die Lebensgemeinschaft der Tiere und Pflanzen (biotischer Bereich) sowie die unbelebte Umwelt wie Gesteine, geomorphologische Formen und Klima (abiotischer Bereich) umfaßt.

2. Das sozio-ökonomische System (Wirtschaftliches, politisches, sozio-demographisches und kulturelles Teilsystem).

3. Das Landnutzungssystem (Nutzungsart, -intensität, Landschaftsbild) wird verstanden als die Überlagerung des natürlichen durch das sozio-ökonomische System. Es ist gleichzeitig Verbindung und Überschneidungsbereich zwischen dem Naturhaushalt und der Wirtschafts- und Kulturtätigkeit des Menschen.

Die hierarchische Modellstruktur

Grundsätzlich geht jedem GIS-Einsatz wie überhaupt jeder Art der Abstraktion eines Sachverhaltes eine Modellbildung voraus. Da jede Karte bereits ein Modell der Wirklichkeit ist, stellt eine Kombination von Datenschichten zur Erzeugung einer neuen Datenschicht eine Modellbildung höherer Ebene dar (vgl. Abb. 4.4). Diese Art der Modellbildung geschieht meist *unbewußt*, ohne ein Modell der hierarchischen Zusammenhänge zu erstellen, was auch nicht in jedem Fall als notwendig erscheint.

Sollen jedoch explizit auf einem höheren Aggregationsniveau Aussagen über dynamische Zusammenhänge in einem Untersuchungsgebiet getroffen werden, sind Kenntnisse über die strukturellen Verknüpfungen der verschiedenen Aggregationsebenen unerläßlich. SPANDAU (1988, S. 13) leitet daraus ab, daß die zwischen den verschiedenen Ebenen bestehenden strukturellen Verknüpfungen auch bei ausreichender Verfügbarkeit der Daten nicht auf rein mathematischem Weg hergestellt oder abgeleitet werden können, sondern der gezielten interpretierenden Auswahl durch den denkenden, gebietserfahrenen Menschen bedürfen. VESTER (1980) fordert sogar statt der in der Naturwissenschaft üblichen kausalanalytischen Untersuchung eine synthetisch funktionsanalytische Beschreibung (*biokybernetischer Ansatz*). Die Umsetzung erweist sich jedoch nach Ansicht des Autors in der Praxis als überaus schwierig. Für BLUME et al. (1992, S. 29) ist die Komplexität von Ökosystemen dagegen nur in mathematischen Modellen faßbar. Es soll damit an dieser Stelle lediglich aufgezeigt werden, wie schwierig die Erfassung des komplexen Systems Umwelt zu sein scheint und wie viele Probleme gerade eine so junge Disziplin wie die Geoinformatik mit einem gewissen Theoriedefizit bei der Umsetzung dieser Konzepte hat.

Unter den verschiedenen Verfahren zur Erstellung einer naturräumlichen Datenbasis haben sich in der Vergangenheit zwei Gruppen von Vorgangsweisen herauskristallisiert. Die Weiterentwicklung von Hard- und Software macht diese Unterscheidung jedoch zunehmend überflüssig. Da sie jedoch konzeptuell den GIS-Einsatz mitgeprägt hat, werden zwei quasi-konkurrierende Ansätze hier vereinfacht antagonistisch gegenübergestellt:

„Kleinste Gemeinsame Geometrie" und „Layer-Konzept"

Im MAB-Projekt Berchtesgaden wurde der von MESSERLI und MESSERLI (1979) entwickelte Systemansatz übernommen und mit der von GROSSMANN weiterentwickelten hierarchischen Systemmethode verknüpft. Die einzelnen erfaßten Datenschichten (Landnutzung, Höhenstufen, Exposition, Hangneigung, Geologie und Standortkartierung) wurden im Maßstab 1:10000 kartographisch aufbereitet und manuell miteinander verschnitten (*kleinste gemeinsame Geometrie = KGG*), das Ergebnis anschließend als Gesamt-Auswertegeometrie digitalisiert, wobei die Attributinformation in einem weiteren Schritt manuell zugeordnet werden mußte (ausführliche Darstellung in SPANDAU 1988). Dieser enorm hohe Aufwand zur Erstellung der Datenbasis war notwendig, da Mitte der 80er Jahre Beschränkungen der Hard- und Software ständige mehrfache Verschneidungen vieler tausend Polygone im „Echtzeitbetrieb" nicht zuließen. Obwohl man nach heutigem Stand der Technik eine andere Vorgangsweise wählen würde (mündl. Mitt. von H.P. FRANZ, 1992), ist vor allem der Modellbildung in dem MAB-Projekt Berchtesgaden Pilotcharakter zuzusprechen. Diese Modellbildung ist wissenschaftlich breit publiziert und konnte für verschiedene GIS-Implementierungen im deutschsprachigen Raum auf konzeptueller und methodischer Ebene wichtige Impulse vermitteln (vgl. SCHALLER 1989, ASHDOWN and SCHALLER 1990, SPANDAU et al. 1990, SPANDAU und KÖPPEL 1991). In der konkreten Implementation der Datenbasis im Nationalpark Berchtesgaden wurden eine oder mehrere *kleinste gemeinsame Geometrien (KGG*'s) gebildet, die hinsichtlich der erfaßten standörtlichen Bedingungen homogene Flächen bilden. Dabei kann eine große Zahl von Flächen (Polygonen) entstehen, denen mehrere Attribute in einer (relationalen) Datenbank zugeordnet sind. Bei dieser aufwendigen Vorgangsweise muß die komplexe Topologie bei jeder Operation (Abfrage, Bildschirmaufbau, Verschneidung ...) mitgeführt werden muß. Andererseits bietet diese kleinste gemeinsame Geometrie einen überaus beständigen Grunddatensatz, der vor allem für Bewertungen über die Prozeßebene hinaus Vorteile aufweist. Als Nachteil ist die fehlende räumliche Flexibilität dieses Modells zu nennen. Die einmal festgelegten Einheiten sind nur mit großem Aufwand zu ändern.

Ein überaus weit verbreitetes Konzept im Zusammenhang mit GIS ist das der Layer- oder Schichtenstruktur. Bis vor wenigen Jahren war ein GIS ohne die physische Einteilung von Daten auf einem Speichermedium in thematisch zusammenhängende Sichten der Welt als separate Schichten (*layer, coverages*) fast nicht denkbar. Jedes

GIS benötigt(e) sein Schichten-Konzept. Die Verschneidungsergebnisse sind in der Regel nicht dauerhaft Bestandteil der Datenbank, außer wenn es sich um eine Kombination von Themen handelt, die als Ausgangsbasis für weitere Analysen verwendet wird. Dies hat zweifellos Vorteile aus Sicht der Evidenthaltung und Nachführung der Daten. Da die Hard- und Software immer leistungsfähiger wird, stellen die öfters notwendigen Verschneidungen kaum mehr ein Hindernis dar. Dagegen darf nicht unterschätzt werden, daß inhaltlich fundierte Ableitungsvorschriften (wie in jedem Datenmodell) notwendig sind. Dies drückt sich auch in der Darstellung in Lehrbüchern aus: Während BURROUGH (1986) dieses Modell (noch) in den Mittelpunkt seiner Betrachtungen rückt, stellen LAURINI und THOMPSON (1992) es alternativ zu einer objektorientierten Sicht der Umwelt dar und in neuester Literatur verliert es zunehmend an Bedeutung. Im gegenständlichen Projekt *Salzachauen* erfolgt eine Verschneidung der Themen bei Bedarf. Diese Vorgangsweise ist trotz gewisser Nachteile der strikten Zuordnung jedes Elements zu einer „Schicht" gegenüber dem Objekt-orientierten Datenmodell heute am weitesten verbreitet und bewährt. In den meisten Untersuchungen wird kein Anspruch auf eine vollständige Erfassung des Ökosystems erhoben. Dagegen wird in dem Mammutprojekt *Bornhöveder Seenplatte* (rund 30 Arbeitsgruppen mit 140 Mitarbeitern) versucht, die Struktur und Dynamik, den Stoff- und Energiehaushalt und die komplizierten Funktions- und Regelungsmechanismen eines Ökosystems möglichst vollständig zu erforschen. Bei sehr komplexen Analysen, wie etwa in der Ökosystemforschung Bornhöveder Seenplatte (BLUME et al. 1992) ist neben der datentechnischen Gleichberechtigung der einzelnen *layer* (*coverages*) ein theoretisch fundiertes hierarchisches Hypothesenmodell unbedingt notwendig, um funktionale Zusammenhänge darzustellen. Der Anspruch, Prozesse in den Mittelpunkt der Betrachtung zu stellen, stellt derzeit eine große Herausforderung für Geographische Informationssysteme dar.

4.3 UMSETZUNG ÖKOLOGISCHER UND LANDSCHAFTSÖKOLOGISCHER KONZEPTE MIT GIS UND GEOSTATISTIK

4.3.1 *Der nordamerikanische Ansatz der quantitativen* landscape ecology *und die Rolle von GIS*

Im Gegensatz zu dem „klassischen" Ansatz der deutschsprachigen Landschaftsökologie, der auf TROLL (1939, 1959), SCHMITHÜSEN (1948, 1964) NEEF (1963, 1967) und andere Geographen und Landschaftsforscher zurückgeht, hat sich in den letzten beiden Jahrzehnten, großteils jedoch in den 80er und frühen 90er Jahren eine Arbeitsrichtung entwickelt, die hier sehr vereinfachend als „*nordamerikanischer Ansatz der quantitativen landscape ecology*"[18] bezeichnet wird. Zwar waren die Gründungsinitiativen z.B. der IALE (International Associaton of Landscape Ecology) stark von Europäern (u.a. Dänen, Niederländern, Briten) getragen, doch bestand in der Literatur, vor allem in den Artikeln der Zeitschrift *Landscape Ecology* ein deutliches

---

[18] Der Begriff „*nordamerikanischer Ansatz der quantitativen landscape ecology*" ist sehr unscharf. Einerseits ist der Ansatz selbstverständlich international, lediglich in der Zahl der Anwendungen von Nordamerika dominiert, andererseits ist er nicht quantitativ im Sinne einer a-räumlichen Statistik ausgerichtet sondern ist explizit räumlich orientiert mit einer breiten Verwendung von GIS und Fernerkundung. Im folgenden wird mehrfach „*landscape ecology*" als englischer Begriff verwendet, wenn eine Trennung von der „traditionellen" deutschsprachigen Landschaftsökologie zum Ausdruck kommen soll.

Übergewicht nordamerikanischer Autoren. Als gemeinsames Element dieser vielen, aus unterschiedlichen Fachrichtungen stammenden Ansätze wird hier der Einsatz quantitativer Methoden gesehen. Dies betrifft sowohl statistische („a-räumliche") Verfahren als auch explizit räumliche Betrachtungsweisen. Bei letzteren werden massiv Methoden Geographischer Informationsverarbeitung, Satellitenfernerkundung und digitaler Bildverarbeitung eingesetzt (Überblicksdarstellungen u.a. in QUATTROCHI and PELETIER 1991, JOHNSTON 1993). Dieser Einsatz ist offensichtlich wesentlicher als der irgendeiner beliebigen Software zur Unterstützung landschaftsökologischer Forschung. Wie bereits in Kap. 4.2 kurz beleuchtet, bietet die explizit räumliche (digitale) Handhabung von in ihrem Wesen zutiefst explizit räumlichen natürlichen Phänomenen und Prozessen ein deutlich anderes, und zwar erweitertes Potential an Landschaftsanalyse. NAVEH und LIEBERMANN (1993, S. S3-1) stellen in einem Supplement zur zweiten Auflage ihres Lehrbuchs *„Landscape Ecology"* fest:

„The field of remote sensing and information science have a significant role to play in holistic landscape evaluation. They are of vital relevance in dealing with issues of total human ecosystems, where cultural and natural interactions need to be identified and clarified. One example of strides in the last decade has been the use of GIS for conservation and development planning."

Vor allem aus der Sicht einer komplexen, interdisziplinären Betrachtung bietet GIS als Werkzeug erst die Möglichkeit der konkreten Umsetzung ganzheitlicher Ansätze, die auf Theorien des Holismus beruhen. Der Holismus betrachtet die Umwelt als eine Stufenfolge von Ganzheiten, bei der jede Ganzheit die unter ihr stehende Ganzheit integriert, aber stets mehr ist als deren Summe. Aus der Integration der untenstehenden Ganzheiten ergeben sich neue und nicht vorhersagbare Eigenschaften (*emergent properties*), die nicht aus den Bestandteilen erschlossen werden können. Die praktische Umsetzung von atomaren Bausteinen, die in sich als homogen betrachtet werden, wird durch die Abgrenzung von kleinsten Einheiten vollzogen. Diese wurden im Laufe der letzten Jahrzehnte unterschiedlich bezeichnet (*Fliese, Ökotop, Biotop, Physiotop, Geotop*, im englischen meist *patch*). Auf jeder unterschiedlichen Maßstabsebene, von der Individuen-spezifischen Sicht bis hin zu biogeographischen Arealen oder Kontinenten, besteht die Umwelt aus einem Mosaik an *patches*[19] (WIENS 1989, TURNER 1989, TURNER and GARDNER 1991). Individuen und Populationen reagieren unterschiedlich auf diese räumliche Anordnung, die in ihrer spezifischen Ausprägung als *patch mosaic*, *patchiness* oder *spatial heterogeneity* bezeichnet wird.

Sowohl für den Einsatz in der Landschaftsanalyse als auch für Untersuchungen zur räumlichen Ausprägung von Habitaten und Populationen erscheinen Geographische Informationssysteme als ein geeignetes Werkzeug. Die Analyse biotischer und abiotischer Parameter erfordert ebenso wie die Analyse der Strukturen und Funktionen in einem Ökosystem die explizite Handhabung des Attributes *Raum* und der *räumlichen Beziehungen*. So stoßen hier eigentlich verschiedenste Disziplinen aufeinander bzw. bewegt sich landschaftsökologische Forschung in einem starken Überlappungsbereich verschiedener Ansätze. Dies erfordert einerseits ein gewisses Umdenken und Abstandnehmen von bewährten fachspezifischen Ansätzen und die

---

[19]Es wird auch auf deutsch manchmal der Begriff *patch* verwendet, da kein eindeutiges adäquates deutsches Wort existiert. In dieser Arbeit wird im folgenden dieser Terminus eingesetzt, wenn die auf der jeweiligen Betrachtungsebene und unter geltenden Rahmenbedingungen kleinste homogene (kartierte) Einheit gemeint ist.

Akzeptanz von anderen, evtl. im eigenen Arbeitsumfeld weniger bekannten Verfahren. Daher werden auch in der Folge immer wieder Ansätze der Ökologie, die sich mit biotischen und häufig hochmobilen (zoogenen) Bestandteilen von Ökosystemen beschäftigen in einem Satz genannt mit Untersuchungsmethoden „traditioneller", aber auch quantitativ-räumlicher Landschaftsanalyse. Dies entspringt u.a. der in Kap. 2 und 3 mehrfach diskutierten Erkenntnis, daß vor allem bei konkreten Landschaftsplanungen und Eingriffen in die Landschaft zwar Biotoptypen und Vegetation meist erfaßt werden, faunistische Erhebungen eher die Ausnahme bilden (JEDICKE 1996). Auch Merkmale wie landschaftliche Diversität (BASTIAN und SCHREIBER 1994), Strukturiertheit (strukturelle Diversität im Sinne von HABER 1979), ökologische Vielfalt (ODUM 1969) und Vielfalt von Landschaftsausschnitten werden kaum berücksichtigt. Im folgenden sind einige wichtige und in der vorliegenden Untersuchung verwendete ökologische und landschaftsökologische Konzepte und Begriffe aufgeführt, die einen räumlichen Bezug aufweisen und die sich mit Geographischen Informationssystemen operationalisieren lassen. Dabei wird nicht nach Elementen und Funktionen unterschieden:

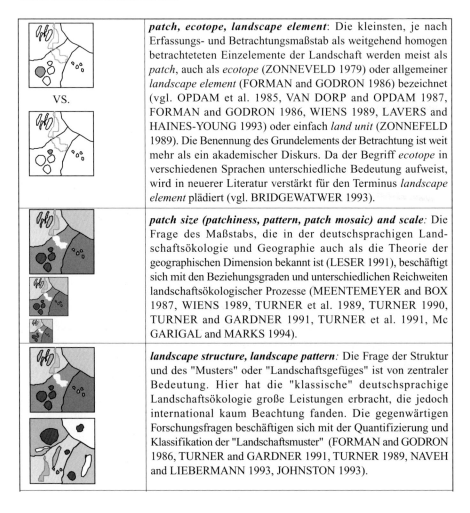

patch, ecotope, landscape element: Die kleinsten, je nach Erfassungs- und Betrachtungsmaßstab als weitgehend homogen betrachteten Einzelemente der Landschaft werden meist als *patch*, auch als *ecotope* (ZONNEVELD 1979) oder allgemeiner *landscape element* (FORMAN and GODRON 1986) bezeichnet (vgl. OPDAM et al. 1985, VAN DORP and OPDAM 1987, FORMAN and GODRON 1986, WIENS 1989, LAVERS and HAINES-YOUNG 1993) oder einfach *land unit* (ZONNEFELD 1989). Die Benennung des Grundelements der Betrachtung ist weit mehr als ein akademischer Diskurs. Da der Begriff *ecotope* in verschiedenen Sprachen unterschiedliche Bedeutung aufweist, wird in neuerer Literatur verstärkt für den Terminus *landscape element* plädiert (vgl. BRIDGEWATWER 1993).

patch size (patchiness, pattern, patch mosaic) and scale: Die Frage des Maßstabs, die in der deutschsprachigen Landschaftsökologie und Geographie auch als die Theorie der geographischen Dimension bekannt ist (LESER 1991), beschäftigt sich mit den Beziehungsgraden und unterschiedlichen Reichweiten landschaftsökologischer Prozesse (MEENTEMEYER and BOX 1987, WIENS 1989, TURNER et al. 1989, TURNER 1990, TURNER and GARDNER 1991, TURNER et al. 1991, Mc GARIGAL and MARKS 1994).

landscape structure, landscape pattern: Die Frage der Struktur und des "Musters" oder "Landschaftsgefüges" ist von zentraler Bedeutung. Hier hat die "klassische" deutschsprachige Landschaftsökologie große Leistungen erbracht, die jedoch international kaum Beachtung fanden. Die gegenwärtigen Forschungsfragen beschäftigen sich mit der Quantifizierung und Klassifikation der "Landschaftsmuster" (FORMAN and GODRON 1986, TURNER and GARDNER 1991, TURNER 1989, NAVEH and LIEBERMANN 1993, JOHNSTON 1993).

	diversity, heterogeneity and homogeneity: Diversität und Heterogenität von Landschaft und Landschaftsausschnitten (*landschaftliche Diversität, gamma*-("Raum")diversität, vgl. Kap. 8.2) wird absolut und im Vergleich durch die Anordnung der Landschaftselemente quantifiziert und steht in engem Zusammenhang mit den *landscape pattern* (siehe oben). (WIENS 1976, WHITTAKER 1977, HABER 1979, KREBS 1979, MAGURRAN 1988, BEGON et al. 1990, MILNE 1991a, 1991b).
	fragmentation: Die Zerschneidung von Landschaften und Lebensräumen hat eine große ökologische Bedeutung (LOVEJOY 1984, WIENS 1989, PRIMACK 1993). Zur Quantifizierung stehen zwar durch GIS zahlreiche Werkzeuge zur Verfügung (vgl. McGARIGAL and MARKS 1994, JOHNSON 1994), jedoch sind viele quantitative Verfahren abhängig von räumlicher und thematischer Auflösung.
	hierarchy: Die Hierarchietheorie versucht, komplexe Situationen zu analysieren, indem hierarchisch organisierte Systeme in funktionale Komponenten gegliedert werden. Sie darf nicht mit einem direkten Schließen von einer Ebene auf eine andere gleichgesetzt werden (ALLEN and STAR 1982, O'NEILL et al. 1986, O'NEILL 1991, COUSINS 1993).
	der Zusammenhang von ***patch size*** und ***dispersal*** (STENSETH 1983, LEWKOWITCH and FAHRIG 1985, HANSSON 1988)[20] ist in der theoretischen und praktischen Ökologie vielfach untersucht; hierzu existieren aber noch wenige empirische Arbeiten der expliziten räumlichen Umsetzung. Die direkte Umsetzung räumlicher Muster in populationsökologische Größen ist schwierig und nur durch artspezifische Modelle, die autökologische Belange berücksichtigen, abbildbar (Übersicht in HUNSAKER et al. 1993).
	Stabilität, Dynamik, Gleichgewicht, disturbance: Über viele Jahre herrschte ein weitgehend paralleler Diskurs in der Öko- systemforschung und in der Landschaftsökologie/ Landschafts- planung, ob z.B. Vielfalt und Artenreichtum etwas mit Stabilität zu tun haben (ODUM 1969, ELLENBERG 1973, REMMERT 1986, 1991, 1992, FORMAN and GODRON 1986, SIMBERLOFF 1986, SOULÉ 1986, 1987, BEGON et al. 1990, SOLBRIG and NICOLIS 1991, SPELLERBERG 1992). Inzwischen wird auch die räumliche Komposition und deren Stabilität hinsichtlich Störungen (durch den Menschen) mit GIS untersucht (TURNER et al. 1993).

---

[20]ausgehend von der *equilibrium theory* (McARTHUR and WILSON 1967) der Inselbiogeographie

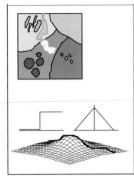
ecotone (Ökoton): Das Konzept des weichen Übergangs zwischen Biotoptypen. In der Natur fehlen harte Grenzen weitgehend. Dieses Konzept ist bekannt und gut erforscht (WIENS et al. 1985, HEYDEMANN 1986, DI CASTRI et al. 1988, HANSEN and DI CASTRI 1991, RISSER 1993), die räumliche Umsetzung, z.B. die Handhabung dieser Übergangsbereiche mit Geographischen Informationssystemen jedoch noch nicht optimal gelöst. Rasteransätze ermöglichen immerhin eine "quasi-kontinuierliche" Betrachtung, in Kombination mit dem Fuzzy-Ansatz auch unscharfe Verknüpfungen.

Den bisher weitgehend isoliert stehenden praktischen GIS-Anwendungen in der Ökologie fehlen jedoch z. T. zusammenhängende und allgemeingültige grundlegende Umsetzungsanleitungen ökologischer Prinzipien in standardisierte GIS-Verfahrenstechniken. Für einen Teilbereich der Landschaftsökologie, der sich mit quantitativen Analysen (im Deutschen auch Landschaftsanalyse) innerhalb eines bestimmten Maßstabsbereichs, des sogenannten *landscape scale* (vgl. LAVERS and HAINES-YOUNG 1993) beschäftigt, entsteht seit dem Ende der 80er Jahre jedoch in zunehmendem Maße ein Methodengerüst hinsichtlich des GIS-Einsatzes. Vor allem die Arbeiten in Nordamerika von TURNER (TURNER 1989, 1990, TURNER et al. 1989, TURNER and GARDNER 1991) und anderen Wissenschaftlern im Umfeld der IALE (JOHNSON 1990, JOHNSTON 1990, QUATTROCHI and PELLETIER 1991, MILNE 1991a, b) sowie einige Arbeiten aus Großbritannien (ASPINALL 1992, ASPINALL and VEITCH 1993, LAVERS and HAINES-YOUNG 1993, GRIFFITH et al. 1993) beweisen nicht nur den Sinn des GIS-Einsatzes in landschaftsökologischen Fragestellungen, sondern liefern zunehmend auch einen Fundus an Umsetzungsanleitungen von Konzepten aus dieser Fachdisziplin. Gerade weil diese Ansätze erstaunlicherweise im deutschsprachigen Raum wenig bekannt zu sein scheinen, werden hier zahlreiche Literaturhinweise gegeben.

Fauna und GIS

Während im deutschsprachigen Raum wenige Beispiele faunistisch-ökologischer Analyse mit GIS existieren, sind Anwendungen in Nordamerika und zum Teil in Großbritannien wesentlich verbreiteter. Unter Federführung des US Fish and Wildlife Service entstanden operationalisierte bzw. operationalisierbare Verfahren (*Habitat Suitability Index, Habitat Evaluation Procedure,* Überblick in PEARSAL et al. 1986, SPELLERBERG 1992, HOVESTADT et al. 1991). Unzählige andere bestehende Verfahren sind jedoch ebensowenig wie in Europa vereinheitlicht und aus verschiedenen Gründen (vgl. HOVESTADT et al. 1991, S. 212ff) nicht immer zielführend. Ein Großteil der angewandten Arbeiten bezieht sich auf Säugetiere und Vögel. Zwar eignen sich beide Taxa aufgrund der Strukturabhängigkeit (bei praktisch allen Vögeln und einem Großteil der Säugetiere) als Biodeskriptoren, doch herrscht ein großes Manko bei der ebenfalls wichtigen ökologischen Modellierung von Amphibien, Reptilien und Insekten. Vor allem die Möglichkeiten Geographischer Informationssysteme hinsichtlich der Analyse von Metapopulationen, der Dynamik von Teilpopulationen und der Migration sind bisher wenig genutzt. Die Analyse von Wanderungsbewegungen, -distanzen und -konnektivitäten mit Hilfe Geographischer Informationssysteme steht nach Ansicht des Autors erst am Anfang.

Dynamische Prozesse und GIS

Zur Untersuchung dynamischer Prozesse sind neben den fundamentalen Kenntnissen funktionaler Zusammenhänge multitemporale Daten notwendig, deren Erfassung in der Regel zeitaufwendig bzw. in manchen Fällen nicht vollständig möglich ist. Häufig werden ursprüngliche Zustände (etwa vor Eingriffen oder Katastrophenereignissen) als Ausgangsdaten benötigt, die jedoch nicht vorliegen. In manchen Fällen erlaubt eine nachträgliche Auswertung von vorliegenden Fernerkundungsdaten und/oder die Modellanbindung an ein GIS eine integrative, multitemporale Auswertung von Umweltdaten. Dabei können bereits mit relativ einfachen Modellen Habitatanalysen durchgeführt und Teilaussagen über gegenwärtige dynamische Veränderungen getroffen werden (BLASCHKE 1995d). Der Großteil der bestehenden Modelle in der Landschaftsökologie ist statisch (MERRIAM et al. 1991). Dies ist verständlich, nicht zuletzt, da statische Modelle leichter handhabbar sind. Mit Geographischen Informationssystemen ist zwar eine Art *toolbox* und die Möglichkeit der Anbindung bestehender dynamischer Modelle prinzipiell gegeben. Die konkrete Umsetzung ist jedoch schwierig und bedarf einer fundierten hierarchischen Theoriebildung. Dabei ist zu beachten, daß räumliche Analyse mehr ist als „a-räumliche Analyse angewandt an räumlichen Daten". In der Geostatistik stehen inzwischen zahlreiche Methoden zur Verfügung, räumliche Beziehungen als solche aufzuspüren und auszuwerten (vgl. FOTHERINGHAM and ROGERSON 1993, 1994). Es erscheint notwendig, auf dieses Potential anschließend noch näher einzugehen.

4.3.2   GIS und Geostatistik: Möglichkeiten für die Landschafts- und Ökosystemforschung

Ausgehend von klassischen Ansätzen räumlicher und a-räumlicher Analyse lassen sich vereinfacht drei Strömungen feststellen, aus der sich spezielle geostatistische Verfahren entwickelten. Einerseits waren es klassische Geographen und Regionalwissenschaftler wie HAGGET, CHORLEY oder ABLER[21], die von einer Anwendungsdisziplin her kommend quantitative Methoden entwickelten, um räumliche Phänomene zu analysieren. Andererseits entwickelten einige anwendungsorientierte Mathematiker und Statistiker spezielle Verfahren zur besonderen Berücksichtigung des Phänomens Raum. Vor allem aber waren es Geologen, Mineralogen, Petrologen usw., die innerhalb eines kurzen Zeitraums eine ganze Arbeitsrichtung schufen. Ihre Beweggründe waren praktischer Art, d.h., sie benötigten für angewandte Fragestellungen Auswerteverfahren, die ihnen z.B. auf Grund von Proben Vorhersagen eines Phänomens für bestimmte Raumausschnitte ermöglichten. Die Abgrenzung von Geostatistik ist schwierig. Handelt es sich dabei um eine eigene Teildisziplin von GIS, GIV (Geographischer Informationsverarbeitung) oder *Geographic Information Science* (GOODCHILD 1992) oder von Statistik? Im englischsprachigen Raum wird von Seiten der Geographen, Sozialwissenschaftler, Raumplaner, Regionalwissenschaftler usw. meist der breit angelegte Ausdruck „*spatial data analysis*" verwendet. Von den Geowissenschaften, insbesondere der Geologie, Petrologie, Geochemie, Geophysik und der Lagerstättenexploration wird dagegen einheitlich der Begriff *Geostatistik* gebraucht. Viele geostatistische Verfahren im Rahmen wurden im Tätigkeitsbereich Geologischer Anstalten geschaffen. Dies deutet daraufhin, daß Praktiker dringend Verfahren benötigten, um räumliche Phänomene nach (geo)statistischen Regeln zu

---
[21]Überblick in HAGGET, P. (1983): Geographie - eine moderne Synthese, New York.

modellieren und damit z.B. Zustände zwischen gemessenen Standorten zu interpolieren. Außerhalb der Geowissenschaften werden diese Verfahren wenig eingesetzt. Das zur Verfügung stehende Repertoire wird oft nicht entsprechend genutzt und evtl. zusätzliche räumliche Muster, Abhängigkeiten und deren Residuen bleiben unentdeckt. OPENSHAW (1994, S. 83) drückt dies folgendermaßen aus:

"Techniques are wanted that are able to hunt out what might be considered to be localised pattern or 'database anomalies' in geographically referenced data but wihtout being told eihter 'where' to look for, or 'when' to look."

Unter Geostatistik ist nach MATHERON (1962) die Anwendung der Zufallsfunktion auf die Erkundung und Schätzung natürlicher Phänomene zu verstehen. Diese natürlichen Phänomene sind ortsabhängige (ortsgebundene) Variable (*regionalized variables*), die statistisch räumlich variieren. Durch die Anwendung der Zufallsfunktion unterscheiden sich die Verfahren von rein deterministischen Verfahren, bei denen im Prinzip durch eine Funktion jede Ausprägung berechnet werden kann. ISAACS and SRIVASTAVA (1989) vergleichen dies mit einem hüpfenden Ball: Unter Anwendung einer deterministischen Funktion kann im Prinzip jeder Punkt seiner Flugbahn berechnet werden, wenn die Ausgangsgrößen bekannt sind. Auch die Verteilung von Schwermetallgehalten im Boden kann unter Anwendung der Zufallsfunktion geschätzt werden, mit einer gewissen zufälligen Abweichung (zufällig bedeutet in diesem Zusammenhang durch das Modell nicht erklärbar).

Nachdem die Geostatistik einen starken Aufschwung nahm und Ende der 70er Jahre mehrere Lehrbücher erschienen[22], gab es Mitte der 80er Jahre auch sehr kritische Stimmen gegenüber diesen - aus Sicht der klassischen Statistik ungewöhnlichen - Ansatz. Dies führte zu einer Reihe wichtiger und grundlegender Positionierungen, die die Methoden der Geostatistik klarer abgrenzten. Vor allem 1986 und 1987 finden sich in der Zeitschrift *Mathematical Geology* mehrere richtungsweisende Aufsätze. Aus dem Beitrag von JOURNEL (1986) sei folgender Absatz herausgegriffen, der Geostatistik gegenüber der „a-räumlichen" Statistik positioniert und auf die grundlegende Bedeutung der Zufallsfunktion (random function, RF) hinweist:

„ The contribution of geostatistics was to use the random function (RF) model, thus capitalizing on existing probabilistic tools, and customizing them when necessary. The novelty of geostatistics resides not in the model and tools being used, but in the analysis of the specifics of some earth sciences problems and their expression in terms of allowing usage of these tools. ... Geostatistics is a methodology, a tool box and a machine tool, based on essentially one model, the random function. To think that it is some kind of descriptive natural science such as crystallography of hydrothermal geochemistry would lead to severe disappointments. A random function, characterized only by its bivariate distribution or a few moments thereof, cannot claim to have genetic significance. However, the RF model provides the most complete set of tools yet available to apprehend various facets of a spatially distributed data set. ...A model is no scientific theory, it needs no a priori justification, and it can only be refuted a posteriori if proven to be inadequate for the goal at hand."

Ein wesentliches Konzept ist die *Theorie der regionalisierten Variablen* (MATHERON 1962, 1971). Die ortsabhängige Variable z nimmt an jeder Stelle des dreidimensionalen Raumes einen anderen Wert an. Die Veränderung von Ort zu Ort kann völlig

---

[22] Z. B. JOURNEL, A and HUIJBREGTS, C. (1978): Mining geostatistics. Academic Press, London, New York, San Francisco.

erratisch, unstetig, aber auch mehr oder weniger kontinuierlich sein. Die Gesamtheit der Veränderungen ist deshalb weder statistisch vollständig erfaßbar noch mathematisch-deterministisch durch exakte Formeln beschreibbar. Dennoch sind oft im Mittel die Werte von nahe benachbarten Punkten ähnlicher als die von weiter entfernten. Unter Berücksichtigung beider Aspekte (Zufälligkeit und Strukturabhängigkeit) kann die ortsabhängige Variable z als Realisierung einer bestimmten Zufallsfunktion gesehen werden (JOURNEL and HUIJBREGTS 1978, AKIN und SIEMES 1988). Dieses Grundprinzip der Geostatistik ist im Prinzip auch auf die Landschaftsforschung und auf viele biotosche Sachverhalte anwendbar. Allerdings kommt nur ein Teil der Verfahren in Frage, wenn es sich nicht um kardinale Daten handelt.

In den meisten englischsprachigen Arbeiten wird zwischen den Begriffen *explorativer Analyse* und *Modellbildung* unterschieden. Während in der explorativen Analyse verschiedene Verfahren Maße liefern für z.B. eine zentrale Tendenz oder Dichte der räumlichen Ausprägung einer Entität, werden bei Modell- oder Hypothesen-gestützten Verfahren zunächst theoretische oder hypothetische Verteilungen angenommen, die hinsichtlich einer Variable die räumliche Ausprägung testen. Wie CRESSIE (1991) betont, stimmt diese Unterscheidung nicht ganz. Auch der explorativen Analyse liegt eine Hypothese zugrunde, nämlich die der Gauss'schen Normalverteilung. Ein wesentliches Kriterium ist bei räumlichen Phänomenen ebenso wie bei a-räumlichen, ob eine Zufallsverteilung oder eine nicht zufällige Verteilung vorliegt, wobei letztere mehrfach differenziert werden kann, etwa in regelhafte, isotropische (richtungsabhängige) oder clusterhafte Phänomene. Hinsichtlich der in der Statistik üblichen Einteilungen in explorative Analyse vs. Modellbildung bzw. deskriptive vs. inferentielle Analyse können nach HAINING (1994, S. 54) folgende Ziele und Anforderungen an die dazu notwendigen Methoden unterschieden werden:

	explorativ/deskriptiv	modellierend/inferentiell
Ziele	Eigenschaften und Muster räumlicher Verteilung zu identifizieren	erklärende Modellbildung, Schätzung von Phänomenen
Anforderungen	Stabile Methoden zur Aggregation von Daten um deren Eigenschaften und deren Muster räumlicher Verteilung zu identifizieren: • numerische Methoden • graphische Methoden • kartographische Methoden	Methoden zur Unterstützung einer Modellspezifikation, um Hypothesen zu testen und Modelle zu evaluieren: 1. Daten-basierte Ansätze 2. Modell-basierte Ansätze

Aus diesen kurzen Ausführungen ist bereits ersichtlich, daß teilweise unterschiedliche Vorstellungen über die Gruppierung von Ansätzen der *spatial data analysis* herrschen. Zur Vervollständigung sei auch der Begriff der Explorativen Räumlichen Datenanalyse (*explorative spatial data analysis*, ESDA) erwähnt. Diese geht zurück auf die *explorative data analysis* (EDA, TUCKEY 1977) Nach dem zuvor beschriebenen Verständnis könnte ESDA als ein Teilbereich der Geostatistik bezeichnet werden. In der ESDA bedient man sich vor allem der Variographie, die im folgenden kurz beschrieben wird.

Mittels Variographie werden drei (Haupt-)Fragestellungen untersucht:

1.) Es soll festgestellt werden, ob zwischen im Raum verteilten Werten Kontinuität besteht (es sich dabei also überhaupt um Phänomene handelt, die mittels geostatistischer Instrumente sinnvollerweise untersucht werden können).
2.) Wenn ersteres zutrifft („Kontinuität"), erstreckt sich die Analyse auf entsprechende Details, z.B. auf die Stärke der Kontinuität, Anisotropieeffekte, räumliche Ausdehnung der Kontinuität usw.
3.) Identifikation jener Zufallsfunktion die das untersuchte Phänomen global oder lokal am besten beschreibt. Vereinfacht ausgedrückt wird untersucht, ob bestimmte Muster oder Regelmäßigkeiten der räumlichen Verteilung von Wertausprägungen bestehen.

Ohne sich hier in methodologische Probleme der Einteilung von Verfahren zu vertiefen, müssen wir zur Kenntnis nehmen, daß verschiedene Autoren unterschiedliche Einteilungen treffen. Dies kann bisweilen jedoch durchaus hinderlich sein. BAILEY and GATRELL (1995, S.8) kommen zu der Schlußfolgerung:

"It is unnecessary for us to become too pedantic about precisely where this dividing line between spatial and non-spatial data analysis actually lies.... For our purposes it will suffice to say that spatial data analysis is involved when data are spatially located and explicit consideration is given to the possible importance of their spatial arrangement in the analysis or in the interpretation of results."

4.3.3 Konkretisierung: Geostatistische Methoden in der Landschaftsforschung

In diesem Abschnitt wird ein kurzer Überblick über einige Konzepte der Handhabung von räumlichen Daten gegeben. Dabei zielen viele Verfahren auf die Analyse von Punktdaten ab, die - speziell in den Geowissenschaften - häufig die Ausgangsbasis einer Untersuchung bilden. Der Großteil der Verfahren ist sowohl auf unregelmäßige wie auch auf regelmäßige Punktdaten anwendbar. Daher können Rasterdaten ebenfalls verwendet werden. Im englischen wird neben dem Begriff *point pattern* auch der Terminus *event* (*location*) verwendet. Der Ausdruck *event* ist insofern allgemeiner, da er die räumliche Dimension Punkt nicht explizit anspricht, sondern vielmehr ein Ereignis, das in der Handhabung einer punkthaften Koordinate auf der Erdoberfläche zugewiesen wird. Während für Punkte im engeren Sinne wie etwa Straßenlaternen, Vermessungspunkte usw. diese Koordinate in der Realität meist eindeutig ist, unterliegen die meisten events im Sinne von Ereignissen einer - oft unbewußten - Modellbildung, vor allem aber kann die zeitliche Dimension und deren räumliche Ausprägungsmuster mit eingebunden werden. Eine grundlegende Frage für landschaftsökologische Untersuchungen ist vorab zu klären: Ist die Gültigkeit von Daten nur auf den Meßpunkt beschränkt oder kann die grundlegende Theorie der Geostatistik - die Theorie der regionalisierten Variablen - auf die Punktdaten angewendet werden. Die Frage der Homogenitätsbedingungen wurde (aus dem Blickwinkel der Landschaftsanalyse) bereits in der „DDR-Literatur" (HERZ 1973) diskutiert.

Eine Unterscheidung von Punktdaten und kontinuierlichen Phänomenen ist eine Hilfskonstruktion, die in einigen Lehrbüchern vorgenommen wird. Meist handelt es sich bei Punktdaten um punktuelle Repräsentationen eines eigentlich kontinuierlichen

Phänomens (Klimastationen, Bodenproben, Wasserproben ...). Die Analyse von „point pattern" zielt entweder auf eine Interpolation zu einer (geschätzten) Oberfläche ab oder versucht, die Art und Weise der Anordnung der Punktdaten zu beschreiben. Die einfachste kartographische Darstellung ist die Darstellung jedes „Ereignisses" als Punktsignatur. UNWIN (1981, S. 31) drückt dies treffend aus:

> *"The theory of dotting is straightforward. All we need do is place the chosen symbol at each (x, y) location of the object whose distribution is of interest."*

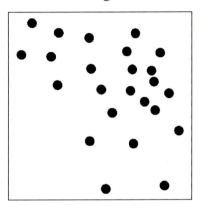

Abb. 4.8: Beispiel einer 1-1 Abbildung von Punkten

Eine 1-1 Darstellung wie nebenstehend abgebildet, ist bei sehr vielen Punkten kaum noch zielführend. Zwar könnte man annehmen, daß eine dichte Anordnung von Punkten einen dichteren Eindruck im Sinne eines höheren Schwärzungsgrades eines Teilgebietes ergibt, doch wurde schon vor langer Zeit experimentell nachgewiesen, daß das Wahrnehmungsverhalten des Menschen nicht entsprechend gleichförmig linear verläuft.[23] Während bei relativ weitabständigen Punkten Änderungen im Abstand sehr rasch wahrgenommen werden, ist dies bei engabständigen nicht mehr der Fall, vor allem ab einem Punkt, ab dem eine Art Grauwert als Flächeneindruck entsteht.

In der Kartographie wurden daher schon früh Verfahren entwickelt, um ein „many-to-one mapping" zu ermöglichen. Eine Gruppe solcher Verfahren sind *Punktedichtekarten*, wobei verschiedene Möglichkeiten der Zuordnung von Punkten in absoluten oder relativen Häufigkeiten zu den diskreten Flächeneinheiten existieren. Unter „*dot density maps*" werden sowohl Verfahren regelhafter Einteilungen, wie auch die Zuordnung zu individuellen Figuren inhaltlicher Zugehörigkeit (Staaten, Gemeinden, Bezirke, Klimaregionen, Einzugsgebiete ...) verstanden.

Quadrat-Analyse

Aus der obenstehende Abbildung kann nicht nur eine kartographische Präsentationsform abgeleitet werden sondern sie kann auch als Ausgangsbasis einer Analyse genutzt werden, deren Ziel es ist, zu untersuchen, ob eine bestimmte Menge von events (punkthaften Erscheinungen) innerhalb eines Untersuchungsgebietes homogen verteilt ist oder nicht. Die Unterteilung muß nicht unbedingt in Quadratform erfolgen, doch entstand diese Methode aus der weitverbreiteten regelhaften Einteilung von Untersuchungsab-

Abb. 4.9: Von Punktekarten zu Punktedichtekarten (Choroplethendarstellungen)

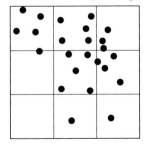 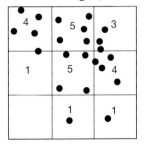

---

[23]MACKAY, J.R. (1949): Dotting the dotted map. In: Surveying and Mapping 9, 3-10.

schnitten im Gelände. Pflanzensoziologen und Ökologen gestalten seit den 20er Jahren ihre Untersuchungen auf diese Weise. Natürlich bewirkt diese Generalisierung der Information einen Genauigkeitsverlust in Abhängigkeit der Größe der Gebietseinheiten bzw. dem Verhältnis dieser Einheiten gegenüber der Kartierungsgenauigkeit der Originaldaten. Andererseits kann bei einer sinnvollen (dazu wurden verschiedenste Regeln entwickelt, eine Möglichkeit ist aber auch die mehrfache Einteilung in verschieden große Felder und eine Analyse des statistischen Zusammenhangs) Zellgröße die Anordnung der Punktdaten hinsichtlich der Verteilung und Interdependenzen analysiert werden. Zu dieser Methode existieren verschiedene ausführliche Darstellungen.[24] Bei der Quadratmethode gilt es jedoch zu beachten, daß die Ergebnisse stark von der Einteilung des Untersuchungsgebietes in diskrete Untereinheiten (eben Quadrate oder Rechtecke) abhängig sind. So können bei zwei unterschiedlichen Einteilungen eines Untersuchungsgebietes zwei völlig verschiedene Ergebnisse resultieren, indem z.B. sich einmal kein signifikanter Unterschied zu einer homogenen Verteilung ergibt und bei einer anderen Einteilung nicht.

Abb. 4.10: Zwei verschiedene Ansätze einer Quadratmethode

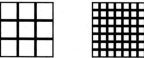

Mit der Quadratmethode kann z.B. untersucht werden, ob eine Menge von events innerhalb eines Untersuchungsgebiets „homogen" verteilt sind. Dies ist jedoch nur ein Sonderfall von unendlich vielen Verteilungen. Wir werden bei den Verfahren mit Modellbildung sehen, daß darüber hinaus die beobachtete Verteilung gegen verschiedene theoretische Verteilungen (zufällige wie auch regelmäßige oder geclusterte Verteilungsmuster) getestet werden kann. Die Quadratmethode in ihrer ursprünglichen Form ist für viele Fragestellungen nicht ausreichend, z.B. wenn die inter-event-Distanzen von Interesse sind. Alternativen sind etwa die im folgenden kurz dargestellten Verfahrensgruppen der *„Nearest-Neighbor"-Analysen* und des Testens einer Zufallsverteilung (*complete spatial randomness*).

Moving window-Statistik

Die „Moving window"-Statistik basiert auf einer Zerlegung des Untersuchungsgebietes in Untereinheiten gleicher Größe. Es handelt sich dabei um eine Weiterentwicklung der Quadrat-Methode, doch lassen die meisten Programme auch Rechtecke als Grundform zu. Dieses festzulegende Fenster gleitet dann - ähnlich einem Filterkernel - über die Datenpunkte und erfaßt die jeweils innerhalb liegenden Wertausprägungen. Daraus lassen sich verschiedene statistische Maße für die Raumeinheit berechnen (arithmetisches Mittel, Standardabweichung ...). Damit wird das Problem der „starren" Einteilung teilweise gelöst, nicht jedoch die Abhängigkeit der Ergebnisse von der Größe der gewählten Form.

Distanzanalysen, Nearest-Neighbor-Analysen

Eine zweite große Gruppe an explorativen Verfahren basiert auf den Distanzen zwischen den Ereignissen (Punkten). Distanz ist zwar auf dem ersten Blick ein sehr einfach zu verstehendes Maß, aber auch hier bestehen eine Reihe von verschiedenen Möglichkeiten der Implementation. Die meisten Verfahren setzen einen euklidischen Raum bzw. die Anwendung der Regeln der euklidischen Theorie voraus. Wie hinlänglich bekannt, basiert diese auf den Regeln des Pythagoras. Ohne hier auf die

---

[24] z.B. THOMAS, R. 1979 (2nd ed.): An introduction to quadrat analysis. CATMOG 12, Norwich.

Grundlagen dieses bekannten Algorithmus einzugehen, sollte bewußt sein, daß die Verwendung eines kartesischen Koordinatensystems bei kleinmaßstäbigen Darstellungen der Erdoberfläche problematisch bzw. eine unzulässige Vereinfachung ist. Es bestehen in der Realität auch noch weitere Erscheinungen, die die Anwendung verhindern. Einerseits, wenn es nicht um die kürzeste (euklidische) Entfernung geht, sondern z.B. um zeitliche Entfernungen im Sinne einer Kostenoberfläche, aber auch das Problem der Handhabung irregulärer Linien. Als Beispiel von Distanz-basierten Verfahren sei hier ein Maß für die zentrale Tendenz von Punktdaten als eine Methode zur Ermittlung des (räumlichen) Mittelpunkts einer Punkteanordung (*mean centre method*) vorgestellt. Die zentrale Tendenz wird sehr einfach durch das arithmetische Mittel von x und y bestimmt: ($\Sigma x_i/n$, $\Sigma y_i/n$)

Auch ratio- oder intervallskalierte Punktdaten können unter Einbeziehung des repräsentierten Wertes so analysiert werden, indem ein Gewicht z_i hinzugefügt wird: ($\Sigma x_i z_i/\Sigma z_i$, $\Sigma z_i y_i/\Sigma z_i$)

Andere Maße wie die Standarddistanz lassen sich weiterhin ableiten. $d_s = [\Sigma l_{ic}2/n] \cdot 0{,}5$ wobei l_{ic} die jeweilige Distanz vom i-ten Punkt zu einem Punkt, n die Anzahl der Punkte und d_s die Standarddistanz vom zuvor ermittelten Zentrum (*mean centre*) c aus ist. In ähnlicher Weise kann z.B. auch die Distanz zum nächstgelegenen Nachbarn ermittelt werden.

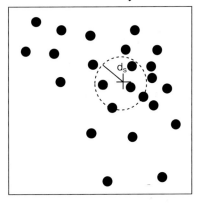

Abb. 4.11: Nearest Neighbor Distanzanalysen

Mittels nearest-neighbor Analysen werden über die Distanzen die Verteilungsmuster untersucht. Diese Techniken sind in einigen Lehrbüchern umfassend dargestellt[25]. Für eine kurze und sehr verständliche Darstellung sei auf DAVIS (1986, S. 308ff) verwiesen. Meist weisen Punktverteilungen überzufällige Clusterungen auf. Mittels der zuvor beschriebenen Distanzmessungen werden die Distanzen zwischen den nächstgelegenen Datenpunkten ermittelt. Aus der Summe der Distanzen wird der Beobachtungswert d der mittleren Distanz mit einer mittleren Distanz verglichen, die sich ergäbe, wenn alle Punkte zufällig über das Untersuchungsgebiet gestreut wären. Diese beobachtete Verteilung wird also einer theoretischen Zufallsverteilung für die gegebene Anzahl der Punkte n in der untersuchten Fläche A gegenübergestellt. Der Erwartungswert der mittleren Distanz benachbarter Punkte ergibt sich aus:

$$\delta = {}^{1/2}\sqrt{A/n}$$

Die Fläche A errechnet sich dabei aus einem die Datenpunkte umschließenden Rechteck. Wie bei jedem Mittelwert kann auch das Ausmaß der Streuung der theoretisch zu erwartenden Distanzen um den Erwartungswert der mittleren Distanz durch die Varianz der Distanzen ausgedrückt werden:

$$s^2 = {}^{(4-\pi)A}/{4n\pi 2}$$

---

[25]GETIS, A. and BOOT, B. (1978): Models of spatial processes, an approach to the study of point, line and area patterns, Cambridge Univ. Press, Cambridge.

Die Verteilung des Erwartungswertes d ist normal, wenn *n* minus der Anzahl der Punkte im Raum größer als 6 ist. Daher kann mit einem einfachen Z-Test die Hypothese überprüft werden, ob der Beobachtungswert *d* gleich dem Erwartungswert d ist. Wenn zwischen dem Beobachtungswert *d* und dem Erwartungswert d vollkommene Übereinstimmung herrscht, hat die Teststatistik Z einen Mittelwert von 0 und eine Standardabweichung von 1, da

$Z = (d-\delta)/s_e$ (s_e ist der Standardfehler der mittl. Distanz benachbarter Punkte)

Weist die Teststatistik dagegen hohe Werte auf, liegt der Schluß nahe, daß die beiden mittleren Distanzen (des Beobachtungswertes *d* und des Erwartungswertes d) voneinander verschieden sind. Die Streuung der Punkte entspricht damit wahrscheinlich nicht einer der theoretisch unendlich vielen Realisierungen einer zufälligen Verteilung der Punkte. Diese Wahrscheinlichkeit wird in Form des Signifikanzniveaus ausgedrückt. Ein Problem bei dieser Berechnung ist der Randeffekt, der jedoch bei verschiedenen Varianten dieses Ansatzes mit berücksichtigt werden kann, in dem er auch in die Berechnung des Erwartungswertes einbezogen wird, wenn die Formeln dadurch auch komplizierter werden.

Aus dem Erwartungswert d und dem Beobachtungswert *d* der mittleren Distanz benachbarter Punkte kann ein Index räumlicher Verteilungsmuster berechnet werden, die sogenannte „Nearest-Neighbour"-Statistik *R*:

$R = d/\delta$

Der Betrag von *R* liegt stets zwischen 0 und 2,15. Ein Wert nahe 0 beschreibt eine stark geclustertes räumliche Punkteverteilung, ein Wert nahe 2,15 beschreibt eine homogene, hexagonale Anordnung der Punkte, ein Wert von 1 entspricht einer zufälligen Verteilung (vgl. DAVIS 1986, S. 308ff).

Kernel estimation

Ursprünglich entwickelt zur „weicheren" Abschätzung einer uni- oder multivariaten Verteilungsfunktion einer Menge von Proben. Ausgehend von der Annahme, daß die Intensitäten in räumlichen Punktverteilungen ähnlich einer bivariaten Wahrscheinlichkeits-Dichte-Funktion sind, werden über eine matrizenartige Analyse die Ausprägungen an anderen Punkten einer Oberfläche abgeschätzt. Die K-Funktion ist nun eine zu wählende symmetrische Wahrscheinlichkeitsdichte-Funktion ausgehend von den beobachteten Punkten und eines ebenfalls zu wählenden Radius („bandwidth") um diesen Punkt s, der in der folgenden Abbildung als t bezeichnet ist und der in der Abnahmefunktion den Wert 1 darstellt. Generell gilt bei gewählter K-Funktion, je größer t, um so weniger werden lokale Extremwerte („peaks" und Senken) berücksichtigt, aber um so weiter reicht der Einfluß einzelner Punkte (es wird hier auf Formeln verzichtet, das Prinzip wird aus der Abbildung deutlich).

Zu bemerken ist, daß die meisten bisher diskutierten Verfahren nur den Erklärungsgehalt *Erster Ordnung* abdecken. Dann bleibt z.B. eine generelle Richtung oder Neigung einer solchen Punktewolke in eine bestimmte Dimension unberücksichtigt. Es bestehen aber eine Reihe von Verfahren, etwa die Analyse der *nearest neighbour Distanzen* (BAILEY and GATRELL 1995, S. 88f) oder die *k-Funktion* (CRESSIE 1991, 615f), die sich ausdrücklich mit Abhängigkeit zweiter Ordnung bzw. eines übergeordneten Maßstabs beschäftigt (*reduced second moment measure*) und mit deren Hilfe auch festgestellt werden kann, ob Daten gegenüber dem generellen Trend unregelmäßig verteilt oder geclustert vorliegen. Beide Verfahren verwenden die

Abb. 4.12: Kernel estimation von Punktdaten. BAILEY and GATRELL 1995, S. 86.

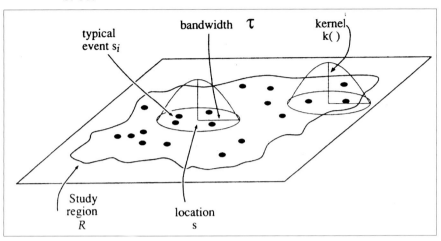

Abstände zwischen den Punktdaten (*inter event distances*), erstere Methode jedoch nur die Abstände zum jeweils nächstgelegenen Punkt und die K-Funktion alle Abstände der Punkte untereinander.

Explorative Datenanalyse und Variographie

Die explorative Variographie überträgt das Konzept der Explorativen Datenanalyse (EDA) auf die Erkundung räumlicher Muster. Untersucht wird zunächst, ob Phänomene räumlich in irgendeiner Form korrelieren. Untersuchungsgegenstand ist also die Ähnlichkeit von Objekten innerhalb eines Raumausschnittes. Also, z.B. ob bestimmte Schwermetallwerte im Boden einer Poisson-Verteilung unterliegen und untereinander unabhängig sind oder ob sie eine überzufällige Verteilung aufweisen, in dem Sinne, daß einander näher liegende Punkte ähnlicher sind als weiter entfernte. Die Hauptanliegen der explorativen Datenanalyse durch Variographie wurden bereits in drei elementare Fragestellungen zusammengefaßt.

Ausgangspunkt der Überlegungen und die theoretische Grundlage bildet die *Theorie der regionalisierten Variablen* (MATHERON 1962, 1971, JOURNEL and HUIJBREGTS 1978): Eine Variable $z(x)$, die die Werte einer Größe in Abhängigkeit vom Ort x angibt, wird als regionalisierte Variable bezeichnet. Es wird nun angenommen, daß sich eine regionalisierte Variable aus einer deterministischen, einer autokorrelativen und einer rein zufälligen (oder nicht erklärbaren) Komponente zusammensetzt. Man betrachtet daher die Beobachtung einer regionalisierten Variablen am Ort x als (*eine* mögliche) Realisation dieser Zufallsfunktion. Da von einer Zufallsfunktion nur eine Realisierung vorliegt (von unendlich vielen Möglichkeiten) müssen nun einige einschränkende Annahmen getroffen werden, um diese (statistisch) zu beschreiben. Erste Annahme ist die *Stationarität zweiter Ordnung*:

1. Ein Erwartungswert existiert und ist nicht von Ort x abhängig
2. Die Kovarianz für jedes Paar von Zufallsvariablen $[Z(x), Z(x+h)]$ existiert und ist nur vom Abstandsvektor h abhängig.

Da diese Annahme relativ restriktiv ist, wurde eine Abschwächung von (2) eingeführt, die sogenannte *intrinsische Hypothese*: Die Differenz $[Z(x)-Z(x+h)]$ hat eine endliche

Varianz und hängt nicht von x ab. Es wird daher nur eine Stationarität der Inkremente gefordert. Bei einer in der Praxis üblichen Beschränkung des Abstandvektors h auf einen bestimmten Untersuchungsbereich spricht man auch von Quasistationarität.

Dazu werden aus den vorliegenden events (Punkten) Wertepaare gebildet. Die Paarung erfolgt zwischen den Werten an der Position $x+h$ mit h als Vektor variabler Größe. Die durch die Größe von h bestimmte Nachbarschaft wird als „Lag" bezeichnet. Nehmen wir den einfachsten Fall einer regelmäßigen Anordnung der Punkte in einem Untersuchungsgebiet mit einem Abstand von 30m. Der Fall der unmittelbaren Nachbarschaft (30m) wird als Lag 1 bezeichnet, der Fall des Wertepaares mit sich selbst (0m) als Lag 0.

Abb. 4.13: Konzept des Lag

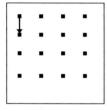 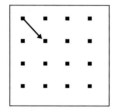

Abbildung 4.13 ist ein Beispiel für die Paarung von Werten. In der linken Abbildung ist h bei Lag 1 der Vektor von (0,0) nach (0,1), rechts ist h bei Lag 1 der Vektor von (0,0) nach (1,1). Auf diese Weise werden nun alle Datenpunkte miteinander verbunden (hier zur Übersichtlichkeit nicht geschehen). In sogenannten h-Scatterplots werden nun alle Wertepaare graphisch auf zwei Achsen gegeneinander aufgetragen. Auf der x-Achse wird üblicherweise $v(t) = v(x_i,y_i)$ aufgetragen, auf der y-Achse $v(t+h)$, also die Ausprägung eines Phänomens an einem Punkt und die Ausprägung am nächstgelegenen Punkt. Beim Lag 1 und bei einer Lagdistanz von 30 m sind dies alle Punkte, die 30 m entfernt liegen. Der Zusammenhang, ob räumlich nahe liegende Punkte ähnliche Werte aufweisen, läßt sich graphisch (bei genügend Wertepaaren) durch die Form der Punktewolke abschätzen. Je stärker dies der Fall ist, um so mehr müßten die Punkte entlang einer 45° ansteigenden Geraden lokalisiert sein. Die Nähe der Punkte zu der Geraden als Maß für die räumliche Kontinuität der Werte kann mittels dreier Funktionen beschrieben werden: der Korrelationsfunktion bzw. dem Korrelogramm $p(h)$, der Kovarianzfunktion $C(h)$ und der Variogrammfunktion bzw. dem Semivariogramm g(h). In der Geostatistik ist das *Semivariogramm* das gebräuchlichste Mittel, um räumliche Kontinuität zu beschreiben. Darüber hinaus kann auch wie bei der Berechnung von a-räumlichen Zusammenhängen für die Datenpaare der einzelnen Lags ein Korrelationskoeffizient berechnet werden. Dieser wird in der Realität meist variieren, aber mit zunehmenden Lag abnehmen.

Die Beziehung zwischen dem Korrelationskoeffizienten eines h-Streuungsdiagramms und h wird als *Korrelogramm* oder Korrelationsfunktion bezeichnet. Die Beziehung zwischen der Kovarianz eines h-Streuungsdiagramms und h ist die Kovarianzfunktion. Um die Kurvenverläufe variierender Kontinuität bei Korrelogrammen und Semivariogrammen vergleichbar zu halten, hat sich für den Korrelationskoeffizienten $p(h)$ in der Geostatistik (nicht in der geographisch-sozialwissenschaftlichen Literatur) die Schreibweise *1-p(h)* eingebürgert. In dieser Schreibweise bedeutet 0 einen perfekten Zusammenhang bzw. Identität der Werte, bei einem Wert von 1 besteht dagegen keinerlei Zusammenhang.

Die Korrelationsfunktion ist die standardisierte Kovarianzfunktion der durch den Vektor h ausgewählten Datenpaare. Die Standardisierung erfolgt über die Standardabweichung:

$$p(h) = C(h)/\sigma_{-h} \cdot \sigma_{h}$$

(σ_{-h} und σ_{h} sind die Standardabweichungen in dem von +-h definiertem Bereich)
Die Variogrammfunktion ist dabei das halbierte Quadrat der Differenzen zwischen den Datenpaaren:

Variogrammfunktion 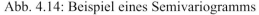 $\gamma(h) = {}^{1}/_{2N(h)} \cdot \Sigma_{(i,j)} \big|_{hij \approx h} (v_i - v_j)^2$

$\gamma(h)$ ist das Semivariogramm. Die Datenwerte sind v_i, ... v_i; die Summierung erfolgt über die $N(h)$ Datenpaare, die durch den Vektor h definiert werden. $_{(i,j)} \big|_{hij \approx h} = h$, wenn keine Lag-Toleranz angegeben wird.

Dieses Semivariogramm kann auch graphisch gut interpretiert werden. Folgende Abbildung zeigt ein omnidirektionales (ohne daß bestimmte Richtungen unterschieden werden) experimentelles Semivariogramm mit 20 Lags, einer Lag-Distanz von 10 m und einer Lag-Toleranz m von 5 m.. Die Lag-Toleranz ist notwendig, wenn die Punkte nicht regelmäßig als Gitter verteilt sind, denn dann erhält man bei einem gewählten Abstand von genau 30 m fast keine Punkte. Daher wird eine Lag-Toleranz eingeführt, innerhalb derer man die Punkte zusammenfaßt, also bei einer Lag-Distanz von 10 m und einer Lag-Toleranz von 5 m z.B. für Lag 1 werden Wertepaare für alle Punkte gebildet, die zwischen 5 und 15 m auseinander liegen. Zusätzlich ist in den meisten Programmen noch ein „Öffnungswinkel" festzulegen, der die höchstzulässige Richtungsabweichung bestimmt, in der Punkte hinzukommen sollen.

Abb. 4.14: Beispiel eines Semivariogramms

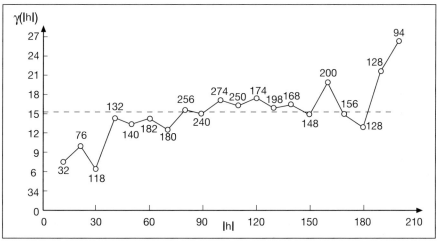

Theoretisch sollte diese abgebildete Kurve auf der y-Achse bei 0 beginnen. Das ist in der Praxis aber fast nie der Fall. Dieses Phänomen bzw. den Betrag auf der y-Achse zwischen Ordinatenschnittpunkt und Ursprung bezeichnet man als *nugget effect*. Der Ausdruck stammt wiederum aus der Geologie bzw. der Goldexploration und läßt sich so erklären, daß bei zweimaligen Einstechen an ein und der selben Stelle einmal ein Nugget gefunden wird und einmal nicht. In allen empirischen Arbeitsrichtungen gibt es allerdings Meßfehler. Ein Teil des Nugget-Effekts kann durch die Varianz der Meßfehler (*error variance*) erklärt werden. Dazu kommt noch die *micro variance* (zu erwartende kleinmaßstäbige Varianz der Daten unterhalb des Erfassungsmaßstabs. Um wieder bei dem Beispiel des - echten - Goldnuggets zu bleiben: Vielleicht wurde gar nicht an der gleichen Stelle ein zweites mal gegraben sondern 10 cm daneben, die Erfassungsgenauigkeit beträgt jedoch +- 1 Meter). Im Nugget-Effekt vereinigen sich sowohl nicht auflösbare, strukturell bedingte Varianzen als auch Varianzen der Probenahme. Ein sehr hoher Nuggeteffekt deutet auf eine geringe räumliche Korrelation in den Stichproben hin. Evtl. wurden die Stichproben auch viel zu weitmaschig gewählt.

Ein wichtiger weiterer Begriff der Variographie ist der *sill*. Als *theoretischer sill* wird das Lag-Niveau bezeichnet, bei dem die gesamte erklärte Varianz der Datenpaare erreicht wird. Außerhalb kann eine Variation nicht durch das Semivariogramm erklärt werden. Ein weiterer Begriff ist der *range*. Es ist (graphisch gesehen) der Punkt auf der x-Achse, an dem die Semivariogrammfunktion den sill erreicht. Es ist damit die Lagdistanz, ab der keine erklärbare Ortsabhängigkeit der Variablen herrscht. Für die (schrittweise) Berechnung des Semivariogramms können aber auch abweichende Werte für *sill* und *range* angegeben werden, um entweder z.B. eine engere Obergrenze der Lag-Berechnungen einzuführen oder auch diese deutlich über den range hinaus auszuweiten, um das Verhalten der Semivariogrammfunktion im Bereich des sills zu analysieren, die Kurve also darüber weiterführen. So ist es - wie im vorliegenden Fall von Bodenproben mit Schwermetallgehalten - sinnlos, Paare über sehr große Entfernungen zu bilden, die diese mir großer Sicherheit unabhängig sein werden.

Die experimentelle Variographie ist jedoch ein Werkzeug, das viel Sachverstand und Erfahrung erfordert. Für unterschiedliche Parameter können völlig verschiedene Formen des Semivariogramms resultieren. Das beginnt bereits bei der Wahl der Lags und der Lagtoleranzen. Wenn hier z.B. zu feine Abstufungen gewählt werden, sinkt die Anzahl der Datenpaare pro Lag und die Punkte „reißen aus", das heißt, sie schwanken stärker um eine - evtl. kaum zu erahnende - Kurve. Die vorherige Abbildung für eine Lagdistanz von 10m zeigt eine nicht untypische Situation: Nach Erreichen des range (etwa bei 80 m auf der x-Achse) ist kein klarer Trend zu erkennen. Das „Ausreißen" der Kurve nach oben bei den letzten beiden Lags darf hier nicht mehr in Betracht gezogen werden. Oft wird in diesem Bereich auch ein starkes Absinken beobachtet. Die „Aussagekraft" der einzelnen Lags ist auch von der Anzahl der Datenpaare abhängig, die in der Abbildung jeweils angegeben ist.

Variogrammanpassung

Wenn für jeden beliebigen Punkt im Untersuchungsgebiet eine Aussage getroffen werden soll, was bei einer Interpolation der Fall ist, dann genügt es aus verschiedenen Gründen nicht, die Punkte im experimentellen Semivariogramm einfach linear oder durch eine Regressionskurve zu verbinden. Für einen Schätzvorgang wie Kriging, der darauf aufbaut, muß z.B. sichergestellt sein, daß keine negativen Varianzen vorliegen. Ausgehend von dem experimentellen Variogramm bzw. dessen Version, die entsprechend Lag-Distanz und Lag-Toleranz die sinnvollsten Ergebnisse liefert, wird nun versucht, eine Gleichung aufzustellen, die die Form des experimentellen Variogramms am besten beschreibt. Dies ist mathematisch nicht einfach, moderne Programme erlauben jedoch eine interaktive graphische Anpassung, indem eine Grundfunktion in Form einer Gerade, Kurve oder einer exponentiellen oder Gauss'schen Funktion darübergelegt wird.

Ein angepaßtes Variogramm muß hinsichtlich seiner Plausibilität geprüft werden. Es stellt eine Schätzung des dem beobachteten räumlichen stochastischen Prozesses zu grunde liegenden Variogramms dar und sollte daher mit den Vorstellungen über diesen Prozeß übereinstimmen. Wenn dies nicht möglich ist, sollte überlegt werden, ob mit dem Modell weiter gearbeitet werden kann (HEINRICH 1994, S. 156). (Umgekehrt könnte eine sehr gute Variogrammabsicherung die angenommenen Vorstellungen eines räumlichen Prozesses in Frage stellen).

Die Beschreibung der ortsabhängigen Eigenschaften einer Variablen durch Variogramme bzw. durch Variographie ist sicherlich aufwendig, gilt aber als Kernstück einer geostatistischen Bearbeitung (ISAACS and SRIVASTAVA 1989). Die Güte des Variogramms wird auch von verschiedenen Fehlerquellen beeinträchtigt (vgl. ARMSTRONG 1984), vor allem Meßungenauigkeiten, ungünstige Datenauswahl, Ausreißer, aber auch falsche Wahl der Schrittweite und Toleranz bei der Berechnung der Variogramms. Für letztere Problematik gibt es über eine große Erfahrung des Bearbeiters hinaus auch verschiedene Analysetechniken, die Ergebnisse liefern, die wiederum als input für die Variogrammfunktion verwendet werden können. Aus der mathematischen Herleitung von MATHERON leiten JOURNEL and HUIJBREGTS (1987, S. 194) eine häufig zitierte Faustregel ab, die zumindest nicht entkräftet werden konnte

Das experimentelle Semivariogramm ist meist nur bis maximal einer Lag-Distanz bis zur halben Größe des Untersuchungsgebietes interpretierbar und für jeden Lag sollen mindestens 30 bis 50 Wertepaare zur Verfügung stehen.

Für regelmäßige Punkte in der Ebene stellt z.B. CRESSIE (1984) ein Analyseverfahren vor, das die Daten auf eine Verträglichkeit mit der Hypothese der Stationarität prüft, um nichtstationäre Bereiche auszugrenzen, für die dann wiederum eine lokale Hypothese der Stationarität angenommen wird.

Ein mehr pragmatisches Verfahren zum Testen, wie gut das gewählte Variogrammodell die Stichprobe repräsentiert, ist die *Kreuzvalidierung*. Dabei wird immer jeweils ein Meßpunkt aus dem Datensatz weggelassen und durch Kriging über die verbleibenden Meßpunkte unter Verwendung des gewählten oder beabsichtigten Variogrammmodells ein Wert für diesen Punkt geschätzt. Für jeden Punkt wird nun die Differenz zwischen dem geschätzten und dem realen Wert quadriert und durch ihre Schätzvarianz dividiert. So kann auch zwischen mehreren Modellen jenes ausgewählt werden, bei dem die Mittelwerte aller Werte am nächsten bei 0 und die Standardabweichung dieser Werte am nächsten bei 1 liegt. Dieses Verfahren läßt aber nur Schlüsse zu, wie gut ein Modell die Stichprobe repräsentiert, nicht die Gesamtheit aller möglichen Punkte im Untersuchungsgebiet. Auch für das Testen einer Hypothese ist es nicht geeignet (DAVIS 1987, S. 247).

Zusammenfassend kann aus der Lektüre der zitierten Literatur festgehalten werden, daß sich aus ortsabhängigen Variablen in der Regel Variogramme ableiten lassen, die sich räumlich-strukturell interpretieren lassen. Probleme ergeben sich vor allem dann, wenn die Ausgangsdaten einer sehr starken Variation unterworfen sind und Ausreißer enthalten. Auch sollten das Untersuchungsgebiet keine sehr großen Lücken oder die Punkte eine starke Clusterung aufweisen. Zwar kann z.B. das Problem der Ausreißer durch eine Transformation gelöst werden (z.B. logarithmisch), doch sind anschließend dann nicht-lineare Schätzverfahren erforderlich.

Modellierende Verfahren zu Analyse von Punktdaten

Bei diesen formaleren Verfahren werden verschiedenste statistische Vergleiche zwischen den beobachteten Verteilungen von Ereignissen oder Punkten und verschiedenen hypothetischen Modellen vorgenommen.

Poisson-Verteilung und Modell der *complete spatial randomness* (CSR)

Für viele natürlichen Phänomene (aber auch für zeitliche events) wird angenommen, daß ihr Auftreten - in einem entsprechenden Betrachtungsmaßstab - wie ein Punkt und ihre zeitliche Erscheinung - zumindest in geologischen Zeiträumen - ein extrem kurzes Ereignis darstellen. Die Studie solcher Ereignisse beinhaltet die Analyse der räumlichen oder zeitlichen Distanz (Intervallen) zwischen den Ereignissen. Eine naheliegende Fragestellung ist daher, ob das Auftreten von events zufällig und unabhängig ist und das zugrunde liegende Modell der Zufallsverteilung solcher events die Poisson-Verteilung (DAVIS 1986, S. 299ff, SWAN and SANDILANDS 1995, S. 65ff) ist. Diese wird im deutschen auch als eine Verteilung seltener Ereignisse bezeichnet (die Bezeichnung kann jedoch irreführen). Unter dem Begriff „seltenes Ereignis" wird nämlich nicht die Zahl der Ereignisse verstanden, sondern daß die Wahrscheinlichkeit des Antreffens bestimmter events sehr niedrig ist und durch eine normale binominale Verteilungsfunktion nur sehr aufwendig ausgedrückt werden kann. In diesem Fall kann die (exakte) binominale Verteilungsfunktion durch die Poisson-Verteilung approximiert werden.

Es wird angenommen, daß die events folgenden Bedingungen unterliegen:

- Die Wahrscheinlichkeit des Auftretens ist annähernd proportional zur Länge der Intervalle (zwischen den events).
- Die Wahrscheinlichkeit des gleichzeitigen (räumlich oder zeitlichen) Auftretens ist annähernd 0.
- Die Wahrscheinlichkeit des Auftretens oder Nichtauftretens von events in sich nicht überlappenden Intervallen ist unabhängig.

Bei Annahme dieser Bedingungen ergibt sich eine bestimmte Verteilungsfunktion für die Anzahl von events in einem endlichen Intervall t in Raum oder Zeit:

Poisson-Verteilungs-Funktion = $\exp(-\mu t) (\mu t)^x / x!$

wobei x die Anzahl der betrachteten events ist und μ deren Gesamtzahl.

Mit einfachen Worten bedeutet dies, daß für eine zunehmende Anzahl betrachteter Fälle (x) die Wahrscheinlichkeit des Auftretens innerhalb eines Intervalls t ab einer bestimmten Größe extrem stark abnimmt, da dieser Wert mir seiner Fakultät in den Nenner des Formel eingeht. Ein Rechenbeispiel mag dies verdeutlichen. Die Abbildung zeigt 168 Punkte und ein regelmäßiges Raster mit 160 Zellen. Die Wahrscheinlichkeit, daß die Punkte so dicht auftreten, daß z.B. 10 Punkte in eine Zelle fallen, ist annähernd 0. Mit der Poisson'schen Verteilung können die Wahrscheinlichkeiten für bestimmte, diskrete Intervalle von t vorausgesagt werden. In dem gegebenen Beispiel entspricht eine Zelle 10 Quadratmeilen. Die Wahrscheinlichkeiten können jedoch auch für jeden anderen diskreten Wert berechnet werden, wobei dies bei einer zu feinen oder zu groben Betrachtung sinnlos werden kann (wenn ich in diesem Beispiel das Untersuchungsgebiet statt in 10 Quadratmeilen in jeweils einen Quadratmeter einteile ist nur noch die Wahrscheinlichkeit des Antreffens von 0 Punkten in einem Quadrat signifikant von der Wahrscheinlichkeit 0 verschieden).

In diesem Beispiel sind aber 168 Punkte und 160 Rasterzellen gegeben, so daß die durchschnittliche event-Anzahl pro Rasterpunkt 168/160 = 1.05 beträgt. Die Wahrscheinlichkeit, daß 0 Punkte innerhalb des gegebenen Intervalls von t auftreten ist demnach:

$P_{(0)} = \exp^{(-1.05)} 1.05^0 / 0! = 0.35$

Abb. 4.15: Beispiel einer Punkteverteilung zum Testen einer "complete spatial randomness" (CSR)

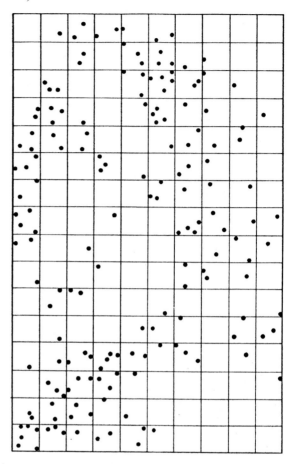

Die Wahrscheinlichkeit, daß z.B. 4 Punkte auftreten ist demnach:

$$P_{(4)} = \exp^{(-1.05)} \, 1.05^4/4! \, = 0.018$$

Beim Modell einer complete spatial randomness wird nun angenommen, daß die Punkte einer homogenen Poisson'schen Verteilung unterliegen. Dies bedeutet also, daß die Lokation A unabhängig von der Lokation B ist, d.h. daß auch keinerlei Regel gilt, daß nähergelegene Punkte sich ähnlicher wären als entferntere[26]. Dies ist die Null-Hypothese. Dann wird die vorliegende (beobachtete) Verteilung gegen diese Null-Hypothese getestet. Diese Analyse, ob überhaupt irgendeine „überzufällige" Verteilung vorliegt, indem die Werte eines Phänomens an den beobachteten Punkten nicht unabhängig sind, kann oft auch einen ersten Schritt in einem mehrstufigen Prozeß

---

[26]Dies ist eine starke Vereinfachung und Reduktion auf den räumlichen Aspekt. Das Poisson'sche Verteilungsmodell gilt auch für zeitliche Ereignisse, in dem Sinne, daß Ereignisse sich nicht gegenseitig beeinflussen, daß die Wahrscheinlichkeit des Auftretens eines events sich nicht über einen Zeitverlauf ändert und daß die Wahrscheinlichkeit des Auftretens innerhalb eines Intervalls proportional zur Länge des Intervalls ist.

darstellen. Wenn dies der Fall ist, ist im folgenden meist von Interesse, wie sich diese Regelhaftigkeit äußert.

Tests auf *„complete spatial randomness"* (CSR)

Eine Möglichkeit des Tests der angenommenen CSR ist eine Abwandlung der Quadratmethode. Eine relativ einfache Variante (es gibt viele weitere, hier nicht dargestellte) ist ein Chi-Quadrattest. Es werden die Anzahl der Punkte (events) innerhalb zufallsgenerierter oder regelmäßiger Quadrate gezählt. Die Mittelwerte und die Varianz dieser zusammengefaßten Punkte werden mit den bei einer Gleichverteilung zu erwartenden Werten verglichen und ein Chi-Quadrattest durchgeführt. Zur Illustration sei nochmals auf die vorige Abbildung hingewiesen: 168 Punkten werden 160 Quadrate überlagert. Es werden nicht für jedes Quadrat die beobachtete Anzahl mit der theoretisch zu erwarteten Punkteanzahl verglichen wie bei der Quadratmethode, sondern für die Anzahl der möglichen Fälle die Varianzen berechnet.

In diesem Beispiel ist der Wert 6 der höchste vorkommende Wert. Er tritt in 1 von 160 Fällen auf. Aufgrund der Formel der Poisson'schen Verteilung kann für jeden dieser Werte ein erwarteter Wert berechnet werden, der in Abhängigkeit des Verhältnisses von events und Rasterzellen (hier dA = 168/160 = 1.05) meist sehr schnell absinkt, da die Wertezahl (hier 6) mit ihrer Fakultät in den Nenner eines Bruches mit eingeht[27].

Anzahl pro Zelle	Poisson Gleichung	Wahrscheinlichkeit	erwartete Anzahl der Fälle	beobachtete Anzahl der Fälle
0	$P_{(0)} = \exp^{(-1.05)} 1.05\ 0/0!$	0.35	56	70
1	$P_{(0)} = \exp^{(-1.05)} 1.05\ 1/1!$	0.37	58.8	42
2	$P_{(0)} = \exp^{(-1.05)} 1.05\ 2/2!$	0.19	30.9	26
3	$P_{(0)} = \exp^{(-1.05)} 1.05\ 3/3!$	0.07	10.8	17
4	$P_{(0)} = \exp^{(-1.05)} 1.05\ 4/4!$	0.018	2.8	3
5	$P_{(0)} = \exp^{(-1.05)} 1.05\ 5/5!$	0.004	0.6	1
6	$P_{(0)} = \exp^{(-1.05)} 1.05\ 6/6!$	0.001	0.1	1
gesamt		1	160	160

Rein intuitiv scheint die gegebene Verteilung (äußerst rechte Spalte) sich deutlich von der Poisson-Funktion (zweite Spalte von rechts) zu unterscheiden. Dies ließe sich auch klar mit einem Diagramm unterstreichen. Die Frage, die uns interessiert ist aber, ob sich die beobachtete Verteilung mit einer sehr hohen („signifikanten") Wahrscheinlichkeit von der theoretischen Verteilung der Nullhypothese unterscheidet. Dazu benutzen wir einen χ^2-Test als „goodness of fit". Ein Problem dabei ist, daß definitionsgemäß nicht mehr als eine Klasse einen erwarteten Wert unter 5 aufweisen darf. Daher werden - nur für diesen Test - die Klassen 4,5 und 6 zusammengefaßt. Die Berechnung lautet dann:

$\chi^2 = (70-56)^2/56 + (42-58.8)^2/58.8 + (26-30.9)^2/30.9 + (17-10.8)^2/10.8 + (5-3.5)^2/3.5 = 13.28$

---

[27]Die hier zur Vereinfachung weggelassenen Formeln finden sich in verschiedenen Lehrbücher der Geostatistik, z.B. DAVIS (1986, S. 299ff).

Die Teststatistik weist als Freiheitsgrade die Anzahl der Kategorien minus 2 auf. Da hier aggregiert werden mußte, ergeben sich 5 Kategorien -2 = 3 Freiheitsgrade. Der kritische Wert für X^2 bei $\alpha = 0.05$ beträgt 7.81. Die Teststatistik übertrifft diesen Wert klar, daher kann die Nullhypothese verworfen werden (auch ein t-Test ergibt das gleiche Bild).

Eine Variante dieses Tests wird manchmal auch als *index of dispersion test* bezeichnet. Dabei wird die Varianz durch den Mittelwert der beobachteten Werteausprägungen dividiert. Für die Feststellung, ob eine geclusterte Verteilung vorliegt, wird von dem Ergebnis noch einmal der Wert 1 abgezogen. Teilweise taucht dann der Begriff *index of cluster size* (ICS) auf (BAILEY and GATRELL 1995, S. 97). Für CSR ergibt sich ein ICS von 0. Ein Wert >0 impliziert eine Clusterung, ein Wert <1 eine Regelmäßigkeit.

Bei allen Verfahren bleibt natürlich auch die relative Lage der Quadrate und die Lage der Punkte *innerhalb der Quadrate* unberücksichtigt. Hierfür gibt es jedoch Lösungen. Einige Verfahren schließen aus, daß sich die zufallsgenerierten Quadrate überlappen. Darauf aufbauend ermöglicht beispielsweise die sogenannte *Greig-Smith-procedure* eine relative räumliche Zuordnung der Punkte durch sukzessive Kombination mit den angrenzenden Quadraten und zunehmende Blockbildung. Auch die *nearest-neighbour* Methode wird zum Testen der CSR verwendet:

Unter dem CSR-Modell sind die events unabhängig und die Anzahl von events innerhalb einer Fläche (d) unterliegt der Poisson-Verteilung, so beträgt die Wahrscheinlichkeit, daß ein event innerhalb eines Kreises mit dem Radius x um jeden zufällig gewählten Punkt liegt $\varepsilon^{-\delta\pi x^2}$

und damit einer exponentiellen Funktion unterliegt. Darauf bauen nun mindestens drei verschiedene Verfahren zum Testen der beobachteten Verteilung gegen die CSR-Verteilung auf (*Clark-Evans-Vergleich, Hopkins-Vergleich, Byth&Ripley-Vergleich*, vgl. BAILEY and GATRELL 1995, S. 100f).

Alternativen zum CSR-Modell

BAILEY and GATRELL (1995, S. 105f) zeigen jedoch auf, daß in vielen Fällen die Annahme einer CSR bzw. einer Poisson'schen Verteilung nicht zutreffend ist und stellen im Überblick andere Modelle vor (*heterogeneous Poisson process, Cox process, Poisson cluster process, Markov point process* ...). Erstere ist die wohl einfachste Alternative zum CSR Modell: Beim *heterogeneous Poisson process* wird statt einer konstanten Intensität des Auftretens von events (l) eine variable Intensitätsfunktion (l)*s* angenommen. Dennoch bleibt das Auftreten der events untereinander unabhängig. Weiterhin handelt es sich um einen nichtstationären Prozeß, der die Abhängigkeiten Erster Ordnung untersucht.

Beim *Poisson cluster process* wird explizit ein Cluster-Mechanismus in das Modell mit einbezogen. Sogenannte *parent events* bilden ein CSR-Modell, von denen aus dann aber wieder Tochterpunkte („offsprings") generiert werden, die ihrerseits einem CSR-Modell unterliegen. Die parent events werden nur zur Berechnung gebraucht und erscheinen nicht im Ergebnis. Der *Cox process* (auch *doubly stochastic point process*) ist ein inhomogener Poisson Prozeß mit einer zufallsgenerierten Mittelwertsmessung (CRESSIE 1991, 657f) und liefert z.T. ähnliche Verteilungen wie der *Poisson cluster process*.

Weitere Verfahren

Die bisher diskutierten Verfahren sind alle monothematischer Art (univariat), d.h., daß davon ausgegangen wird, daß die Punkte bzw. events unterschiedliche Intensitäten aufweisen, jedoch das selbe Attribut ausdrücken. Viele bi- oder multivariate Verfahren sind mathematisch kompliziert. Einige lassen sich jedoch aus zuvor genannten Verfahren ableiten, indem die Verknüpfung zweier Prozesse durch Anziehung oder Ablehnung ausgedrückt wird (*linked Cox process, linked pair processes* ...). Das einfachste aller bivariaten Verfahren zum Testen der Abhängigkeit der räumlichen Ausprägung zweier Typen basiert wiederum auf der Quadratmethode, indem eine einfache 2*2 Matrix des Antreffens beider Typen in einem Quadrat aufgestellt wird:

	Typ 2 kommt vor	Typ 2 kommt nicht vor
Typ 1 kommt vor	c_{11}	c_{21}
Typ 1 kommt nicht vor	c_{12}	c_{22}

und anschließend wird ein einfacher χ^2 Test auf Unabhängigkeit durchgeführt.

$$\chi^2 = ((c_{11}c_{22} - c_{12}c_{21}) \Sigma_i \Sigma_j \ c_{ij}) / (\Sigma_j \ c_{1j} \Sigma_j \ c_{2j} \ \Sigma_i \ c_{i1} \ \Sigma_i \ c_{i2})$$

Entsprechend den generellen Nachteilen der Quadratmethode wird hierbei nur ein Teil der Punktinformation bzw. eine Aggregation davon analysiert. Daher werden auch auf die *nearest neighbour* und auf die *K*-Funktion aufbauende Verfahren eingesetzt.

Auf geostatistische Verfahren zur Analyse von Liniendaten wird hier nicht gesondert eingegangen. Während bei der kartographisch orientierten explorativen Analyse z.T. explizit unterschieden wird (UNWIN 1981) ist dies bei wichtigen Darstellungen der Geostatistik nicht der Fall (ISAACS and SRIVASTAVA 1989, CRESSIE 1991, HAINING 1990, BAILEY 1994, BAILEY and GATRELL 1995). DAVIS (1986, 312ff) stellt kurz einige speziellere Verfahren für geologische Anwendungen vor und stellt fest, daß in der Praxis solche zweidimensionalen Erscheinungen zur Vereinfachung oft als eindimensionale Sequenzen gehandhabt werden. Eine ausführlichere Darstellung findet sich bei GETIS and BOOTS (1978).

Verschiedene Einteilungen von Punktdaten und „kontinuierlichen" Daten sind oft willkürlich, da erstere ja grundsätzlich auch kontinuierliche Phänomene repräsentieren. Dies führt zum Themenkreis Interpolation. An dieser Stelle erfolgt nur eine kurze Betrachtung von verschiedenen Analysemethoden im engeren Sinn. Die Handhabung räumlich kontinuierlicher Phänomene ist keine leichte Aufgabe. Die meisten Implementationen in Geographischen Informationssystemen bedienen sich verschiedener (letztlich doch diskreter) Hilfskonstruktionen der Handhabung dieses Phänomens. Denkbar und mathematisch realisierbar - aber eben (noch?) nicht in GIS verwirklicht - ist die Handhabung räumlich-kontinuierlicher Phänomene in Form einer Funktion.

Die Hauptaufgabe der Analyse ist es, die Art der räumlichen Variation eines Attributs zu erklären. Dies ist keine eindeutig für alle Fälle zufriedenstellend lösbare Aufgabe. Einmal kann je nach Fragestellung ein großflächiger Trend von Interesse sein und einmal lokale Variabilitäten. BAILEY and GATRELL (1995, S. 143f) teilen diese Effekte vereinfachend in zwei Komponenten ein: Die Variation *Erster Ordnung*, die das großräumige Verhalten von räumlichen Mustern erklärt und die Variation *Zweiter Ordnung* (*stationary second order component*), die die kleinräumigen Variabilitäten von Prozessen bzw. deren regionale überzufällige Variationen gegenüber dem großräumigen Trend (*heteroscedasticity* vgl. weiter unten) erklärt.

Eines der einfachsten Verfahren beruht darauf, Mittelwerte an Stichprobenpunkten zu ermitteln unter Einbeziehung der - z.B. drei - nächstgelegenen benachbarten Punkte (*spatial moving averages*). Dies wird auch als simples Verfahren zur Generalisierung verwendet. Je mehr Punkte einbezogen werden, um so stärker ist der glättende Effekt dabei. Da dieses Verfahren große Schwächen hat, indem es die Distanzen zu den Nachbarpunkten nicht berücksichtigt, wurden eine Reihe von Verfahren entwickelt, die diese als Gewichtung mit einbeziehen.

Die zweite Gruppe von Verfahren beruht auf der regelhaften Einteilung der kontinuierlichen Oberflächen (*tesselation*). Das - neben der regelmäßigen Rastereinteilung - bekannteste dieser Verfahren, ist das *Triangulated Irregular Network* (TIN) bereits kennengelernt. Auch Voronoi oder Thiessen-Polygone werden verwendet. Auf die derart entstandenen flächenhaften Gebilde werden dann Verfahren angewandt, die auch für diskret flächenhafte Daten gelten. In dem hier besprochenen Zusammenhang sind solche Interpolationsverfahren jedoch kritisch zu sehen (BURROUGH 1986), da jeweils ein bestimmtes Prozeßmodell impliziert wird. Andererseits ermöglicht die heute verfügbare Rechenleistung in vielen Fällen eine sehr feine Einteilung in z.B. Rasterzellen, die so gewählt werden können, daß ein geringer Verlust der Lagegenauigkeit von Prozessen auftritt. Ebenfalls auf kontinuierliche Phänomene angewandt werden die unter den Punktdaten andiskutierten Verfahren der explorativen Analyse wie z.B. *kernel estimation*.

Vergleichbar mit der K-Funktion für Punktdaten ist die *Kovarianz*-Funktion für kontinuierliche Daten. In der a-räumlichen Statistik wird darauf abgezielt, aus einer Stichprobe die Wahrscheinlichkeitsstruktur einer Grundgesamtheit, den zu Grunde liegenden stochastischen Prozeß, zu schätzen. In der räumliche Analyse wird dabei versucht, die bestmögliche Schätzung für Gebiete ohne Daten vorzunehmen. Die räumliche Abhängigkeit wird bei geostatistischen Schätzverfahren meist durch das *Variogramm* repräsentiert[28]. Aus einer Gruppe von zulässigen Funktionen wird dann dem empirischen Variogramm sozusagen ein Modell angepaßt. Während die Kovarianz-Funktion auch den explorativen Verfahren dient, wird sie hier von modellierenden Verfahren genutzt. Auch die verschiedenen Verfahren des Kriging (s.u.) gehören in diese Gruppe.

Die *Trendflächenanalyse* ist ein relativ einfaches und weitverbreitetes Verfahren zur Modellierung großräumiger Trends einer Oberfläche. Verschiedene polynominale (trigonometrische) Funktionen bilden die z-Ausprägungen räumlicher Koordinaten ab. Im Zusammenhang mit GIS wird diese Methode meist als Interpolationsverfahren verwendet. Vereinfacht ausgedrückt wird unter Einbeziehung sämtlicher Stützpunkte (Stichproben) eines Untersuchungsgebietes durch Zweifachregression der Variablen x und y die Parameter einer Oberflächengleichung mit z als abhängiger Variable geschätzt. Die bestmögliche Anpassung dieser Trendoberfläche an eine vorhandene Stichprobenverteilung wird durch eine Regressionsanalyse auf die zuvor erwähnte Regression nach der Gauss'schen Regel der „Kleinsten Quadrate" erzielt. Ziel ist also die Minimierung der Summe der quadrierten Abweichungen.

Die Methode bezieht sich vollständig auf die Erklärung der Variation Erster Ordnung oder des großräumigen Trends, was ja bereits durch den Namen ausgedrückt ist. Zwar ist es möglich, die lokalen Abweichungen von dieser Trendoberfläche zu untersuchen; vorausgesetzt ist jedoch implizit eine zufällige Abweichung, also das Fehlen einer *„second order variance"*. BAILEY and GATRELL (1995 S. 168 f) weisen jedoch

---

[28]Für eine ausführliche Darstellung des Variogramms und des Einsatzes stochastisch räumlicher Prozesse aus einer geowissenschaftlichen, aber auch allgemein gültigen Perspektive sei auf HEINRICH (1994) verwiesen.

darauf hin, daß diese Annahme häufig verletzt wird in dem Sinne, daß die Residuen doch räumlich korreliert sind. Dieses Phänomen wird in seiner allgemeinen Form, nämlich einer räumlich unterschiedlichen Varianz, auch als *heteroscedasticity*[29] bezeichnet. Homoskedastizität ist das Gegenteil und ist die gleichbleibende Varianz eines Phänomens über das gesamte Untersuchungsgebiet. Diese beiden komplementären Begriffe sind nicht nur in Zusammenhang mit Trendflächen relevant. Wenn keine Homoskedastizität gegeben ist, sollte die Trendflächenanalyse daher nicht für lokale Betrachtungen innerhalb eines gegebenen Untersuchungsgebietes verwendet werden. Im Gegensatz zur weitverbreiteten Annahme in der Praxis weisen BAILEY and GATRELL (1995, S. 168 f) in Anlehnung an CRESSIE (1991) und HAINING (1987) darauf hin, daß sich auch mit der Erhöhung des Polynomgrades der Ableitung kein „beliebig genaues" Modell erstellen läßt.

Eine ganze Gruppe von Verfahren ist *Kriging*. Es handelt sich dabei um eine Reihe von Schätzverfahren. Je nach den Ausgangsdaten und gewählten Verfahren unterscheidet man u.a. stationäres und nichtstationäres, lineares und nichtlineares, uni- und multivariates Kriging (CRESSIE 1991). Allen diesen Verfahren zugrunde liegendes Ziel ist jedoch die Minimierung der Schätzvarianz von einem Variogramm bzw. Semi-Variogramm (Begriffe nicht immer getrennt). Kriging ist vereinfacht ausgedrückt ein lokales Schätzverfahren mit gewichteter räumlicher Mittelwertbildung. Die Gewichte werden unter Berücksichtigung des Variogramms in dem Sinne optimiert, daß die Varianz minimal ist und daher die Mittel der Abweichung zwischen dem wahren und dem geschätzten Werten Null sind. Kriging ist ein sogenannter *exakter Interpolator*, indem im Interpolationsergebnis an den Stellen der Probepunkte („Stützpunkte der Interpolation") deren Werte genau getroffen werden, was nicht bei allen Schätzverfahren der Fall ist. Kriging als Methode wird hier nur der Vollständigkeit wegen erwähnt und in der Fallstudie nicht angewendet.

Diskrete Flächendaten

Flächendaten werden im Gegensatz zu kontinuierlichen Daten durch **diskrete** (scharfe) Grenzen getrennt. Diese Daten werden daher innerhalb ihrer räumlichen Grenzen als homogen betrachtet. Dies können sowohl unregelmäßige (Polygone) als auch regelmäßige Einteilungen (*tesselation*) sein. Auch handelt es sich hierbei weniger um Interpolationstechniken, da es häufig „zwischen Flächen" keine sinnvollen Werte gibt. Tendenziell steht statt einer Inter- oder Extrapolation mehr die qualitative Analyse von Phänomenen im Vordergrund. Heute wird - vor allem bei naturräumlichen Phänomenen - dieses Konzept stärker hinterfragt bzw. nach besseren Darstellungsmöglichkeiten gesucht. Eine der Natur mehr entsprechende Lösung ist das *fuzzy-Konzept*. (vgl. Kap. 7.5)

Auch für Flächendaten lassen sich die Verfahren in explorative und modellierende Analyse einteilen. Einfache explorative Maße sind Nähe, räumliche Variation des durchschnittlichen Wertes, Median oder räumliche Korrelation. Für einige dieser Maße werden Hilfskonstruktionen herangezogen, wie z.B. das Zentroid für die Berechnung des Phänomens „Nähe". Einige Verfahren lassen sich nur auf regelmäßige Strukturen wie Raster anwenden. Ein Beispiel hierfür ist das *Median polishing*, das den (großräumigen) Trend ermittelt und Extremwerte nicht so stark berücksichtigt. Weiterhin zu den explorativen Verfahren gehört die räumliche Autokorrelation.

---

[29] WHITE, H. (1980): A heteroskedastic-consistant covariance matrix and a direct test for heteroskedasticity. In: Econometrica 48, 817-838.

4.3.4 Das Potential des Zusammenwachsens von GIS und Geostatistik für die Landschaftsforschung

Wie bereits angedeutet werden diejenigen Verfahren, die hauptsächlich zur räumlichen Interpolation verwendet werden sowie einige Methoden der distanzbasierten Analyse und der räumlichen Autokorrelation diskutiert und z.T. angewandt. Die Situation, daß viele dieser Methoden - nicht nur im deutschsprachigen Raum, aber hier verstärkt - auch langjährigen GIS-Anwendern unbekannt sind, deutet darauf hin, daß einerseits ein Ausbildungsdefizit in diesem, insgesamt anspruchsvollen Bereich herrscht, und andererseits, daß ein Großteil der Methoden der speziellen Geostatistik nicht in den verfügbaren GIS-Produkten implementiert ist. BAILEY (1994, S. 13) stellt dazu fest:

"The widespread recognition that the analysis of patterns and relationships in Geographical data should be a central function of geographical information systems (GIS), the sophistication of certain areas of analytical functionality in many existing GIS continues to leave much to be desired."

FOTHERINGHAM und ROGERSON (1993, S. 3) drücken es noch deutlicher aus:

"Although GIS have been developed rapidly as tools for the storage, retrieval and display of geographic data, they have been less rapid to develop in the area of spatial analysis."

Ende der 80er und auch noch Anfang der 90er Jahre wurde unabhängig voneinander in mehreren essentiellen Arbeiten zum Stand Geographischer Informationssysteme dieses Problem des geringen Grades an Implementation analytisch-geostatistischer Verfahren klar angesprochen[30]. Dennoch wurde von Seiten der Softwareindustrie offensichtlich nicht entsprechend reagiert, wie aus dem obenstehenden Zitat implizit zu entnehmen ist. Es existiert eine Fülle von leistungsstarker shareware und freeware, die allerdings nicht sehr benutzerfreundlich sind. Konkret bedeutet dies, daß es sich vielfach um DOS-Programme im commandline-mode handelt, die großteils aus oft noch anzupassenden FORTRAN-Routinen bestehen. Einige umfassende Programme (oder besser Programmbibliotheken) erfordern einen Einarbeitungsaufwand, der mit einer „großen" (Workstation)-GIS-Software vergleichbar ist, andere, die Teilbereiche abdecken (z.B. Quadratanalyse oder nur Variographie) können sehr leicht als zusätzliches tool genutzt werden, das nicht nur mit Beispielsdaten sondern fast immer mit sehr einfach zu erzeugenden eigenen ASCII-Daten genutzt werden kann.

Mitte der 90er Jahre ist doch eine gewisse Entwicklung in die Richtung der Integration analytisch-geostatistischer Methoden in GIS zu erkennen (ANSELIN and GETIS 1992, BAILEY 1994). So wurden in führende „große" GIS-Produkte Routinen implementiert oder ausgebaut, vor allem auf dem Gebiet der räumlichen Interpolation, der explorativen Distanz-basierten Analyse und der Allokationsmodellierung. Es bestehen weiters Beispiele aus der Fachliteratur über die Verknüpfung von GIS-Produkten und Statistiksoftware, die ebenfalls auf das Fehlen elementarer (geo)statistischer Funktionen hinweist. Allein am Beispiel von Arc/Info lassen sich aus der Literatur verschiedene, darauf aufbauende Makro- oder Schnittstellen-basierte

---

[30]Department of the Environment (1987): Handling Geographic Information. Report of the Committee of Enquiry chaird by Lord Chorley, HMSO, London.
GOODCHILD, M. (1987): A spatial analytical perspective on Geographical Information Systems. In: Int. Journal of Geographical Information Systems 1, 335-354.

Programme finden.[31] Die Arten des möglichen *linking* von GIS und Statistikprogrammen können hier nicht ausführlich genug diskutiert werden. Für übliche Unterteilungen[32] in *fully integrated, tightly coupled* und *loosely coupled* sei auf die Literatur verwiesen. Nach BAILEY (1994, S. 21ff) lassen sich folgende generelle Vorteile des verstärkten Einsatzes von analytisch-geostatistischen Methoden in GIS erwarten:

1. Flexible Möglichkeiten der Visualisierung von Rohdaten und abgeleiteten Daten
2. Flexible räumliche Funktionen zur Bearbeitung, Transformation, Aggregation und Selektion von Rohdaten und abgeleiteten Daten
3. Herausarbeiten räumlicher Relationen von Entitäten innerhalb eines Untersuchungsgebietes

Die weitestgehenden Fortschritte der Implementation sind nach BAILEY im Bereich der einfachen deskriptiven Analyse und der Transformation zu attestieren, aber auch für die Themen der räumlichen Autokorrelation und der Kovarianzanalyse bieten auch günstige PC-basierte Systeme wie IDRISI und PC-Info Methoden an.

Bisher nicht erwähnt ist der umgekehrte Weg der Entwicklung, nämlich daß Statistiksoftware-Paketen GIS-Funktionen verliehen werden. Ein Beispiel eines umfangreichen speziellen Geostatistik-Systems ist SpaceStat[33], das aus einer non-profit Entwicklung einer NCGIA-Initiative entstanden ist und relativ günstig zu erwerben ist. Aber auch die meisten GIS-Systeme sind bemüht, geostatistische Verfahren aufzugreifen und zu implementieren. So waren bei den letzten Versionswechseln verschiedene Neuerungen im Bereich Geostatistik etwa bei Arc/Info und Intergraph zu beobachten, wobei Intergraph mit dem Voxel Analyst ein leistungsstarkes eigenständiges Modul zur echten 3-D-Analyse räumlicher (geowissenschaftlicher) Daten zur Verfügung stellt.

Die größten Anstrengungen müssen aber über die reine Software-Implementation hinaus unternommen werden, den Benutzern nicht nur die Techniken, sondern auch Hintergrundwissen und Dokumentation zur Verfügung zu stellen und andererseits möglichen Mißanwendungen vorzubeugen. Letzteres ist schwierig und sicherlich Forschungsgegenstand der nächsten Jahre. Denkbar und wünschenswert wären z.B. verpflichtende Metadeskriptoren für Daten oder eingebaute Tests z.B. auf Normalverteilung bei Anwendung eines Verfahrens, das Normalverteilung voraussetzt. Derartiges ist zwar trotz längerer Entwicklungsgeschichte in a-räumlichen Statistikpaketen auch nicht implementiert, doch könnten hier prinzipiell neue Wege beschritten bzw. neue Standards gesetzt werden. So ist es etwa prinzipiell möglich - und es bestehen auch Beispiele der Verwirklichung - daß die „Entstehungsgeschichte" (*lineage*) von räumlichen Objekten mit protokolliert wird und z.B. in Abhängigkeit vom Erfassungsmaßstab bestimmte Operationen gesperrt werden.

---

[31] KEHRIS, E. (1990): A geographical modelling environment built around Arc/Info. North West Regional Research Laboratory, Research Report 13, Lancester University.
[32] z.B. GOODCHILD, M. (1991): Progress on the GIS research agenda. In: EGIS proceedings, Utrecht, 342-350.
[33] ANSELIN, L. (1992): SpaceStat Tutorial. A workbook for using SpaceStat in the Analysis of Spatial Data. NCGIA Technical Software Series S-92-1, Santa Barbara

5 FALLSTUDIE: AUEN-ÖKOSYSTEM BAYERISCHE SALZACHAUEN

5.1 DAS UNTERSUCHUNGSGEBIET

Die Salzach ist der größte Nebenfluß des Inn mit einer Länge von 221 km und einem Einzugsgebiet von 6717 km^2. Vom Quellgebiet in den Kitzbüheler Alpen durchfließt sie zunächst nach Osten den Pinzgau und einen Teil des Unterpongaus, ehe sie sich bei St. Johann nach Norden wendet. Nach einer Durchbruchsstrecke zwischen Tennen- und Hagengebirge mit den als Naturdenkmal ausgewiesenen Salzachöfen tritt sie bei Golling aus dem Gebirge heraus in das Halleiner-Salzburger Becken. Nördlich der Stadt Salzburg mündet bei Flußkilometer 59,3 die Saalach. Von hier bis zur Mündung in den Inn bildet die Flußmitte die Staatsgrenze zwischen dem Freistaat Bayern und der Republik Österreich. Das Untersuchungsgebiet umfaßt die Salzachauen auf bayerischer Seite zwischen der Saalachmündung bzw. Saalach-Fluß-km 2 und der Mündung der Salzach in den Inn. Morphologisch gliedert es sich von Süden nach Norden in das Laufener Becken, das Tittmoninger Becken und den Mündungsbereich. Die Beckenlandschaften sind durch den Laufener und den Nonnreiter Durchbruch getrennt.

Das Untersuchungsgebiet ist etwa 60 km lang, zwischen 10 und 1000 m breit und weist ca. 1860 ha auf. Dies trifft auf die eng abgegrenzten Auenbereiche zu, für die vielfältige naturräumliche Kartierungen vorliegen. Darüber hinaus besteht eine Luftbild-gestützte Landnutzungsklassifikation für das angrenzende Gebiet, das hauptsächlich landwirtschaftliche Nutzflächen sowie einige Siedlungsräume, vor allem Teile der Orte Laufen, Tittmoning, Nonnreit und Burghausen umfaßt und weitere 4800 ha aufweist. Dieser Bereich außerhalb des Auwaldes i.e.S. wird in der nachstehenden Abbildung sowie im weiteren Text als Vorland bezeichnet.

Zum Untersuchungsgebiet gehören die meist geschlossenen Waldgebiete der aktuellen und historischen Flußauen. Nach Osten bildet die Salzach die durchgehende Grenze, während als Abgrenzung nach Westen für den Bereich der eigentlichen Flußauen deren Verbreitungsgrenze und für die Landnutzungskartierung die Bundesstraße 20 als Grenze gilt. Das Untersuchungsgebiet liegt größtenteils im Bereich der Naturraumeinheit 039 *Salzach-Hügelland*. Ab Reitenhaslach wird in einem Durchbruchstalabschnitt die Naturraumeinheit 054 *Unteres Inntal* erreicht. Durch die Siedlungstätigkeit im Raum Burghausen ist der Auwaldbereich in diesem Abschnitt stark eingeschränkt. Dagegen besitzen die Auwälder im Mündungsbereich der Salzach in den Inn eine nicht nur flächenmäßige Bedeutung. Dieser Bereich wurde jüngst als Naturschutzgebiet ausgewiesen. Während die Abgrenzung nach Osten hin eindeutig von der rezenten Uferlinie vorgegeben ist, handelt es sich bei der Abgrenzung des Vorlandes, in dem eine Landnutzungskartierung durchgeführt wurde, um eine willkürliche Festlegung, die jedoch davon ausgeht, daß die Bundesstraße 20 in vielerlei Hinsicht als absolutes Hindernis zu betrachten ist. Diese stark befahrene Straße wirkt als Barriere für verschiedene Faunenelemente, aber auch als Grenze eventueller Renaturierungspläne oder anderer Maßnahmen zur Sicherung des Auen-Ökosystems.

Den geologischen Grundstock des Gebietes bilden Ablagerungen des Tertiärs, im äußersten Süden der Kreide (Helvetikum, Flysch). Im Bereich des Salzachverlaufes sind sie durchwegs von glazialen und periglazialen Ablagerungen des Quartärs überdeckt. In Folge von Flußkorrekturmaßnahmen und der Errichtung von Hochwasser-

Abb. 5.1: Das Untersuchungsgebiet

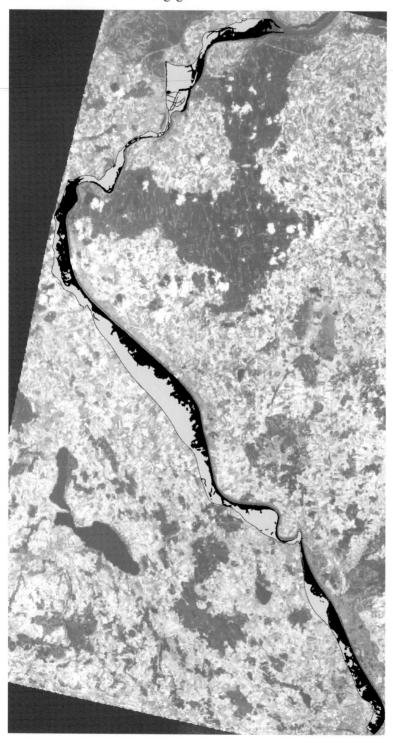

dämmen hat sich das Flußbett stark eingetieft, und es entstand vor allem in den südlichen Teilen des Untersuchungsgebietes eine weitgehend überschwemmungsfreie Altaue. Standörtlich echte Weichholzauen sind fast nur noch im Mündungsbereich vorzufinden.

Geologie und Naturraum

Der geologische Aufbau des Untergrundes im Untersuchungsgebiet weist von Süden nach Norden eine Abfolge von Kalkalpin, Flysch, Helvetikum und an ihrem Südrand aufgerichtete ungefaltete Molasse auf. Die eigentliche Nordgrenze der Alpen, die Grenze zwischen Molasse und Flysch, verläuft genau durch das Untersuchungsgebiet, nämlich unmittelbar südlich an Laufen vorbei zum Haunsberg. Während der Großteil des Reliefs stark durch die eiszeitlichen Vorgänge geprägt ist, bilden die grob parallel zum Untersuchungsgebiet laufenden Erhebungen wie der Högl (827 m) und der Haunsberg (834 m) paläogeographisch bedeutsame Aufragungen, die im Pleistozän als Eisteiler wirkten und so zu der bekannten fingerartigen Aufteilung der Eisströme des Salzachvorlandgletschers führten, die wiederum Stamm- und Zweigbecken schufen.

Die spät- und postglaziale Entwicklung kann hier nicht umfassend dargestellt werden. Zu erwähnen sind jedoch die Rahmenbedingungen, die durch die Eintiefung der Salzach aktuellen Probleme, vor allem die Gefahr eines Sohlendurchschlages im Bereich Laufen-Oberndorf, determinieren. Im Spätglazial waren die Becken von Eisrandstauseen eingenommen, die mächtige Seetonablagerungen hinterlassen haben. Die Engstellen wurden durch die Schichten der oberen Süßwassermolasse mit sandsteinartiger Ausprägung gebildet, bei Laufen zusätzlich durch Material der Jungmoräne. Die Laufener und die Nonnreiter Enge stellen beide Durchbruchsstrecken in Moränenwällen dar. Problematisch ist hierbei, daß die jeweils vorgelagerten breiten Umlagerungsstrecken in Zuge des Geschieberückhaltes ihre Funktion als Zwischendeponie des Geschiebes nicht mehr erfüllen können.

5.2 DIE FLUSSMORPHOLOGISCHE ENTWICKLUNG DER SALZACH SEIT 1820

5.2.1 *Ursprünglicher Zustand und Veränderungen der Flußlandschaft*

Die heutige Salzach stellt keineswegs mehr einen natürlichen Flußlauf dar. Mit dem zwischen den Grenzstaaten Bayern und Österreich geschlossenen Staatsvertrag von 1820 wurde die gemeinsame Rektifikation der Saale (= Saalach) und Salzach eingeleitet. Bis dahin war die Salzach von der Saalachmündung bis kurz vor Laufen ein stark verwilderter, in ständigen Umbildungen befindlicher Fluß mit ausgedehnten Auwäldern. Die Laufener Enge ist ebenso wie die Nonnreiter Enge eine Durchbruchsstrecke in einem Moränenwall (WEISS 1981, S. 25). Die Fließstrecke oberhalb von Laufen kann daher als Umlagerungsstrecke bezeichnet werden. Die Salzach unterscheidet sich von anderen Flüssen des Alpenvorlandes dadurch, daß sie etwa im Gegensatz zu Lech und Isar nicht ausschließlich Kalkgeschiebe mit sich führt, sondern aus dem Zentralalpenbereich auch silikatisches Material und Schiefer transportiert.

Die 1820 beschlossene Korrektion der Salzach hatte folgende Ziele (nach WEISS 1981):
- Die Festlegung der Landesgrenze

Abb. 5.2: Die Salzach zwischen der Saalachmündung und Laufen 1817 und die heutige Situation

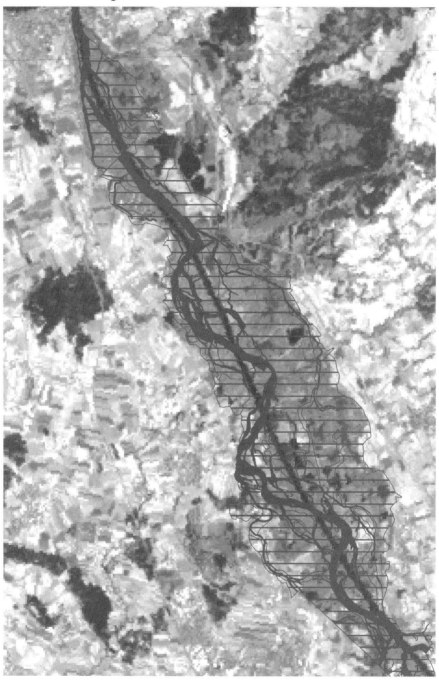

- Die Erhaltung der Schiffahrt
- Die Beseitigung der „Verheerung"
- Die Verminderung des Bauaufwands

Die Korrektion wurde zunächst auf eine Normalbreite von 80 Wiener Klaftern (= 151,73 m) festgesetzt und unverzüglich für die Abschnitte Saalachmündung bis Laufen und Geisenfelden bis Tittmoning in Angriff genommen. Die Korrektion erfolgte zunächst in der Buhnenbauweise, ab den 40er Jahren in Form des Leitwerksbaus. Es stellte sich jedoch heraus, daß für die oben genannten Ziele die Normalbreite zu groß bemessen war und der Fluß sich auch innerhalb des korrigierten Laufes verlagern konnte. In einer Additionalkonvention zum Staatsvertrag wurde 1873 die Normalbreite auf 113,80 m (= 60 Wiener Klafter) reduziert. Für einige Teilstrecken bedeutete dies, daß auf bayerischem Gebiet angefangene Dammabschnitte aufgegeben werden mußten, die heute noch vollkommen erhalten sind, etwa südlich der Surmündung und zwischen Geisenfelden und Tittmoning. Die Korrektion war südlich von Laufen im Jahre 1909 und für den gesamten Unterlauf im Jahre 1927 abgeschlossen.

Durch die Reduktion des Flußsystems auf ein einziges Hauptgerinne mit gestrecktem Verlauf nahm die Uferlänge auf 1/5 bis 1/10 des ursprünglichen Wertes ab. Die mit dem Ausbau verbundene Lauflängenverkürzung führte auch zu einer Steigerung des Gefälles und damit zu einer Erhöhung der Fließgeschwindigkeit und der Schleppkraft. Die Flußdynamik wurde daher grundlegend verändert. Diese dramatischen Veränderungen sind Abb. 5.2 für den Südteil des Untersuchungsgebietes zwischen Laufen und Freilassing dargestellt.

5.2.2 Hydrologische Verhältnisse

Die Salzach weist einen verstärkten Gegensatz zwischen Sommer- und Winterwasserführung und damit einen alpinen Charakter auf. Die schwankende Wasserführung und häufige Überschwemmungen werden sowohl durch frühsommerliche Schneeschmelzen als auch durch besondere meteorologische Gegebenheiten bewirkt (vor allem Vb und Vc- Wetterlagen), die sich and den Barrieren des Alpennordrandes stauen. Durch die ausgeprägten Niedrigwasserperioden im Herbst und im Winter entstehen Abflußschwankungen mit einem MHQ/MNQ-Verhältnis von ca. 20 (Pegel Wald im Pinzgau) bzw. 17 (Pegel Laufen und Burghausen). Die Jahresabflußsumme beträgt am Pegel Burghausen 8110 hm^3, wobei der Sommerabfluß etwa die doppelte Menge des Winterabflusses beträgt. Diese überaus starke Hydrodynamik ist für die Auwälder von großer Bedeutung (vgl. Kap. 5.3 und 8.4) und sollte daher bei der Bewertung des Auen-Ökosystems berücksichtigt werden.

Tab. 5.1: Abfluß-Hauptzahlen der Pegel Salzburg, Laufen und Burghausen (AG Wasserwirtschaftliche Rahmenuntersuchung 1994)

	Pegel Salzburg	Pegel Laufen	Pegel Burghausen
höchstes Hochwasser im Meßzeitraum (HQ)	2100	2860	3350
mittleres Hochwasser (MHQ)	989	1320	1340
Mittelwasser (MQ)	177	238	251
mittleres Niedrigwasser (MNQ)	53,8	77,1	77,3
Niedrigwasser (NQ)	12,5	45,1	41,5

Tab. 5.2: Vergleich der Abflußschwankungen mit anderen Alpenflüssen (AG Wasserwirtschaftliche Rahmenuntersuchung 1994)

Fluß	Pegel	EZ (KM²)	MHQ (m³/s)	MNQ (m³/s)	MHQ/MNQ
Salzach	Laufen	6113	1320	77,1	17
Salzach	Burghausen	6649	1340	77,3	17
Inn	Oberaudorf	9712	1290	94	14
Isar	München	2836	426	40,2	11
Lech	Augsburg	3800	575	46,9	12
Iller	Wiblingen	2115	461	20,5	22

Die Salzach ist im Oberlauf in Pinzgau und Pongau gering durch Verschmutzungen belastet, d. h., anfallende kommunale Abwässer werden durch die Selbstreinigungskraft des Flusses weitgehend ausgeglichen. Die Wassergüte betrug in den letzten Jahren zwischen I und II (Wasserwirtschaftskataster). Dagegen war die Salzach ab Hallein viele Jahre hindurch stark bis übermäßig stark verschmutzt (Gewässergüte Salzburg-Bergheim IV, Laufen III-IV). Neben einer unterschiedlichen, aber weit verbreiteten Verschmutzung durch kommunale Abwässer auch schon im Oberlauf sind es vor allem die Einleitungen des Industriestandortes Hallein, die die Salzach stark belasten. Während die Aufsalzung durch eine Soleinleitung, soweit diese überhaupt noch stattfindet, im wesentlichen nur eine Erhöhung der Chloride zur Folge hat, entsprach die Verschmutzung, die von der Zellstoff- und Papierfabrik Hallein Anfang der 80er Jahre ausging, etwa 1 Million EGW (MUHR 1981, S. 37). Diese starke Verschmutzung war wahrscheinlich einer der Hauptgründe, warum die Staustufenpläne an der unteren Salzach in den 70er Jahren auch durch das starke Engagement verschiedener Bürgerinitiativen (*Aktion Grüne Salzach, Hände weg von der Salzach* ...) nicht verwirklicht werden konnten und das Raumordnungsverfahren eingestellt wurde. Der Gesichtspunkt der Wassergüte ist möglicherweise mit ausschlaggebend für ein zukünftiges Raumordnungsverfahren, falls ein solches von Seiten der Kraftwerksbetreiber beantragt wird. Da sich die Wassergüte der Salzach deutlich verbessert hat (ab Saalachmündung Gewässergüte II bis III), erscheint dieser Faktor für eine mögliche Stauhaltung nicht mehr als prohibitiv.

5.2.3   Entwicklung des Flußbettes und Kraftwerke

Die Korrektion alleine bewirkte trotz der Erhöhung der Fließgeschwindigkeit offenbar keine oder nur eine sehr geringe Eintiefung des Flußbettes. WEISS (1981) weist anhand detaillierter Pegelauswertungen (Burghausen und Laufen seit 1826, Tittmoning seit 1833, Salzburg seit 1893, Hallein und Golling seit 1895) nach, daß fast ausschließlich der Geschieberückhalt die starke Eintiefung des Flußlaufes bewirkt. Besonders stark wirkt die Erosion seit den Hochwässern von 1954 und 1959, die eine Ausräumung der zum Teil verkitteten Nagelfluhbänke bewirkten und teilweise zu einem Sohlendurchschlag führten. Die spektakulärste Auswirkung war zweifellos der Einsturz der Autobahnbrücke südlich von Salzburg 1959. Als Reaktion darauf begann man mit Sohlstützungsmaßnahmen, ohne jedoch den Geschieberückhalt zu vermindern. Unter Zuhilfenahme der Massensummenlinie versucht WEISS (1981) die Lage der Erosionsbasis - also den Beginn des Eintiefungskeils - zu ermitteln. Er kommt zu dem Ergebnis, daß diese Anfang der 50er Jahre noch bei km 51 lag und seit damals ständig flußabwärts wanderte. 1969 erreichte sie km 42 (Laufen) und 1975 km 28 (Tittmoning). Für 1981 schätzt WEISS die Erosionsbasis auf km 15.

Abb. 5.3: Schematische Talquerschnitte der Salzach (WEISS 1981, 26)

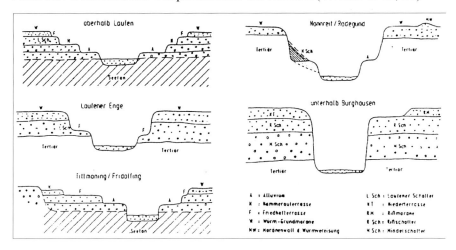

Im Zuge der Ermittlung des Geschiebehaushaltes wurde ein mittlerer Korndurchmesser von 17 mm bei Burghausen (1966) festgestellt. Seither erfolgte eine Kornvergröberung (Bay. Landesamt für Wasserwirtschaft 1980). Ein Hauptproblem waren in diesem Zusammenhang die massiven Kiesentnahmen. Für die Jahre 1953 - 1977 wurde eine mittlere jährliche Entnahme von 38773 m^3 für Flußkilometer 0 bis 59,3 errechnet (ebda.). Inzwischen ist auf bayerischer Seite die Entnahme eingestellt, auf österreichischer Seite wird nach wie vor Kies entnommen, vor allem an der Tauglmündung oberhalb Halleins. Neben der aktiven Entnahme ist der Geschieberückhalt durch Verbauungen ein Hauptfaktor für das Geschiebedefizit. Durch den vollständigen Geschieberückhalt des Saalachspeichers Kiebling bei Bad Reichenhall weist der Saalachunterlauf ein enormes Defizit. In der Folge fehlt der Salzach dieses Geschiebe. Auch aus dem Saalachmittellauf kommt zu wenig Geschiebe, und neben der aktiven Entnahme wird durch das veraltete Wehr in Hallein Geschiebe zurückgehalten.

Zusammenfassend kann festgestellt werden, daß die Eintiefung des Flußbettes rasch vor sich geht und vor allem für die Durchbruchstrecken bei Laufen und Nonnreit ein Sohlendurchschlag zu befürchten ist. Dazu waren inzwischen mehrjährige umfangreiche Untersuchungen des Bayerischen Landesamtes für Wasserwirtschaft und des Bayerischen Geologischen Landesamtes im Gange, deren Ergebnisse jedoch noch nicht freigegeben sind. Durch den Bau mehrerer Flußkraftwerke an dem zur Gänze auf österreichischen Staatsgebiet liegenden mittleren und oberen Laufabschnittes der Salzach wurden auf die Verhältnisse am Unterlauf stark beeinflußt. Neben dem bereits beschriebenen Problem des Rückhalts an Transportmaterial und der damit verbundenen Eintiefung findet eine gewisse Beeinträchtigung des Fließgewässersystems durch den Schwallbetrieb der Flußkraftwerke statt. Zu den Ausmaßen und den Auswirkungen lagen bis vor einigen Jahren keine genauen Untersuchungsergebnisse vor. Durch die *Fischökologische Studie mittlere Salzach* sind die negativen Auswirkungen sehr genau dokumentiert.

Die untere Salzach (Mündung der Saalach bis Innmündung) ist bisher nicht durch Staustufen verbaut. Auch wenn es sich nicht um einen natürlichen Flußlauf handelt, so ist an dieser Stelle zu bemerken, daß die Salzach damit das

letzte größere, noch über eine längere Strecke frei fließende Gewässer des Alpenvorlandes Bayerns und Österreichs ist (vgl. WEINMEISTER 1981).

Bereits vor und während des 2. Weltkriegs gab es Pläne zum Ausbau dieses Flußabschnittes (vgl. MUHR 1981), wobei bis zu vier Staustufen geplant waren. Anfang der 70er Jahre lagen dann konkrete Pläne der Österreichisch-Bayerischen Kraftwerke AG (ÖBK) vor und es wurde ein entsprechendes Raumordnungsverfahren eingeleitet. Der Rahmenplan der ÖBK aus dem Jahre 1977 sah vier Staustufen mit Fallhöhen zwischen 10 und 11,5 m vor, und zwar bei Burghausen (Salzach-km 15,2), bei Tittmoning (Salzach-km 28,2), bei Eching (Salzach-km 40,2) und knapp oberhalb von Laufen (Salzach-km 49,9).

Aufgrund des massiven Widerstands der Bevölkerung, der sich in der Bürgerinitiative „Hände weg von der Salzach" manifestierte, und wegen der sehr schlechten Wasserqualität der Salzach (oberhalb von Laufen III-IV), wurde dieses Raumordnungsverfahren schließlich eingestellt. Da sich inzwischen durch den höheren Erschließungsgrad der kommunalen Abwässer von Salzburg und Hallein, vor allem aber durch den Bau einer Kläranlage des in Hallein ansässigen Papier- und Zellstoffwerkes PWA, die Wasserqualität entscheidend verbessert hat, ist in den nächsten Jahren wahrscheinlich mit neuen Kraftwerksplänen zu rechnen.

5.3 EXKURS: ZUM BEGRIFF AUE

5.3.1 Standörtliche und begriffliche Abgrenzung von Auen und Auwald

Laut Brockhaus versteht man unter „Au" ein „flaches Gelände an Wasserläufen". Eine wissenschaftliche Definition gibt DISTER (1985):

„Auen sind Niederungen entlang der Flüsse und Bäche, die mehr oder weniger regelmäßig von Hochwasser überschwemmt werden. Ökologisch gesehen ist der Wechsel von Trockenfallen und Überflutung der entscheidende Faktor in diesem Ökosystem, der die Lebensgemeinschaften in ganz entscheidender Weise prägt."

Noch restriktiver versteht GERKEN (1988) den Begriff:

„Im strengen Sinn endet die Au dort, wo die flächenhafte Überflutung allenfalls episodisch oder gar nicht (mehr) auftritt. Von Grundwasser-Anschluß ohne flächige Überflutung geprägte Standorte zählen demgemäß nicht (mehr) zum Ökosystem Aue."

Beide Definitionen stützen sich auf das zweifellos entscheidende Kriterium der Fließgewässerdynamik, berücksichtigen jedoch nicht die Komplexität zwischen Fluß, Aue und Umland (vgl. DIEPOLDER 1990). Diese wird sehr gut durch die Definition von GEPP et al. (1985, S. 317) umrissen:

„Talzonen, die innerhalb des Einflußbereiches von Hochwässern liegen. Mosaik von Fließgewässer-begleitenden Ökosystemen, mit Schotterbänken, Uferzonen, Auwald, Augewässer: summarisch ein Ökosystem höheren Ranges ".

Die nachfolgende Abbildung soll vereinfacht die komplexen Wirkungszusammenhänge in einem Flußauen-Ökosystem illustrieren.

Für eine begriffliche Abgrenzung sind daher mehrere Faktoren nötig (vgl. BAIER 1990, DIEPOLDER 1992, GEPP 1986, GEPP et al. 1985):

Abb. 5.4 Wirkungszusammenhänge in Flußauen (DIEPOLDER 1990, S.4)

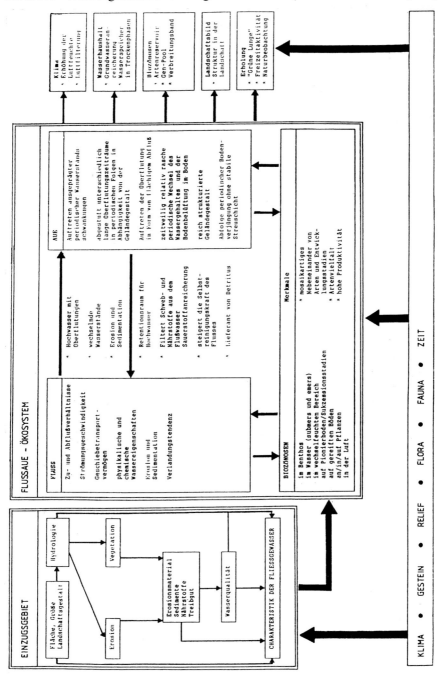

- Hydrodynamik: periodische bis episodische Überschwemmungen, mindestens wechselnde Grundwasserstände im Wurzelraum der Auenvegetation.
- Morphodynamik: Erosions- und Sedimentationsvorgänge.
- Pedodynamik: Kleinrelief- und texturabhängige Bodengenese sowie Dynamik des Bodenwassers- und Bodenlufthaushaltes.
- Biodynamik: Eigenentwicklung der Auen-Ökosysteme und Sukzession.

Bei einem ausschließlich an der Überflutungsdynamik orientierten Auenbegriff fallen große eingedeichte Bereiche von Auwaldstandorten aus einer Definition heraus. BAIER (1990, S. 175) schlägt daher vor, einen enger und einen weiter gefaßten Auenbegriff nebeneinander zu verwenden, um auch die inzwischen eingedeichten Bereiche der jüngeren Talzone einzubeziehen. Für die Auen im weiteren Sinne können je nach Beeinträchtigungssituation der Hydrodynamik Begriffe wie Altau, abgedämmte Au, abgespundete Au, Grundwasserau, Trockenau oder Totaue verwendet werden. Meiner Meinung nach mag eine solche Einteilung im wissenschaftlichen Sinne zwar sinnvoll erscheinen, trägt jedoch sicher nicht zu einem dringend notwendigen Verständnis der Bedeutung des Ökosystems Aue in der Öffentlichkeit bei.

5.3.2 Die natürliche Auenvegetation

Auwälder sind die vorherrschende natürliche Vegetationsform der grundwassernahen und periodisch überfluteten Alluvialstandorte entlang der Fließgewässer (BAIER 1990, S. 173). Ohne Veränderungen durch den Menschen würden die meisten Flußsysteme Mitteleuropas mit Ausnahme der Oberläufe und der Durchbruchsstrecken unterschiedlich große Augebiete aufweisen. Wie bereits beschrieben ist die Hydrodynamik die Triebfeder der Auenentwicklung. Die wechselnden Wasserstände und die unregelmäßigen Überflutungen sind zunächst für die herrschende Vegetation (wie auch für die Fauna) Katastrophenereignisse. Die Wassermassen richten direkten „Schaden" an und die mit ihnen verbundenen Sedimentablagerungen können die Krautschicht vollständig bedecken. Nur bestimmte Pflanzen ertragen länger andauernde Vernässungen im Wurzelbereich (vgl. ELLENBERG et al. 1992).

Unter dem Begriff *Auwald* wird im Folgenden in Anlehnung an die bestehende Vegetationskartierung der Salzachauen (BUSHART und LIEPELT 1990) ein Wald auf Auenstandorten verstanden. Dagegen drückt der Begriff *Weichholzaue* oder *Hartholzaue* einen Auenstandort aus, unabhängig davon, ob aktuell Wald vorhanden ist oder nicht. Das Untersuchungsgebiet weist immerhin noch höhere Auwaldanteile auf als vergleichbare Auenstandorte an Donau, Isar und Inn (BIRKEL und MAYER 1992). Je nach Entfernung vom Flußufer und der damit wechselnden Intensität der Beeinflussung durch Überschwemmungen (Häufigkeit und Dauer, Menge und Art der Ablagerungen) findet man entlang naturbelassener Flüsse eine charakteristische Abfolge von Vegetationseinheiten. In der folgenden Abbildung wird eine vollständige Serie theoretischer (ungestörter) Abfolge der Auenvegetation am Mittellauf eines Flusses im Alpenvorland dargestellt.

Die gehölzfreie Auenvegetation wurde in einem Großteil des Untersuchungsgebietes durch künstliche Uferverbauung auf ein Minimum zurückgedrängt. Annuellenfluren und Flutrasen treten als eigene Vegetationseinheiten von flächenhafter Ausprägung praktisch nicht mehr in Erscheinung. An der Salzach selbst findet sich auch kaum noch Flußröhricht, lediglich an den seitlichen Zuflüssen, in alten Flutrinnen und entlang von

Abb. 5.5: Querschnitt durch die ungestörte Auenvegetation (nach ELLENBERG 1982, verändert)

1: Anuellenflur 2: Flutrasen
3: Flußröhricht 4: Weidengebüsch
5: Weiden-Grauerlenauwald 6: Reiner Grauerlen-Auwald
7: Reiner Eschenwald 8: Ahorn-Eschenauwald
9: Ahorn-Eschenauwald mit Buche

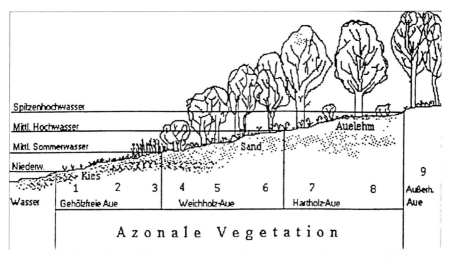

Altwassern (BUSHART und LIEPELT 1990). Eine Sondersituation nimmt dagegen der Mündungsbereich ein, wo im Zuge der Auflandung andere Verhältnisse herrschen.

5.3.3 Flußauen als Ökosystem

Wesentliche Bestandteile der Aue sind jene eingetieften Bereiche des Flußvorlandes, die von Altwässern erfüllt sind, kaum oder nur zeitweise vom fließenden Wasser durchströmt werden und vorübergehend austrocknen. Aus ökologischer Sicht sind sie Teil eines vernetzten Systems und nur im Zusammenhang mit der Gesamtheit des Gewässerregimes eines Tales einschließlich seiner unbelebten Umwelt, des Tierlebens und der Pflanzendecke (GEPP 1985).

Die Bedeutung der Augebiete für den Naturhaushalt und das Landschaftsbild muß außerordentlich hoch bewertet werden. Der ästhetische Wert ist sehr viel höher als der eines begradigten, kanalisierten Flusses, wesentlicher ist jedoch die enge Verzahnung ökologisch unterschiedlicher Lebensgemeinschaften mit unmittelbar nebeneinander liegenden Totarmen und Schotterfeldern, Geschiebehügeln und Heißländen mit ausgedehnten Sand- und Schotterlagen mit bis zu mehreren Metern über dem durchschnittlichen Grundwasserhorizont. Wechselnde Steil- und Flachufer, Prall- und Gleithänge von mäandrierenden Flüssen ergeben auch eine orographische Formenfülle. In intakten Auenökosystemen herrschen dynamische Verjüngungsprozesse. Durch „Zerstörungen" bei starken Hochwasserereignissen wird lokal immer wieder Platz geschaffen für Umformungen, Verjüngungsprozesse und Sukzession. Ähnlich dem Mosaik-Zyklus-Prinzip (REMMERT 1991) bestehen innerhalb des doch relativ heterogenen, zumindest reich strukturierten Ökosystems Aue nebeneinander verschiedene Entwicklungsphasen der Vegetation. Insgesamt jedoch weist das System als solches eine erstaunliche Kontinuität auf. Diese Diversität der unterschiedlich entwikkelten Biotope bei gleichzeitig hoher Konstanz der Flächenanteile in ihrer Summe bewirkt, wie GEPP (1985) schließt, eine langfristige Stabilität der Artenfülle, indem sie konkurrenzschwachen, aber hochwasserresistenten Arten zwischenzeitlich zu Vorteilen verhelfen. Umgekehrt formuliert werden die an die Hydrodynamik angepaßten Arten am besten mit den Verhältnissen fertig.

Die insgesamt hohe Netto-Primärproduktion an Land, vor allem in Form von Blättern und Holz sowie im Tiefland-Altwasser unter anderem durch Schilf und Algen ist Grundlage für individuenreiche Konsumenten- und Destruenden-Gesellschaften. Während an den Oberläufen der Flüsse keine so hohen Artenzahlen zu finden sind, weisen naturnahe Unterläufe von Flüssen, wie es die Salzach bis vor einigen Jahrzehnten noch war, eine große ökologische Vielfalt auf. Auch wenn es noch Biotoptypen mit einer größeren Artenzahl gibt, gehören die Tieflandauen zu den vielfältigsten Lebensräumen mit einer breiten Palette von Tier- und Pflanzenarten, darunter zahlreiche ausgesprochene Biotopspezialisten. Auch an der Salzach sind trotz zahlreicher Eingriffe und dem Aussterben von Arten (z. B. Biber) viele selten gewordene und gefährdete Arten noch anzutreffen. Ein entscheidender Punkt für diese Lebensraumgemeinschaften ist, daß Fließgewässer als offene Systeme einen Stoff- und Individuenaustausch stromab- und aufwärts sowie mit dem natürlichen Überschwemmungsbereich der angrenzenden Aue zulassen. Alle in und an Fließgewässern lebenden Arten sind speziell an die wechselnden Verhältnisse angepaßt.

5.4 SITUATION DER AUWÄLDER IN BAYERN

SCHREINER (1991, S. 18) gibt die Gesamtlänge der Flüsse in Bayern mit etwa 5000 km an. Aufgrund der Untersuchung der 25 größten Flußauen mit einer Fläche von 2250 km^2 schätzt der selbe Autor die Gesamtfläche der Flußauen in Bayern auf 3000 km^2. Das sind etwas über 4% des Staatsgebietes. Der Bund Naturschutz (1981) spricht dagegen für Oberbayern nur von 2% Anteil an der Gesamtwaldfläche, WEINMEISTER (1981) von 0,5% Flächenanteil des Auwaldes an der gesamten Waldfläche Bayerns. SCHREINER kommt damit für die bayerischen Salzachauen auf eine Fläche von 19 km^2. Andere Autoren nennen etwas abweichende Zahlen (AMMER und SAUTER 1981, S.100, DISTER 1991a). Es scheint hier zum Teil auch eine Uneinigkeit der Begriffsbestimmung zu bestehen, was die Abgrenzung eines Auenökosystems betrifft.

Die noch bestehenden Auenökosysteme sind großteils bereits durch geltendes Recht in Deutschland und Österreich vor einer weiteren Zerstörung geschützt. Die generellen Absichtserklärungen erweisen sich in der Praxis jedoch häufig als ein nicht funktionierender Schutz. Wenn konkrete menschliche Nutzungsabsichten zu tage treten, werden diese sehr häufig als ein öffentliches Interesse behandelt, das den Schutzaspekt übertrifft, vor allem, wenn es sich um Verkehrserschließungs- und Energiegewinnungsmaßnahmen handelt.

Seit ca. Ende der 60er Jahre wurden für Erfassungs- und Bewertungsaufgaben in Naturschutz und Landschaftspflege standardisierte und auch erste quantifizierte Konzepte und Methoden entwickelt, zunächst hauptsächlich unter dem Aspekt der Landschaftsplanung (BECHMANN 1977) oder der landschaftsbezogenen Erholung.

Erst seit den 70er Jahren werden im deutschsprachigen Raum Bewertungsfragen zur Auswahl und Beurteilung von Naturschutzgebieten erörtert (ERZ 1994). Andererseits gibt es schon länger gesetzliche Bestimmungen zum Schutz bedrohter Arten und Lebensräume. Durch den § 20 des Deutschen Bundesnaturschutzgesetzes (BNatSchG) werden die allgemeinen Aufgaben des Artenschutzes festgelegt. Dadurch ist ein genereller Rahmen einer Unterschutzstellung von wertvollen Lebensräumen der Auen, wie sie zuvor kurz beschrieben wurden gegeben. In Bayern wurde mit der Novelle des Bayerischen Naturschutzgesetzes 1983 ein genereller Schutz von Feuchtgebieten festgelegt, der vor allem folgende Lebensräume betrifft (nach SCHREINER 1991):

- Verlandungsbereiche von Gewässern
- seggen- und binsenreiche Naß- und Feuchtwiesen
- von den Auwäldern im wesentlichen diejenigen, die regelmäßig einmal jährlich überflutet werden.

Alle Maßnahmen, die zu einer Zerstörung, Beschädigung, nachhaltiger Störung oder Veränderung der genannten Lebensräume führen, bedürfen einer behördlichen Erlaubnis. Darüber hinaus sind in diesem Gesetz Willenserklärungen enthalten, Brut-, Nahrungs- und Aufzuchtsbiotope bestimmter Vogelarten zu erhalten. SCHREINER (1991) glaubt daß diese Gesetze in den letzten Jahren zu greifen begannen, in dem Sinne, daß sich der Rückgang der verbliebenen Auwälder verlangsamt. Es bleibt aber dennoch zu fürchten, daß weiterhin, teils verbunden mit „Ersatzmaßnahmen" Stück für Stück naturnahe Auwälder verlorengehen.

Zwar wird nach Ansicht des Autors Naturschutz inzwischen in einer breiteren Öffentlichkeit als Teilbereich des Umweltschutzes akzeptiert, doch überwiegt in konkreten Fällen immer wieder ein „öffentliches Interesse" den Schutzgedanken. Während beispielsweise die konkreten Vorteile von Maßnahmen gegen Luft- und Wasserverschmutzung für jedermann klar erkennbar sind, ist es offensichtlich nach wie vor schwer, die Notwendigkeit des Schutzes spezifischer Lebensräume und der darin lebenden Arten und -gemeinschaften argumentativ nahezubringen.

Generelle Argumente der Unterschutzstellung:

Im folgenden sind einige der Hauptgesichtspunkte aufgelistet, die für den Erhalt von Auen-Ökosystemen sprechen, wobei ein langfristiger Erhalt praktisch gleichbedeutend mit einer Unterschutzstellung zu sehen ist bzw. ohne eine solche nicht gewährleistet werden kann.

1. Artenschutz Argumente

- Lebensräume bedrohter Arten
- Lebensräume hochspezialisierter Arten
- Vielfalt an Arten und Lebensgemeinschaften
- Rückzugsgebiete von Arten und Lebensgemeinschaften, die Teile ihres Jahreslebensraumes auch außerhalb von Auen aufweisen (z. B. Amphibien) in Form von Rast-, Schlaf-, Laich- oder Nahrungsplätzen.

2. Wasserwirtschaftliche Argumente

- Ober- und unterirdische Hochwasserretentionsräume

3. Sonstige Argumente

- Landschaftliche/landschaftsästhetische Argumente
- Vernetzung/Biotopverbund

- Erlebnis- und Erholungsräume

In den Salzachauen gab es, im Gegensatz zu Isar, Lech, Inn oder Donau, bis vor kurzem kein einziges Naturschutz-, Landschaftsschutzgebiet oder anderweitig gesetzlich geschütztes Gebiet. 1993 wurde die Vogelfreistätte Salzachmündung zum Naturschutzgebiet erklärt. Bei dem über 300 ha großen Gebiet handelt es sich jedoch ausschließlich um vor den Deichen liegendes Mündungsgebiet, das großteils Wasserfläche mit verschiedenen Auflandungen darstellt. Den größten Anteil am Gebiet weisen Altwässer mit Anschluß an den Inn sowie Inseln und Anlandungen im Deichvorland auf, die östlich vom Haiming ein Binnendelta bilden (BIRKEL und MAYER 1992). Aufgrund einer vergleichenden Studie der Situation an mehreren großen bayerischen Flüssen schlagen BIRKEL und MAYER (1992) umfangreiche Schutzgebietsausweisungen in den Salzachauen vor:

- Naturschutzgebiet (NSG) Auen an der Saalachmündung
- NSG Triebenbacher Au
- NSG Fridolfinger Au
- NSG Auwälder nördlich Tittmoning
- NSG Salzachdurchbruch Burghausen
- NSG Haiminger Au

Naturschutzfachliche Leitlinien für die Sicherung und Entwicklung naturnaher Auwälder

Ein naturschutzfachliches Konzept zur Behandlung von Auwäldern in Bayern muß nach BAIER (1990) folgende Schwerpunkte umfassen:

- Erfordernisse und Maßnahmen zum Schutz und zur Sicherung von naturnahen Auwäldern und ihrer Standorte.
- Erfordernisse und Maßnahmen zur Optimierung von Auwäldern und ihrer Standorte.
- Erfordernisse zur Behandlung von Auwäldern und ihrer Standorte bei Eingriffen gemäß Art. 6 und 6a des Bayerischen Naturschutzgesetz (BayNatSchG).

Zur Operationalisierung der genannten, relativ abstrakten Aufgabenschwerpunkte schlägt BAIER folgende Maßnahmen vor:

- Die verbliebenen Auwaldreste sollen durch die verfügbaren Schutzinstrumente (Bannwald gemäß Art. 11 BayNatSchG sowie Flächenschutz gemäß III. Abschnitt des BayNatSchG) vordringlich und dauerhaft geschützt werden.
- Die Entwicklung einer vielfältigen Bestandsstruktur der Auwälder mit naturnaher Altersgliederung und Totholzbestandteilen muß innerhalb und außerhalb von Schutzgebieten gewährleistet sein.
- Hochwertige naturnahe Auwaldflächen mit umfassenden „ökologischen Serien" sollen unter strengen Naturschutz gestellt werden.
- Zerschneidungen, die zur Fragmentierung und Parzellierung noch geschlossener Auwaldkomplexe führen, sollen unbedingt vermieden werden.
- In eine umfassende Sicherung von Auenlebensräumen sollen die sonstigen, nicht gehölzbestandenen naturnahen Biotopstrukturen gleichermaßen einbezogen werden.
- Auenstandorte ohne naturnahen Bewuchs, aber mit wertvollem Entwicklungspotential, sind zu sichern.

- Für wertvolle Augebiete sind Pflege- und Entwicklungspläne zu erarbeiten und umzusetzen.

Zur Optimierung von Auwäldern und ihrer Standorte:
- Bei naturfernen Auwäldern soll durch geeignete Pflegeeingriffe in die Bestandsstruktur auf eine beschleunigte Entwicklung zu naturnahen Auwäldern hingewirkt werden.
- Abgedämmte Auenflächen sollen durch eine Rückverlegung von Deichen wieder in den Hochwasserabflußbereich des Gewässers einbezogen werden.
- Zur Erhöhung der Häufigkeit von Hochwasserereignissen sollen Uferaufhöhungen (Uferrehnen/Uferwälle) abschnittsweise abgetragen werden.
- Soweit schwerwiegende Eingriffe in den Fließgewässer-Lebensraum vermieden werden können, soll der Wasserstand des Hauptgewässers im Talraum durch sohlstützende Maßnahmen stabilisiert oder angehoben werden, um den damit kommunizierenden Grundwasserstand in der Auenzone zu verbessern.
- In Teilflächen des Auengebietes kann eine Verbesserung des Wasserdargebots auch durch eine Reaktivierung einmündender und/oder parallel zum Hauptgewässer verlaufender Neben-Fließgewässer erreicht werden.
- Mittels einer Renaturierung, insbesondere Remäandrierung von Fließgewässerabschnitten sollen die Grundwasserstände in der Auenzone angehoben, der Wasserabfluß verlangsamt sowie die Kontaktbereiche zwischen Gewässer- und Landlebensräumen erhöht werden.
- Gräben, Rohrleitungen und sonstige Entwässerungseinrichtungen sollen zurückgebaut werden, soweit die dafür erforderlichen Rahmenbedingungen vorliegen.
- Maßnahmen zur Optimierung von Auwäldern und ihrer Standorte sind mit besonderer Dringlichkeit auf öffentlichem Grundbesitz umzusetzen (vgl. Art. 2 BayNatSchG).

5.5 BEEINTRÄCHTIGUNGEN DER AUENBEREICHE DURCH DEN MENSCHEN UND DIE SITUATION IM UNTERSUCHUNGSGEBIET

Im Zeitraum von 1975 bis 1979 wurden allein in Oberbayern rund 300 ha Auwald gerodet, der ohnehin nur etwa 2% der gesamten Waldfläche ausmacht (Bund Naturschutz 1981)

Generelle Bedrohungen

Die Flußauen stellen häufig auch traditionelle Verkehrs- und Entwicklungsachsen dar und unterliegen dadurch sehr häufig starken Nutzungskonflikten. Obwohl Auwälder nach dem Bayerischen Naturschutzgesetz und dem Landesentwicklungsprogramm eigentlich geschützt werden müßten, sind sie durch Straßenbau, Siedlungstätigkeit, Kiesabbau, Erholungsnutzung und Grundwasserabsenkung stark bedroht. Gerade in der Nähe von Ballungszentren unterliegen sie einem starken Siedlungs- und Verkehrsdruck. Nachdem sie jahrhundertelang durch die Hochwassergefährdung quasi tabu geblieben sind, bieten sie sich heute als zusätzliches Erschließungspotential an.

Hochwasserschutz, Eindeichungen

Aus ökologischer Sicht sind alle Veränderungen der Fließgewässerdynamik bedenklich, die schwere Eingriffe in das sensible und hochdynamische Ökosystem Aue zur Folge haben. Dennoch bekennt auch ein so verdienter Naturschützer wie RINGLER (1987, S.104): „Angesichts verheerender Hochwässer ... wäre es verfehlt, jene gewaltigen Pionierleistungen der flußbaulichen Frühzeit als bloße Naturzerstörung zu brandmarken". Wie aus Abb. 5.2 zu ersehen ist, nahm die Salzach im Abschnitt zwischen Salzburg und Laufen zu Beginn des 19. Jahrhunderts einen beachtlichen Raum in Anspruch. WEISS (1981, S. 24) gibt die Breite des Flusses mit 1900 bis 3800 m an.

Eintiefung und Schotterentnahme

In Folge der Rektifikation, die in den 20er Jahren abgeschlossen war, hat sich die Salzach in ihrem künstlichen Bett eingetieft. Diese Entwicklung setzte jedoch massiv erst in Zusammenhang mit dem Geschieberückhalt ein. Bis Anfang der 50er Jahre blieb die Eintiefung relativ gering (unterhalb von Laufen kam es zeitweise zu Sohlerhöhungen) und erst im Zuge des massiven Ausbaus der Salzach erreichte sie so ein hohes Ausmaß und führte in Verbindung mit dem starken Hochwasser von 1954 zu dem spektakulären Einsturz der Autobahnbrücke bei Salzburg.

Stauwerke, Sohlestufen

Das eigentliche Untersuchungsgebiet ist von Staustufen derzeit nicht betroffen. Es bestehen auch keine offiziell beantragten Planungen. Da mittelfristig jedoch damit zu rechnen ist, sei hier kurz ein Vergleich der ökologischen Situation der Isar in einem „ausgebauten" und nicht ausgebauten Teil dargestellt (ZAHLHEIMER 1994).

Es ergeben sich z. T. dramatische Veränderungen der Tierwelt. Dabei wird immer wieder, auch bei den Stauseen am unteren Inn, auf die positiven Effekte auf die Avifauna, vor allem auf die steigende Anzahl der Arten und die Funktion als Rast- und Überwinterungsbiotope für Wasservögel hingewiesen. Andererseits tragen solche Veränderungen zum Verschwinden hochspezialisierter Arten, die an die Lebensräume von Kiesbänken und Fließgewässern und an wechselnde Wasserstände gebunden sind, bei. Dies betrifft in noch stärkerem Ausmaß eine große Breite an Insekten- und Makroinvertebratenarten, wie ZAHLHEIMER (ebda.) zusammenfassend aus verschiedenen detaillierten Untersuchungen schildert. Diese Problematik ist zwar in der wissenschaftlichen Literatur hinlänglich bekannt, scheint aber ebenso wie der dramatische Rückgang heimischer Fließgewässerarten der Fischfauna keinen großen Stellenwert in der Öffentlichkeit und in Planungsentscheidungen zu spielen.

Zerschneidung, Isolation

Die verbliebenen Auwaldreste sind zum Teil stark isoliert. Auch das Untersuchungsgebiet der Salzachauen ist vor allem durch die Siedlungstätigkeit im Bereich der Städte Laufen und Burghausen in mehrere Teilräume zerschnitten worden. Diese Thematik wird in Kap. 8 noch einmal ausführlicher aufgegriffen.

Forstwirtschaft

Die ertragsorientierte Nutzung des Waldes führte zu verschiedenen starken Beeinträchtigungen. Dabei wurden sowohl im Privatwald als auch im Staatswald aus ökologischer Sicht in den vergangenen Jahren große Fehler begangen. Während für die Wälder im Staatsbesitz langfristig eine positivere Entwicklung aufgrund eines gewissen Umdenkens der verantwortlichen Forsteinrichtungen zu erwarten ist, erscheint die Situation im Privatwald sehr schwierig. Ohne massive finanzielle Anreize sind keine deutlichen Veränderungen zu erwarten. Nachfolgend sind in Anlehnung an die LANA (1992, S.42/43) die wichtigsten Probleme aufgeführt.

- Monokulturen
- nicht standortheimische Baumarten
- generelle Begünstigung der Nutzbaumarten
- mangelnde Alt- und Totholzausstattung
- zu kurze Umtriebszeiten
- Kahlschlag-Bewirtschaftung
- zu geringer Anteil naturnaher Waldwiesen und Waldlichtungen sowie von Feuchtbiotopen
- Waldflurbereinigungen
- Entwässerung
- Erstaufforstung auf ökologisch wertvollen Flächen
- Aufforstungen mit nicht standortheimischen Baumarten
- Dünger- und Pestizideinsatz
- Waldwegebau

Freizeit und Erholung

Die Erholung des Menschen in einer intakten Natur dient der Regenerierung geistiger und körperlicher Kräfte sowie der Gesundheitsvorsorge. Gerade in der heutigen Gesellschaft ist das Naturerlebnis enorm wichtig, vor allem auch zum Verständnis des Natur- und Umweltschutzes. Andererseits ist es Aufgabe des Naturschutzes, Natur und Landschaft vor den Belastungen, die sich aus den ständig zunehmenden Erholungsansprüchen und immer belastenderen Freizeitaktivitäten ergeben, zu schützen. Einige der wichtigsten Probleme sind (in Anlehnung an die LANA (1992, S.64), ergänzt und verändert):

- Infrastrukturelle Erschließungsmaßnahmen für die Erholungsnutzung und den Massentourismus.
- Errichtung von Ferienhäusern, Sporteinrichtungen und der damit verbundenen Infrastruktur.
- Wassersport und alle damit verbundenen Einrichtungen (Anlegeplätze, Zufahrten), moderne Sportarten wie Rafting.
- Mountain-Biking
- Zerstörung durch „Naturliebhaber" (Ausgraben von Pflanzen etc.)

Jagd und Fischerei

Während Jagd und Fischerei traditionelle Nutzungsformen von Naturgütern darstellen, die auch in Verbindung mit sensiblen Auwald-Ökosystemen nicht *per se* als negativ zu sehen sind, richtet sich die Kritik gegen Auswüchse, insbesondere, wenn die Ausübung zunehmend in Form einer Freizeitbetätigung erfolgt.

Wasserverschmutzung und Immisionen

Die Auwälder sind größtenteils nicht so sehr durch die schlechte Wasserqualität beeinträchtigt. Der Grundwasserstrom ist kaum von der Salzach beeinträchtigt und die wenigen partiellen Überschwemmungen bei starken Hochwässern bringen eher Vorteile für das Auen-Ökosystem durch die Nährstoffzufuhr. Über die lufthygienische Situation ist wenig bekannt, doch dürfte der südliche Bereich des Untersuchungsgebiets deutlich durch SO^2-Immissionen aus dem Raum Salzburg/Freilassing belastet sein.

Umwandlung in landwirtschaftliche Nutzflächen

Auch wenn es sehr schwierig ist, absolute Zahlen anzugeben, ist die Landwirtschaft an der Salzach sehr wahrscheinlich einer der wichtigsten Faktoren des flächenmäßigen Rückganges an Auwald. Besonders zwischen Freilassing und Laufen sowie im Bereich der Gemeinde Fridolfing sind in den vergangenen Jahrzehnten große Lücken in das Auwaldökosystem geschlagen worden (vgl. Abb 5.1). Je nach Abgrenzung des Untersuchungsgebietes kommt man auf unterschiedliche Zahlen. BIRKEL und MAYER (1992, 3) geben den Anteil der landwirtschaftlichen Nutzung in den bayerischen Salzachauen mit 8% an. In der vorliegenden Untersuchung auf Grundlage der genauen Vegetationskartierung nach BUSHART und LIEPELT (1990) wird von einem Anteil von 13,6 % am Untersuchungsgebiet ausgegangen. Diese relativen Flächenangaben sind jedoch mit Vorsicht zu behandeln, da sie von der Abgrenzung des Gebietes abhängig sind.

In einer funktionsfähigen Aue liefern die unregelmäßigen aber immer wieder kehrenden Hochwasser mit ihren Überschwemmungen Sedimente in die Aue, ebenso wie das Durchströmen zu einer Sauerstoffanreicherung führt. Aueböden waren daher von jeher ein begehrter Boden für eine landwirtschaftliche Nutzung. Nicht nur in Zeiten knapper Nahrungsmittelproduktion und einer Armut der Landbevölkerung, sondern auch in jüngster Zeit mit Nahrungsmittelüberschüssen herrscht ein starker Druck auf die verbliebenen Flächen. Vor allem der Maisanbau rückt immer näher an den verbliebenen Auwald heran und dringt damit in Flächen vor, die nur mit hohem Aufwand an Agrochemikalien derart genutzt werden können.

Neben dem Verlust an Auwald werden auch die verbleibenden Flächen oft durch Viehtritt, Fraß und Eutrophierung geschädigt. Eine unmittelbar angrenzende Intensivlandwirtschaft stellt für den Auwaldrest eine starke Beeinträchtigung dar. Häufig wird der verbleibende Abstand bis auf weniger als einen Meter verringert. Der Eintrag von Düngern, Pestiziden und Herbiziden ist hier nur schwer zu quantifizieren. Bei nicht abgezäunten Weiden dringen Kühe oder Schafe vor allem in der sommerlichen Hitze teilweise in den Auwald ein (mehrfache Eigenbeobachtung im Bereich Triebenbach, südlich von Laufen).

Schotterentnahme

Im gesamten Untersuchungsgebiet sind alle Schotterentnahmen auf bayerischer Seite an der Salzach eingestellt. Auch in früheren Jahren fanden keine größeren Entnahmen in der rezenten Flußaue statt, jedoch gibt es keine genaueren Zahlen darüber. Im Gegensatz dazu findet auf österreichischer Seite nach wie vor eine massive Kiesentnahme statt. Flußabwärts von Salzburg bei Siggerwiesen und vor allem in der Antheringer Au bauen mehrere Betriebe auf bis zu 50 ha Salzachschotter ab und verarbeiten sie zum Teil vor Ort. Obwohl die „Gesamtuntersuchung Salzach" noch nicht abgeschlossen ist, haben mehrere Betriebe weitere Ausbaupläne eingereicht. Es ist zu befürchten, daß mit dem Argument von Arbeitsplätzen weitere, schwerwiegende Eingriffe erfolgen.

6 DATENLAGE UND AUFBEREITUNG DER DATEN IM PROJEKT BAYERISCHE SALZACHAUEN

6.1 RAHMENBEDINGUNGEN DIESER UNTERSUCHUNG

Die Fallstudie der vorliegenden Arbeit ist eingebettet in die Tätigkeit der Bayerischen Akademie für Naturschutz und Landschaftspflege (ANL), die innerhalb der *Wasserwirtschaftlichen Rahmenuntersuchung Salzach* (WRS) die Grundlagenerhebung im terrestrischen Bereich des Salzachauenökosystems durchführt. Grundlegendes Ziel war in diesem Projekt zunächst, ein Gutachten aus naturschutzfachlicher Sicht zur *„Sicherung und Renaturierung des Salzach-Auen-Ökosystems"* zu erstellen. Die Grundlagenerhebungen hierzu sind zwischen 1988 und 1992 mit einem Schwerpunkt auf den Jahren 1990 und 1991 durchgeführt worden. Der Autor war von Anfang 1992 bis Mitte 1995 mit dem Aufbau und der Betreuung des Geographischen Informationssystems Salzachauen beschäftigt. Der Großteil der in dieser Arbeit verwendeten Daten entstammt der WRS oder Autragsarbeiten der ANL und wurde dem Autor dankenswerterweise für die vorliegende Studie zur Verfügung gestellt.

Wasserwirtschaftliche Rahmenuntersuchung

Die Ständige Gewässerkommission nach dem „Regensburger Vertrag" hat im April 1990 eine ad-hoc Arbeitsgruppe beauftragt, eine *Wasserwirtschaftliche Rahmenuntersuchung Salzach* (WRS) durchzuführen. Der Regensburger Vertrag regelt die wasserwirtschaftliche Zusammenarbeit im Einzugsgebiet der Donau zwischen der Bundesrepublik Deutschland und der Republik Österreich. Die Rahmenuntersuchung hat die Aufgabe, in einer umfassenden Bestandesanalyse die flußmorphologische Situation des Grenzgewässers Salzach und die ökologischen Standortbedingungen zu erkunden, die Problemstellungen aufzuzeigen und Lösungsmöglichkeiten und Rahmenbedingungen für konkrete Maßnahmen zu entwickeln. Die erste, im April 1995 abgeschlossene Phase der Wasserwirtschaftlichen Rahmenuntersuchung umfaßte die flächendeckende detaillierte Erhebung der notwendigen ökologischen Grunddaten im terrestrischen Bereich des Talraums bzw. die vollständige Zusammenführung der erhaltenen Ergebnisse. Die Grundlagenuntersuchungen dazu gestalteten sich sehr zeitaufwendig. In dieser Phase wurden auch die modelltechnischen Instrumentarien für die Durchführung der Maßnahmenplanung bereitgestellt (WRS 1995). Im zweiten Schritt erfolgt eine Bewertung des Ist-Zustands der bayerischen Salzachauen aus ökologischer Sicht sowie aus der Sicht des Naturschutzes und der Landschaftspflege. Die letzte Phase beinhaltet die Erarbeitung von Zieldefinitionen zur Optimierung des Systems. Um die Fülle der anfallenden Daten in einem einheitlichen räumlichen Bezugssystem mit Hinblick auf eine analytische, d.h. qualitative und quantitative Auswertung zusammenzuführen, wurde an der ANL 1991 ein Geographisches Informationssystem (GIS) installiert (BLASCHKE und KÖSTLER 1993, BLASCHKE 1993).

Innerhalb einer *Wasserwirtschaftlichen Rahmenuntersuchung* werden parallel zu den Untersuchungen der ANL vom Bayerischen Landesamt für Wasserwirtschaft die gewässerbiologischen Grundlagenuntersuchungen im aquatischen Bereich (Hydrochemie und Gewässergüte, schwebstoffgebundene Stoffbelastung, Makrozoobenthon, Ökomorphologie und Fischfauna) und vom Bayerischen Geologischen Landesamt hydrogeologische Untersuchungen des bayerischen Talraums der Salzach durchgeführt. Auf österreichischer Seite wurden unter Federführung des

Abb. 6.1: Übergeordnete rechtliche, administrative und organisatorische Ebene der Untersuchung.

Amtes der Salzburger Landesregierung und des Amtes der oberösterreichischen Landesregierung vergleichbare Untersuchungen vorgenommen. Auf österreichischer Seite gab es für den Salzburger Anteil als übergeordnetes Instrumentarium das Projekt *Gesamtuntersuchung Salzach* (KLECZKOWSKI 1992). Dabei wurden die gleiche GIS-Software verwendet und bestimmte Datenerhebungen nach denselben methodischen Vorgaben durchgeführt. Dadurch sind prinzipiell die Grundlagen einer länderübergreifenden Zusammenarbeit gegeben.

Technisch-infrastrukturelle Rahmenbedingungen

Die Bemühungen in den letzten Jahren, Schnittstellen, Normen und Standards für Geodaten zu schaffen sowie eine gewisse Vormachtstellung weniger Anbieter erleichtert den Anwendern die Zusammenarbeit. Die Frage der Nutzung und praktischen Umsetzung von Forschungsergebnissen wird langfristig von der systembedingten Kooperationsfähigkeit der einzelnen Behörden, Dienststellen, Forschungseinrichtungen und Firmen abhängig sein, wenn verhindert werden soll, daß viele verschiedene „Datenfriedhöfe" entstehen und nicht alle Datengrundlagen jedesmal (zum wiederholten Male) neu erfaßt werden müssen. Im Projekt *Salzachauen* ergibt sich die günstige Konstellation, daß viele bayerische und österreichische Dienststellen und Forschungseinrichtungen (Amt der Salzburger Landesregierung, Amt der Oberösterr. Landesregierung, Bayerisches Landesamt für Wasserwirtschaft, Bayerisches Landesvermessungsamt, Bayer. Staatsministerium für Landesplanung und Umweltschutz, Universität Salzburg, Österr. Institut für Raumplanung) über die gleiche GIS-Software verfügen und die Zusammenarbeit zumindest nicht an der EDV scheitern sollte.

Die GIS-Software *Arc/Info* (ESRI, USA) hat sich in Österreich als eine Art Quasi-Standard bei allen Landesregierungen und vielen Behörden durchgesetzt. In Bayern erlangte diese Software in den letzten Jahren ebenfalls eine wichtige Stellung. Immer mehr Behörden und Einrichtungen des Freistaates Bayern verfügen über Geographische Informationssysteme. Dies reicht mittlerweile von der Ebene der Ministerien und Landesämter z.T. hinab auf die Ebene der unteren Behörden, wie Landratsämter, Wasserwirtschaftsämter, Straßenbauämter etc.. In absehbarer Zeit werden bei verschiedensten bayerischen und österreichischen Dienststellen immer mehr Datensätze digital vorhanden und (hoffentlich) verfügbar sein (DGM, Schichten der digitalen Topographischen Karte, Kataster, Geologie, Boden, Landnutzung ...). Dies wird zusätzliche, hier nicht diskutierte Möglichkeiten von Umweltanwendungen auf verschiedenen Maßstabsebenen und auch größeren Gebieten eröffnen.

Diese technische Verfügbarkeit bzw. die weitgehende Aufhebung technischer Restriktionen darf nicht darüber hinwegtäuschen, daß eine Zusammenarbeit über eine staatliche Grenze hinweg relativ schwierig ist. Ein großes Fragezeichen steht hinter der Zusammenführung von Daten und Ergebnissen von beiden Ufern der Salzach. In den beiden unmittelbar räumlich aneinandergrenzenden Ökosystemstudien sind sowohl die fachlichen (großteils gleiche Methodik bei der Kartierung) als auch die informationstechnischen Voraussetzungen für eine enge Zusammenarbeit gegeben. Zur Überwindung der administrativen Schwierigkeiten ist jedoch der Wille auf politischer Ebene und eine stärkere Koordinierung der Vorgangsweise notwendig. Diese Arbeit beschäftigt sich mit den methodischen Grundlagen der GIS-gestützten Naturraumanalyse und -bewertung und zeigt - ebenfalls auf methodischer Ebene - zusätzliche Möglichkeiten der Auswertung auf, ohne Vorschläge für die konkrete Planung im Untersuchungsgebiet aufzubereiten. Dies ist ausdrücklich Aufgabe der WRS und der Großteil der verwendeten Daten wurde mit dieser Auflage zur Verfügung gestellt.

Die Grundlagen zu dieser Arbeit wurden an der ANL durchgeführt. Als GIS-Plattform diente eine SUN-Workstation und die GIS-Software *Arc/Info* mit der entsprechenden Peripherie (Graphikbildschirm, Magnetbandstation, DIN A0 Digitizer, DIN A0 Plotter etc.). Die analytische Auswertung erfolgte großteils auf weiteren SUN-Workstations des Institutes für Geographie der Universität Salzburg. Außerhalb der eigentlichen GIS-Umgebung wurden weitere PC-basierte Programme eingesetzt, etwa für statistische Berechnungen EXCEL und SPSS, aber auch verschiedene DOS-basierte Geostatistikroutinen. Für quantitative Landschaftsanalysen gelangt außerdem das landschaftsökologische Programm FRAGSTATS (McGARIGAL and MARKS 1994) zur Anwendung.

6.2　ZIELSETZUNG DES GIS-EINSATZES

Geographische Informationssysteme sind als Methode/Technologie nach gut 25 Jahren Entwicklung weitgehend gefestigt (vgl. SINTON 1992, GOODCHILD 1992), so daß sie als Werkzeuge der praktischen Arbeit genutzt werden können, ohne sie hinsichtlich des konkreten Einsatzes selbst weiterentwickeln zu müssen. Zwar stehen in kaum einer kommerziell erhältlichen Software alle benötigten Algorithmen direkt zur Verfügung (beispielsweise zur Generierung relativer Höhen von Aubereichen gegenüber dem Flußverlauf, zur Ermittlung einer strukturellen Diversität, zur Ermittlung landschaftsökologischer Indizes usw.), doch können in den meisten Fällen aus den vorhandenen Funktionen mittels Makrosprache oder einfacher Kombination von Grundfunktionen die notwendigen Analysen durchgeführt werden. Die direkte Umsetzung gängiger ökologischer Konzepte steckt jedoch noch eher in einer Anfangsphase und ist nur in wenigen Bereichen operationalisiert (vgl. Kap. 4.3).

Ein Geographisches Informationssystem bietet bei vergleichbarem Aufwand der Datenerfassung ungleich mehr Möglichkeiten als ein reines kartographisches System. So ermöglicht ein GIS gegenüber der manuellen Analyse einzelner Themen anhand von Karten beispielsweise die Identifizierung von Problem- oder Potentialgebieten über den Weg einer intersubjektiv nachvollziehbaren Parametrisierung verschiedener Datenschichten. Für diese Art des Identifizierens von räumlichen Gebilden, die nicht aus der Primärdatenerfassung hervorgehen (Konfliktzonen, Potentiale, Risikozonen, Äquidistanzen, ...) sind in einem Geographischen Informationssystem vielfältige Möglichkeiten gegeben. Für bestimmte Fragestellungen sind auf der Grundlage einer vorhandenen Datenbasis vergleichende Bewertungen unter verschiedenen Prämissen möglich (Variantenbewertung).

Es wird in der vorliegenden Studie versucht, dieses - zuvor allgemein skizzierte - Potential im Rahmen des Salzachauenprojektes mit seiner hervorragenden Datenbasis zu nutzen. Es sollen die Einsatzmöglichkeiten des GIS im Rahmen einer naturschutzfachlichen Bewertung dargestellt und kritisch untersucht werden. Ziel dieser Arbeit ist daher nicht, eine flächenhafte Bewertung des Ist-Zustandes der Salzachauen vorzunehmen. Dies soll Aufgabe von „Experten" sein. Schwerpunkte der vorliegenden Arbeit in diesem umfangreichen, vielschichtigen, und von zahlreichen Institutionen erarbeiteten Netzwerkes an Untersuchungen sind:

- Die vielfältigen, z.T. schwer überschaubaren Daten deskriptiv-analytisch und mit Methoden der explorativen Datenanalyse (EDA, TUCKEY 1977, vgl. Kap. 4.3) zu untersuchen, um
- räumliche Verteilungen, Zusammenhänge und Trends aufzuzeigen und in ihrer Intensität abzuschätzen.
- Methoden der Umsetzung punkthafter Untersuchungsergebnisse in flächenhafte Bewertungen zu erarbeiten.
- Detaillierte quantitative und qualitative Analysen des Ökosystems durchzuführen.

- räumliche Auswirkungen von Bewertungsvarianten vergleichend darzustellen,
- um somit eine Prognosefähigkeit zu erlangen, „ökologisch ungünstige Entwicklungen rechtzeitig zu erkennen, daraus Prioritäten für praktisches Handeln aufzuzeigen und damit Gefahren für Mensch und Umwelt wirkungsvoller begegnen zu können" (VOGEL und BLASCHKE 1996, S. 7).

Eine methodische Herausforderung stellt in der vorliegenden Studie u. a. die Einarbeitung von punkt- und linienhaften faunistischen Daten in flächenhafte Analysen von Ökosystemen und Ökosystemausschnitten dar. Während in der Kartographie bewährte Methoden zur Verfügung stehen, Punktdaten flächenhaft darzustellen, wird in dieser Studie nach Wegen gesucht, die zu modellierenden Daten nicht nur unter der Annahme einer Poissonverteilung (vgl. Kap. 4.3 und 8) zu untersuchen. Dies gilt insbesondere für die faunistischen Punktdaten (vgl. Kap. 6.3 und 7).

Da es, wie in Kap. 2 ausgeführt, keine generelle Vorgangsweise der Bewertung gibt, die in einer standardisierten Form in räumlich und inhaltlich divergierenden Projekten unverändert eingesetzt werden kann, wird in dieser Arbeit die Analyse des Ist-Zustandes eines Ökosystems u.a. als Grundlage einer Bewertung verwendet. Für den GIS-Einsatz in dieser Studie bedeutet dies u.a.:

- Es ergeben sich neben den - von Experten als relevant angesehenen - Variablen z.T. erst im Laufe der Arbeit durch räumlich analytisch und geostatistische Verfahren als signifikant bezüglich einer unabhängigen Variable erachtete Datenschichten.
- Es ist zu überprüfen, ob die Datenbasis für vorgegebene Fragestellungen ausreicht. Wenn dies nicht der Fall ist, ist zu prüfen, ob mit Abstrichen an die ursprüngliche Fragestellung ohne zusätzliche Kartierungen eine pragmatische und dennoch fachlich zulässige Vorgangsweise gewählt werden kann.
- Es muß versucht werden, die hochkomplexen funktionalen und stofflichen Zusammenhänge innerhalb des Ökosystems Aue mit relativ vereinfachenden Methoden zu modellieren. Dies erscheint nur unter Verwendung von indikatorischen Verfahren möglich.
- Aus diesen funktionalen Zusammenhängen entstehen räumliche Gebilde, die nicht direkt im Gelände zu kartieren sind, z. B. Potentialgebiete, Einzugsgebiete, Konfliktbereiche. Die Ausprägung dieser räumlichen Konstrukte (in der Regel Flächen) kann daher meist nicht direkt im Gelände überprüft werden. Sie sollte jedoch soweit wie möglich von Experten evaluiert werden.
- Wenn solcherart "künstlich" entstandene Datenschichten („Sekundärdatenschichten") in eine Bewertung mit eingehen, sind die Bewertungsergebnisse bzw. deren räumliche Ausprägung selbst bei großer Transparenz der Bewertungsvorschriften schwer überprüfbar.

6.3   DATENLAGE

6.3.1   Vorgangsweise der Datenerfassung und Aufbereitung

Die Originalkartierungen erfolgten großteils während der Vegetationsperioden 1990 und 1991. Die meisten faunistischen Daten stammen ebenfalls aus dem Jahr 1990, während Teile der Avifauna 1989 aufgenommen wurden (vgl. Tab. 6.1). Ausgangsbasis für die meisten Geländearbeiten (Ausnahme Vögel) ist die Flurkarte 1:5000, bzw. die auf diesen Blattschnitt hin entzerrten Infrarotorthophotos vom August 1990.

Es erfordert zunächst einen hohen Aufwand, die vorhandenen amtlichen Karten, die verschiedenen Bestandeskartierungen und sonstigen Informationen aus Luftbildern, Statistiken usw. in digitales Format zu verwandeln, um sie in das GIS zu integrieren. Die übliche Vorgangsweise zur digitalen Erfassung von punkt-, linien- und flächenhafter Information (im Gegensatz etwa zur Rasterinformation digitaler Orthophotos oder Satellitendaten) ist das Digitalisieren von Karten, also das Abfahren von Linien oder Umgrenzungen mit einer Meßlupe auf einem Digitalisiertablett. Diese Arbeiten wurden großteils von externen Auftragnehmern abgewickelt und sind hier nicht im Detail beschrieben.

Neben den Kartierungsergebnissen von Boden, Vegetation und verschiedenen Faunengruppen wurden als topographische Grundinformation für das Geographische Informationssystem die 38 Flurkartenblätter, die einen Anteil am Untersuchungsgebiet aufweisen, ohne die (teils veralteten) Flurstückgrenzen von einer externen Firma digitalisiert. Sie dienen mit ihrer topographischen Information (Waldrand, Bach, Straße, Weg, Gebäude ...) als Referenzgrundlage. Die digitalisierten Daten wurden zunächst pro Flurkartenblatt als jeweils eine *Arc/Info*-Austauschdatei geliefert und anschließend importiert.

Angesichts der Größe des Gesamtgebietes und des Datenvolumens wurden alle Flurkartenblätter *einer* thematischen Schicht zu *einer* Datenschicht (*coverage*) zusammengehängt. Da viele der 38 Flurkartenblätter nur einen kleinen Anteil am Untersuchungsgebiet aufweisen, erscheinen die Vorteile einer Kartenbibliothek (*library*) mit dem zugrundelegenden Konzept des *tiling* im gegebenen Fall als zu gering, der Mehraufwand hinsichtlich der Evidenthaltung der Daten (*update*) als bedeutender.

Die einzelnen Datenschichten des Gesamtgebietes bestehen jeweils aus ca. 2000 bis 2700 Polygonen. Sie unterliegen keiner hierarchischen Struktur, da alle Schichten gleichberechtigt gehandhabt werden. Es bietet sich daher eine einfache thematische Separation sowie die vertikale und horizontale logische Verknüpfung der Daten an. Durch geometrische Verschneidung lassen sich komplexere Themen konstruieren (z.B. „Erodierbarkeit", „Naturschutzpotential") oder temporär Datenbasen für Flächenbilanzen schaffen. Wenn diese Datenschichten jedoch miteinander inhaltlich kombiniert („verschnitten") werden, entsteht in der Regel ein Vielfaches dieser Anzahl. Es stellt sich daher bei jeder operativen Verknüpfung die Frage, ob die Ergebnisse evident zu halten sind. In manchen Fällen kann eine einmalige Fragestellung auch mit entsprechenden Datenbankauszügen und kartographischen Darstellungen beantwortet werden, während für verschiedene spezielle Kombinationen (z. B. Vegetation und Boden) das Ergebnis als neue Datenschicht interessant ist, die wiederum als Ausgangsbasis für Bewertungen eingesetzt werden kann.

Alle Grunddatenschichten (außer dem Digitalen Geländemodell) bestehen aus punkt-, linien- oder flächenhafter Information. Einige Operationen der „map algebra" (TOMLIN 1990) können besser oder nur im Rasterformat durchgeführt werden. Verschiedene Nachbarschaftsanalysen, aber auch globale und zonale Operatoren (Verschneidung) sind nur als rasterbasierte Kommandos verfügbar. Bei der Überführung einer Vektordatenschicht in ein Raster müssen verschiedene Faktoren, vor allem hinsichtlich der Wahl der Maschenweite, berücksichtigt werden (vgl. auch Kap. 4.1 und 4.3), zusätzlich werden noch unterschiedliche Vorschriften angewandt nach denen eine Umsetzung in eine Rasterrepräsentation erfolgt (vgl. Abb. 4.5):

- Erfassungsgenauigkeit
- Zielgenauigkeit
- Speicherbedarf[34]

Dabei ist nicht unbedingt notwendig, alle Datenschichten in eine einheitliche Maschenweite aufzurastern, falls das für einzelne Themen als nicht sinnvoll bzw. zielführend erscheint. In der benutzten GIS-Software *Arc/Info* bzw. im Rastermodul *Grid* können Raster unterschiedlicher Auflösungen (Rasterweiten) miteinander kombiniert werden, allerdings kann dem Ergebnis bei einer inhaltlichen Interpretation sinnvollerweise nur die Auflösung des gröbsten der Eingangsraster zugewiesen werden.

Tab. 6.1: Übersicht der Datenschichten im Projekt Salzachauen (ohne Sekundärinformation) *: original, buffer, konstruiert, generalisiert, verschnitten, Ausschnitt, **: polygon, point, line, annotation

Thema	*	**	Datenstand Gelände	Original-maßstab
Amphibienkartierung	o	pt	3-7/1989	5000
Flußnamen aus 1:5000 Flurkarte				5000
Annotationen aus der Flurkarte	o			5000
Blattschnitt der TK25	o			25000
Blattschnitt der TK5	o			5000
Bodenkartierung	o	po	1989	5000
Boden in 7 Obergruppen aggregiert	g			5000
konstruierte strukturelle Diversität	k	po		5000
Frühlingsgeophyten	o	po	1989, 1990	5000
Flurkarte 1:5000	o	li, po		5000
Hochwasserlinie 1959 als Polygon für flächenhafte Auswertungen	o	po	1959	5000
aggregierte Lebensraumtypen		po	1989	
Lebensraumtypen und Boden	v	po	1989	5000
Lebensraumtypen		po	1989	5000
Bewertung der Vegetation und der Frühjahrsgeophyten (ohne Fauna)	k	po	1989, 1990	5000
Libellen, abgegrenzte Lebensräume	o	po	1989	5000
Neophytenkartierung auf Basis der Vegetationseinheiten (nur Freilassing - Laufen)	o	po	1992	5000
Landnutzung außerhalb des Auwaldes des Kerngebietes	o	po	1990 (Ortho), 7/1993	5000
Landnutzung, Linienelemente	o	li	1990 (Ortho), 7/1993	5000
Landnutzung, Punktelemente	o	pt	1990 (Ortho), 7/1993	5000
Pirolvorkommen 1989 (Südteil) und 1990 (nördlich Laufen)	o	pt	1989, 1990	20000
Potentielle natürliche Vegetation	o	po	1990	5000
Reptilienkartierung	o	po + li	4-7/1989	25000, 5000
Schmetterlinge	o	li	1989	
Spechte gesamt	o	pt	1989,1990	
Buntspecht (nur Südteil Saalachmündung - Laufen)	o	pt	1989	20000
Grauspecht	o	pt	1989, 1990	20000
Grünspecht	o	pt	1989, 1990	20000
Kleinspecht	o	pt	1989, 1990	20000
Strukturtypen ohne Untereinheiten	g	po	1989	5000
Strukturtypen	o	po	1989	5000
Vegetationskarierung	o	po	1989	5000
Lineare Strukturen an Gewässern (aus Lebensraumtypen)	o (k)	li	1989	5000

---

[34] Diese Darstellung ist sehr vereinfacht. Es müssen noch verschiedene Algorithmen unterschieden werden.

6.3.2 Kurzbeschreibung der verwendeten Datenschichten

Unter Primärdatenschichten sind hier fast ausschließlich Geländekartierungen zu verstehen. Die Datenschicht *Lebensraumtypen* nimmt eine Art Zwischenstellung ein. Sie wurde im Gelände und am Auswertetisch aus der Kartierung der realen Vegetation und der Strukturtypen konstruiert. Das Digitale Geländemodell (DGM) stammt ebenfalls aus einer Primärdatenerfassung, in diesem Falle einer photogrammetrischen Auswertung eines Bildfluges von 1990. Die im folgenden aufgeführten Untersuchungsdaten stehen, soweit nicht anders angegeben, flächendeckend in digitaler Form zur Verfügung.

Boden

Das Kartierungsgebiet umfaßt ca. 1600 ha. Die Geländearbeiten wurden flächendeckend 1990 gemäß Bodenkundlicher Kartieranleitung mit durchschnittlich 3 bis 4 Bohrungen oder Grabungen pro Hektar (insgesamt ca. 7000 Handbohrungen und 2000 Ausgrabungen) durchgeführt. Pro kartiertem neuen Bodentyp wurde eine Leitprofilgrube angelegt. Im Labor wurden für jeden Horizont

- Carbonatgehalt
- pF-Wert
- Kationenaustauschkapazität
- Wassergehalt
- Leitfähigkeit
- pH-Wert
- N-Gehalt

ermittelt. Nach Auswertung der chemischen und physikalischen Parameter wurde eine Karte mit 23 ausgewiesenen Bodentypen erstellt, die 7 Obergruppen angehören.

Tab. 6.2: Bodentypen im Untersuchungsgebiet

	Bodentyp	bodenkundl. Feuchtegrad	Häufigk.	Fläche in ha
1	Kalkbraunerde-Rendzina	VI	41	27,49
2	Kalkbraunerde	V	11	5,28
3	Kalkkolluvium	V	12	4,67
4	Kalkbraunerde-Kalkgley	III	21	3,8
5	Kalkbraunerde-Kalkgley	IV	12	5,75
6	Kalkgley	III	13	3,63
7	Braune Kalkpaternia	VI	26	17,43
8	Kalkrambla	VI bis V	110	64,84
9	Borowina	VI	30	14,73
10	Auenkalkbraunerde	V	312	231,9
11	Auenkalkbraunerde	V	312	163,1
12	Auenkalkbraunerde	V	430	530,6
13	Auenkalkbraunerde	V	1	0,1
14	Auenkalkbraunerde	V	130	72,3
15	Auenkalkgley-Borowina	IV	9	1,8
16	Auenkalkgley-Auenkalkbraunerde	IV	20	2,9
17	Auenkalkgley-Auenkalkbraunerde	IV	219	82,4
18	Auenkalkbraunerde-Auenkalkgley	IV	35	7,7
19	Auenkalkbraunerde-Auenkalkgley	III	150	42,6
20	Auenkalkgley	III	30	19,9
21	Auenkalkgley	III	123	38,5
22	Auenkalknaßgley	II	66	14,7
23	kalkhalt. Auenanmoorgley	II	21	3,6

Tabelle 6.2 zeigt die Auflistung der Bodentypen und Bodengruppen mit der Angabe der ökologischen bodenkundlichen Feuchtegraden (I - offenes Wasser, VIII - sehr trocken), der Anzahl der Vorkommen und die entsprechenden absoluten und prozentualen Flächenangaben.

Reale Vegetation

Die vegetationskundliche Kartierung der Aue erfolgte 1989 und 1990. Die kartierte Fläche beträgt ca. 1850 ha. Die Arbeiten zur realen Vegetation der bayerischen Salzachauen umfassen die flächendeckende vegetationskundliche Aufnahme der Aue, die pflanzensoziologische Gliederung und Beschreibung der Einheiten und die kartenmäßige Darstellung der Vegetationseinheiten im Maßstab 1:5000 (BUSHART und LIEPELT 1990a).

Nach ELLENBERG (1982) zählen Pflanzengesellschaften und Böden nur soweit zur Aue, wie die vom Fluß getragenen Überschwemmungen reichen. Je nach Entfernung vom Flußufer oder von den Zuflüssen und der damit wechselnden Intensität der Überschwemmungen (Häufigkeit, Dauer, Menge und Art der Ablagerungen) sowie der wechselnden Grundwasserstände findet man entlang naturbelassener Flüsse eine charakteristische Abfolge von Vegetationseinheiten. Abbildung 5.5 zeigt einen solchen idealisierten Querschnitt durch die ungestörte Auenvegetation. In Abhängigkeit vom Wasserregime bildet sich eine charakteristische Zonierung von gehölzfreier Aue, Weichholzaue und Hartholzaue aus. Diese „theoretische" Abfolge gilt für ungestörte, d. h. vom Menschen unbeeinflußte Bereiche und entspricht nicht immer der Situation im Untersuchungsgebiet.

Durch die starke Eintiefung der Salzach im Zuge der Rektifikation und des Geschieberückhaltes (vgl. Kap. 5) ist vor allem die gehölzfreie Aue weitgehend verschwunden. Wie aus der Tabelle 6.4 zu entnehmen, nimmt der Bestand mit Uferweiden gerade noch knapp 55 ha ein. Fast überall wurden beim Bau der Hochwasserschutzdämme künstliche Steilufer errichtet. Dort, wo dies nicht geschah, etwa im Bereich der Durchbruchsstrecken, hat die Sohleintiefung ein Übriges zum Rückgang dieses Vegetationstypes beigetragen. Annuellenfluren und Flutrasen gibt

Abb. 6.2: Heutige Standortverhältnisse in einer Flußaue an einem regulierten Fluß (potentielle natürliche Vegetation) BUSHART und LIEPELT 1990a.

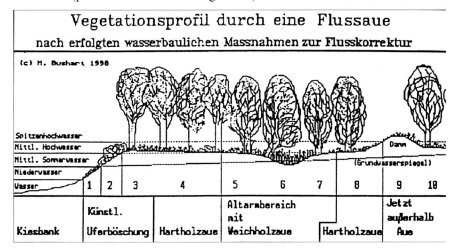

es praktisch nicht mehr. Flußröhricht kommt hauptsächlich nur noch in Altwasserrinnen und an den seitlichen Zuflüssen vor (BUSHART und LIEPELT 1990a).

Abbildung 6.2 verdeutlicht die geänderten Verhältnisse. Die gehölzfreien Bestände sind auf ein Minimum reduziert. Die flußzugewandte Weichholzaue besteht nur noch aus einem Strauchweidenmantel. Dahinter folgt meist eine teils anthropogene, teils ursprüngliche Hartholzauenzone und erst entlang von Rinnen können natürliche Weichholzauenwälder angetroffen werden (BUSHART und LIEPELT 1990a). Dies deckt sich mit den Bodenfeuchteverhältnissen: Die teils im Zuge des Dammbaus erhöhten Bereiche hinter dem Damm spiegeln relativ trockene Abschnitte wider, also umgekehrt, als bei einer natürlichen Abfolge zu erwarten wäre (vgl. Abb. 6.2 sowie Kap. 8.4).

Sehr detailliert sind die verschiedenen Ausprägungen der Weichholz- und Hartholzauen aufgenommen. Bei der vegetationskundlichen Bearbeitung der Wälder wurde von dem Prinzip abgewichen, eine Einteilung nach den Hauptbaumarten vorzunehmen, da in wasserbaulich beeinflußten Auen die Baumschicht nicht unbedingt die aktuellen ökologischen Verhältnisse widerspiegelt. Um den standörtlichen Bezug herauszuarbeiten, erfolgte die Gliederung zunächst rein nach der Bodenvegetation. Baumschicht und Unterwuchs wurden gesondert kartiert. Bei der Beschreibung der Offenlandvegetation liegt der Schwerpunkt bei den Altwässern sowie Röhrichten, Seggenriedern und Hochstaudenfluren. Sie besitzen flächenmäßig zwar nur untergeordnete Bedeutung, aber vor allem die Altwässer beherbergen noch seltene und gefährdete Pflanzenarten bzw. -gesellschaften. Die Gesamtflorenliste des Untersuchungsgebiets umfaßt 456 Arten, davon sind 42 Arten (9%) nach den Roten Listen Bayerns (SCHÖNFELDER 1986) und/oder der Bundesrepublik Deutschland (KOWARIK et al. 1984) gefährdet.

Floristisch von hohem Interesse sind besonnte Dammabschnitte, die sich als Sekundärstandorte für relativ seltene Halbtrockenrasengesellschaften entwickelt haben und allgemein schützenswert sind, obwohl sie keineswegs den natürlichen Bedingungen entsprechen und ohne menschliche Eingriffe (Pflege) verbuschen und langfristig gesehen verschwinden würden.

Frühjahrsgeophyten

Die in den Frühjahrsmonaten 1989 und 1990 durchgeführte Kartierung der Geophytenbestände sollte zusammen mit den parallel laufenden Kartierungen der realen Vegetation, der Strukturtypen und der Lebensraumtypen Aufschluß geben über die aktuelle Vegetationsdynamik. Geophyten sind unterirdisch überdauernde Pflanzen, die vor allem im Unterwuchs von Laubbäumen im Frühjahr das vorhandene Lichtangebot nutzen, um einen großen Teil ihrer oberirdischen vegetativen Entwicklung zu durchlaufen. Es handelt sich um raschwüchsige Pflanzen mit niedrigem Temperaturoptimum.

Von den in der Gesamtflorenliste der Salzachauen ausgeschiedenen 14 Arten von Frühjahrsgeophyten der Wälder (weitere Geophytenarten kommen im Untersuchungsgebiet hauptsächlich auf besonnten Dammböschungen vor), wurden acht Arten zur Kartierung ausgewählt. Auswahlkriterien hierfür waren Seltenheit (Rote Liste) und vermutete standörtliche Differenziertheit. Davon sind vier Arten nach der Bay. Artenschutzverordnung und dem Bay. Artenschutzgesetz geschützt (vgl. Tab. 6.3). Entscheidend für die Erfassung der standörtlichen Differenzierung innerhalb der Auwälder erwiesen sich die beiden Arten *Galanthus nivalis* (Schneeglöckchen) und *Leucojum vernum* (Märzenbecher).

Tab. 6.3: Kartierte Pflanzenarten der Roten Liste Deutschlands und Bayerns (nach FUCHS 1994)

Lateinischer Name	Deutscher Name BRD	Rote Liste Bayern	Rote Liste
Aconitum vulparia	Gelber Eisenhut	-	- G
Alisma lanceolatum	Lanzett-Frochlöffel	-	3
Allium carinatum	Gekielter Lauch	3	3
Calamagrostis pseudophragmites	Ufer-Reitgras	3	2
Calamintha sylvatica	Wald-Bergminze	-	P
Cochlearia pyrenaica	Pyrenäen-Löffelkraut	2	2 G
Cyclamen puprurascens	Alpenveilchen	4	3G
Dactylothizy fuchsii	Fuchs'Kanbenkraut	-	3G
Daphne mezerum	Seidelbast	-	-G
Dianthus carthusianorum	Karthäuser Nelke	-	-G
Dianthus superbus	Prachtnelke	3	3G
Epipactis palustris	Sumpf-Sitter	3	3G
Eriophorum latifolium	Breitblättriges Wollgras	3	3
Galanthus nivalis	Schneeglöckchen	3	2G
Gentiana cruciata	Kreuz-Enzian	2	3G
Gymnadenia conopsea	Mücken-Handwurz	-	-G
Hepatica nobilis	Leberblümchen	-	-G
Hippuris vulgaris	Tannenwedel	-	3
Leucojum vernum	Märzenbecher	3	3G
Lilium bulbiferum	Feuer-Lilie	3	2G
Lilium martagon	Türkenkraut	-	-G
Listera ovata	Großes Zweiblatt	-	-G
Lithospermum officinale	Echter Steinsame	-	3
Matteucia struthiopeteris	Straußfarn	3	3G
Neottia nidus-avis	Nestwurz	-	-G
Orchis militaris	Helm-Knabenkraut	3	3G
Ornithogalum umbellatum	Dolden-Milschstern	-	3
Orobanche gracilis	Zierliche Sommerwurz	3	-
Parnassia palustris	Herzblatt	3	G
Populus nigra	Schwarzpappel	3	3
Potamageton berchtoldii	Kleines Laichkraut	-	3
Potamageton filiformis	Faden-Laichkraut	2	2
Potamageton perfoliatus	Durchwachsenes Laichkraut	-	3
Potamageton pusillus	Zwerg-Laichkraut	-	3
Primula elatior	Große Schlüsselblume	-	-G
Salix daphnoides	Reifweide	2	-
Scilla bifolia	Zweiblättr. Sternhyazinthe	-	3G
Sparganium minimum	Zwerg-Igelkolben	-	-
Thalictrum lucidum	Glänzende Wiesenraute	3	3
Ulmus minor	Feldulme	2	3
Utricularia australis	Verkannter Wasserschlauch	3	3
Utricularia minor	Kleiner Wasserschlauch	-	-

Tab. 6.4: Reale Vegetation nach Kartierungseinheiten

Nr	Vegetation	Fläche ha	Prozent
1	Wasserfläche	51.072	2.8
2	Kies- oder Sandbank	2.687	0.1
3	niedr. Ufervegetation	2.978	0.2
4	Kleinseggen-, Kleinröhricht-veg.	0.116	0
11	Rohrglanzgrasbestand	10.386	0.6
12	Schilf-Röhricht	41.309	2.2
13	Bestand der Sumpf-Segge	0.812	0
14	Bestand der Steifen Segge	1.628	0.1
15	Bestand der Zierlichen Segge	1.351	0.1
16	Hochstaudenflur	19.979	1.1
17	Quellflur	0.45	0
21	Grasflur	32.17	1.7
22	Wirtschaftsgrünland	202.46	10.9
23	Ackerland	49.35	2.7
24	Kahlschlag/Aufforstung	39.27	2.1
25	Halbtrockenrasen (Damm)	0.98	0.1
31	Uferweiden	54.71	3
32	Silberweiden-Auwald u. Salix alba-Ausbildung d. Grauerlen-Auwaldes	124.69	6.7
33	Grauerlen-Auwald, reine Auspräg.	251.62	13.6
41	Grauerlen-Auwald mit Frühj.geophyten	371.13	20
42	Grauerlen-Auwald, Equisetum hymale	43.07	2.3
43	Grauerlen-Auwald, Brachypodium pinnatum	3.84	0.2
44	Grauerlen-Auwald, arum maculatum	163.51	8.8
51	Ahorn-Eschenwald, Carex alba mit Alnus incana	41.13	2.2
52	Ahorn-Eschenwald, carex alba	109.6	5.9
53	Ahorn-Eschenwald, carex alba mit Fagus sylvatica	16.79	0.9
61	Fichtenforst	188.34	10.2
71	Hecke, Gebüsch	15.95	0.9
72	Park, Garten	9.92	0.5
	gesamt	1851.32	100

Allium ursinum (Bärlauch)
Anemone ranunculoides (Gelbes Windröschen)
Corydalis cava (Hohler Lerchensporn)
Cyclamen purpurascens (Alpenveilchen)
Gagea lutea (Wald-Gelbstern)
Galanthus nivalis (Schneeglöckchen)
Leucojum vernum (Märzenbecher)
Scilia bifolia (Zweiblättrige Sternhyazinthe oder Blaustern)

Es wurden folgende Kartiereinheiten unterschieden:

0: Praktisch frei von Geophyten

1: Gruppe der wenig differenzierenden Arten (*Scilia bifolia, Anemone ranunculoides, Allium ursinum, Primula elatior*)

1a: spärliches Auftreten von 1)

1b: zerstreutes bis verbreitetes Aufkommen von 1)

2: Schwerpunktvorkommen von *Galanthus nivalis*, von anderen Arten aus 1) begleitet
3: gemeinsames Auftreten von *Galanthus nivalis* und *Leucojum vernum* mir Arten aus 1)
4: wie 3), aber ohne *Galanthus nivalis*
5: Arten aus 1) ohne *Galanthus nivalis* und *Leucojum vernum*, mit *Hepatica nobilis* und *Carex alba*
5a: wie 5), jedoch mit *Galanthus nivalis* und/oder *Leucojum vernum*

Tab.6.5: Frühjahrsgeophyten nach Kartierungseinheiten

Klasse	Häufigkeit	Fläche
1a	112	330,31
1b	67	158,23
2	72	166,62
3	44	64,52
4	41	57,21
5a	1	3,16
5	15	14,13
ges.	352	794,18

Die Geophytenbestände an der Salzach sind eine der bedeutensten Vorkommen von Schneeglöckchen und Märzenbecher in Deutschland und sind durch mehrere Faktoren gefährdet (nach FUCHS 1994):

- Fichtenaufforstung
- Zu häufige und/oder langandauernde Überflutungen
- Fehlende Überflutungen bzw. Absenken des Grundwasserspiegels

Strukturtypen

Unter *Struktur* wird ein landschaftsbildendes räumliches Gebilde verstanden, das ganz oder teilweise Lebensraum für Tiere und Pflanzen sein kann. Strukturen ergeben sich aus dem Substrat, der Geländeform und der Vegetation selbst. Die Qualität der Vegetation bleibt unberücksichtigt. Sie bestimmt zusammen mit der Struktur und den abiotischen Faktoren den Lebensraumtyp (siehe unten). Nicht als Strukturtyp beschrieben werden der Fluß selbst, der die Aue begrenzt, sowie jene Rinnen, die sich durch ihre Vegetation nicht von der Umgebung unterscheiden. Es werden 9 Typengruppen mit insgesamt 34 Strukturtypen unterschieden, wobei bis zu 10 verschiedene Ausprägungen der einzelnen Strukturtypen möglich sind.

Diese Ausprägungen sind:

.0 ohne Besonderheiten: Nur für Strukturtypen verwendet, bei denen eine weitere Gliederung erfolgte. Stellt den Grundtyp der jeweiligen Struktur dar.

.1 strauchreich: Bei Wäldern vom Dickungs- bis zum Altholz und z. T. bei offenen Strukturtypen

.2 mit Totholz: Bei Baum- und Altholzbeständen

.3 strauchreich mit Totholz: Kombination der beiden zuvor genannten Untertypen

.4 mit Überhältern: Bei Aufforstungen und Dickungsbeständen, wenn deutlich überragende Altbäume vorhanden sind.

.5 lückige Vegetation: Zur Kennzeichnung von offenen Strukturen (vor allem Uferbereiche, aber auch Kleinseggenbestände)

.6 künstlich angelegt: Bei Stillgewässern (Teich, Baggerloch) oder Gräben

.7 künstlicher Verlauf: Bei Bächen zur Kennzeichnung von deutlichen Eingriffen in den Verlauf

.8 naturnaher Verlauf: Bei Bächen zur Kennzeichnung von naturbelassenen Bereichen

.9 senkrecht: Bei Quellen zur Kennzeichnung von Sturzquellen und Wasserfällen

Tab. 6.6: Strukturtypen nach Kartierungseinheiten mit Untereinheiten

Typ	Name.	Häufigk.	Fläche
11.0	Stillgewässer, natürlich	88	48,36
11.6	Stillgewässer, künstlich	12	2,51
11.7		8	1,35
11.8		2	,05
12.6		1	,06
12.7	gr. Bach/Fluß, künstl. Uferverlauf	8	3,88
12.8	gr. Bach/Fluß, naturnaher Uferverlauf	7	4,03
13.6		4	1,62
13.7	Bach/Graben, künstl. Uferverlauf	26	11,69
13.8	Bach, natunaher Uferverlauf	18	5,39
14.0	Sickerquelle	10	,37
14.9	Sturzquelle, Wasserfall	3	,08
21.0	Flachufer, dichte off. Vegetation	14	1,24
21.1	Flachufer, lückige Vegetation	8	4,38
21.5	Flachufer mit Uferweidengebüsch	4	,96
22.0	natürl. Steilufer, dichte off. Vegetation	7	1,18
22.1	natürl. Steilufer, lück. Vegetation	12	2,46
22.5	natürl. Steilufer mit Uferweidengebüsch	15	1,81
23.0	Steinblockaufschüttung, off. Vegetation	31	4,47
23.1	Steinblockaufschüttung mit Uferweidengebüsch	43	53,91
24.0	Mauer, weitg. vegetationsfrei	3	,71
24.1	Mauer, lückige Vegetation	5	,78
24.5	Mauer, beginnende Gebüschveg.	5	,13
25.0	Parkartige Ufergestaltung	4	2,00
31.0	Sand- oder Kiesbank	38	12,68
41.0	Röhricht	130	36,90
42.0	Seggenried	16	3,82
42.5	lückiges Kleinseggenried	1	,12
43.0	Hochstaudenflur	73	15,72
51.0	Grasflur (extensiv)	13	1,67
52.0	Wirtschaftsgrünland (intensiv)	119	194,67
53.0	Acker	29	49,35
54.0	Kahlschlag	45	11,53
54.1		1	,17
54.4		1	2,31
55.0	Garten, Baumschule	11	7,62
56.0	Park	17	2,93
57.0	Ruderalflur	9	,59
61.0	Damm	39	30,94
61.1		9	11,05
62.0		1	,60
71.0	Aufforstung	138	32,55
71.4	Aufforstung mit Überhältern	2	,44
72.0	Dickung, Jungwuchs	259	85,22
72.4	Dickung mit Überhältern	13	5,04
73.0	Stangenholz	301	240,80
73.1	Stangenholz, strauchreich	28	32,54
73.4		7	5,18
74.0	Baum-, Altholz	299	441,92
74.1	Baum-, Altholz, strauchreich	122	120,11
74.2	Baum-, Altholz mit Totholz	35	6,63
74.3	Baum-, Altholz, strauchreich mit Totholz	7	3,30
74.4		1	,39
75.0	Baumholz, im Unterwuchs beweidet	12	15,23
75.1	Baumholz, strauchreich, im Unterwuchs beweidet	2	6,66
76.0	Niederwald	3	1,25
81.0	Baum-, Altholz	58	83,68
81.1	Baum-, Altholz, strauchreich	75	164,70
81.2	Baum-, Altholz mit Totholz	10	1,53
81.3	Baum-, Altholz, strauchreich mit Totholz	6	8,58
82.0	off. Struktur mit lückiger Baumschicht	37	25,52
82.1	off. Struktur mit lückiger Baumschicht, strauchreich	14	12,00
82.3	off. Struktur mit lück. Baumschicht, strauchreich mit Totholz	1	,74
82.4	off. Struktur mit lück. Baumschicht mit Überhältern	1	,33
91.0	Feldgehölz	11	4,19
92.0	Gebüsch, Einzelstrauch	23	7,17
93.0	Hecke	4	3,11
94.0	Baumreihe, Einzelbaum	132	20,52
95.0	Kopfbaumreihe, einz. Kopfbaum	1	,05
gesamt		2492	1865,47

Lebensraumtypen

Lebensraum wird hier als *Biotop* im Sinne der Bayerischen Biotopkartierung verstanden und ist demzufolge eine flächenhafte Einheit eines Ökosystems. Es handelt sich um räumlich begrenzte Lebensstätten von tierischen und pflanzlichen Organismen bzw. deren Lebensgemeinschaften, die für diese durch ihre Ausstattung biotisch und abiotisch einheitliche Lebensbedingungen bereitstellt, welche die Funktion des im Biotop wirkenden Biosystems bestimmen (vgl. LESER 1984). Eine Biotopkartierung lehnt sich meist an die vegetationskundlichen Begriffe an und müßte strenggenommen oft als „Phytotopkartierung" bezeichnet werden.

Bei der Verwendung des Begriffes Lebensraum ist immer die Frage zu stellen: „Lebensraum für wen?" In der vorliegenden Untersuchung werden Lebensräume als zusammenwirkende Einheiten von Vegetation und Strukturen (abiotische und solche der Vegetation) aufgefaßt. Nach der bestimmenden Struktur, dem Standort und der Abhängigkeit von der menschlichen Nutzung ergaben sich 5 Hauptgruppen mit insgesamt 29 Lebensraumtypen.

Tab. 6.7: Lebensraumtypen im Untersuchungsgebiet

Typ	Name	Häufigkeit	Fläche
AA	Wald, mesophil	8	17,48
ABA	Weichholz-Auenwald	244	224,31
ABB	Hartholz-Auenwald	291	446,64
ABC	Niederungswald	79	135,34
AC	sonst. Feuchtwald	1	0,14
ADA	Laubholzforst	212	226,58
ADB	Nadelholzforst	195	142,45
BA	Feldgehölz	10	2,66
BB	Hecke	14	15,32
BC	Gebüsch (flächig)	6	0,80
BD	Feuchtgebüsch	74	50,27
BE	Gehölzgruppe, Einzelgehölz	117	20,16
CAA	Stillgewässer	110	51,86
CAB	Fließgewässer	50	26,35
CBA	Röhricht	138	54,83
CBB	Seggenried	11	3,29
CBC	Sand- oder Schotterflur	40	12,86
CC	Initialvegetation, naß	18	2,88
CD	Hochstaudenbestand	91	21,49
CE	Quellflur	14	0,49
DA	Magerrasen	11	3,07
DB	Ranken, Grasbestand	75	33,24
EAA	Kahlschlag, Pflanzung	51	14,89
EAB	Aufforstung	322	132,64
EBA	Grünland	120	210,05
EBB	Ackerland	31	46,36
ECA	Ruderalflur	10	0,64
ECB	Park, Grünanlage	15	12,85
ECC	Mauervegetation	1	0,80
		2359	**1910,74**

Landnutzung

In einer Landnutzungsklassifikation des unmittelbar an die rezente Aue angrenzenden Gebietes wurden anhand von Infrarotorthophotos und Geländebegehungen 42 flä-

Tab. 6.8: Landnutzung im Untersuchungsgebiet außerhalb des rezenten Auenbereiches.

Nutzung	Name	Häufigkeit	Fläche in ha
100	Hochwald, Hangwald	2	13,67
101	Laubwald	102	2002,58
102	Nadelwald	12	22,05
103	Mischwald	29	243,94
104	Aufforstung	20	17,94
110	Uferbegleitvegetation, Feldgehölz	181	49,82
120	Allee, Baumgruppe, Einzelbaum	202	32,74
130	Obstgarten, Hausgarten	279	86,80
200	Ackerland	101	196,19
201	Mais	174	445,82
210	Grünland, gemäht, beweidet	582	1253,97
220	Grünland intensiv	15	8,43
230	Gärtnerei, Baumschule	15	28,20
300	Sportfäche	10	15,03
301	Golfanlagen	3	9,82
310	Park, Spielplatz	12	7,29
400	Kleingartenanlage	6	1,70
410	Friedhof	1	1,50
430	Fischzucht	4	0,30
500	See, Teich, Fluß	44	11,35
520	Feuchtgebiet	4	6,06
540	Ödland	9	2,38
600	Wohn- und erw. Wohngebiet, überw. Einfamilienh.	120	99,83
610	Wohn- und erw. Wohngebiet, überw. verdichtet	51	27,86
620	Kerngebiet (alter Ortskern, geschl. Verbauung)	21	20,48
630	Dorfgebiet	5	2,35
631	Einzelhof	72	9,77
632	Einzelhaus	123	5,71
633	Weiler	88	13,60
634	Zweckbau	24	0,91
640	Gewerbe- und Industriegebiet	20	171,34
650	Kirche	7	1,56
651	Kapelle	1	0,07
660	Schloß	1	0,18
670	öffentl. Einrichtung	42	12,69
680	Kloster	3	1,03
700	Schotterentnahme	12	11,12
720	Kraftwerk, Umspannwerk	1	0,05
721	Trafostation	1	0,01
750	Kläranlage	4	3,70
760	Deponie	1	0,05
761	Tankstelle	4	0,48
810	Verkehrsfläche	26	3,65
840	Parkplatz	31	10,45
870	Lokalbahn, Werksgleise	1	0,68
	gesamt		**4855,15**

chenhafte Landnutzungsklassen und weitere punktförmige und lineare Erscheinungen erhoben. Das Gebiet, das dabei abgedeckt wird, ist in Abb. 6.1 dargestellt und wird vereinfachend als Vorland bezeichnet.

Die Klassen sind dabei vor allem am Aspekt der menschlichen Nutzung ausgerichtet und an den Interpretationsschlüssel der österreichischen Kartierung im Rahmen der *Gesamtuntersuchung Salzach* angelehnt und sind in Tab. 6.8 dargestellt. Der Bereich der eigentlichen Auwälder wurde aufgrund der vorliegenden detaillierten Kartierungen ausgespart. Für eine integrierte Betrachtung müssen daher beide Datenschichten zusammengeführt werden.

Digitales Geländemodell

Das im Auftrag des Bayerischen Landesamt für Umweltschutz erstellte Digitale Geländemodell (DGM) Salzachauen liegt im Phodat-format (Austauschformat des Systems *PHOCUS*) vor und kann nicht direkt in das GIS *Arc/Info* übernommen werden. Es werden daher zwei Schnittstellen programmiert, um zunächst die übergeordnete 20-m Rasterstruktur (ein Pixel entspricht 20x20 m) als *Grid* zu importieren und anschließend die vektorielle Höheninformation der Strukturen (Geländekanten, Gewässerlinien, Grenzlinien) als echte 3D-Linien (jeder Vertex enthält Höhenangaben als Z-Wert) über eine Dreiecksvermaschung, dem sogenannten *Triangulated Irregular Network (TIN)*, digital zusammenzuführen.

In einem abschließenden Schritt wird dieses TIN in ein regelmäßiges Raster umgewandelt, um verschiedene Analysen zu ermöglichen. Bei der Überführung in ein Rasterformat geht zwar prinzipiell die Flächenschärfe der Vektordarstellung verloren, doch erscheint die gewählte Rastergröße von 5m hinsichtlich der Aufnahmegenauigkeit im Gelände, der Kartenkonstruktion und Digitalisierung sowie der weiteren Verarbeitungsschritte, aber auch hinsichtlich der benötigten Aussagenschärfe, als bei weitem ausreichend.

Abb. 6.3: Erstellung eines verfeinerten 5-m DGMs, schematisiert

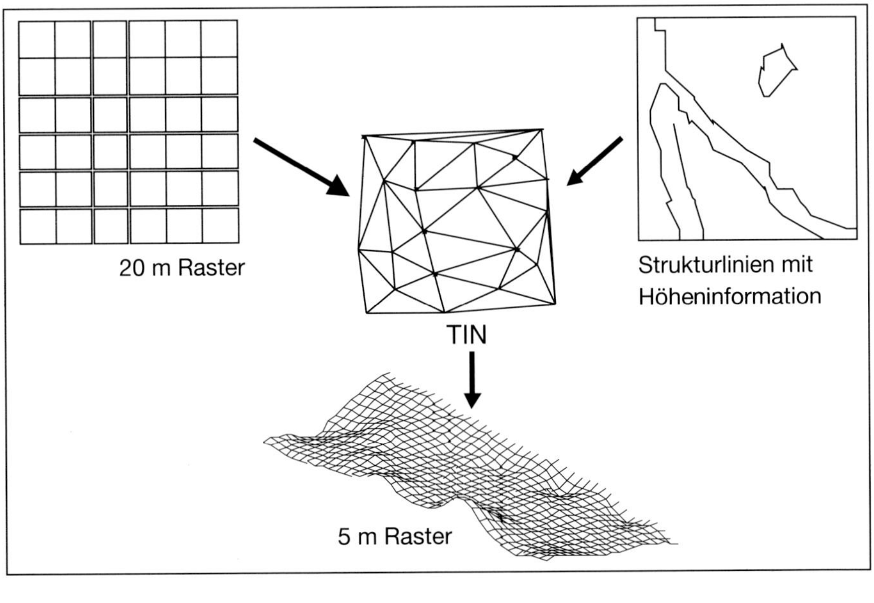

Abb. 6.4: Überblicksdarstellung des DGM's für den Südteil des Untersuchungsgebiets. Aus den absoluten Höhen des DGM's wurden relative Höhen zum Fluß hin konstruiert. Die helleren Grautöne nach Süden hin zum Zusammenfluß der Saalach und Salzach zeigen, daß hier eine starke Einfiefung stattgefunden hat..

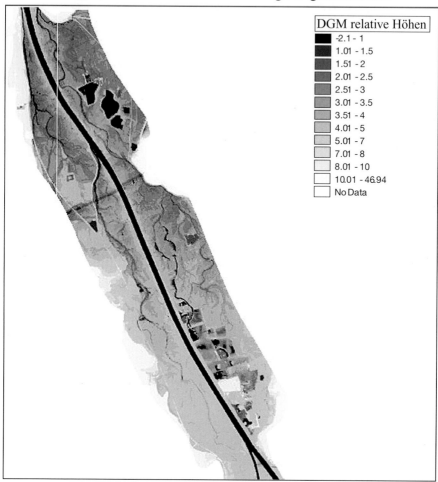

Schmetterlinge

Die qualitative Erfassung der heliophilen Großschmetterlinge erfolgte durch Linientaxierung, wobei möglichst alle Lebensraumtypen des Untersuchungsgebietes begangen wurden. Hierbei wurden 37 Arten von Tagfaltern nachgewiesen. Zur Bestimmung der Nachtfalter wurden 4 Nachtfänge durchgeführt. Ziel der Nachtfalterkartierung war nicht die Vollständigkeit des Artenspektrums, sondern vielmehr ein Hinweis auf Unterschiede bzw. Parallelen zu vorhandenen Untersuchungen. Die Geländeaufnahmen bestehen aus 25 ausgewählten Linien mit insgesamt 20 Begehungen (vgl. SIERING et al. 1990). Die durchschnittliche Länge beträgt ca 1,5 km. Für jede

Abb. 6.5: DGM Detailausschnitt Surmündung (Fluß-km 52,8 - 52,3). Die Darstellung der relativen Höhen gegenüber dem Fluß in den selben Klassen wie in der Übersicht weist auf ein Visualisierungsproblem eines kontinuierlichen Phänomens hin: Bei detailgenauer Betrachtung sind feinere Klassen notwendig.

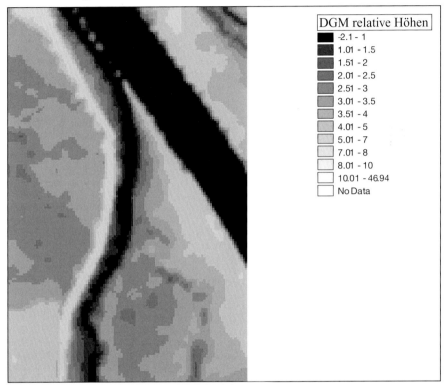

Linientaxierung gibt es ein Attribut mit dem Namen der Art bzw. einer Abkürzung sowie die geschätzte Häufigkeit. Diese Art der Datenerfassung erweist sich bei einer explizit räumlichen Analyse mit GIS als großes Hemmnis, da die Linien durch unterschiedlichste Lebensräume führen und nachträglich keine Differenzierung entlang der Linie möglich ist. (Diskussion dieses Problems in BLASCHKE 1997a)

Da die Nachtfalterfänge nur einen geringen Teil des zu erwartenden Spektrums von geschätzten 600 Arten erbrachten, werden diese Daten in der folgenden Analyse nicht verwendet. Bei den Tagfaltern gehen SIERING et al. (1990) von einer annähernd vollständigen Erfassung der regelmäßig vorkommenden Arten aus. Von den 37 angetroffenen Arten finden sich 8 in der Roten Liste Bayern, 10 Arten in der Roten Liste BR Deutschland.

Abb. 6.6: Linientaxierungen der Schmetterlinge

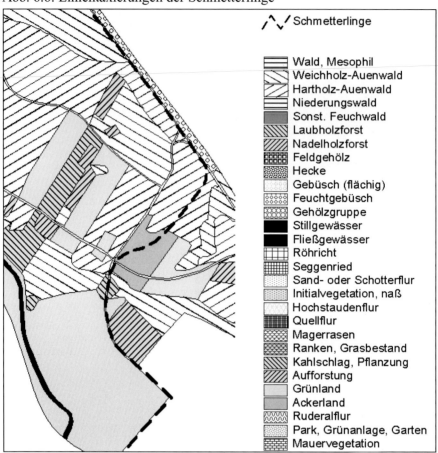

Libellen

Es wurden 30 Libellenlebensräume kartiert, in denen die Artenanzahl und die Bodenständigkeit der Arten untersucht wurden. Untersuchungsziel war eine möglichst vollständige Erfassung des Arteninventars mit einer groben Abschätzung der Bestandesgrößen. Insgesamt wurden 31 Libellenarten aus 8 Gattungen nachgewiesen, wobei die Mehrzahl der Gruppe der Arten mit relativ unspezifischen Lebensraumansprüchen zuzuordnen ist.

Tab. 6.9: Vorkommen von Libellenarten und Gefährdungsstatus

Abk	Art	Lateinischer Name	Fundhäufigkeit	RL Bayern	RL BRD
Cas	Gebänderte Prachtlibelle	*Caleopterix splendens*	ca. 15 Ex.	2b	3
Cav	Blauflügel-Prachtlibelle	*Caleoperix virgo*	ca. 110 Ex.	2a	3
Les	Gemeine Binsenjungfer	*Lestes sponsa*	viele Ex.	-	-
Ldr	Glänzende Binsenjungfer	*Lestes dryas*	1 Ex.	-	3
Lvi	Weidenjungfer	*Lestes viridis*	einige Ex.	-	-
Sfu	Gemeine Winterlibelle	*Sympecma fusca*	zahlreich	-	3
Ppe	Gemeine Federlibelle	*Platycnemis pennipes*	viele Ex.	-	-
Pny	Frühe Adonislibelle	*Phyrrhosoma nymphala*	häufig	-	-
Iel	Große Pechlibelle	*Ischnura elegans*	häufig	-	-
Enc	Becher-Azurjungfer	*Enallagma cyathigerum*	häufig	-	-
Cpu	Hufeisen-Azurjungfer	*Coenagrion puella*	sehr häufig	-	-
Ema	Großes Granatauge	*Erythroma najas*	häufig	-	-
Evi	Kleines Granatauge	*Erythroma viridulum*	einige Ex.	1b	-
Ami	Herbst-Mosaikjungfer	*Aeshna mixta*	2 Ex.	-	-
Aju	Torf-Mosaikjungfer	*Aeshna juncea*	1 Ex.	-	-
Acy	Blaugrüne Mosaikjungfer	*Aeshna cyanea*	zahlreich	-	-
Agr	Brauna Mosaikjungfer	*Aeshna grandis*	viele Ex.	-	-
Ais	Keilflecklibelle	*Anaciaeshna isoceles*	2 Ex.	-	3
Aim	Große Königslebelle	*Anax imperator*	zahlreich	-	-
Onf	Kleine Zangenlibelle	*Onychogomphus forcipatus*	12 Ex.	-	2
Coa	Gemeine Smaragdlibelle	*Cordulia aenea*	4 Ex.	-	-
Sme	Glänzende Smaragdlibelle	*Somatochlora metallica*	viele Ex.	-	-
Sfl	Gefleckte Smaragdlibelle	*Somatochlora flavomaculata*	1 Ex.	-	3
Lqu	Vierfleck	*Libellula quadrimaculata*	2 Ex.	-	-
Lde	Plattbauch	*Libellula depressa*	viele Ex.	-	-
Oca	Großer Blaupfeil	*Orthetrum cancellatum*	zahlreich	-	-
Svu	Gemeine Heidelibelle	*Sympetrum vulgatum*	häufig	-	-
Sst	Große Heidelibelle	*Sympetrum striolatum*	5 Ex.	-	-
Ssa	Blutrote Heidelibelle	*Sympetrum*	viele Ex.	-	-
Spe	Gebänderte Heidelibelle	*Sympetrum*	2 Ex.	2a	2
Sda	Schwarze Heidelibelle	*Sympetrum*	häufig	-	-

Libellen sind sicher eine der auffallendsten Insektenarten. Vor allem aber sind sie hochgradig gefährdet. Von den 80 in Deutschland vorkommenden Arten sind 43 (54%) ausgestorben oder gefährdet (nach SIERING 1991). Von den in Bayern vorkommenden 71 Arten sind 31 im Untersuchungsgebiet nachgewiesen, wobei wahrscheinlich auch noch weitere vorkommen. Inzwischen sind alle heimischen Libellenarten unter Schutz gestellt. Zwar sind sie vor allem als Imagines an Gewässerränder gebunden, doch weisen sie insgesamt eine hohe Mobilität auf, was in der Literatur zu unterschiedlichen Ansichten über das Ausmaß ihrer Habitatbindung führt.

Abb. 6.7: Lage der Libellenlebensräume. Eine Gesamtübersicht ist aus kartographischer Sicht in dem 60 Kilomer langen Gebiet angesichts der Kleinheit der kartierten Libellenlebensräume schwer möglich. Die oberen beiden Ausschnitte zeigen eine typische Situation innerhalb der zusammenhängenden Auwaldbereiche mit Luftliniendistanzen zwischen den Habitaten (a) und eine Situation, wo der Auenbereich durch Siedlungen unterbrochen ist (b). Diese Situation bei Laufen mit 3,8 km Luftliniendistanz wiederholt sich im Siedlungsbereich von Burghausen (hier nicht dargestellt).

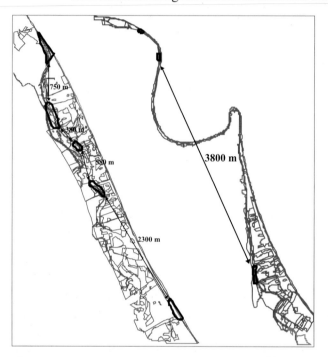

a)   b)

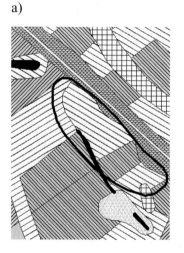 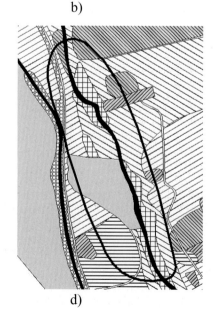

Hintergrund Lebensraumtypen,
Klassen vgl. Abbildung 6.6
c)   d)

Amphibien

Schwerpunkt war zum einen die qualitative Erfassung der Amphibienfauna in den Salzachauen und den salzachbegleitenden Gewässern, zum anderen die flächendeckende Erfassung von Amphibien-Laichgewässern. Dabei wurden etwa 100 Laichgewässer ausgewiesen, die als Laichplatz für insgesamt 10 verschiedene Amphibienarten dienen. Benachbarte Vorkommen wurden zusammengefaßt. Eine relativ vollständige Kartierung der Laichgewässer im Gelände ist laut BIERWIRTH et al. (1990) dadurch gewährleistet, daß immer zwei bis drei Kartierer im Abstand von ca. 100 m

Tab. 6.10: Amphibienarten und kartierte Laichplätze

Art	geschätzter (Mindest)bestand laichbereiter Tiere	KartierteLaichplätze
Triturus alpestris	40	2
Triturus vulgris	1500	15
Triturus cristatus	60	3
Bombina variegata	60	3
Bufo bufo	4500	24
Rana arborea	100	11
Rana dalmatina	3500	81
Rana temporaria	3000	42
Rana esculanta ridibunda	5000	54
Rana lessonae/ esculanta	70	7
Rana ridibunda	100	8

Abb. 6.8: Detaildarstellung der Lage von Amphibienlaichplätzen. Die schwarzen Flächen sind in der Kartierung enthaltene Gewässer. Um die kartierten Amphibienlaichplätze sind Kreise mit 20 m Radius gelegt, um die Unschärfe der Kartierung und die in Kap. 7 verfolgte Modellierung dieser Punkte über eine „Unsicherheitsfläche" zu illustrieren. Die beiden kartierten Vorkommen rechts des SE-NW verlaufenden Weges fallen mitten in Waldhabitate. Dies muß, wie im Text beschrieben, kein Fehler sein, evtl. sind die zugehörigen Wasserflächen zu klein für den Kartiermaßstab der Lebensraumtypen.

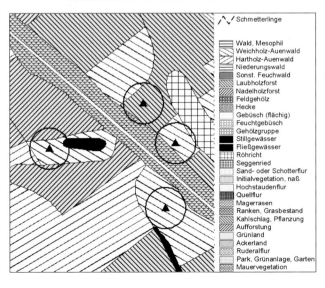

das Gelände durchkämmten. Besonders erwähnenswert sind die individuenstarken Laichbestände des Springfrosches (*Rana dalmatina*) mit bis zu 150 Laichballen pro Gewässer, die an über 80 Laichgewässern angetroffen wurden. Er besiedelt außer den Siedlungsbereichen von Burghausen und Laufen fast den gesamten Untersuchungsraum. Dies ist insofern von großer Bedeutung, da er landesweit in seinem Bestand gefährdet ist (Rote Liste Bayern 2). Auf ausgewählte Amphibienarten und auf die Problematik einer vollständigen Erfassung der Laichgewässer wird in Kap. 7 noch ausführlicher eingegangen.

Reptilien

Zur Erfassung der Reptilienfauna wurden die reptilienrelevanten Strukturen des Untersuchungsgebietes (außer reine Waldgebiete und Siedlungsbereiche) vollständig abgegangen. Dabei wurden 230 Fundorte von Reptilien festgestellt (SIERING 1990). Besondere Bedeutung besitzt das mehr oder weniger isolierte Vorkommen der Äskulapnatter (*Elaphe longissima*) bei Burghausen. Die Reptilien stellen unter den Wirbeltierarten in Bayern die gefährdetste Gruppe dar (ebda.). Neun von zwölf einheimischen Arten gelten als gefährdet. Dennoch ist es aufgrund der Datenlage, die keine vollständige Erfassung darstellt, sowie den Lebensbedingungen der erfaßten Arten kaum möglich, ausgehend von den Beobachtungspunkten flächenhafte Bewertungen vorzunehmen. Eine indirekte Vorgangsweise, wie beispielsweise bei den Vögeln über die Bewertung der benötigten Strukturen, ist mit der vorliegenden Strukturtypenkartierung für Reptilien nicht durchführbar, da diese speziell in der Kraut- und Strauchschicht nicht detailliert genug ist.

Vögel

Bei der qualitativen Erfassung der Avifauna wurden insgesamt 139 Vogelarten nachgewiesen, darunter 78-79 Brutvogel- und 10-11 mögliche Brutvogelarten (WINDING und WERNER 1988, WERNER 1990). In repräsentativen Probeflächen wurden Artenzahl, Artenzusammensetzung und Dichten der einzelnen Vogelarten erfaßt. Weiterhin wurden folgende ausgewählte Arten bzw. Artengruppen als Indikatoren für die Intaktheit einzelner Teilbereiche des Auenökosystems im gesamten Untersuchungsgebiet punktgenau kartiert: Gänsesäger,

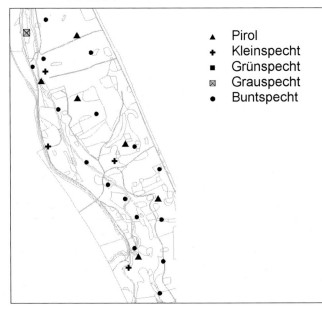

Abb. 6.9: Überblick der Avifauna in einem Ausschnitt im Südteil

▲ Pirol
+ Kleinspecht
■ Grünspecht
⊠ Grauspecht
● Buntspecht

alle vorkommenden Greifvogelarten, alle Kiesbrüter, Eisvogel, diverse Spechte, mehrere Schwirle, Wasseramsel, Beutelmeise und Pirol. Von diesen Arten bzw. Artengruppen werden mehrere Arten als Indikatorarten zur Bewertung herangezogen. Diese sind in Kap. 7 noch ausführlicher beschrieben. Im Falle der kartierten Greifvögel ist aufgrund der wenigen Beobachtungen und des im Verhältnis zum benötigten Habitat kleinen Untersuchungsgebiet, das nur einen Teil des benötigten Lebensraumes abdecken kann, eine Analyse und Modellierung mit GIS bei der gegebenen Datenlage nicht sinnvoll möglich.

6.4 DESKRIPTIV-RÄUMLICHE AUSWERTUNG DER PRIMÄRDATEN

"Die Untersuchung georeferenzierter Informationsbestände mittels einer breiten Palette analytischer Techniken nimmt innerhalb der Geographischen Informationsverarbeitung eine zentrale Stellung ein" (STROBL 1992, S. 47).

Leider ist dies in der Praxis nicht immer so. Dem Autor sind zahlreiche Projekte bekannt, wo aufgrund eines Termindrucks nach monate- bis jahrelanger Datenerfassung und -aufbereitung kaum Zeit für eine Analyse im eigentlichen Sinne blieb. Es besteht die potentielle Gefahr, daß u. a. durch zahlreiche und qualitativ hochwertige Karten versucht wird, dieses Manko zu verwischen. In dem vorliegenden Projekt wurde die Datenerfassung durch Digitalisieren extern vergeben (vgl. Kap. 6.3.1), so daß in einer ersten Phase der digitale Datenbestand nur zusammengeführt, ergänzt, kontrolliert und (in geringem Umfang) bereinigt werden mußte. So konnte diese Phase innerhalb einiger Monaten abgeschlossen werden, und es ergibt sich ein relativ günstiges Verhältnis hinsichtlich des Aufwandes zum Aufbau der Datenbank und der eigentlichen Analyse.

6.4.1 Flächenbezogene Auswertung als Grundlage einer Analyse

Die Analyse der vorhandenen Grunddatenschichten ist essentiell für jede weitere Analyse und Bewertung. Dabei soll nicht eine möglichst vollständige Palette an Analysewerkzeugen Geographischer Informationsverarbeitung zum Einsatz kommen. Das Spektrum der zur Verfügung stehenden Werkzeugen ist enorm breit (vgl. TOMLIN 1990, 1991, MAGUIRE et al. 1991). Es werden nur diejenigen Analysefunktionen beschrieben, die für die Lösung inhaltlicher Fragestellungen notwendig sind, indem die zur Verfügung stehenden Primärdatenschichten miteinander verknüpft und ausgewertet werden, um letztlich funktionelle Zusammenhänge aufzuzeigen und/oder zu quantifizieren.

In einem ersten Analyseschritt werden Flächenbilanzen aller Grunddatenschichten erstellt (vgl. Kap. 6.3). Die Kartierungsergebnisse enthalten zwar qualitative, aber keine quantitativen Angaben über die Verteilung von z. B. Bodeneinheiten, Strukturtypen oder Frühjahrsgeophyten. Mit einfachen Datenbankabfragen werden an dieser Stelle Aussagen über absolute und relative Verteilung von Vorkommen, über Summenwerte, Durchschnittswerte, Extremwerte, Häufigkeitsverteilungen und ähnliche statistische Parameter getroffen. Eine erste, elementare Feststellung ist beispielsweise, daß in dem Untersuchungsgebiet von 1860 ha die Frühjahrsgeophyten 794 ha (= 42,7%) des untersuchten Gebietes besiedeln.

Tab. 6.11: Verteilung der Frühjahrsgeophyten in ha und % (Gesamtgebiet = 1860 ha)

Gruppe	Fläche ha	Anteil am UG in %	Beschreibung
1a	330.3	17.7	spärliches Auftreten der wenig differenzierenden Arten *Scilla bifolia, Anemone ranunculoides, Allium ursinum, Primula elatior*
1b	158.2	8.5	zerstreutes bis verbreitetes Auftreten der in 1a genannten Arten
2	166.6	9.0	Schwerpunktvorkommen von *Galanthus nivalis* sowie Arten aus 1)
3	64.5	3.4	*Galanthus nivalis* und *Leucojum vernum* sowie Arten aus 1)
4	57.2	3.1	Schwerpunktvorkommen von *Leucojum vernum*
5	14.1	0.8	Arten aus 1) mit Hepatica nobilis und Carex alba
5a	3.2	0.2	wie 5), jedoch mit *Galanthus nivalis* und *Leucojum vernum*
gesamt	794	42,7	

Beispiel Plausiblitätsprüfung: Verschneidung von Grunddatenschichten zur Kontrolle der Kartierungen

Sowohl bei der Originalkartierung als auch bei der Digitalisierung können Fehler entstehen. Da nicht jede einzelne Fläche jeder Grunddatenschicht im Gelände oder durch Luftbildinterpretation überprüft werden kann, bietet sich die geometrische Verschneidung von Kartierungen mit inhaltlichen Übereinstimmungen an. Ein Beispiel hierfür sind die Datenschichten der realen Vegetation und der Lebensraumtypen, die zum Teil aus der *realen Vegetation* (und den *Strukturtypen*) abgeleitet sind. In beiden Kartierungen werden alle Wälder und alle landwirtschaftlichen Nutzflächen aggregiert und miteinander verschnitten und sowohl statistisch wie kartographisch alle Flächen ausgewiesen, die einmal als Wald und einmal als landwirtschaftliche Nutzfläche kartiert sind. Dies ist nur ein Beispiel für wechselseitig mögliche Plausibilitätsabfragen in einem GIS.

6.4.2 Verschneidung als Grundlage von Interpretationen und Bewertungen

Ein weiterer logischer Schritt ist die Analyse von zwei Datenschichten durch eine geometrische Verschneidung. Im zuvor gezeigten Beispiel der Frühjahrsgeophyten ist die Verteilung der Geophytenbestände hinsichtlich der realen Vegetation von Interesse. Die folgende Auflistung zeigt die Verteilung des Frühjahrsgeophytenvorkommens in verschiedenen Vegetationstypen (Klassenbezeichnungen vgl. Kap. 6.3).

Die durch geometrische Verschneidung gewonnene zusätzliche Datenschicht kann auf Dauer als Bestandteil der Datenbank oder temporär zur Berechnung einer Flächenbilanz notwendig sein. Ferner liefern obenstehende Daten eine Grundlage zur inhaltlichen Interpretation bzw. Hypothesenfindung. Während die Frühjahrsgeophytenklassen 1a und 5 im Vergleich zu den anderen Klassen als weniger bedeutend betrachtet werden können (u. a. ohne Auftreten von *Galanthus nivalis* und *Leucojum vernum*), ist auch das gesamte Vorkommen von Frühjahrsgeophyten in einem Vegetationstyp für die naturschutzfachliche Bewertung von Interesse. Eine einfache erste

Abb. 6.10: Beispiel der Verschneidung zweier Datenschichten zur Plausibilitätskontrolle: Am Beispiel der Datenschichten "Lebensraumtypen" und „reale Vegetation" sollen einige der vielfältigen Möglichkeiten logischen Konsistenzprüfung skizziert werden: Es gibt Kartierungseinheiten, die vollständig in der jeweils anderen Kartierung in eine Einheit fallen müßten, wie z.B. die Klasse 22 in die Kategorie Grünland (EBA). Es bestehen auch Abgrenzungsprobleme, vor allem zwischen dem Hartholz- und Weichholz-Auenwald (BUSHART und LIEPELT 1990a). Die Vegetation ist innerhalb des Auwaldes fein kariert. Der frischere Flügel des Grauerlen-Auwaldes ist z.T. dem Weichholz-Auwald zugeordnet. Auch gibt es zahlreiche Möglichkeiten der Plausibilitätskontrolle und/oder der nachträglichen Reklassifizierung.

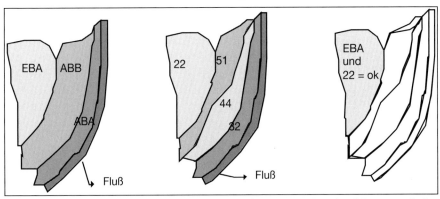

Lebensraumtypenkartierung   Vegetationskartierung   Verschneidungsergebnis

EBA: Grünland, ABB: Hartholz-Auenwald, ABA: Weichholz-Auenwald,
22: Wirtschaftsgrünland, 51: Ahorn-Eschenwald, Carex alba Ausprägung mit Alnus incana, 44: Grauerlen-Auwald, Arum Macualtum Ausprägung, 32: Silberweiden-Auwald u. Salix alba Ausprägung des Grauerlen-Auwaldes.

Arbeitshypothese könnte also lauten: Hinsichtlich des Vorkommens an Frühjahrsgeophyten ist das Gesamtvorkommen innerhalb eines Vegetationstyps sowie das Vorkommen der naturschutzfachlich hoch einzustufenden Klassen 1b, 2, 3, 4 und 5a von Interesse.

In der folgenden Tabelle wird das Vorkommen der Frühjahrsgeophyten analysiert. Dabei werden die Anteile der Kartierungseinheiten (Vegetationstyp) (= *beobachteter Wert*) mit dem zu erwartetenden Wert einer theoretisch angenommenen Gleichverteilung (*Nullhypothese*) gegenübergestellt. Statt eines einfachen Präferenzfaktors (*beobacht. Wert/erwart. Wert,* vgl. Kap. 7) wird der Elektivitätsindex (*electivity index,* RICKLEFS 1979), der eigentlich für Räuber-Beute-Beziehungen verwendet wird, angewandt:

$$E = (r - p) / (r + p)$$

Dabei stellt r den beobachteten und p den zu erwartenden Anteil einer Klasse dar. Für das Gesamtvorkommen der Frühjahrsgeophyten der Vegetationsklasse

Tab. 6.12: Verteilung der Frühjahrsgeophytenklassen auf Vegetationstypen

Nr	Vegetation	ohne	1a	1b	2	3	4	5	5a	ges.
1	Wasserfläche	50,55	0,19	0,07	0,13	0	0	0	0	51,07
2	Kies- oder Sandbank	2,67	0,02	0	0	0	0	0	0	2,69
3	niedr, Ufervegetation	2,98	0	0	0	0	0	0	0	2,98
4	Kleinseggen-, Kleinröhricht-veg.	0,12	0	0	0	0	0	0	0	0,12
11	Rohrglanzgrasbestand	9,33	0,39	0,17	0,5	0	0	0	0	10,39
12	Schilf-Röhricht	41,29	0,01	0	0	0	0	0	0	41,31
13	Bestand der Sumpf-Segge	0,81	0	0	0	0	0	0	0	0,81
14	Bestand der Steifen Segge	1,63	0	0	0	0	0	0	0	1,63
15	Bestand der Zierlichen Segge	1,28	0	0	0	0,07	0	0	0	1,35
16	Hochstaudenflur	18,34	0,33	0,88	0	0,12	0,31	0	0	19,98
17	Quellflur	0,45	0	0	0	0	0	0	0	0,45
21	Grasflur	31,69	0,03	0,42	0,03	0	0	0	0	32,17
22	Wirtschaftsgrünland	194,03	3,18	3,63	1,23	0,04	0,02	0	0,34	202,46
23	Ackerland	45,5	0,07	3,78	0	0	0	0	0	49,35
24	Kahlschlag/Aufforstung	21,21	8,05	2,73	5,28	1,43	0,57	0	0	39,27
25	Halbtrockenrasen (Damm)	0,97	0	0	0	0	0	0	0	0,98
31	Uferweiden	46,82	7,13	0	0,5	0	0,27	0	0	54,71
32	Silberweiden-Auwald u. Salix alba-Ausbildung d. Grauerlen-Auwaldes	112,8	8,92	0,81	1,45	0,46	0,26	0	0	124,69
33	Grauerlen-Auwald, reine Auspräg.	199,69	31,77	10,09	7,33	1,57	1,17	0	0	251,62
41	Grauerlen-Auwald mit Frühj.geophyten	40,93	94,43	94,22	105,62	22,16	13,77	0	0	371,13
42	Grauerlen-Auwald. Equisetum hymale	21,33	8,94	0	11,56	0,54	0,71	0	0	43,07
43	Grauerlen-Auwald, Brachypodium pinnatum	2,22	0,11	0,45	0,86	0	0,18	0	0	3,84
44	Grauerlen-Auwald, arum maculatum	17,74	41,12	28,01	16,56	29	30,89	0,20	0	163,51
51	Ahorn-Eschenwald, Carex alba mit Alnus incana	1,44	32,82	1,11	0,48	0,31	2,89	0	2,08	41,13
52	Ahorn-Eschenwald, carex alba	59,54	31,99	3,27	1	3,78	1,45	0,33	8,24	109,6
53	Ahorn-Eschenwald, carex alba mit Fagus sylvatica	5,37	5,5	0,31	1,43	0	0	2,15	2,03	16,79
61	Fichtenforst	118,45	47,62	4,38	9,84	3,31	3,41	0,33	1	188,34
71	Hecke, Gebüsch	13,8	0,46	0,20	0,72	0,68	0,08	0	0	15,95
72	Park, Garten	9,52	0,51	0	0	0	0	0	0	9,92
	gesamt	1072,4	323,6	154,5	164,5	63,4	55,9	3,01	13,7	1851,3

Grauerlenauwald, arum maculatum-Ausprägung, bedeutet dies beispielsweise: 18,48 % des Gesamtvorkommens fallen in diesen Vegetationstyp (beobachteter Wert) gegenüber 8,83% Anteil des Vegetationstyps am Gesamtgebiet:

$$(18,48-8,83) / (18,48+8,83) = 0,35$$

Beim Elektivitätsindex erstreckt sich der Wertebereich von -1 bis +1, wobei ein negativer Wert eine Ablehnung (Unterrepräsentiertheit gegenüber einer Gleichverteilung) und ein positiver Wert eine Präferenz (Überrepräsentiertheit gegenüber einer Gleichverteilung) bedeutet (zur Diskussion dieser Methode vgl. Kap. 7).

Inhaltlich können diese Ergebnisse dahingehend interpretiert werden, daß alle positiven Elektivitätswerte eine Präferenz darstellen, alle negativen ein Meiden. Um der Unschärfe der Daten Rechnung zu tragen wird der Wertebereich zwischen 0,1 und -0,1 als neutral oder „der durchschnittlichen Erwartung entsprechend" interpretiert.

Während sich bei vielen Klassen eine Ablehnung bzw. ein Nichtvorkommen eindeutig erklären läßt (beispielsweise handelt es sich bei Röhricht- und Seggenbeständen sowie offenen Wasserfächen meist um Kartierungsungenauigkeiten), ist eine Differenzierung innerhalb der eigentlichen Weichholz- und Hartholzauwaldbestände normalerweise wesentlich schwieriger. Die errechneten Werte decken sich jedoch mit den Ergebnissen der Originalkartierung (BUSHART und LIEPELT 1990c): Die Weichholzauen sind *relativ* geophytenarm. Bei den Vorkommen im Mündungsgebiet handelt es sich nach Ansicht der zuvor genannten Autoren eher um Reste einer vormals großen

Tab. 6.13: Analyse des Vorkommens von Frühjahrsgeophyten im Untersuchungsgebiet (Frgeo = Frühjahrsgeophyten, Erläuterungen zu den Klassenbezeichnungen der Frühjahrsgeophyten in Kap. 6.3)

Nr	Vegetation	ohne Frgeo	Frgeo in ha	%Anteil Vegtyp am UG	Anteil Frego am Vegtyp	Frgeo 1a +5 in ha	1b,2,3, 4,5a in ha	elect. gesamt	elect nur 1b, 2, 3, 4, 5a
1	Wasserfläche	50,55	0,52	2,76	0,07	0,19	0,33	-0,95	-0,95
2	Kies- oder Sandbank	2,67	0,02	0,15	0,00	0,02	0,00	-0,97	-1,00
3	niedr, Ufervegetation	2,98	0,00	0,16	0,00	0,00	0,00	-1,00	-1,00
4	Kleinseggen-, Kleinröhricht-veg.	0,12	0,00	0,01	0,00	0,00	0,00	-1,00	-1,00
11	Rohrglanzgrasbestand	9,33	1,06	0,56	0,13	0,39	0,67	-0,61	-0,59
12	Schilf-Röhricht	41,29	0,02	2,23	0,00	0,01	0,01	-1,00	-1,00
13	Bestand der Sumpf-Segge	0,81	0,00	0,04	0,00	0,00	0,00	-1,00	-1,00
14	Bestand der Steifen Segge	1,63	0,00	0,09	0,00	0,00	0,00	-1,00	-1,00
15	Bestand der Zierlichen Segge	1,28	0,07	0,07	0,01	0,00	0,07	-0,78	-0,66
16	Hochstaudenflur	18,34	1,64	1,08	0,21	0,33	1,31	-0,68	-0,58
17	Quellflur	0,45	0,00	0,02	0,00	0,00	0,00	-1,00	-1,00
21	Grasflur	31,69	0,48	1,74	0,06	0,03	0,45	-0,93	-0,89
22	Wirtschaftsgrünland	194,03	8,43	10,94	1,07	3,18	5,25	-0,82	-0,81
23	Ackerland	45,50	3,85	2,67	0,49	0,07	3,78	-0,69	-0,53
24	Kahlschlag/Aufforstung	21,21	18,06	2,12	2,29	8,05	10,01	0,04	0,01
25	Halbtrockenrasen (Damm)	0,97	0,01	0,05	0,00	0,00	0,01	-0,95	-0,92
31	Uferweiden	46,82	7,89	2,96	1,00	7,13	0,76	-0,49	-0,89
32	Silberweiden-Auwald u. Salix alba-Ausbildung d. Grauerlen-Auwaldes	112,80	11,89	6,74	1,51	8,92	2,97	-0,63	0,83
33	Grauerlen-Auwald, reine Ausprägung	199,69	51,93	13,59	6,58	31,77	20,16	-0,35	-0,51
41	Grauerlen-Auwald mit Frühj.geophyten	40,93	330,20	20,05	41,85	94,43	235,77	0,35	0,44
42	Grauerlen-Auwald. *Equisetum hymale*	21,33	21,74	2,33	2,76	8,94	12,80	0,08	0,09
43	Grauerlen-Auwald, *Brachypodium pinnatum*	2,22	1,62	0,21	0,21	0,11	1,51	-0,01	0,22
44	Grauerlen-Auwald, *Arum maculatum*	17,74	145,77	8,83	18,48	41,32	104,45	0,35	0,44
51	Ahorn-Eschenwald, *Carex alba* mit *Alnus incana*	1,44	39,69	2,22	5,03	32,82	6,87	0,39	-0,20
52	Ahorn-Eschenwald, *Carex alba*	59,54	50,06	5,92	6,34	32,32	17,74	0,03	-0,21
53	Ahorn-Eschenwald, *Carex alba* mit *Fagus sylvatica*	5,37	11,42	0,91	1,45	7,65	3,77	0,23	-0,05
61	Fichtenforst	118,45	69,89	10,17	8,86	47,95	21,94	-0,07	-0,36
71	Hecke, Gebüsch	13,80	2,15	0,86	0,27	0,46	1,69	-0,52	-0,40
72	Park, Garten	9,52	0,40	0,54	0,05	0,51	-0,11	-0,83	-1,00
	gesamt		1072,40						

Population, die unter den jetzigen feuchteren Standortbedingungen evtl. zurückgehen könnten. Der Vegetationstyp 33, der bei der Abgrenzung von Weichholz- und Hartholzaue eine Sonderstellung einnimmt (vgl. BUSHART und LIEPELT 1990c), nimmt auch bei dieser Auswertung eine Zwischenstellung ein, während die eigentliche Hartholzaue (Vegetationstypen 41 bis 44) eine hohe Geophytenpräferenz zeigt, vor allem hinsichtlich der naturschutzfachlich sehr wertvollen Klassen 1b, 2, 3, 4 und 5.

Aus den Originalkartierungen sind viele Daten nur in Tabellenform eruierbar. Mit diesem Beispiel der ökologische Feuchte, deren Wert jeder Vegetationseinheit zugeordnet ist, soll gezeigt werden, daß bereits die einfache kartographische Darstellung und die quantitative Analyse Auswerteschritte darstellen, die nur mit Hilfe des Computers flächendeckend zu bewältigen sind. Aus den Originaltabellen sind solche über ein einzelnes Thema hinausgehenden Fragestellungen nicht zu beantworten. Weitere Sekundärdatenschichten entstehen durch Verschneidung einer Datenschicht oder nach verschiedenen Kriterien selektierten Elementen. Auch komplexere Kombination der Ausgangsdaten sind möglich, wie in Kap. 7 anhand der Modellierung von Amphibienstandorten demonstriert wird.

Tab. 6.14: Reklassifizierung von Elektivitätswerten von Lebensraumtypen anhand der Früjahrsgeophyten. Differenzierung nach a) Gesamtelektivität und b) Elektivität der naturschutzfachlich besonders wertvollen Klassen (fett hervorgehobene Vegetationsklassen werden bei einer differenzierten Betrachtung des Vorkommens an Frühjahrsgeophyten anders klassifiziert).

gemieden	neutral	präferiert
Wasserfläche	Kahlschlag/Aufforstung	Grauerlen-Auwald mit Frühj.geophyten
Kies- oder Sandbank	Grauerlen-Auwald. Equisetum hymale	Grauerlen-Auwald, arum maculatum
niedr, Ufervegetation	**Grauerlen-Auwald, Brachypodium pinnatum**	**Ahorn-Eschenwald, Carex alba mit Alnus incana**
Kleinseggen-, Kleinröhricht-veg.		Ahorn-Eschenwald, carex alba
Rohrglanzgrasbestand		Ahorn-Eschenwald, carex alba mit Fagus sylvatica
Schilf-Röhricht		
Bestand der Sumpf-Segge		
Bestand der Steifen Segge		
Bestand der Zierlichen Segge		
Hochstaudenflur		
Quellflur		
Grasflur		
Wirtschaftsgrünland		
Ackerland		
Halbtrockenrasen (Damm)		
Uferweiden		
Silberweiden-Auwald u. Salix alba-Ausbildung d. Grauerlen-Auwaldes		
Grauerlen-Auwald, reine Auspräg.		
Fichtenforst		
Hecke, Gebüsch		
Park, Garten		

Aus dem digitalen Geländemodell (DGM) lassen sich ebenfalls wichtige Sekundärinformationen ableiten. Die generellen Möglichkeiten sind in der Literatur hinreichend beschrieben. In der vorliegenden Studie werden daher nur diejenigen Analysen dargestellt, die für bestimmte thematische Fragestellungen verwendet werden. Dies betrifft hauptsächlich die Ermittlung der Hydrodynamik (Kap. 8.4) und die Analyse und Modellierung der Lebensräume der Amphibien (Kap. 7.4).

Abb. 6.11: Darstellungsform der Originalkartierungen am Beispiel der realen Vegetation. Die den Vegetationseinheiten anhängenden Werte, so z.B. die der ökololgischen Feuchte nach ELLENBERG sind nur in Tabellenform nachvollziehbar, aber nicht bilanzierbar.

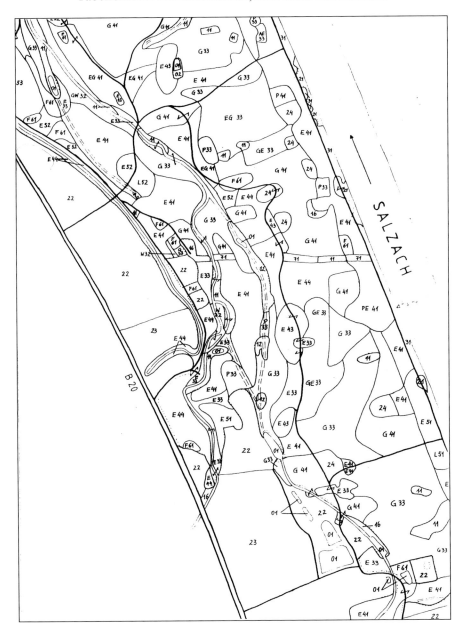

7 INTEGRATION VON PUNKTDATEN IN FLÄCHENHAFTE AUSSAGEN: BEISPIELE DER MODELLIERUNG FAUNISTISCHER DATEN

7.1 INTERPOLATION VON PUNKTDATEN: GENERELLE MÖGLICHKEITEN

Wie in Kap. 2 und 3 an mehreren Stellen argumentiert wurde, ist bei einer Bewertung des Naturraumes der Bedeutung des Landschaftsausschnittes als Lebensraum für Tierarten und Lebensgemeinschaften in vielen Bewertungsverfahren nicht ausreichend Rechnung getragen. Durch die Bindung vieler Tierarten an unterschiedliche Biotoptypen und Strukturen auch in Abhängigkeit von Jahreszeiten und Entwicklungsphasen entsteht ein zusätzlicher Aspekt, der nicht notwendigerweise bei einer floristisch-vegetationskundlichen Betrachtung abgedeckt ist. Bei letzterer Betrachtung sind Biotoptypen auch relativ kleinflächig zu erhalten. Komplexe Lebensräume zu sichern durch den Nachweis ihrer ökologischen Bedeutung kann nur unter auf Grundlage faunistischer Untersuchungen gelingen (JEDICKE 1996). Viele ökologisch relevante Daten sind Punktdaten, da in vielen Fällen flächendeckende Verbreitungen, z. B. von Tieren, schwer zu kartieren sind. Bei Tieren ist die Konstruktion von Lebensräumen besonders aufwendig, wenn zyklische (periodische) und azyklische (episodische) Veränderungen des Standortes die Regel sind. Sämtliche faunistische Kartierungsergebnisse der vorliegenden Studie, außer den Schmetterlingen und Libellen, stellen Punktdaten dar. Dies entspricht auch der üblichen Erfassungsform. Vor allem bei ornithologischen Untersuchungen gelten Punktaufnahmen in kleinräumig strukturierten Gebieten als zielführend (vgl. JEDICKE 1994) und sind weit verbreitet. Geographische Informationssysteme bieten verschiedene Konzepte und Algorithmen, um von einem Punkt auf eine Fläche zu schließen. Für metrische Daten wird häufig hinsichtlich der theoretisch unendlich vielen unbekannten oder zu schätzenden Punkte zwischen den Beobachtungspunkten (*samples*) - auch implizit - die Grundannahme getroffen, daß ein näher gelegener Punkt dem bekannten Punkt bzw. dessen Wertausprägung ähnlicher ist als ein weiter entfernt liegender. Diese Grundannahme ist auch als „Tobler's First Law of Geography" (TOBLER 1970) bekannt und liegt in abgewandelter Form, nämlich nicht deterministisch sondern über eine Zufallsfunktion (vgl. Kap. 4.3) der Geostatistik zu Grunde. Bei qualitativen Daten scheidet eine einfache Interpolation von Punktdaten in diesem Sinne aus, da es bei qualitativen Daten (Bodentyp A vs. Bodentyp B) meist keine sinnvollen Zwischenwerte gibt ([Bodentyp A + Bodentyp B] / 2).

In der einfachsten kartographischen Darstellung von punkthaften Phänomenen wird jedem Beobachtungspunkt zunächst eine einzelne Signatur zugewiesen, so etwa in Abb. 6.9 für die Kartierungspunkte verschiedener Vogelarten. Dies ist für verschiedene (qualitative) Anwendungen zielführend, nicht jedoch wenn flächenhafte quantitative Aussagen in einem gegebenen Kontext abgeleitet werden sollen (vgl. Abb. 7.1) oder einfach ein bestehender visueller Eindruck überprüft werden soll. Die Frage: „Wo befindet sich ..." impliziert in der Regel nicht nur den Wunsch einer koordinatenscharfen Ortsangabe, sondern einen erwarteten relativen Lagebezug zu anderen, punkt-, linien- oder flächenhaften Phänomenen. Häufig sind solche Fragen intuitiv, aus einem Vorwissen heraus oder über den visuellen Eindruck einer Karteninterpretation zu beantworten. Das Erscheinungsbild der Punkte im Raum kann aber auch täuschen, vor allem wenn - wie meist der Fall - keine Normalverteilung der Beobachtungen sowie der Gesamtpopulation gegeben ist. MAURER (1994) zeigt eindrucksvoll für einen großen Datensatz nordamerikanischer Vogelbeobachtungen (*Breeding Bird Survey*), daß aus der explizit räumlichen Analyse der Verteilung über z.B. die Untersuchung der räumlichen Autokorrelation und durch Variographie Abhängigkeiten erster Ordnung und durch Analyse der Residuen überzufällig gerichtete Abweichungen davon bestimmt werden können.

Der relative Standort von Individuen einer Population ist ebenfalls von großem Interesse. Er ermöglicht ein Verständnis, warum und wie Populationen gegliedert, d. h. im Raum aufgeteilt sind. Die Kartographie bietet seit Jahrzehnten standardisierte Methoden, Flächenkarten zu erstellen (Punkt- oder Punktstreuungskarten, Isolinien- oder Isarithmenkarten, Choroplethenkarten, Rasterdarstellungen). In Abhängigkeit vom „Niveau" der Daten (nominal, ordinal, intervall/ratio) können bei der Konstruktion der Flächendarstellungen auch Distanzen, Gewichtungen und zum Teil topologische Beziehungen berücksichtigt werden. Dagegen wird der Raum, in dem die Interpolation erfolgt, als homogen angenommen. Diese Restriktion trifft in der Realität jedoch selten zu. Im vorliegenden Fall der Verbreitung von Tierarten reichen die klassischen Verfahren der Kartographie nicht aus. Nach DAVIS et al. (1990, S. 58ff) lassen sich die bestehenden Verfahren zur Behandlung von (ökologischen) Punktdaten in drei Gruppen einteilen:

1. Punktekarten im weiteren Sinne
2. Choroplethenkarten, die sowohl aus Vektordarstellungen (z. B. Verwaltungsgebiete als räumliche Einheiten) oder Rasterdarstellungen (meist ein synthetisches Raster über das Gebiet gelegt, entweder selbst gewählt oder an Blattschnittgrenzen angelehnt) aufgebaut sein können.
3. Die Erstellung von Verbreitungskarten, die das Verbreitungsgebiet einer Art[35] (*range*) von einem „Nicht-Verbreitungsgebiet" (*non-range*) trennen.

Während erstere Methode nichts weiter als eine Darstellung der Domäne *Punkt* ist und daher verständlicherweise als „the most straightforward technique" bezeichnet wird, handelt es sich bei zweiterer um einen synthetischen Ansatz („*synthetic approach*", DAVIS et al. 1990, MORSE et al. 1981), bei dem die Bezugseinheiten (Raster oder Polygone) meist keinerlei ökologische Bedeutung besitzen und hier ein Informationsverlust gegenüber der Originalkartierung entsteht. Die dritte Technik ist zwar die ökologisch weitaus sinnvollste, jedoch schwer durch objektive Kriterien zu operationalisieren. RAPOPORT (1982) hat acht Kriterien zur Abgrenzung von „range" herausgearbeitet. Aus der Diskussion dieser Möglichkeiten leiten DAVIS et al. ihre Methode der Erstellung des „potential range" ab, auf die im folgenden ausführlicher eingegangen wird.

Die dritte Technik geht stärker in Richtung einer räumlichen Interpolation, auch wenn keine kartographische Darstellung ganz ohne räumliche Interpolation auskommt. Dies ist besonders dann der Fall, wenn sich das Aussageziel auf eine räumliche Erstreckung bezieht, die über das Netz der beobachteten oder gemessenen Einzelstandorte hinausgeht (räumliche Extrapolation). Dies ist ein erklärtes Ziel des *„potential range"*-Ansatzes. In der vorliegenden Studie ist das Untersuchungsgebiet vorgegeben. Es soll daher innerhalb dieses Gebietes eine Interpolation vorgenommen werden, vor allem unter der Prämisse, daß die Beobachtungsdaten unvollständig und

---

[35] in der allgemeinen Form eines Faktors

für einen bestimmten Zeitpunkt gültig sind. Da Interpolation zwischen Stützpunkten verläßlichere Ergebnisse bewirkt als Extrapolation auch außerhalb der Stützpunkte für die randlichen Bereiche des Untersuchungsgebietes, ergibt sich daraus die Forderung, auch Stützpunkte außerhalb dieses zu interpolierenden Gebietes zu verwenden, um eine stabilere Interpolation im gesamten Untersuchungsgebiet zu ermöglichen (STROBL 1995), was im vorliegenden Fall (ebenso wie in den meisten Fällen) nicht möglich ist. STROBL spricht in diesem Fall davon, daß randliche Bereiche dann eigentlich extrapoliert werden. Dies ist pragmatisch oft nicht anders lösbar, wird jedoch meist nicht erwähnt.

7.2   VON „POTENTIAL RANGE" UND HSI ZU GROSSMASS-STÄBIGEN HABITATKARTEN

Aufgrund der Diskussion der zuvor kurz aufgeführten Möglichkeiten wird eine Methode gewählt, die es ermöglicht, qualitative Aspekte in die Ableitung flächenhafter Aussagen aus Punktdaten einzubringen. Einer der Ansatzpunkte ist die Konstruktion von *potentiellen Verbreitungskarten*. Dieser Ansatz wurde ursprünglich für mittel- bis kleinmaßstäbige Betrachtungen konzipiert. Das Verfahren wird jedoch in mehrereren Punkten abgewandelt, so daß der Name „potential range" (BUSBY 1988, DAVIS et al. 1990) nicht mehr zutrifft. Vielmehr handelt es sich bei den zu erstellenden Karten um **Habitatkarten** oder **Habitateignungskarten**. Letzterer Begriff der *habitat suitability* ist jedoch sehr stark mit dem standardisierten HSI-Ansatz (vgl. Kap. 3.7) verbunden und wird mit der arithmetischen Verknüpfung kleinmaßstäbiger kardinaler Verbreitungsparameter einer Art assoziiert. Für die vorliegende Untersuchung scheint der allgemeinere Begriff *Habitatkarte* geeigneter.

Ausgehend von autökologischen Kenntnissen aus der Literatur und empirischen Beobachtungen wird unter der Annahme einer hohen Korrelation zwischen bekannten Habitatparametern und den ökologischen Ansprüchen einer Art deren Präferenzen und Meiden der verschiedenen flächenhaften Kartiereinheiten konstruiert. Dabei werden die punkthaften Beobachtungsdaten mit flächenhaft vorliegenden Daten der Habitatausprägung (Vegetation, Struktur, Landnutzung, Boden, Höhenlage etc.) verschnitten. Die Korrelationen zwischen den Beobachtungspunkten und den einzelnen Datenschichten werden überprüft und die Datenschichten mit einem hohen (signifikanten) Erklärungsgehalt an der Verteilung einer Art zur Erstellung eines Verbreitungsmodelles herangezogen. In der vorliegenden Studie eignen sich aufgrund eines Literaturvergleichs vor allem die Strukturtypen und weitere Merkmale der Fundorte (Reale Vegetation, Boden, Hangneigungsklasse ...) sowie die theoretisch benötigten Strukturtypen. Wie in Abbildung 7.1 illustriert, besteht bei einer punktscharfen Weiterverarbeitung geographischer Koordinaten die Gefahr der Fehlzuweisung zu einer anderen Kartierungseinheit in Abhängigkeit der Aufnahmegenauigkeit. Daher wird letztere empirisch ermittelt und die Beobachtungspunkte auf eine Fläche mit dem Radius der zu erwartenden Unschärfe umgelegt. Jedem Beobachtungspunkt wird also eine Fläche in Form eines Kreises zugeordnet, dessen Mittelpunkt der Beobachtungspunkt ist. Die Auswirkung der Verwendung unterschiedlicher Radien wird in Kap. 7.3 kurz am Beispiel des Pirol diskutiert.

Die „gebufferte" Fläche wird mit denjenigen Strukturen verschnitten, die bestimmte Anforderungen an die Ausstattung des Lebensraumes erfüllen. Das Ergebnis ist im Gelände auf seine Plausibilität zu überprüfen und gegebenenfalls die Ableitungsvorschriften zu verändern, bis durch immer verfeinerte Verfahren potentielle Verbreitungskarten entstehen (d'OLEIRE-OLTMANNS 1991, SCHUSTER 1990, STOMS et al. 1992). Auch mit anderen Grunddatenschichten werden Verschneidungen durchgeführt und die Ergebnisse statistisch getestet, welche Datenschichten auf bestimmten Signifikanzniveaus Aussagen ermöglichen.

Generelle Vorgangsweise des modifizierten „potential range"-Ansatzes (für verschiedene Tierarten anzupassen)

1. Jedem Beobachtungspunkt wird eine (sehr kleine) Kreisfläche zugeordnet, deren Radius für jede Art empirisch (durch statistische Tests) und durch Expertenbefragung in Abhängigkeit der Tierart, deren Autökologie, Aufnahmegenauigkeit und -methode, Betrachtungsmaßstab usw. ermittelt wird.
2. Buffern der Beobachtungspunkte entsprechend des durch Expertenbefragung oder empirisch ermittelten Radius.
3. Die resultierenden Kreisflächen werden mit flächenhaft vorliegenden Daten der Habitatausprägung (Vegetation, Struktur, Landnutzung, Baumarten, Höhenlage, Hangneigungen etc.) verschnitten.
4. Für alle Klassen wird ein Quotient aus dem angetroffenen prozentualen Flächenanteil und dem zu erwartenden Flächenanteil gebildet bzw. das Ergebnis über einen *electivity*-index in einen Wertebereich von -1 bis +1 transformiert.
5. Die Ergebnisse werden mit den aus der Literatur bekannten *theoretisch benötigten* Strukturen verglichen.
6. Die Korrelationen zwischen den flächenhaften Datenschichten und dem Vorkommen einer Tierart in Form von Kreisflächen werden mittels Chi^2-Test überprüft und die Datenschichten mit einem hohen (je nach Tierart, Betrachtungsmaßstab und Aufnahmegenauigkeit auf dem 5%- oder 1%- Signifikanzniveau) Erklärungsgehalt an der Verteilung einer Art zur Erstellung eines Verbreitungsmodelles berücksichtigt.
7. Der ermittelte Elektivitätsindex wird entweder direkt als Datenschicht ähnlich dem *Habitat Suitability Index* (HSI) übernommen oder in ein drei- bis fünfstufiges ordinales Niveau klassifiziert.
8. Aus den flächenhaft vorliegenden Ergebnissen für eine Art werden dreistufige Karten erstellt mit den Klassen *nicht geeignet, geeignet, essentielles Habitat*.
9. Das Ergebnis ist im Gelände auf seine Plausibilität zu überprüfen. Gegebenenfalls sind die Ableitungsvorschriften zu verändern, bis durch immer verfeinerte Verfahren potentielle Verbreitungskarten entstehen (vgl. d'OLEIRE-OLTMANNS 1991).

Bei der praktischen Umsetzung ergeben sich jedoch Probleme: Man kann nicht für alle Arten gleich vorgehen. Für einige Artengruppen, wie z. B. den Libellen, scheint die beschriebene Vorgangsweise zu genügen. Bei Tierarten wie z. B. dem Graureiher müssen dagegen verschieden genutzte Gebiete unterschieden werden. Eine reine Hochrechnung auf zur Verfügung stehende Brutgebiete aufgrund der vorliegenden zwei Beobachtungen im Untersuchungsgebiet ergäbe hunderte von potentiellen Brutgebieten. Hier müssen zusätzliche Kriterien aus der Literatur über theoretisch benötigte Habitate miteinfließen.

Dieser Ansatz lehnt sich auch an die Erfahrungen der im Nationalpark Berchtesgaden entwickelten und seit mehreren Jahren eingesetzten Methode (SCHUSTER 1990, d'OLEIRE-OLTMANNS 1991) an. Die vorgestellte Methode erscheint aufgrund der bisherigen Erfahrungen im vorliegenden Projekt sowie im Nationalpark Berchtesgaden als sinnvoll, wenn auch problematisch. Man darf die Ergebnisse der Modellbildung nicht mit flächenscharfen Daten verwechseln, sondern muß sie im Sinne einer *fuzzy logic* als Antreff"wahrscheinlichkeiten" (nicht im stochastischen Sinne) betrachten. In der vorliegenden Studie wird darauf verzichtet, diese „Antreffwahrscheinlichkeiten" in Prozenten anzugeben, vielmehr werden daraus anschließend ordinale Aussagen abgeleitet.

Abb. 7.1: Schematische Darstellung von punktscharfer und gebufferter Verschneidung. Der gleiche Punkt ist links mit einem Kreuzsymbol dargestellt und mit einer Distanzfläche („buffer") mit einem Radius von 25m versehen (rechts). Bei koordinatenscharfen Punkt-Flächen-Verschneidungen (links) mit einer „harten" Entscheidung ist eine gewisse Gefahr der Fehlzuweisung gegeben. Bei einer flächenhaften Verschneidung (rechts) fließen die Anteile der angrenzenden Polygone mit ein.

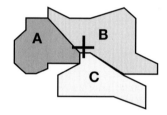
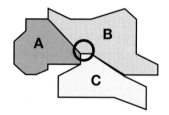

Typ	„Anteil" bei Punktverschneidung
A	0%
B	100%
C	0%

	Anteil am „Buffer"
A	15%
B	65%
C	20%

Prinzipiell wäre eine Punkt-Flächenverschneidung möglich, doch erscheint eine punktscharfe Modellierung angesichts der Aufnahmegenauigkeit als bedenklich, etwa bei Vögeln und Amphibien, wo teilweise nach Gehör kartiert wird und daher einige Zehner von Metern Abweichung möglich sind. Dies ist eine etwas andere Vorgangsweise als im Nationalpark Berchtesgaden angewandt wird (vgl. SCHUSTER 1990, d'OLEIRE-OLTMANNS 1991), wo Punktbeobachtungen eindeutig einer kartierten Fläche zugeordnet werden.

Die in Kap. 7.3 und 7.4 folgenden Tabellen stellen die für die jeweiligen Arten als relevant betrachteten Datenschichten (bei den Vögeln vor allem *Strukturtypen* und *Lebensraumtypen*) sowie ihren Erklärungsgehalt am Vorkommen der jeweiligen Arten dar. Dabei werden die Anteile der Kartierungseinheiten an der Summe der gebufferten Kreise (*beobachteter Wert*) mit dem zu erwartenden Wert einer theoretisch angenommenen Gleichverteilung (*Nullhypothese*) gegenübergestellt. Ein einfacher Präferenzfaktor (*beobacht. Wert/erwart. Wert*) gibt Aufschluß über die Präferenz einer einzelnen Klasse. Ein Wert unter 1 bedeutet ein Meiden, ein Wert größer als 1 eine Bevorzugung. In dieser Skala sind jedoch schwer Grenzwerte festzulegen, ab welchem Schwellwert signifikante Präferenz herrscht, da die mögliche Werteskala von 0 bis $+\infty$ reicht. Statt einer logarithmischen Umformung des Wertebereiches wie beim HSI wird auf den Elektivitätsindex (*electivity index*, RICKLEFS 1979) zurückgegriffen (vgl. Kap. 6.4). Einer der kritischen Punkte der faunistischen Analyse ist die Ermittlung des Zusammenhangs des Vorkommens einer Tierart (abhängige Variable) und verschiedener Flächendatenschichten (unabhängige Variablen). Vielfach stehen nicht alle relevanten Daten flächenhaft zur Verfügung, was in der Endaussage berücksichtigt werden muß. Auch besteht die Gefahr von Scheinkorrelationen (vgl. VERBYLA and CHANG 1994).

7.3 HABITATKARTENERSTELLUNG FÜR LEITARTEN DER AVIFAUNA

Wie in Kap. 3.7 kurz dargestellt, werden Vögel in vielen Bewertungsverfahren - wenn überhaupt faunistische Aspekte behandelt werden - verwendet und es gibt überaus zahlreiche Untersuchungen zu autökologischen und populationsökologischen Aspekten von Vögeln. Auen haben als artenreichstes Waldbiotop Mitteleuropas mit relativ hohen Siedlungsdichten eine überregionale Bedeutung für den Artenbestand von Vögeln (BEZZEL 1982). In der vorliegenden Untersuchung sind 139 Vogelarten nachgewiesen (WERNER 1990), wobei einige Arten bzw. Artengruppen (Gänsesäger, Greifvögel, Kiesbrüter, Eisvogel, Spechte, Schwirle, Pirol) quantitativ erfaßt wurden.

Aufgrund ihrer Spezialisierung an das Leben an den Stämmen hoher Bäume in morphologischer sowie in nahrungsökologischer Hinsicht bevorzugen Spechte alte und totholzreiche Bestände. Da solche Bestände in heutigen Wirschaftswäldern mit kurzen Umtriebszeiten fehlen, gelten Spechte als Indikatoren naturnaher Waldzustände (SCHERZINGER 1982). Nach NITSCHE und PLACHTER (1987) werden Grauspecht, Grünspecht, Buntspecht und Kleinspecht der Gruppe charakteristischer auwaldbesiedelnder Vögel zugerechnet. Zusammen mit dem Pirol, der die aufgelockerten Laub- und Mischwälder des Tieflandes bevorzugt und ebenfals in Au- und Bruchwäldern seine höchsten Siedlungsdichten erreicht (FEIGE 1986), werden diese Arten in der vorliegenden Studie als Leitarten verwendet und ihr Vorkommen im folgenden analysiert. Das Vorkommen von Grauspecht (*Picus canus*) und Grünspecht (*Picus viridis*) muß insgesamt als zu gering angesehen werden, um die gewählte Methode der Erstellung von Habitatkarten sinnvoll anwenden zu können. Auch sind beide Arten nur bedingt Indikatoren für die Naturnähe und den Zustand der Auwälder. Die offenen Strukturen, die beide Arten bevorzugen, können auch durch Rodung, Wege etc. entstehen (WERNER und WINDING 1988, WEID 1987).

Tab. 7.1: Leitarten der Avifauna: Vorkommen im Untersuchungsgebiet und im häufig verwendeten Ausschnitt zwischen der Saalachmündung und Laufen („Südteil")

Vogelart	kartierte Brutpaare im UG	Brutpaare Südteil[36]
Kleinspecht	55	19
Buntspecht	(nur Südteil kartiert)	74
Grauspecht	15	3
Grünspecht	11	3
Pirol	79	29

---

[36] Als Südteil wird der häufig dargestellte Abschnitt des Untersuchungsgebietes zwischen der Saalachmündung bzw. Saalach-KM 2 bis Laufen bezeichnet.

7.3.1. Pirol

Der **Pirol** (*Oriolus oriolus*) bevorzugt lichte Niederungswälder und nähert sich im Untersuchungsgebiet seiner geographischen Verbreitungsgrenze. In randalpiner Lage sind die Auwälder ein Verbreitungsschwerpunkt (FEIGE 1986). Die Siedlungsdichte im Untersuchungsgebiet wird von WERNER und WINDING (1988) mit 5,8 bis 6,3 Brutpaare (BP) pro km^2 angegeben. Wenn statt der vorgegebenen Abgrenzung des Untersuchungsbebietes nur der Lebensraum *Aue im weiteren Sinne* herangezogen wird und intensiv landwirtschaftlich genutzte Flächen, die teils weit ins Untersuchungsgebiet vordringen, und Fichtenforste ausgegrenzt werden, erhöhen sich die Werte für den Pirol auf bis zu 7,5 BP/km^2.

Zuerst werden vergleichende Studien zur empirischen Ermittlung des Buffer-Radius angestellt, der die Größe der Kreisfläche um einen Beobachtungspunkt festlegt. Die Beobachtungen sind durch eine gewisse Inhomogenität der Aufnahmeart (Beobachtung, Verhören, ...) und durch unterschiedliche Aufnahmegenauigkeiten (dichter Wald bis Offenland) sowie der begrenzten maßstäblichen Genauigkeit der Kartierungsunterlagen (1:5000 Flurkarten, kaum Orientierungsmöglichkeiten innerhalb des Auwaldes) und der kartographischen Darstellung in den Kartierungen (1:20000, Punktsignatur mit 2,5 mm Radius, = 50 m) gekennzeichnet[37]. Es werden daher im folgenden verschiedene Radien für die Datenschicht Strukturtypen angewandt und die jeweiligen Elektivitätswerte berechnet..

Zur besseren Illustration werden diese Elektivitätswerte noch einmal graphisch gegenübergestellt. Es zeigt sich, daß die Strukturtypen mit einem großen Anteil am Untersuchungsgebiet (Klassen 74, 81, 73, 52) tendenziell geringer von der Wahl des Radius beeinflußt werden als seltenere Klassen. Insgesamt ist mit Ausnahme der

Tab. 7.2: Berechnung des electivity-Index für den Pirol und die Datenschicht Strukturtypen bei drei unterschiedlichen Buffer-Radien (35, 50 und 100 m)

Nr.	Strukturtyp	elect., r = 35 m	elect., r = 50 m	elect., r = 100 m
74	Baum, Altholz, gleichalt	0,12	0,12	0,07
73	Stangenholz	0,00	0,02	-0,03
81	Baum, Altholz, gestuft	0,05	0,05	0,07
82	off. Struktur, lück. Baumschicht	0,41	0,32	0,16
72	Dickung, Jungwuchs	-0,03	-0,08	-0,07
52	Wirtsch.grünland int.	-0,43	-0,46	-0,43
41	Röhricht	0,30	0,25	0,15
61	Damm	0,14	0,18	0,24
11	Stillgewässer	-0,16	-0,19	-0,22
13	Bach, Graben	0,27	0,20	0,04
43	Hochstaudenflur	0,35	0,21	0,17
71	Aufforstung, gleichalt.	-0,12	-0,11	-0,29
75	Baumholz beweidet	0,04	0,10	0,11
12	Bach/Fluß	0,37	0,56	0,18

---

[37] Dies ist keine Kritik an den Originalkartierungen von WINDING und WERNER (1988) und WERNER (1990). Diese Situation ist vielmehr bei einem kritischen Vergleich der in der wissenschaftlichen Literatur angegebenen Genauigkeiten von Aufnahmetechniken (vgl. WIENS 1989, BIBBY et al. 1992, JEDICKE 1994) kennzeichnend für ornithologische Studien.

Abb. 7.2: Darstellung des electivity-Index für den Pirol und die Datenschicht Strukturtypen bei unterschiedlichen Buffer-Radien (35, 50 und 100 m)

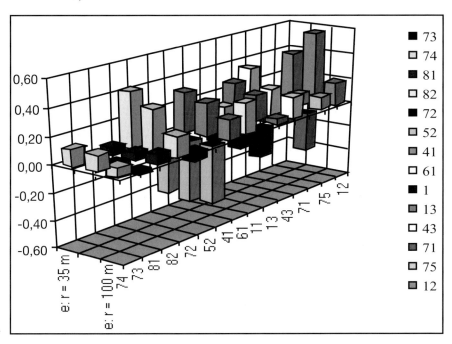

Klassen 61 und 71 eine leichte Tendenz zur Abnahme der Werte in Richtung 0 festzustellen, d. h., daß positive Werte eher sinken und negative Werte eher steigen.

Aus den Darstellungen ergibt sich, daß für die weitere Vorgangsweise ein Radius von 35 m gewählt wird, da nur hierbei eine Signifikanz erreicht wird. Versuche mit kleineren Bufferradien als 35 m ergeben eine ähnliche Situation wie die in Kap. 7.2 beschriebene punktscharfe Verschneidung. Die Resultate der konstruierten Kreisflächen nähern sich

Tab. 7.3: Pirolvorkommen und wichtigste Strukturtypen bei 35 m buffer-Radius, Summe der Abweichungsmaße chi^2 ist auf 5% Niveau signifikant (df = 6)

Strukturtyp	Häufig	Fläche (ha)	St.typ gesamt	beobacht. Wert in %	erwart Wert	Präferenz Faktor	elec-tivity	hi^2-Abweich
Baum, Altholz, gleichalt	71	11,76	572,35	39,18	30,68	1,28	0,12	2,35
Stangenholz	43	4,47	278,52	14,89	14,93	1,00	0,00	0,00
Baum, Altholz, gestuft	16	3,13	174,81	14,43	9,37	1,54	0,21	2,73
off. Struktur, lück. Baumschicht	8	1,50	38,59	5,00	2,07	2,42	0,41	4,15
Dickung, Jungwuchs	21	1,38	90,26	4,60	4,84	0,95	-0,03	0,01
Wirtschaftsgrünland int.	12	1,25	194,67	4,16	10,44	0,40	-0,43	3,78
Röhricht	19	1,10	36,90	3,66	1,98	1,85	0,30	1,43
Stillgewässer	8	0,61	52,27	2,03	2,80	0,73	-0,16	-
Bach, Graben	16	0,52	18,70	1,73	1,00	1,73	0,27	-
Hochstaudenflur	6	0,52	15,72	1,73	0,84	2,06	0,35	-
Aufforstung, gleichalt.	5	0,41	32,55	1,37	1,74	0,78	-0,12	-
(unter 0,4 ha nicht dargestellt)								
gesamt:		30,017	1865,47					14,45

Tab. 7.4: Pirolvorkommen und wichtigste Lebensraumtypen bei 35 m buffer-Radius, Summe der Abweichungsmaße chi^2 ist auf 1% Niveau signifikant (df = 7)

Lebensraumtyp	Häufigk.	Fläche in ha	beobacht. Wert in %	erwart Wert	Faktor	electivity	chi^2- Abweich
Hartholzaue	58	9,65	25,59	23,4	1,09	0,04	0,20
Weichholzaue	45	6,19	18,41	11,7	1,57	0,21	3,85
Laubholzforst	39	3,79	10,05	11,9	0,84	-0,08	0,29
Aufforstung	22	1,77	4,69	6,9	0,68	-0,19	0,71
Grünland	12	1,26	3,34	11	0,30	-0,53	5,33
Niederungswald	7	0,83	2,20	7,1	0,31	-0,53	3,38
Nadelholzforst	10	0,63	1,67	7,5	0,22	-0,64	4,53
Feuchtgebüsch	6	0,21	0,56	2,6	0,21	-0,65	1,61
gesamt:		37,713	77,67				19,7

Tab. 7.5: Pirolvorkommen und wichtigste Klassen der realen Vegetation bei 35 m buffer-Radius (Erklärung der Klassen vgl. Kap. 6.3), Summe der Abweichungsmaße chi^2 ist auf 1% Niveau signifikant (df = 6)

Veg.	Häuf.	Fläche ha	% d.Kreisfl.	erwart. Wert	Faktor	electivity	chi^2-Abweich.
41	58	7,56	25,19	20	1,26	0,11	1,34
33	68	6,73	22,42	13,6	1,65	0,24	5,72
32	31	3,4	11,33	6,7	1,69	0,26	3,20
44	18	2,48	8,26	8,8	0,94	-0,03	0,03
22	12	1,26	4,20	10,9	0,39	-0,44	4,12
42	8	1,18	3,93	2,3	1,71	0,26	1,16
61	16	0,92	3,06	10,2	0,30	-0,54	4,99
11	13	0,68	2,27	0,6	3,78	0,58	-
16	8	0,6	2,00	1,1	1,82	0,29	-
21	12	0,6	2,00	1,7	1,18	0,08	-
51	5	0,44	1,47	2,2	0,67	-0,20	-
12	7	0,42	1,40	2,2	0,64	-0,22	-
24	9	0,41	1,37	2,1	0,65	-0,21	-
52	4	0,41	1,37	5,9	0,23	-0,62	-
31	5	0,2	0,67	3	0,22	-0,64	-
			30,017				20,56

jenen der Handhabung der Beobachtungen als Punktinformation an, was angesichts der beschriebenen Aufnahmeunschärfe nicht sinnvoll erscheint. In den folgenden beiden Tabellen wird das Ergebnis der Verschneidung des gebufferten Pirolvorkommens mit den Datenschichten *Strukturtypen* und *Lebensraumtypen* gezeigt.

Die Berechnungen ergeben, daß die Datenschicht *Strukturtypen* ein 5%-Signifikanzniveau, die Datenschichten *Lebensraumtypen* und *reale Vegetation* ein 1%-Signifikanzniveau der Abweichung von einer theoretischen (zu erwartenden) Verteilung aufweisen. Die Ergebnisse sind keinesfalls so zu interpretieren, daß das Vorkommen des Pirols generell weniger von der Struktur als von der Vegetation und den Lebensraumtypen abhängt. Es bezieht sich *ausschließlich* auf die konkreten Kartierungen, die wahrscheinlich im Falle der Strukturtypen für den Pirol zu grob ist oder nicht nach den für diese Tierart relevanten Kriterien differenziert. Dies wird bereits im Originalbericht der Kartierung (BUSHART und LIEPELT 1990b) angedeutet. Da das Vorkommen der *Strukturtypen* mit der Datenschicht *Lebensraumtypen* hoch korreliert ist (vgl. Kap. 6.3), wird zur Konstruktion der Verbreitungskarten nur die Datenschicht *Lebensraumtypen* verwendet. Die Abbildung 7.3 zeigt für einen Ausschnitt des Untersuchungsgebietes im Bereich der Surmündung (ca. Flußkilometer 55-53) die Bewertung und Habitateignung zur Erstellung von Verbreitungskarten auf Basis der Lebensraumtypen.

Abb. 7.3: Vorkommen des Pirol im Südteil des UG (euklidische Distanzen) und Habitatanalyse

7.3.2 Buntspecht

Der Buntspecht (*Picoides major*) ist wegen seiner, im Vergleich zu den anderen Spechtarten, geringen Spezialisierung als eine ökologisch plastische Art zu betrachten (SCHERZINGER 1982, WERNER und WINDIG 1988). Er besiedelt neben allen Laub- und Nadelwäldern auch Parks und Feldgehölze. Aus diesem Grund ist er im randalpinen Bereich die häufigste Spechtart (WERNER und WINDIG 1988). Der Buntspecht kann daher nicht wie andere Arten durch sein Antreffen in einem bestimmten Habitat als Indikator herangezogen werden. Rückschlüsse auf die Biotopqualität lassen sich jedoch aufgrund der Siedlungsdichten treffen. Mit den Möglichkeiten der quantitativen Analyse, die in einem GIS zur Verfügung stehen, erscheint es möglich, differenzierte Aussagen aufgrund dieser Siedlungsdichten zu treffen. Die höchsten Dichten werden nach den Angaben in der Literatur in Naturwaldrelikten, Altholzbeständen und gut gestuften, strukturreichen Wirtschaftswäldern erreicht, wobei totholzreiche Bestände bevorzugt werden (SCHERZINGER 1982).

Tab. 7.6: Buntspechtvorkommen und wichtigste Lebensraumtypen bei 35 m buffer-Radius, Summe der Abweichungsmaße chi^2 ist auf 1% Niveau signifikant (df = 5)

LEB	Lebensraumtyp	Häufig.	Fläche	% d Kreisfl	erwart Wert	Faktor	electiv.	chi^2-Abweich
ABB	Hartholzaue	58	10,54	37,00	23,40	1,58	0,23	7,90
ABA	Weichholzaue	41	4,74	16,64	11,70	1,42	0,17	2,08
ABC	Niederungswald	18	3,5	12,29	7,10	1,73	0,27	3,79
ADA	Laubholzforst	25	2,9	10,18	11,90	0,86	-0,08	0,25
EBA	Grünland	25	1,91	6,70	11,00	0,61	-0,24	1,68
EAB	Aufforstung	15	1,22	4,28	6,90	0,62	-0,23	0,99
CBA	Röhricht	16	0,73	2,56	2,90	0,88	-0,06	-
CAB	Fließgewässer	18	0,68	2,39	1,40	1,70	0,26	-
CD	Hochstaudenflur	7	0,35	1,23	1,10	1,12	0,06	-
BC	Gebüsch	2	0,18	0,63	0,04	15,80	0,88	-
BE	Gehölzgruppe	5	0,16	0,56	1,10	0,51	-0,32	-
			28,49					16,69

Tab. 7.7: Buntspechtvorkommen und wichtigste Strukurtypen bei 35 m buffer-Radius, Summe der Abweichungsmaße chi^2 ist auf 0,1% Niveau signifikant (df = 6)

Nr	Strukturtyp	Häufig.	Fläche	St.typ ges.	% d Kreisfl	Faktor	elect	Abweich
74	Baum, Altholz, gleichalt	71	10,8	572,35	37,91	1,24	0,11	1,70
81	Baum, Altholz, gestuft	36	6,08	174,81	21,34	2,28	0,39	15,29
73	Stangenholz	24	3,21	278,52	11,27	0,75	-0,14	0,90
52	Wirt.grünland, int.	26	2,11	194,67	7,41	0,71	-0,17	0,88
75	Baumholz, beweidet	5	1,41	21,89	4,95	4,23	0,62	12,21
41	Röhricht	16	0,73	36,9	2,56	1,29	0,13	0,17
71	Aufforstung, gleichalt.	5	0,69	32,55	2,42	1,39	0,16	0,27
82	off. Strukt, lück. Baumschicht	6	0,66	38,59	2,32	1,12	0,06	
13	Bach, Graben	13	0,42	18,7	1,47	1,47	0,19	
72	Dickung, Jungwuchs	10	0,41	90,26	1,44	0,30	-0,54	
43	Hochstaudenflur	7	0,35	15,72	1,23	1,46	0,19	
12	Bach/Fluß	4	0,24	7,97	0,84	1,96	0,32	
			28,49	1865,47				31,42

Die Berechnungen ergeben, daß ebenso wie beim Pirol beide Datenschichten hinsichtlich des Vorkommens relevant sind. Dabei sind wiederum die Strukturtypen auf einem sehr hohen (0,1%)-Niveau signifikant und werden für die Erstellung von Verbreitungskarten berücksichtigt. Die Elektivität ist für die flächendominante Klasse 74 (*Baum, Altholz, gleichaltrig*) positiv, jedoch nur sehr knapp über dem Wertebereich -0,1 - 0,1, der in der vorliegenden Studie als indifferent gehandhabt wird. Das Problem dieser gering differenzierten Klasse, die fast ein Drittel des engeren Untersuchungsgebietes („*Auwald*") einnimmt, ist bereits in Kap. 6.3 angesprochen worden. Dennoch zeigen die Ergebnisse, daß diese Datenschicht einen hohen Erklärungsgehalt am Vorkommen des Buntspechts aufweist.

7.3.3 Kleinspecht

Als eine weitere Leit- oder Charakterart (vgl. Kap. 3.7) wurde der Kleinspecht (*Dendrocopus minor*) gewählt. Sein Habitat beinhaltet lichte Wälder mit altem Laubbäumen und hohem Totholzanteil. Als schwächster Hacker unter den Spechten bevorzugt diese Art Weichhölzer wie Weiden, Pappeln und Erlen. Die in der Literatur angegebenen Siedlungsdichten liegen meist bei 1 Brutpaar (BP) pro km^2, in Auwäldern bei 2,7 bis 3,8 BP pro km^2. In der vorliegenden Studie liegt der Wert mit über 4 BP/ha (je nach Abgrenzung) damit sehr hoch. Die Ergebnisse bestätigen, daß sich der Kleinspecht aufgrund der starken Korrelation zwischen Siedlungsdichte und Biotopgüte (BIRKEL et al. 1987) als Leitart eignet. So wird in Kap. 8.3 auch der Zusammenhang des Vorkommens mit der mit Hilfe des GIS konstruierten Strukturdiversität untersucht. Die beiden folgenden Tabellen zeigen die Ergebnisse der Verschneidung der gebufferten Kreisflächen um die Beobachtungspunkte mit den beiden Datenschichten *Strukturtypen* und *Lebensraumtypen*.

Tab. 7.8: Kleinspecht und Lebensraumtypen bei 35 m Buffer-Radius, Summe der Abweichungsmaße chi^2 ist auf 0,1% Niveau signifikant (df = 7)

Lebensraumtyp	Häuf	Fläche	% d Kreisfl.	erw. Wert	Faktor	electivity	chi^2-Abweich
Hartholz-Auwald	38	6,92	32,68	23,40	1,40	0,17	3,68
Weichholz-Auwald	33	4,27	20,17	11,70	1,72	0,27	6,12
Laubholzforst	27	3,53	16,67	11,90	1,40	0,17	1,91
Aufforstung	13	1,28	6,04	6,90	0,88	-0,07	0,11
Röhricht	12	0,71	3,35	2,90	1,16	0,07	0,07
Nadelholzforst	10	0,66	3,12	7,60	0,41	-0,42	2,64
Niederungswald	5	0,53	2,50	7,10	0,35	-0,48	2,98
Grünland	8	0,45	2,13	11,00	0,19	-0,68	7,16
		21,18					24,67

Tab. 7.9: Kleinspecht und Strukturtypen bei 35 m Buffer-Radius, Summe der Abweichungsmaße chi^2 ist auf 0,1% Niveau signifikant (df = 7)

Nr Strukturtyp	Häuf.	Fläche	Strukturtyp gesamt	% der Kreisfl.	erwart. Wert	Faktor	electiv	chi^2-Abweich
74 Baum, Altholz, gleichalt	57	8,71	572,35	41,13	30,68	1,34	0,15	3,56
81 Baum, Altholz, gestuft	22	3,96	174,81	18,70	9,37	2,00	0,33	9,29
73 Stangenholz	21	2,46	278,52	11,62	14,93	0,78	-0,12	0,73
72 Dickung, Jungwuchs	13	1,4	90,26	6,61	4,84	1,37	0,15	0,65
41 Röhricht	11	0,7	36,9	3,31	1,98	1,67	0,25	0,89
75 Baumholz, beweidet	4	0,5	21,89	2,36	1,17	2,02	0,34	1,21
52 Wirt.grünland, int.	8	0,45	194,67	2,13	10,44	0,20	-0,66	6,62
82 off. Struktur, lück. Baumschicht	6	0,4	38,59	1,89	2,07	0,91	-0,05	
13 Bach, Graben	12	0,3	18,7	1,42	1,00	1,42	0,17	
61 Damm	7	0,14	42,59	0,66	2,28	0,29	-0,55	
gesamt		21,17	1865,47					22,95

Den beiden Tabellen ist zu entnehmen, daß ebenso wie beim Buntspecht beide Datenschichten hinsichtlich des Vorkommens relevant sind. Beim Kleinspecht erweisen sich beide untersuchten Datenschichten als auf einem sehr hohen (0,1%)-Niveau signifikant. Dabei bestätigt sich, daß die Weichholzaue stärker präferiert wird als beim Buntspecht. Auffällig ist die starke Meidung des Lebensraumtypes Grünland (electivity = -0,66) und in einer allgemeinen Tendenz von sonstigen offenen Strukturen. Dieser Wert für Grünland ist nicht so zu interpretieren, daß er dort kaum angetroffen wird (dies ist, wie auch bei den anderen Spechten und dem Pirol nicht zu erwarten), sondern daß er die Grenzbereiche des Auwaldes hin zum angrenzenden Grünland meidet, und zwar stärker als der Buntspecht (Lebensraumtyp Grünland electivity = -0,24). Dieses Meiden, nicht nur von Grünland, sondern offensichtlich auch von den angrenzenden Gebieten, schlägt sich unmittelbar in einem geringeren Flächenanteil der Klassen bei der Verschneidung nieder. Es sei an dieser Stelle darauf hingewiesen, daß dies als ein zusätzlicher Vorteil dieser Methode gegenüber der punktscharfen Verschneidung angesehen werden kann, da bei einer punktscharfen Verschneidung im vorliegenden Fall fast nie ein Beobachtungspunkt (weder Buntspecht noch Kleinspecht) im Grünland zu liegen kommt und keine Aussagen über eine Präferenz der an diese Lebensraumtypen angrenzenden Flächen erfolgen könnte.

Abb. 7.4: Präferenz und Meiden, Beispiel Kleinspecht und Lebensraumtypen. Differenziert werden kann mit dieser Methode auch der Grad der Ablehnung, d. h., daß Habitate, die nicht geeignet sind, in einem unterschiedlichen räumlichen Wirkungsbereich gemieden werden.

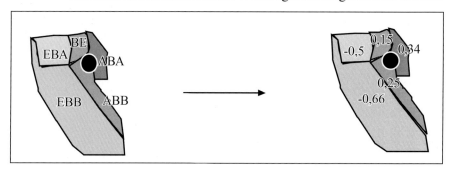

Baumarten

Da für die Spechte und in besonderem Maße für den Kleinspecht die Baumart ein elementarer ökologischer Faktor darstellt, die notwendigen Informationen aber nicht in Form einer eigenen Kartierung vorliegen, wurde versucht, eine Datenschicht *Baumarten* aus der Vegetationskartierung abzuleiten und mit dem Vorkommen des Kleinspechtes zu verschneiden. Dies stößt jedoch auf kartierungsspezifische Probleme, da die Baumarten nicht als homogene Polygone vorliegen, sondern lediglich innerhalb der Kartiereinheiten der realen Vegetation Zusatzangaben über die vorkommenden Baumarten bestehen. So bedeutet z. B. **44GE** in der Originalkartierung, daß **G**rauerle und **E**sche in der spezifischen, abgegrenzten Einheit des Vegetationstyps **44** (*Grauerlen-Auwald, Arum maculatum Ausprägung*) vorkommen, jedoch ohne daß eine quantitative Angabe über deren Zusammensetzung gemacht werden kann. Es wird daher im folgenden versucht, jeder pro Kartierungseinheit genannten Baumart die ganze Polygonfläche zuzuweisen, im Beispielsfall also sowohl der Grauerle als auch der Esche. Rechnerisch erhält durch diese Mehrfachverwendung das Untersuchungsgebiet weit mehr als 100 % der Fläche.

Anschließend wird diese konstruierte Datenschicht auf die selbe Weise mit den mit einem 35 m-Radius gebufferten Vorkommen des Kleinspechtes verschnitten und die entsprechenden Elektivitätswerte und Abweichungsmaße berechnet, wie dies für die Datenschichten der Strukturtypen und Lebensraumtypen mehrfach durchgeführt wurde.

Tab. 7.10: Kleinspecht und Baumarten bei 35 m Buffer-Radius, Summe der Abweichungsmaße χ^2 ist nicht signifikant (df = 6)

Baum	Fläche	% d Kreisfl.	erw. Wert	Faktor	electivity	χ^2-Abweich
Esche	9,32	44,01	38,50	1,14	0,07	0,79
Grauerle	6,52	30,79	24,10	1,28	0,12	1,86
Pappel	4,60	21,72	14,70	1,48	0,19	3,36
Silberweide	2,82	13,32	9,90	1,35	0,15	1,18
Ahorn	2,65	12,51	14,80	0,85	-0,08	0,35
Linde	1,08	5,10	4,70	1,09	0,04	0,03
Ulme	0,66	3,12	6,70	0,47	-0,36	1,92
Buche	0,60	2,83	1,00	2,83	0,48	
	21,175					9,49

Das Ergebnis zeigt, daß keine signifikante Korrelation zwischen dieser Datenschicht und dem Vorkommen des Kleinspechts besteht. Dies ist ausschließlich auf die oben beschriebene ungünstige Form der Erfassung der Baumarten zurückzuführen. So wird auf eine weitere Analyse der Baumarten verzichtet, obwohl diese gerade für den Kleinspecht, aber auch viele andere Vogelarten, zweifellos eine der wichtigsten ökologischen Komponenten darstellen.

7.4 HABITATKARTENERSTELLUNG FÜR LEITARTEN DER AMPHIBIENFAUNA

Die Erfassung von Amphibienlebensräumen ist sehr komplex. Bis auf die ganzjährig in und am Gewässer lebenden Arten benötigen die meisten Tiere zu verschiedenen Jahreszeiten verschiedene Habitate. Aufgrund der brutbiologischen Gewässerbindung bietet sich für die räumliche Zuordnung von Amphibienlebensräumen in erster Linie der Laichplatz an. Er ist von zentraler Bedeutung für eine Population, für den Fortbestand unabdingbar und außerdem relativ gut erfaßbar. Oft bestehen bereits Laichplatzdateien. Überdies sind über die Hälfte der einheimischen Lurcharten aufgrund weitgehend autonomer Verhaltensweisen mehr oder weniger eng auf ein bestimmtes Gewässer fixiert (BLAB 1993). Trotz zahlreicher Untersuchungen zu verschiedensten Amphibienvorkommen gibt es bisher kaum flächenhafte Modellierungen der Lebensräume, die die räumliche Komponente der Beobachtungen als eigenständige Dimension[38] berücksichtigt. So fand z.B. BRANDL (1991) aufgrund einer statistischen (aräumlichen) Auswertung des Materials auf Basis von Landkreisen signifikante Häufigkeitsmuster, ohne räumliche Aussagen treffen zu können. Da

---

[38] Im Gegensatz zu einer attributiven Handhabung der Lageinformation in aräumlichen Datenbankgestützten Systemen.

inzwischen in Bayern wie in den meisten deutschen Bundesländern flächendeckend ein DGM, eine Biotopkartierung und eine aus Satellitendaten klassifizierte Landnutzung zur Verfügung steht, sollen die folgenden Ausführungen auch als Anregung verstanden werden, räumlich differenzierte Untersuchungen durchzuführen. Selbstverständlich müssen wiederum, wie bereits in Kap. 3.7 kurz angedeutet, die vereinfachenden Annahmen der Modellierung bei der Interpretation der Ergebnisse beachtet werden. Wie SEIDEL (1996) darlegt, können generell kurzfristige faunistische Erhebungen, die eher Momentaufnahmen in einer dynamischen Population sind, Probleme aufwerfen, indem sie die verschiedenen populationsdynamischen Zustände innerhalb einer Population nicht berücksichtigen. Damit können wesentliche bestandsgefährdende Aspekte (z.B. Bestandesdegeneration durch unnatürliche Selektion, geringe Überlebenschancen von Jungtieren im Lebensraum, überalterter Bestand, etc.) fehlen, was zu Fehleinschätzungen des Gefährdungsgrades führen kann.

7.4.1 Modellierung von Amphibienlebensräumen: Problemstellung und Lösungsansätze

Die Ansprüche verschiedener Arten an den Lebensraum sind vielfältig und komplex. Es ist praktisch nicht möglich, diese Ansprüche vollständig zu erfassen. Dazu wäre je nach Art die Einbeziehung von verschiedenen hierarchischen Kategorien von Lebensstätten erforderlich (nach BLAB 1993):

- flächenhafte Großökosysteme (Wiese, Wald, Acker, Gewässer ...)
- kleinflächige bis punktuelle Lebensstätten, die entweder besonders eng an bestimmte Typen von Großökosystemen gebunden sein können (z. B. Schilf an Gewässer) oder diese inselartig durchdringen können (z. B. Tümpel).
- lineare Elemente (z. B. Waldsäume, Hecken, Bäche)

Alle drei Kategorien von Lebensstätten haben ihre charakteristische Fauna. Generell, besonders aber im Falle der Großökosysteme, besiedeln Tierarten in der Regel nur Teile davon. Für die vorliegende Studie bedeutet dies, daß zwar das Habitat „Auwald" zweifellos ein generell geeignetes und im Vergleich zu anderen Großökosystemen präferiertes Habitat darstellt, innerhalb jedoch nur ganz bestimmte Teile als Lebensraum genutzt werden. Zur Dokumentation von Vorkommen hinsichtlich einer naturschutzfachlichen Bewertung wäre es daher wichtig, feiner differenzieren zu können. Aufgrund der Vielzahl der Variablen müssen jedoch Vereinfachungen im Sinne einer Modellbildung angenommen werden.

Berücksichtigt werden daher im wesentlichen nur solche Arten, die unter den gegebenen Entwicklungstrends in der Landschaft selten zu werden drohen. Trotz der mehrfachen Kritik an einer Fixierung an der Roten Liste (vgl. Kap. 3.9) wird hier ein besonderes Schutzbedürfnis angenommen und der Argumentation von BLAB (1993, S. 17) gefolgt, der weiters darauf hinweist:

„Hierbei darf keinesfalls übersehen werden, daß durch dieses Hervorheben der besonders schutzwürdigen Biotoptypen und -qualitäten die umgebende Landschaft jeweils gleichsam gleich Null gesetzt wird. Generell und ganz speziell bei den für Naturschutzzwecke zumeist nur erreichbaren kleinflächigen Lösungen hat aber die Umgebung sehr wohl Einfluß auf die Artenzusammensetzung und Identität solcher Biotope."

Gewählter Ansatz und Ausgangsdaten

In der vorliegenden Kartierung wurden die Laichplätze der Amphibienpopulationen erfaßt, wobei eng benachbarte Fundorte zusammengefaßt wurden. Da das 60 km lange (Kern)-Untersuchungsgebiet der bayerischen Salzachauen mit ca. 1900 ha sicherlich nicht lückenlos erfaßt werden konnte, werden zwei Wege verfolgt:

1. Ein Modellierung der Hauptlebensräume ausgehend von den erfaßten Laichplätzen über eine Abwandlung des in Kap. 7.2 beschriebenen „potential range" Konzepts.
2. Eine Modellierung potentieller Laichplätze und der daraus resultierenden Hauptlebensräume um die bestehenden Kartierungsergebnisse zu ergänzen.

Tab. 7.11: Mögliche Leitarten der Amphibienfauna und ihre Einstufung nach der Roten Liste.

Art	lat. Name	RL Bayern	zusätzl. Kriterien	Anzahl Laichgewässer
Teichmolch	Triturus vulgaris	2		15
Kammolch	Triturus cristatus	2		3
Gelbbauchunke	Bombina variegata	3		24
Laubfrosch	Hyla arborea	3		11
Springfrosch	Rana dalmatina	2	landesweite Bedeut.	81

Unter *Hauptlebensraum* wird hierbei ein Gebiet verstanden, in dem bei geeigneten Habitatstrukturen ein Großteil der Individuen ihre jahreszeitlichen Aktivitäten abwickelt. Das Jahresgeschehen der Amphibienpopulationen gliedert sich vereinfacht[39] in die Abschnitte Frühjahrswanderung zum Laichplatz, Fortpflanzungsphase, Rückwanderung in die Sommerquartiere, Herbstzug und Winterstarre (BLAB 1993, vgl. nachfolgende Abb.). In der vorliegenden Untersuchung wurden - wie bei Amphibienerhebungen üblich - die Laichgewässer erfaßt. Diese sind zwar ein essentielles Habitat, doch wie SEIDEL (1996) zeigt, halten sich viele Amphibienarten nur eine relativ kurze Phase im Jahreszyklus am Laichgewässer auf (sieht man von der

Abb. 7.5: Modell des Jahresgeschehens in Amphibienpopulationen (vereinfacht) (nach BLAB 1993, S .27)

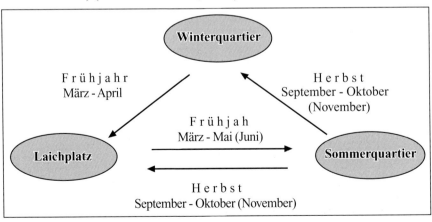

---

[39] ohne z. B. ganzjährig am und im Gewässer lebende Arten wie den Wasserfrosch

Larvalentwicklung ab). Am Land befinden sich die Tiere dagegen oft mehrere Jahre, ohne ein Gewässer aufzusuchen. Daher können schon geringe ökologische Störungen des Landlebensraumes zu wesentlichen Bestandseinbußen und nachhaltiger unnatürlicher Selektion führen.

Aus verschiedenen Gründen werden kleinere Radien als die in der Literatur angegebenen Jahreslebensräume (z. B. für den Springfrosch (*Rana dalmatina*) 1100 m, BLAB 1993) verwendet: Bei Übernahme der Werte, etwa für die Erdkröte von 2200 m, ist im gegebenen Untersuchungsgebiet (UG) keine Differenzierung möglich. Der Lebensraum setzt sich aber zusammen aus Laichgewässer, Sommerlebensraum und Überwinterungsraum, die in einer bestimmten maximalen Entfernung zueinander liegen dürfen. Im UG liegen diese Strukturen relativ enggräumig zusammen, so daß von einem geringeren Raumbedarf ausgegangen werden kann bzw. werden muß, da das UG großteils von Grenzen umgeben ist, die für Amphibien als Barrieren gelten können (teilweise der Fluß selbst, vor allem aber Siedlungsräume und die stark befahrene Bundesstraße 20).

Abb. 7.6: Darstellung einer typischen Situation von Amphibienlaichplätzen im Untersuchungsgebiet. Die Abbildung zeigt ein geschummertes Höhenmodell, überlagert mit den kartierten Laichplätzen. Da das Gebiet nach Westen großteils von einer sehr stark befahreren Bundesstraße begrenzt wird, werden geringere Wanderdistanzen als in der Literatur angegeben angenommen.

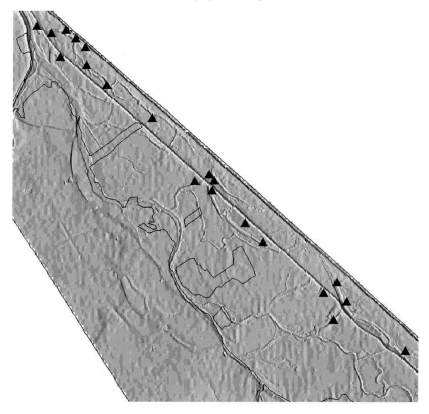

7.4.2 Habitatmodell für den Springfrosch (Rana dalmatina)

Wie bisher allgemein für Amphibien beschrieben, wird nun ein konkretes Habitatmodell für den Springfrosch erstellt. Dabei werden einige vereinfachende Annahmen getroffen, z.B. indem für den Jahreslebensraum nicht - wie in der Literatur angegeben - ein 1100 m-Radius um das Laichgewässer angenommen wird, sondern nur 500 m. Andererseits beschränkt sich dieses Modell nicht auf die bekannten Laichhabitate, die sicher keine vollständige Aufnahme aller Exemplare darstellen. Vielmehr wird versucht, aus Geländeformen und Bodenbeschaffenheit auch potentiell geeignete Laichhabitate zu modellieren.

Vorgehensweise zur Konstruktion des Lebensraums des Springfrosches (*Rana dalmatina*)

1. Buffern der Laichplätze mit 20 m Radius entsprechend der Erfassungsungenauigkeit.
2. Verschneidung mit den relevanten flächenhaften Datenschichten (Boden, Vegetation, Strukturtypen, Lebensraumtypen).
3. Statistische Auswertung dieser Standortfaktoren analog zu der Vorgangsweise bei den Vögeln (electivity, chi^2).
4. Bewertung der Standortfaktoren.
5. Erstellung einer Arbeitskarte *realer Lebensraum* Springfrosch mit 500m Maximaldistanz vom Laichplatz auf Basis der Lebensraumtypen.
6. Konstruktion „*potentiell geeigneter*" und „*potentiell hoch geeigneter*" Amphibienstandorte aus einem hochauflösenden DGM (5 m) und einer detaillierten Bodenkartierung, indem bestimmte morphologische Einheiten (Konvexitäten) mit potentiell geeigneten Böden verschnitten werden.
7. Erstellen einer Arbeitskarte *potentieller Lebensraum*.
8. Wenn der reale Lebensraum nicht vollständig auch den potentiellen Lebensraum beinhaltet, ist eine Zusammenführung beider Datenschichten notwendig.

Tab. 7.12: Auszug aus einer Bewertung der Lebensraumtypen am Beispiel Springfrosch (Bewertung nach JOSWIG 1994)

Lebensraumtyp	Habitat Springfrosch
Wald, mesophil	+ (geeignet)
Weichholz-Auenwald	+
Hartholz-Auenwald	+
Niederungswald	+
sonstiger Feuchtwald	+
Laubholzforst	+
Nadelholzforst	- (ungeeignet)
Feldgehölz	+
Hecke (linear, freistehend)	+
Gebüsch (flächig)	+
Feuchtgebüsch	+
Gehölzgruppe, Einzelgehölz	+
Stillgewässer	++ (essentiell)
Fließgewässer	++
Röhricht	++
Seggenried	++
....	....

Der erste Teil der Vorgangsweise baut entsprechend der Habitatbewertung - wie für mehrere Vogelarten gezeigt - auf eine empirische Analyse der kartierten Lebensraum- und Strukturtypen auf. Diese werden wie ein *black-box-System* behandelt. Im zweiten Teil geht die Konstruktion eines potentiellen Lebensraums von Arbeits-Hypothesen bei bestimmten Rahmenbedingungen (und einer jeglicher Modellbildung per definitionem immanenten Vereinfachung) und deren statistischer Überprüfung aus. In der folgenden Abbildung ist eine Differenzierung der bewerteten Lebensraumtypen für einen Teil des mittleren Abschnitts des Untersuchungsgebietes in der Fridolfinger Au (Mittelabschnitt des UG) dargestellt. Es ergibt sich bei einer Gegenüberstellung der kartierten Amphibienlaichplätze mit den in der obenstehenden Tabelle als essentiell bewerteten Lebensraumtypen eine gewisse Diskrepanz in den von der Salzach abgewandteren (westlichen) Auwaldbereichen. Dies könnte durch die Situation entstanden sein, daß die leicht zu kartierenden Gewässerstrukturen entlang des in diesem Abschnitt ca. 80 m parallel zur Salzach verlaufenden Hauptdamms besser erfaßt sind als die schwieriger zu erreichenden Gebiete westlich der hier etwa gleichgerichtet zur Salzach fließenden Götzinger Ache.

Diesem Umstand entsprechend wird zusätzlich der Ansatz der *potentiellen Lebensräume* verfolgt. Für die Modellierung dieser Lebensräume ist jedoch ebenso wie bei

Abb. 7.7: Arbeitskarte „Realer Lebensraum Springfrosch": Aus dem kartierten Vorkommen des Springfrosches (Rana dalmatina) wird flächenhaft ein electivity-Index abgeleitet (rechts). Dieser wird in drei Klassen zusammengefaßt: Unter -0.1 („Meiden"), -0.1 bis 0.1 („neutral"), über 0.1 („Präferenz"). Wie in diesem Ausschnitt dargestellt, ergeben sich für den Springfrosch große Flächenanteile mit positiven Elektivitätswerten.

der Analyse der Vögel hinsichtlich aller prozentualer Angaben bedeutend, wie das Untersuchungsgebiet abgrenzt wird. Das Abgrenzungsproblem ist in der wissenschaftlichen Literatur durchaus bekannt (*study area framing bias*, VERBYLA and CHANG 1994), wird aber in der Praxis oft nicht berücksichtigt (vgl. Kap. 8.1 und 10). In der vorliegenden Studie wird als Bezugseinheit nicht das gesamte Untersuchungsgebiet, sondern die jeweils innerhalb der zur Modellierung der Hauptlebensräume angenommenen Radien liegenden Flächen verwendet werden. Diese Vorgangsweise ist im folgenden für den Springfrosch dargestellt.

Modellierung des Gesamthabitats des Springfrosches

In der folgenden Tabelle sind die aufgeführten Strukturtypen hinsichtlich der Eignung als Sommerlebensraum des Springfrosches bewertet. Dabei müßte jedoch auch eine Impedanz bei der Wanderung berücksichtigt werden. Da die Ausgangsdatenlage keine eindeutige Impedanzwertung für alle kartierten Flächen zuläßt, wird hier auf Kap. 8.2 verwiesen, wo generell für das Untersuchungsgebiet der Faktor Fragmentierung/ Isolation analysiert wird und Barrieren mit einer hohen Impedanz belegt werden, z. B. künstliche Uferverläufe von Bächen, auch wenn im Einzelfall beispielsweise Höhe, Material und Neigung des Ufers entscheidend sind. Ungeteerte kleinere Wege werden nicht als Barrieren betrachtet. Bei der Habitateignung werden vor allem die Untereinteilungen der Strukturtypen berücksichtigt, wobei auch dies eine Generalisierung der tatsächlichen Verhältnisse impliziert, da Detailstrukturen häufig noch von speziellen Eigenschaften beeinflußt werden (Fließgewässer von der Strömungsgeschwindigkeit, der Wasserqualität, der Uferbeschaffenheit etc., Waldhabitate stark vom Altersaufbau usw.):

.1 strauchreich
.2 mit Totholz
.3 strauchreich mit Totholz
.4 mit Überhältern
.5 lückige Vegetation
.6 künstlich angelegt
.7 künstlicher Verlauf
.8 naturnaher Verlauf
.9 senkrecht

(Zur genauen Beschreibung der Untereinheiten vgl. Kap. 6.3.)

Modellierung potentieller Laichplätze

Da in der vorliegenden Kartierung wie in der Praxis häufig der Fall, eine vollständige Erfassung mit großer Wahrscheinlichkeit nicht erreicht wurde, wird im folgenden versucht, aus dem Digitalen Geländemodell (DGM) Flächen abzugrenzen, die morphologisch *potentiell* geeignet sind, bei der Kartierung nicht erfaßte Kleingewässer und/oder Temporärgewässer zu beherbergen. In einem weiteren Schritt werden mittels einer Überlagerung mit der Datenschicht Boden davon diejenigen Flächen ausgewählt, die innerhalb einer Kartiereinheit zu liegen kommen, die einen hohen Erklärungsgehalt (hoher electivity-Wert) am kartierten Amphibienvorkommen aufweist.

Zunächst muß der Zusammenhang von Bodentypen und Amphibienvorkommen festgestellt werden. Nur ein Teil der Laichgewässer ist explizit als Wasserfläche kartiert und ein Teil der z.T. sehr kleinen Tümpel fällt in andere Biotoptypen. Dies ist nicht

Tab. 7.13: Eignung der Strukturtypen als Sommerlebensraum aufgrund einer Bewertung (nach JOSWIG 1994)

Nr	Name.	Häufig.	Habitateignung	Fläche
11.0	Stillgewässer, natürlich	88	++	48,36
11.6	Stillgewässer, künstlich	12	+	2,51
11.7	Stillgewässer	8	+	1,35
11.8	Stillgewässer	2	++	,05
12.6	großer Bach/Fluß	1	+	,06
12.7	großer Bach/Fluß, künstl. Uferverlauf	8	+	3,88
12.8	großer Bach/Fluß, naturnaher Uferverlauf	7	+	4,03
13.6	Bach/Graben	4	+	1,62
13.7	Bach/Graben, künstl. Uferverlauf	26	++	11,69
13.8	Bach, naturnaher Uferverlauf	18	++	5,39
14.0	Sickerquelle	10	+	,37
14.9	Sturzquelle, Wasserfall	3	-	,08
21.0	Flachufer, dichte off. Vegetation	14	++	1,24
21.1	Flachufer, lückige Vegetation	8	++	4,38
21.5	Flachufer mit Uferweidengebüsch	4	++	,96
22.0	natürl. Steilufer, dichte off. Vegetation	7	-	1,18
22.1	natürl. Steilufer, lück. Vegetation	12	-	2,46
22.5	natürl. Steilufer mit Uferweidengebüsch	15	-	1,81
23.0	Steinblockaufschüttung, off. Vegetation	31	+	4,47
23.1	Steinblockaufschüttung mit Uferweidengebüsch	43	+	53,91
24.0	Mauer, weitg. vegetationsfrei	3	-	,71
24.1	Mauer, lückige Vegetation	5	-	,78
24.5	Mauer, beginnende Gebüschveg.	5	-	,13
25.0	Parkartige Ufergestaltung	4	+	2,00
31.0	Sand- oder Kiesbank	38	+	12,68
41.0	Röhricht	130	++	36,90
42.0	Seggenried	16	++	3,82
42.5	lückiges Kleinseggenried	1	++	,12
43.0	Hochstaudenflur	73	++	15,72
51.0	Grasflur (extensiv)	13	++	1,67
52.0	Wirtschaftsgrünland (intensiv)	119	+	194,67
53.0	Acker	29	-	49,35
54.0	Kahlschlag	45	-	11,53
54.1	Kahlschlag	1	-	,17
54.4	Kahlschlag	1	+	2,31
55.0	Garten, Baumschule	11	+	7,62
56.0	Park	17	+	2,93
57.0	Ruderalflur	9	+	,59
61.0	Damm	39	+	30,94
61.1	Damm	9	+	11,05
62.0		1	+	,60
71.0	Aufforstung	138	+	32,55
71.4	Aufforstung mit Überhältern	2	+	,44
72.0	Dickung, Jungwuchs	259	+	85,22
72.4	Dickung mit Überhältern	13	+	5,04
73.0	Stangenholz	301	+	240,80
73.1	Stangenholz, strauchreich	28	+	32,54
73.4	Stangenholz	7	+	5,18
74.0	Baum-, Altholz	299	+	441,92
74.1	Baum-, Altholz, strauchreich	122	+	120,11
74.2	Baum-, Altholz mit Totholz	35	+	6,63
74.3	Baum-, Altholz, strauchreich mit Totholz	7	+	3,30
74.4	Baum-, Altholz mit Überhältern	1	+	,39
75.0	Baumholz, im Unterwuchs beweidet	12	+	15,23
75.1	Baumholz, strauchreich, im Unterwuchs beweidet	2	+	6,66
76.0	Niederwald	3	+	1,25
81.0	Baum-, Altholz	58	+	83,68
81.1	Baum-, Altholz, strauchreich	75	+	164,70
81.2	Baum-, Altholz mit Totholz	10	+	1,53
81.3	Baum-, Altholz, strauchreich mit Totholz	6	+	8,58
82.0	off. Struktur mit lückiger Baumschicht	37	+	25,52
82.1	off. Struktur mit lückiger Baumschicht, strauchreich	14	+	12,00
82.3	off. Struktur mit lückiger Baumschicht	1	+	,74
82.4	off. Struktur mit lückiger Baumschicht mit Überhältern	1	+	,33
91.0	Feldgehölz	11	+	4,19
92.0	Gebüsch, Einzelstrauch	23	+	7,17
93.0	Hecke	4	+	3,11
94.0	Baumreihe, Einzelbaum	132	+	20,52
95.0	Kopfbaumreihe, einz. Kopfbaum	1	+	,05
ges.		2492		1865,5

Tab. 7.14: Amphibien und Bodentypen: Durch eine Verschneidung wird festgestellt, in welchen Bodentypen die kartierten Laichvorkommen zu liegen kommen. Dies ist insofern notwendig, da nur ein Teil der z.T. sehr kleinen Tümpel in der Vegetationskartierung erfaßt ist und die Amphibienvorkommen somit oft in Biotoptyen der Weichholzaue oder in Röhrichtvorkommen fallen.

Bodentyp	Häufigk.	Fläche ha	Fläche in %	erwart. Wert	Faktor	electivity
12	47	2,51	19,97	39,03	0,51	-0,32
10	33	2,07	16,47	17,06	0,97	-0,02
17	31	1,69	13,45	6,06	2,22	0,38
21	18	0,99	7,88	2,83	2,78	0,47
11	16	0,72	5,73	12,00	0,48	-0,35
16	15	0,63	5,01	0,21	23,50	0,92
22	17	0,51	4,06	1,08	3,75	0,58
8	12	0,37	2,94	4,77	0,62	-0,24
19	7	0,3	2,39	3,13	0,76	-0,14

unbedingt als Fehler anzusehen. Viele Gewässer sind einfach zu klein für eine flächenhafte Erfassung oder stark schwankenden Wasserspiegeln bis hin zur Austrocknung unterworfen. Wie in der nächsten Tabelle dargestellt, zeigt die Analyse der bestehenden Fundorte an Laichgewässern einen sehr hohen (auf 0,1 %-Niveau signifikanten) Zusammenhang mit den Bodentypen. Dabei wurden die mit 20 m Radius gebufferten Punktdaten der Amphibienkartierung mit den Bodentypen verschnitten und analog zu der für die Vögel ausführlich diskutierten Vorgangsweise hinsichtlich erwarteter und beobachter Verteilung ausgewertet. Nicht berücksichtigt sind dabei die Flächen, die in der Bodenkartierung den Wert 0 aufweisen (nicht kartiert). Dabei handelt es sich fast immer um die Situation, daß auch in der Bodenkartierung ein Gewässer vorhanden ist. Eine Unterscheidung zu anderen *nicht kartierten Flächen* ist jedoch nicht möglich bzw. wäre zu aufwendig. Die folgende Tabelle zeigt daher alle jene Flächen, auf denen zumindest Teile der Kreise mit 20 m Radius zum Zeitpunkt der Bodenkartierung nicht als Wasser ausgewiesen sind. Es handelt sich um 9,8 ha von maximal 12,56 ha (Summe der gebufferten Kreisflächen). Angesichts der Kartiergenauigkeit ist ein Radius von 20 Metern relativ eng, ein größerer Radius führt jedoch zu einem größeren Anteil an nicht relevanten Bodentypen.

Vor allem der Bodentyp 16 sowie die Bodentypen 22, 21 und 17 weisen einen sehr hohen Elektivitätswert auf, kommen daher mit einem mehrfachen (bis zu 23-fachen) beobachteten gegenüber einem erwarteten Wert in den gebufferten Kreisflächen vor. Diese vier Bodentypen sowie der Typ 10 (neutraler Elektivitätswert) und die Bodentypen 20 und 23, die angesichts der Ähnlichkeit zu 22 und 21 ebenfalls potentiell geeignet sind, aufgrund des geringen Gesamtvorkommens in der obenstehenden Tabelle (nur Typen Erklärungsgehalt absolut > 2%) nicht aufscheinen, werden zur Modellbildung herangezogen und sind im folgenden kurz charakterisiert:

Aufgrund der Eigenschaften dieser Bodentypen werden die Typen 16, 17, 20, 21, 22, 23 selektiert und zur Modellierung potentieller Laichplätze herangezogen, d. h., daß eine reklassifizierte Version der Datenschicht Boden mit diesen Ausprägungen als Maske zu den weiteren Verschneidungen mit den morphologisch potentiell geeigneten Flächen dient.

Tab. 7.15: Bodentypen mit hohem Erklärungsgehalt am kartierten Amphibienvorkommen. Nach: Institut für Grundwasser- und Bodenschutz 1991.

Nr	Bodentyp	Beschreibung	bodenkundlicher Feuchtegr.	Durchlässigkeit	Grundwasserstufe	scheinb. Grundwasserstand	Häufigkeit im UG	Fläche in ha
10	Auenkalkbraunerde mittl. ET^{40} aus	Tiefgründiger bis sehr tiefgründiger, stark humoser bis lehmiger Sandboden der Niederterrasse	V	hoch bis sehr hoch	-	tiefer als 100 cm	312	231,9
16	Auenkalkgley-Auenkalkbraunerde mittl. ET aus lehmigem bis stark schluffigem Sand über lehmigen Schluff	Tiefgründiger, humoser Grundwasserboden der Niederterrasse mit tiefem Grundwasserstand	IV	hoch bis mittel	4	> 100 cm	20	2,9
17	Auenkalkgley-Auenkalkbraunerde mittl. ET aus schluff. Lehm über fluviatilen Sanden und sand. Schluffen	Tiefgründiger, stark humoser, carbonatreicher, sandig- bis schluffig-lehmiger Grundwasserboden der Niederterrasse mit tiefem Grundwasserstand	IV	hoch bis äußerst hoch	4	75 cm	219	82,4
20	Auenkalkgley aus fluviatilem, feinsandigem Schluff	Tiefgründiger, humoser, stark carbonathaltiger bis carbonatreicher, feinsandig-schluffiger Grundwasserboden der Niederterrasse mit flachem Grundwasserstand	III	mittel bis hoch	2	50 cm	30	19,9
21	Auenkalkgley aus schluff. Auenlehm	Mittelgründiger, humoser, satrk carbonathaltiger bis carbonatreicher, schluffig-lehmiger Grundwasserboden der Niederterrasse mit flachem Grundwasserstand	III	hoch bis äußerst hoch	2	2 cm	123	38,5
22	Auenkalknaßgley	Mittelgründiger, stark humoser, carbonatreicher, sandig-lehmiger Grundwasserboden der Niederterrasse mit sehr flachem Grundwasserstand	II	hoch bis sehr hoch	1	0 cm	66	14,7
23	kalkhaltiger Auenanmoorgley aus schluff. bis schluffig-tonigem Lehm	Mittelgründiger, sehr stark humoser bis anmooriger, stark carbonathaltiger bis carbonatreicher Grundwasserboden der Niederterrasse mit sehr flachem Grundwasserstand	II	sehr hoch bis äußerst hoch	1	0 cm	21	3,6

7.4.3 Detailprobleme der DGM-Modellierung

Eingrenzung potentieller Laichplätze nach morphologischen Gesichtspunkten

Aus dem digitalen Geländemodell werden Flächen extrahiert, die für potentielle Amphibienstandorte in Frage kommen. Ausgangspunkt ist die bereits dargestellte Überlegung, daß die vorliegenden Daten langfristig gesehen nur einen einzelnen Aufnahmezeitpunkt darstellen und wahrscheinlich keine lückenlose Erfassung gewährleisten. Da in der Vegetationskartierung wie auch in der Bodenkartierung Kleinstgewässer nicht erfaßt sind und z. T. auch Temporärgewässer von Amphibien genützt werden (vgl. BLAB 1992), werden diese morphographisch geeigneten Flächen mit den ausgewählten Bodentypen verschnitten und potentielle Amphibienstandorte abgegrenzt. Die entstehenden Einzelflächen werden verschiedenen Plausibilitätskontrollen unterzogen und die verbleibenden Flächen im Gelände überprüft, ob es sich tatsächlich um potentiell geeignete Standorte handelt.

---

[40]ET = Entwicklungstiefe

Für die Durchführung des ersten Schrittes, der *Extraktion morphometrisch potentiell geeigneter Flächen*, bieten sich verschiedene Vorgangsweisen an. Obwohl in leitstungsfähigen GIS Systemen wie *Arc/Info* geeignete Operatoren zur Verfügung stehen, muß der morphometrische Ansatz inhaltlich definiert werden, da die Fülle der zur Verfügung stehenden Operatoren und der jeweiligen Varianten (Filtergröße, Form, Schwellwertbildung der Reklassifizierung ...) jeweils unterschiedliche Ergebnisse liefert. Das Augenmerk richtet sich hier auf Raster-basierte Ansätze. Bisher ist die *"Map Algebra"* (TOMLIN 1990, 1991, BERRY 1987) weitgehend in Rasterbasierten Softwareprogrammen implemeniert. Dies deckt sich auch Stärken dieser Technik aus Sicht der Geomorphologie (EVANS 1980) bzw. deren einfacherer Implementation und der allgemeinen Verfügbarkeit von DGM-Daten in Rasterform.

Abb. 7.8: Ausschnitt des Digitalen Geländemodells und Illustration der Abgrenzungsproblematik von Hohlformen (stark überhöht).

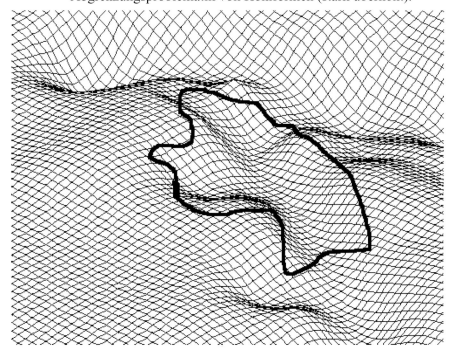

Nicht nur die Abgrenzung von Hohlformen und Verflachungen nicht eindeutig (d. h. mit einer allgemein gültigen Berechnungsvorschrift) lösbar. Bereits die trivial erscheinende Berechnung von Hangneigungen ist in verschiedenen Systemen unterschiedlich gelöst (BERRY 1992). Geographische Informationssysteme bieten zwar die Werkzeuge dafür, die resultierenden Werte müssen jedoch interpretiert und reklassifiziert werden, vor allem, da die Ergebniswerte von der Auflösung und der Genauigkeit des Geländemodells sowie der Filtergröße, Form usw. abhängen (vgl. auch HUBER 1992). In einem rasterbasierten System läßt sich Hangneigung, Exposition, Kurvatur usw. relativ einfach berechnen, die Schwellwerte müssen jedoch individuell gesetzt werden. Ein Kurvaturindex von 0,14 besagt zwar, daß eine Rasterzelle (in diesem Fall 5 x 5 m) einen hangaufwärts (gegen die Fließrichtung) gesehen abnehmenden Neigungswinkel gegenüber der darunterliegenden Zelle aufweist, also als konkav bezeichnet werden kann, doch wo liegt die Grenze? Aufgrund gegebener Ungenauigkeiten wird z. B. häufig ein Wert zwischen -0,15 und +0,15 als gleichförmig (nicht gleichzusetzen mit flach) erachtet. Aus der Literaturstudie und aufgrund von Testläufen wird daher geschlossen, auf Basis von Hypothesen die Vorgansweise inhaltlich zu definieren und erst anschließend zu parametrisieren. Zwei, einander nicht unbedingt ausschließende Hypothesen hinsichtlich potentieller Laichplätze kommen zur Anwendung:

- *Hypothese 1: Bereits großräumig gesehen flache Gebiete mit stauenden und/ oder grundwassernahen Böden bieten potentielle Lebensräume für Amphibien mit der Möglichkeit von Temporärgewässern von wenigen Dezimetern Tiefe, die nach Überschwemmungen und/oder hohen Niederschlägen auch als Laichplätze genutzt werden können.*

- *Hypothese 2: Vor allem morphologische Hohlformen wie Rinnen, Gräben und Atlwasserarme bieten potentielle Lebensräume für Amphibien mit der Möglichkeit des Vorhandenseins von Kleinst- und Temporärgewässern, die nach Überschwemmungen und/oder hohen Niederschlägen auch als Laichplätze genutzt werden können.*

Eine Kombination beider Ansätze wird in einer zweistufigen Karte möglich, die einmal Flächen als (1) **potentiell geeignet** und einmal als (2) **potentiell hoch geeignet** ausweist.

Abb. 7.9: Schematische Darstellung der Modellierung des potentiellen Lebensraumes des Springfrosch

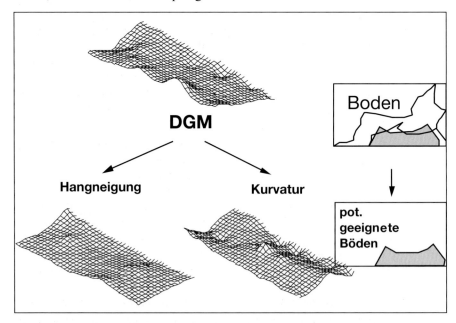

Wie bereits erwähnt, ist diese Abgrenzung von Hohlformen und Verflachungen nicht eindeutig (d.h. mit einer allgemein gültigen Berechnungsvorschrift) lösbar. Geographische Informationssysteme bieten zwar die Werkzeuge dafür, die resultierenden

Werte müssen jedoch interpretiert und reklassifiziert werden, vor allem, da die Ergebniswerte von der Auflösung und der Genauigkeit des Geländemodells sowie der Filtergröße, Form usw. abhängen.

Abb. 7.10: Berechnung des Kurvaturindex

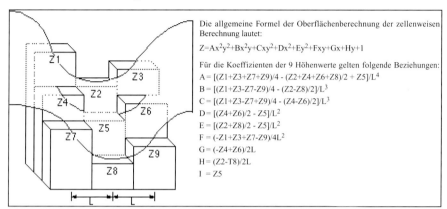

Die allgemeine Formel der Oberflächenberechnung der zellenweisen Berechnung lautet:

$Z = Ax^2y^2 + Bx^2y + Cxy^2 + Dx^2 + Ey^2 + Fxy + Gx + Hy + 1$

Für die Koeffizienten der 9 Höhenwerte gelten folgende Beziehungen:
$A = [(Z1+Z3+Z7+Z9)/4 - (Z2+Z4+Z6+Z8)/2 + Z5]/L^4$
$B = [(Z1+Z3-Z7-Z9)/4 - (Z2-Z8)/2]/L^3$
$C = [(Z1+Z3-Z7+Z9)/4 - (Z4-Z6)/2]/L^3$
$D = [(Z4+Z6)/2 - Z5]/L^2$
$E = [(Z2+Z8)/2 - Z5]/L^2$
$F = (-Z1+Z3+Z7-Z9)/4L^2$
$G = (-Z4+Z6)/2L$
$H = (Z2-T8)/2L$
$I = Z5$

1. Ansatz: Potentiell geeignet

Ausgehend von der zuvor aufgestellten 1. Hypothese, daß auch sehr flache Bereich, sofern die Bodenverhältnisse es zulassen, zur Anlage von Temporär- und/oder Kleinstgewässern bei bestimmten Rahmenbedingungen geeignet sind, werden alle Flächen extrahiert, die flach oder konkav und nicht zu steil geneigt sind. Hier fallen erwartungsgemäß relativ große Teile der Aue hinein. Dann werden die potentiell geeigneten Böden (10, 16, 17, 18, 20-23) als Maske überlagert. Die folgende Abbildung zeigt die räumliche Verbreitung der solcherart potentiell geeigneten Flächen für den häufig verwendeten Ausschnitt südlich der Surmündung.

2. Ansatz: Potentiell hoch geeignet

Aufgrund zahlreicher Versuche und der Evaluierung der Ergebnisse im Gelände erweist sich folgende Vorgangsweise einer restriktiveren Eingrenzung von *potentiell hoch geeigneten* Flächen als die in der vorliegenden Studie als am besten geeignetste: Zunächst werden alle Zellen mit Neigungswinkeln über 2° ermittelt. Dabei bleiben im Gegensatz zu verschiedenen Filterverfahren (z. B. Differenz eines mittels low-pass oder mean-Filters geglätteten DGMs und den Originalwerten) die linearen Strukturen erhalten. Anschließend wird in einem zweiten Schritt die reklassifizierte Datenschicht des Kurvaturindex als binarisierte Maske (*„not konvex"* < 0,15, d. h. alle konkaven und intermediären Typen) überlagert, um konvexe Flächen auszuschließen (Abb. 7.12).

Weitere Einschränkung der potentiellen Laichstandorte über die Bodentypen

In einem weiteren Schritt werden diesem Ergebnis die zuvor ermittelten und in Tabelle 7.15 beschriebenen, potentiell geeigneten Bodentypen überlagert. Das Ergebnis (Abb. 7.13) zeigt all jene Bereiche, die *potentiell hoch geeignet* sind, unter bestimmten Rahmenbedingungen temporäre oder kleinere perennierende Gewässer beherbergen

Abb. 7.11: "Potentiell geeignete" Amphibienstandorte. Eine weniger restriktive Abgrenzungsvorschrift ergibt große Flächen innerhalb der rezenten Aue. Dies entspricht zwar den Erwartungen, zur Kennzeichnung besonders geeigneter Standorte zum Zwecke eines gezielten Aufsuchens ist jedoch eine zusätzliche Karte potentiell hoch geeigneter Standorte ("potential hot spots") notwendig

zu können. Das Ergebnis bietet die Möglichkeit (im Gegensatz zur weiter gefaßten Ausweisung von potentiell geeigneten Flächen, also einschließlich Verflachungen), alle potentiellen Flächen gezielt zur Kontrolle aufzusuchen. Versuche einer noch restriktiveren Einschränkung führten zu keinem sinnvollen Ergebnis, da morphographische Kleinformen kaum mehr erfaßt werden.

Erste Feldvergleiche zeigen, daß die vorliegenden Resultate eine hohe ökologische Relevanz aufweisen. Von den auf diese Weise konstruierten Hohlformen werden 20 im Gelände aufgesucht. 18 Flächen können dabei klar als Hohlformen identifiziert werden (CARL 1995). Andererseits ist eine vollständige flächendeckende Erfassung aller Hohlformen gar nicht möglich, vor allem, da diese ein Mehrfaches der zu Grunde liegenden Rasterfläche von 5x5 m aufweisen müssen, um erkannt werden zu können.

Dieses Ergebnis weist bereits einen hohen Deckungsgrad mit den für einen Teilausschnitt zur Evaluierung aus einer analogen stereoskopischen Luftbildinterpretation ermittelten Kontroll-Hohlformen auf. Bei größeren Hohlformen tritt jedoch folgender Effekt auf: Weitgehend flache Bodenbereiche bleiben z. T. ausgeklammert, was der Rechenvorschrift entspricht. Dieser Effekt kann in einem Nachbearbeitungsschritt reduziert werden, indem mittels einer „*blow and shrink*" Methode die Flächen einmal mit einem Flächenbuffer versehen und anschließend mit einem negativen Flächenbuffer wieder reduziert werden, wobei die Gesamtfläche nicht wesentlich verändert werden, im Falle von eng zusammenliegend, parallel verlaufenden Strukturen jedoch ein „Zusammenschnappen" erzielt wird, das auch bei einem negativen Flächenbuffer nicht mehr revidiert wird.

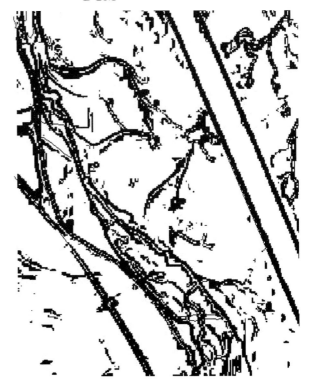

Abb.7.12: „Potentiell hoch geeignete" Amphibienstandorte: Reklassifizierung von Kurvatur und Hangneigung aus dem DGM

Abb. 7.13: „Potentiell hoch geeignete" Amphibienstandorte:Ergebnis der Verschneidung von Kurvatur, Hangneigung und potentiell geeigneten Bodentypen

Abb. 7.14: Modellierung „potentiell hoch geeigneter" Amphibienstandorte: Schritt 4: Nachbearbeitung der resultierenen Flächen mittels „blow and shrink". Um konsistente, also zusammenhängende Formen entlang von Gräben zu erhalten, in die auch die flachen Sohlenbereiche inkludiert sind, wird in zwei aufeinanderfolgenden Bufferoperationen zunächst diese Flächen vergrößert und anschließend verkleinert, wobei die nun zusammenhängenden Flächen zwar nach außen hin um den selben Betrag schrumpfen, dort wo zwei Flächen „zusammengewachsen" sind, bleiben sie jedoch geschlossen. Die Flächenbilanz ist dadurch nicht neutral, die modellierten Flächen nehmen leicht zu.

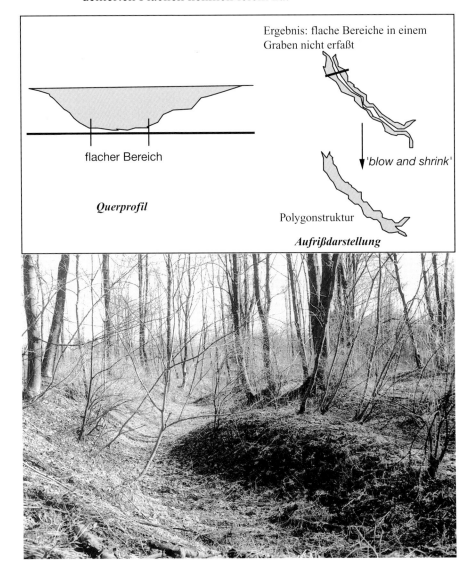

7.4.4 Diskussion der Ergebnisse der Modellierung

Die Analysen bestätigen die Annahme, daß die Umsetzung von punkthaften faunistischen Beobachtungen nicht über einfache *Buffer* („*Distanzkorridore*") erfolgen kann. Vielmehr müssen verschiedene Parameter der unmittelbaren, aber auch einer größeren Umgebung im Sinne eines Lebensraumes, in eine Analyse und schlußendlich in eine Bewertung (vgl. Kap. 9) einbezogen werden. Auch wenn Anzahl, Verfügbarkeit und Zustand von Laichgewässer häufig limitierend sind, scheint es dem Autor nicht ausreichend, diese alleine unter Schutz zu stellen. Vielmehr muß der Gesamtlebensraum von Arten und Lebensgemeinschaften im Vordergrund stehen, um langfristig eine überlebensfähige Population zu sichern (vgl. HOVESTADT et al. 1991). Das vorgestellte Habitatmodell für den Springfrosch ist einerseits mit stark vereinfachenden Annahmen versehen, berücksichtigt jedoch zusätzlich auch potentielle Lebensräume, die weit über die zugrunde liegenden Originaldaten hinausgehen. Dies ist als ein Versuch zu betrachten, bei fehlenden langfristigen populationsökologischen Untersuchungen dem „Diktat" der bekannten Laichgewässer als alleiniger Perspektive zu entgehen. Im Normalfall handelt es sich bei den Ausgangsdaten nicht um eine vollständige Erfassung. Wenn es sich noch dazu, wie in der vorliegenden Untersuchung der Fall, um einen zeitlichen Ausschnitt einer Vegetationsperiode handelt, erscheint bei der Analyse ein zu starkes Festhalten an den Kartierungspunkten nicht immer sinnvoll bzw. sogar gefährlich. Ein Unterschutzstellen von erfaßten Laichgewässern könnte zwar eine ad-hoc Maßnahme sein, darf aber langfristig nicht die einzige Maßnahme bleiben. Die Modellierung potentieller Laichhabitate ist weit aufwendiger, als auf den ersten Blick anzunehmen. Obwohl in Geographischen Informationssystemen die elementaren Werkzeuge bereitstehen, sind morphologischen Formen nicht eindeutig zu erfassen. Die Detailbetrachtung (Abb. 7.15) zeigt jedoch, daß es mit den zuvor dargestellten Nachbearbeitungsschritten der „Homogenisierung" (vgl. Abb. 7.14) der resultierenden zerlappten Flächen gut möglich ist, Hohlformen zu modellieren.

Abb. 7.15: Dreidimensionale Detailbetrachtung der Lage modellierter „potentiell hoch geeigneter" Amphibienstandorte.

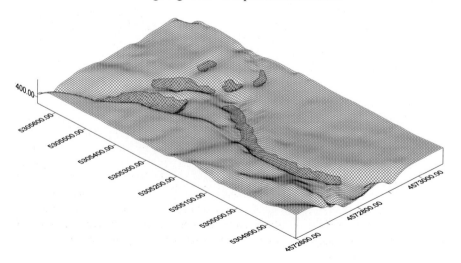

Da die Vorgangsweise bisher aus kartographischen Gründen für ein Beispielsgebiet gezeigt wurde, sollen in der folgenden Abbildung zwei verschiedene Situationen im Untersuchungsgebiet gegenübergestellt werden.

Abb. 7.16: Detailausschnitte des Ergebnis der Habitatmodellierung Springfrosch. Die hellen, quergestreiften Flächen sind die resultierenden „hot spots" (potentiell hoch geeignet), die hellen, längsgestreiften Flächen die potentiell geeigneten Flächen. Die rechte Abbildung erstreckt sich auf den Mündungsbereich der Sur, der von einer starken Austrocknung betroffen ist. Dies macht sich im Fehlen von geeigneten Böden im Modell bemerkbar.

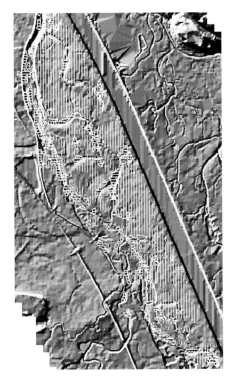

Aus diesen Gründen wurden in dem Habitatmodell für den Springfrosch über die Analyse vorliegender Kartierungspunkte und der Modellierung *potentiell geeigneter* und *potentiell hoch geeigneter* Flächen eine Methode zur Ableitung von flächenhaften Aussagen geschaffen. Es hat sich gezeigt, daß bei Verfügbarkeit von flächenhaften Daten eines Untersuchungsgebietes mit dem Einsatz von GIS zahlreiche Möglichkeiten der Analyse bestehen, wobei dieses Potential hier sicherlich nur angedeutet werden konnte. Eine Ergebniskarte der Habitatanalyse kann eine Kombination aus den *real genutzten* und den *potentiell nutzbaren* Habitaten sein. Bei einer Zusammenführung der jeweiligen Einzelflächen ergibt sich für den untersuchten Bereich (hier: nur Südteil des Gesamtuntersuchungsgebietes zwischen Saalachmündung und Laufen) folgende flächenhafte Verteilung:

Tab. 7.16: Flächenanteile des untersuchten Gebietes nach ihrer Bedeutung als Amphibienlebensraum. Dabei sind die als essentiell bewerteten Strukturen (im wesentlichen Wasserflächen und Feuchtstandorte) und die „potentiell hoch geeigneten" Amphibienstandorte zusammengefaßt sowie die geeigneten Strukturen und die „potentiell geeigneten" Amphibienstandorte.

	Fläche in %
essentielle Strukturen und potentiell als Amphibienstandort hoch geeignete Flächen („hot spots")	8,7
geeignete Strukturen und potentiell als Amphibienstandort geeignete Flächen	53,3
weniger geeignete Flächen	30,5
nicht bewertet	7,5

7.5 ALTERNATIVANSATZ: FUZZY LOGIK ZUR HABITATMODELLIERUNG

7.5.1 *Fuzzy Logik in der Landschafts- und Habitatmodellierung*

Viele Phänomene der Wirklichkeit sind nur unscharf erfaßbar oder abbildbar. Dies ist einerseits in der Natur der zugrunde liegenden Prozesse bedingt und andererseits durch eine unvollständige Kenntnis komplexer Zusammenhänge. Die auf der Definition „unscharfer Mengen" (fuzzy sets) basierende Theorie der Fuzzy Logik wurde in den 60er Jahren von dem Mathematiker und Systemtheoretiker ZADEH entwickelt (ZADEH 1965). Sie wird manchmal als eine Weiterentwicklung der BOOLE'schen Logik betrachtet. Sie weicht die harten Grenzen der Bool'schen Logik mit ihren eindeutigen Aussagen (*zugehörig oder nicht zugehörig zu einer Menge*) auf, indem sie statt mit Mengen und einer binären Entscheidung im Sinne von ja und nein mit Funktionen operiert, die jedem in der unscharfen Menge enthaltenen Element eine graduelle Zugehörigkeit (ein Wert zwischen 0 und 1) zu dieser Menge zuweist. Damit ist es möglich, daß ein und dasselbe Element zu unterschiedlichen Zugehörigkeitsgraden in mehreren Mengen enthalten ist. Man kann sie daher auch als eine Erweiterung der klassischen Mengenlehre betrachten. Es gibt auch viele andere Ansätze zur Beschreibung von unscharfer Information. Neben wahrscheinlichkeitstheoretischen Verfahren sind es vor allem auch die sogenannten Demster&Shafer Methoden, die hierzu eingesetzt werden. Fuzzy-Methoden erlangten jedoch in den vergangenen Jahren vor allem im Bereich der künstlichen Intelligenz und der Steuer- und Regeltechnik eine sehr weite Verbreitung, u.a., weil sie der vagen Art menschlichen Denkens nahe kommen und relativ leicht implementierbar sind.

Die Theorie baut auf einem erweiterten Mengenkonzept auf, wobei einer Basismenge von Objekten sog. Zugehörigkeitsfunktionswerte (*Fuzzy Membership Function Values*, im folgenden als FMF-Werte abgekürzt) zu einem Sachverhalt (z.B. dem Erfülltsein einer Bedingung, der Eignung für eine Nutzung oder der Ausprägung einer Eigenschaft) zugeordnet werden. Als Objekte sind in GIS-Modellen Punkt-, Linien- oder Flächenelemente, als Sachverhalte deren Variablenwerte zu verstehen.

Definition eines Fuzzy-Set:

Sei X={x} eine Menge von Objekten, dann ist das fuzzy-set A in X eine Menge von geordneten Paaren mit:

Abb. 7.17: Beispiele von Fuzzy membership Funktionen. Links ein Beispiel einer unscharfen Menge für eine hypothetische Variable, deren Ausprägung ab dem Wert 200 kontinuierlich steigend bewertet wird, beim Wert 500 ihr Maximum (1) erreicht und bis zum Wert 800 stetig fällt. Rechts ein Beispiel einer nicht-linearen membership Finktion für Hangneigungen, indem eine bestimmte Eignung für flache und leicht geneigte Flächen sehr hoch ist und erst hin zu einem Grenzwert (15 Grad) stark abnimmt.

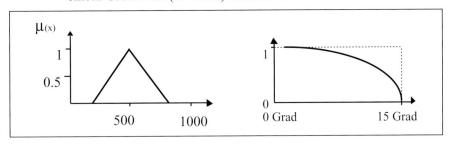

A = {(x, *A(x)) mit x * X}   mit

*A(x) ... Zugehörigkeitsfunktion (Grad der Zugehörigkeit, fuzzy membership function - FMF) von x in A mit *A(x) * [0,1]

Die Zugehörigkeitsfunktionen können als Liste (bei diskreten oder einem Intervall von kontinuierlichen Basismengenwerten) oder parametrisch (je nach Notwendigkeit als Dreiecks-, Trapez- oder als komplizierterer Funktion) realisiert sein (siehe dazu MAYER et al. 1993, S.16ff.).

Auf den fuzzy-sets können (Mengen-)Operationen definiert werden (MAYER et al. 1993, S.36ff.). Beispielhaft seien angeführt:

Der Minimumoperator: der Durchschnitt zweier Fuzzy-Sets C = A * B ist definiert durch die Operation:

   *C(x) = min{*A(x), *B(x)} * x * X

Der Maximumoperator: die Vereinigung zweier Fuzzy-Sets C = A * B ist definiert durch die Operation:

   *C(x) = max{*A(x), *B(x)} * x * X

Das Komplement: das Komplement C eines Fuzzy-Sets A ist definiert durch die Operation:

   *C(x) = 1 - *A(x) * x * X

Abb. 7.18: Beispiel zweier Fuzzy-Operatoren: links Durchschnitt, rechts Vereinigung

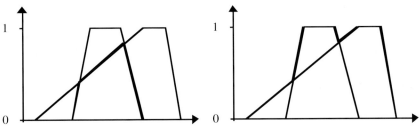

Kompensatorische Operatoren (Durchschnittsoperatoren): Algebraische Verknüpfungen, bei denen ein Mehr des einen Operanden ein Weniger des anderen Operanden ausgleicht. Auf diese Definitionen aufbauend kann der Ablauf eines Entscheidungsprozesses, der auf Fuzzy Set Theorie beruht, wie folgt strukturiert werden (MAYER et al. 1993, S.69ff.):

1. Definition der Ziel (-Variablen) des Entscheidungsprozesses und der Variablen (Bedingungen), die zur Bewertung herangezogen werden sollen
2. Fuzzifizierung aller Variablen (Transformation aller Variablen in Fuzzy Zugehörigkeitsfunktions-Werte, FMF-Werte)
3. Operationen innerhalb des Entscheidungsmodells (min, max, Multiplikation etc.)
4. Defuzzifizierung der Zielvariablen
5. Endgültige Entscheidung oder Erarbeitung von Entscheidungsalternativen

Gegenwärtig werden die Fuzzy Set Methoden sehr erfolgreich in der Steuerungstechnik (*fuzzy control*) eingesetzt. Aber das Feld der potentiellen Anwendungen qualitativer Modellbildung mit diesen Methoden ist sehr groß und wird sicher in den nächsten Jahren durch viele Anwendungsbeispiele erschlossen werden. Zur praktischen Durchführung einer solchen Fuzzy-Entscheidungsmodellierung nach dem fuzzy control-Prinzip existieren am Softwaremarkt einige Programmpakete (TRAUTZL 1992), die meist als interaktive Programmierumgebungen für industrielle oder andere Steuerungen konzipiert sind. Außerdem sind als Buchbeilagen einige Softwareshells zur experimentellen Erstellung von Fuzzy-Entscheidungsmodellen am Markt und fast monatlich erscheinen neue (z.B. MAYER et al. 1993, KOSKO 1992).

Im Rahmen Geographischer Informationssysteme hat BURROUGH als einer der ersten Fuzzy Set Methoden zur Bearbeitung von Boden- und Landbewertung eingesetzt (BURROUGH 1989). SUI (1992) verwendet ein Multikriterien Fuzzy Modell zur Bewertung städtischer Landnutzung in einer chinesischen Provinz. YAN et al. (1991) verwenden wissensunterstützte Fuzzy Schlußmethoden zur Zonierung von verbauten Flächen in einem Probegebiet in Japan. Diese Vorgangsweise ist im Moment nur durch zu einem GIS zusätzliche Verwendung einschlägiger Programme möglich. An der Kopplung solcher Programme wird vom Verfasser gearbeitet.

Grundsätzlich können, wie diese Beispiele zeigen, Fuzzy-Entscheidungsmodellierungen für GIS somit zwei verschiedenen Kategorien von Vorgangsweisen angehören (nach MANDL 1994):

- Einer rein map-algebraischen, die Fuzzy-Zugehörigkeitsfunktionen und -Operationen nutzenden und damit „weichen" und Wertübergänge berücksichtigenden Kombination von Eingangswerten zu Nutzwerten (nennen wir sie „Fuzzy-Nutzwertanalyse", FNWA) oder
- einem dem Fuzzy-Control-Grundschema eines wissensunterstützten Entscheidungsprozesses (siehe oben) nachempfundenen, regelbasierten Bewertungsvorganges von Eingabegrößen auf eine Zielvariable hin, die ebenfalls als Nutzwert interpretiert werden kann („Fuzzy-System-Bewertung", FSB).

Beide Vorgangsweisen sind in vieler Hinsicht verschieden. Die FNWA entspricht bis auf den Wertsyntheseteil einer klassischen Nutzwertanalyse, die FSB eher einer regelbasierten, expertensystemähnlichen Entscheidungsfindung. Trotzdem basieren beide Vorgangsweisen auf der Fuzzy Set Theorie, erfordern keinerlei Datenniveauvoraussetzungen, ermöglichen in mehrfacher Weise die Berücksichtigung von Unsicherheiten (in den Daten, in den Zusammenhängen, in den Entscheidungen etc.) und sind daher eine sehr realitätsnahe Modellierung eines Bewertungs- bzw. Entscheidungsvorganges. Beide Vorgangsweisen sind noch experimentelle Methoden, es gibt nur experimentelle Software zu ihrer Realisierung und tiefgehende, mit Nicht-Fuzzy-Methoden vergleichende Beispiele liegen nur spärlich vor.

Die Fuzzy Logik kommt meist da zum Einsatz, wo das zur Problemlösung benötigte Wissen nur sehr ungenau ist oder , bedingt durch die Komplexität des betrachteten Systems, unstrukturiert vorliegt. Es wird auf eine mathematische Modellierung des Systems verzichtet und vielmehr versucht, das menschliche Entscheidungswissen nachzubilden. Fuzzy Systeme erlauben daher die heuristische Abbildung menschlichen Wissens zur Problemlösung (ZIMMERMANN 1993, KOSKO 1994), vor allem wenn folgende Ausgangssituationen von Unsicherheit vorliegen:

- Zufällige Unsicherheiten sind auf den Einfluß von zufallsbedingten (stochastischen) Faktoren zurückzuführen. Solche Unsicherheiten können auch mit Hilfe der Wahrscheinlichkeitstheorie modelliert werden.
- Lexikalische (sprachliche) Unsicherheiten resultieren aus der inhaltlichen Unklarheit, der Undefiniertheit oder der Kontextabhängigkeit von Wörtern und Sätzen.
- Beispielsweise differieren „niedrige Grundstückspreise" im Stadtzentrum oder in der Landgemeinde trotz gleicher sprachlicher Bezeichnung in ihrer numerischen Ausprägung ganz erheblich.

Informationale Unsicherheiten sind Unsicherheiten, die auf einen Überfluß oder Mangel an Information zurückzuführen sind. Die verfügbare Informationsmenge ist also nicht ausreichend oder aber größer als die menschliche Aufnahmefähigkeit. Informationale Unsicherheit tritt auch auf, wenn Begriffe verwendet werden, die, obwohl eindeutig, durch eine „unüberschaubare" Anzahl von Eigenschaften beschrieben werden. Ein Beispiel hierfür könnte der Begriff „Lage" sein. Die Beurteilung derselben bedient sich etwa der Faktoren „Parkplatzverfügbarkeit" und „Einkaufsmöglichkeiten", aber sie berücksichtigt auch Verbindungen dieser Kategorien untereinander. Die Arten und die Anzahl dieser Verknüpfungen machen es dem Menschen, obwohl die einzelnen Bedingungen einfach und klar verständlich sind, unmöglich, ein Gesamturteil abzugeben.

Während also Fuzzy Logik als Methode ausgereift ist und in technischen Anwendungen seit Jahren operationell eingesetzt wird, ist eine „räumlich unscharfe" Betrachtung selten, jedoch mit steigender Tendenz in der Literatur zu finden. Einige Schwerpunkte, wo seit mehreren Jahren Fuzzy-Ansätze mit Geographischen Informationssystemen kombiniert werden sind neben dem NCGIA (GOODCHILD 1989) die Gruppen um EASTMAN (EASTMAN et al. 1993) in den USA, um Burrough (BURROUGH 1989, 1992, BURROUGH et al. 1992, HEUVELINK and BURROUGH 1993) in den Niederlanden und um FISHER in Großbritannien (FISHER 1992). Seit ca. 1994 haben sowohl die methodischen als auch die praktischen Arbeiten mit Fuzzy Logik und GIS stark zugenommen, so daß ein Überblick diesen Rahmen sprengen würde. In der Landschaftsökologie und Landschaftsplanung waren Fuzzy Ansätze ebenfalls bis vor kurzem kaum vertreten, allerdings gibt es in den letzten Jahren bei Planungsprozessen im Zusammenhang mit Entscheidungsunterstützung bei Handlungsalternativen zahlreiche vielversprechende Studien, etwa die Arbeit von SYRBE (1996). Diese Arbeit setzt ebenso wie die meisten bekannten Verfahren auf diskret abgegrenzten Bezugseinheiten im Sinne der „patches" (vgl. Diskussion in Kap. 4.3) auf. Die Abgrenzung erfolgt also unter einer gewissen subjektiven Pragmatik, aber nach inhaltlichen

Abb. 7.19: Vergleich dreier Habitatmodelle für den Springfrosch. Bekannte Laichplätzen und benötigte Strukturen werden einmal linear arithmetisch und einmal mit den Regeln der Fuzzy Logik verknüpft. Bei dem dritten Modell werden zusätzlich aus Geländeformen und Bodendaten potentiell hoch geeignete Standorte („potential hot spots") modelliert.

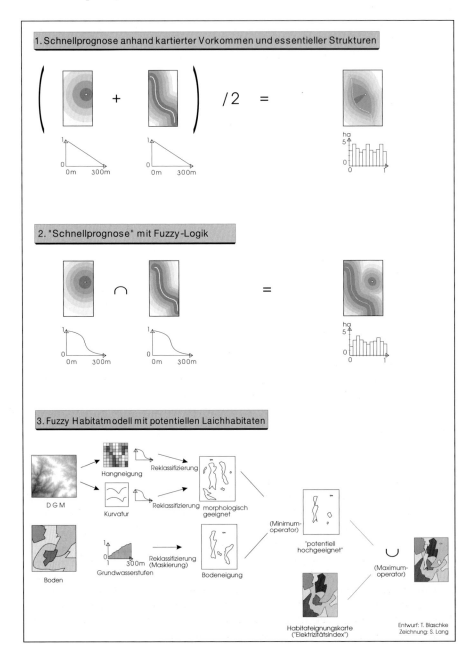

Kriterien. Diese, dem „landschaftsökologischen Ansatz" im Sinne von LESER (1997) entsprechende Vorgangsweise verwendet also nur bei der Bewertung der festgelegten kleinsten Einheiten Fuzzy Regeln. SYRBE stellt treffend fest, daß es ein perfektes Verfahren nicht gibt und schlägt daher vor, pragmatisch jene Vorgangsweise zu wählen, die dem Zwecke am ehesten gerecht wird. Er wägt für seine Studie die Vor- und Nachteil fixer Bezugsgrößen ab und kommt zu dem Schluß, daß eine (echte) räumlich vage Realisierung dieses Ansatzes bisher der Umfangs der relevanten Merkmale, Probleme und ihrer Definition und die Algorithmierung sowie der hohe Aufwand zur Datenerfassung entgegensteht. Im Gegensatz dazu soll in dem anschließend folgenden Beispiel ein Habitatmodell für den Springfrosch ohne a-priori festgelegte diskrete räumliche Bezugseinheiten erstellt werden. Beide Ansätze sind jedoch auch kombinierbar. Fuzzy Regeln können durchaus mit „harten" Regeln kombiniert werden, ebenso können einzelne Datenschichten als diskrete Flächeneinheiten und andere als kontinuierliche Datenschichten in eine Berechnung eingehen.

Für die Landschafts- und Habitatmodellierung ergeben sich bei Verwendung eines Fuzzy-Modells im Vergleich zu herkömmlichen „scharfen" Klassifikationsverfahren Vorteile. Ein wesentlicher Vorteil ist darin zu sehen, daß das Fuzzy-Klassifikationsverfahren keine Forderungen an die statistischen Eigenschaften der zu klassifizierenden Objekte stellt (z.B. Normalverteilung). Weitere Vorteile sind die relativ einfache Erstellung des Entscheidungsmodells, die flexible Ausbaufähigkeit des Systems, die Nachvollziehbarkeit und Transparenz der Verarbeitungsschritte, die kartographischen Präsentationsmöglichkeiten räumlicher Unschärfe und nicht zuletzt der, für eine eventuelle Weiterverarbeitung der Daten nützliche, erweiterte Informationsgehalt der Modell-Ergebnisse in Form der Fuzzy-Zugehörigkeits-Karten. Einsatzbereiche derartiger Systeme bieten sich beispielsweise in Verfahren zur qualitativen Raumbewertung hinsichtlich spezieller Nutzungsfunktionen oder Potentiale (z.B. „Wohnwertanalysen" oder „Bodeneignungskarten") an (vgl. auch BLASCHKE 1997b). Die Visualisierung von Unschärfen oder Fehlergrößen, wie sie besonders bei der Diskretisierung kontinuierlicher Daten auftreten bleiben bisher meist aufgrund fehlender methodischer Möglichkeiten unberücksichtigt oder sind - etwa durch Monte Carlo Simulationen - relativ aufwendig zu modellieren. In der folgenden Abbildung ist nochmals ein einfaches lineares Modell mit arithmetischer Mittelbildung zwei Fuzzy-gestützten Habitatmodellen für den Springfrosch gegenübergestellt.

7.5.2   Fuzzy Habitatmodelle für den Springfrosch

Aufgrund der beschriebenen Eigenschaften des Fuzzy Ansatzes werden zwei verschiedene auf der Fuzzy Logik basierende Habitatmodelle (vereinfacht „Fuzzy Habitatmodelle") aufgestellt. Das erste ist äußerst einfach aufgebaut und stark vereinfachend. Unter der Prämisse, daß in der Praxis bei geplanten Eingriffen häufig wenig oder keine Zeit für populationsökologische Untersuchungen bleibt (vgl. PLACHTER 1991, 1992a, HOVESTADT et al. 1991) sind sehr einfache Verfahren nötig, mögliche Auswirkungen auf Populationen abzuschätzen. Dazu stellen z.B. HOVESTADT et al. (1991, S. 232ff) die Schnellprognose vor. Dabei werden ausgehend von Literaturauswertungen über die Hauptgefährdungsursachen, die Raumansprüche, Ausbreitungsfähigkeit usw. sowie einzelnen, in ihrem Umfang beschränkten Geländearbeiten Prognosen über die Folgen der beabsichtigten Eingriffe erstellt. Trotz der Beschränkung von Populationsuntersuchungen auf ein Minimum muß die

Fragmentierung des Lebensraumes und die Isolierung von Teilpopulationen berücksichtigt werden. Wie bereits an einem einfachen Kartenbeispiel gezeigt wurde, ist es mit einem GIS leicht möglich, in einem ersten Schritt sämtliche relevanten euklidischen Distanzen zu anderen Teilpopulationen, aber auch zu Störeffekten hin zu berechnen. Wenn entsprechende Daten vorliegen, können außer euklidischen Entfernungen auch Wanderungsdistanzen entlang von Ausbreitungsrichtungen, Korridoren und Netzwerken unter Berücksichtigung von Barrierewirkungen und Impedanzen berechnet werden. In diesem einfachen Modell wird von den bekannten Laichstandorten und den bekannten Feuchtstandorten ausgegangen und jeweils eine nicht-lineare Distanzabnahmefunktion aufgestellt.

Das zweite Modell ist deutlich aufwendiger und berücksichtigt analog zu der zuvor vorgestellten Vorgangsweise der DGM-Modellierung auch „potentiell hoch geeignete" Habitate.

Abb. 7.20: Schrittweise Ableitung zweier alternativer Habitatmodelle für den Springfrosch: a) lineare Distanzabnahmefunktion um bekannte Laichplätze, b) lineare Distanzabnahmefunktion um Gewässer und Feuchtstandorte, c) arithmetisches Mittel aus a) und b), d) sinusförmige Fuzzy Abnahmefunktion um bekannte Laichplätze, e) sinusförmige Fuzzy Abnahmefunktion um Gewässer und Feuchtstandorte, f) Fuzzy Maximum Operator (Vereinigung) von d) und e).

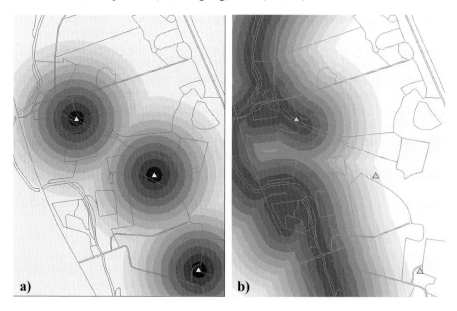

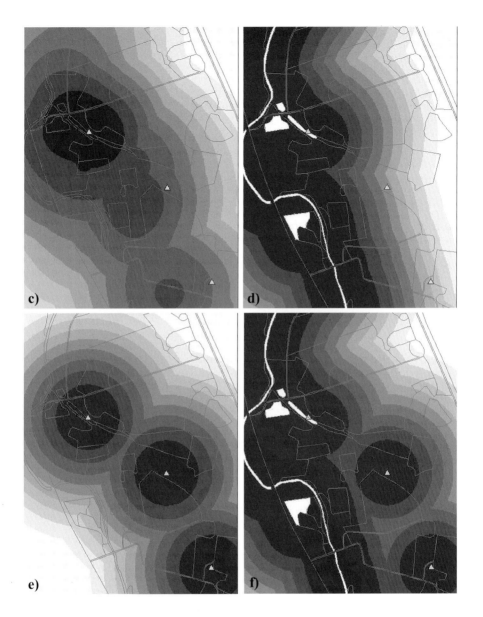

7.5.3 Vergleich der Ergebnisse

Die zusätzliche Modellierung mit einem Fuzzy-Ansatz hat gezeigt, daß ein großes Potential erschlossen wird, das es ermöglicht, auch nicht-lineare bis hin zu verbal beschreibenden Vorschriften zu integrieren. Die beiden hier alternativ zu dem Ansatz in Kap. 7.4 vorgestellten „Schnellverfahren" können nicht vollständig die Einbeziehung potentiell hoch geeigneter (aber nicht kartierter) Laichplätze ersetzen. Unter der diskutierten Prämisse, daß solche aufwendigen Arbeiten aus zeitlichen und/oder finanziellen Gründen nicht immer möglich sind, erscheint eines der beiden vorgestellten Verfahren aber durchaus anwendbar zu sein. Während sich ganz deutlich zeigt, daß eine Vermischung von Datenschichten durch Berechnung des arithmetischen Mittels nicht nur die Extrema „verwischt", sondern auch Bereiche mit zweimal „mittleren" werten relativ aufwertet, kann dieser Effekt durch eine nicht-lineare Abnahmefunktion über das Fuzzy-Konzept vermieden werden. Die generellen Vorteile des Fuzzy-Ansatzes können an dieser Stelle nicht vollständig dargestellt werden. Hierzu sei zusätzlich auf die Literatur (vor allem BURROUGH 1989, 1992, BURROUGH et al. 1992, EASTMAN et al. 1993) verwiesen.

Abb. 7.21: Dreidimensionale Darstellung der Ergebnisse zweier alternativer Habitatmodelle für den Springfrosch. Beim arithmetischen Mittel werden beide in das Modell einfließende Eingangsgrößen „verwischt" (obere Abb.), während bei dem einfachen Fuzzy Modell mittels Maximumoperator die räumlich komplementären, aber ökologisch bedeutsamen Flächen um die bekannten Laichplätze und um die Gewässer und Feuchtstandorte jeweils als „peaks" hervortreten (untere Abb.).

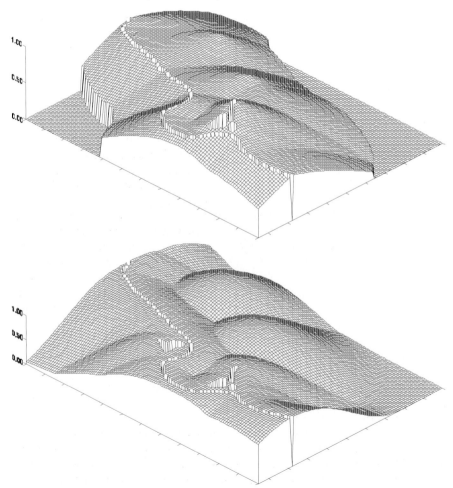

8 LANDSCHAFTSANALYSE UND ÖKOSYSTEMARE ANALYSE

Ausgehend von den deskriptiv-analytischen Betrachtungen in Kapitel 6 und räumlichen Modellierungs- und Extrapolationsansätzen faunistischer Daten in Kapitel 7 wird im folgenden versucht, landschaftliche und ökosystemare Zusammenhänge und Prozesse zu ermitteln, soweit dies aus den vorliegenden Daten möglich ist. Dabei sind aus der Sicht Geographischer Informationsverarbeitung zwei übergeordnete Gruppen an Zusammenhängen festzustellen: *Räumlich-funktionale* und *zeitlich-funktionale* (*dynamische*) Aspekte. Aspekte der Populationsbiologie können aufgrund der Datenlage kaum berücksichtigt werden. Dies erscheint zwar als ein Manko hinsichtlich einer komplexen und umfassenden Bewertung, doch wären dazu aufwendige Erfassungsmethoden über einen längeren Beobachtungszeitraum hinweg erforderlich, so daß angesichts des dringenden Handlungsbedarfs in der Praxis Bewertungssysteme mit relativ einfachen Mitteln zu erfolgen haben (HOVESTADT et al. 1991, PLACHTER 1992a, 1992b). Es ist jedoch zu hoffen, daß mit Hilfe Geographischer Informationssysteme Verfahren entwickelt werden können, die ausgehend von Erkenntnissen der Populationsbiologie es ermöglichen, aus monotemporalen Daten einfache Aussagen zu Populationen abzuleiten. Am Beispiel der Hydrodynamik wird in Kap. 8.4 dargestellt, wie monotemporale, aber multithematische Daten mit entsprechenden Verknüpfungsvorschriften und einer Hypothesengenerierung zu einfachen Trendabschätzungen verwendet werden können.

Die Begriffe *Ökosystemare Analyse* und *Landschaftsanalyse* sollten hier in einem Wortpaar verwendet werden, die sie nur unscharf von einander zu trennen sind. Im englischen wird unter dem Begriff „*landscape analysis*" ohnehin meist der landschaftsökologisch (holistisch im Sinne von NAVEH and LIEBERMANN 1993) ausgerichtete Ansatz der *landscape ecology* verstanden, der biotische Komponenten stark einbezieht. Die Landschaftsanalyse, wie sie sich im deutschsprachigen Raum aus der physischen Geographie und der Landschaftsökologie entwickelte (TROLL 1939, 1950, SCHMITHÜSEN 1964), war in den 70er Jahren stark an das Geosystemkonzept und das Naturraumpotentialkonzept angelehnt und von der anthropozentrischen Sicht der *Leistungsfähigkeit* eines Naturraumausschnittes geprägt (NEEF 1963, 1967, HAASE 1967, JÄGER und HRABOWSKI 1976, MANNSFELD 1979, 1983, NEUMEISTER 1979, AURADA 1984). Die daraus resultierende starke Betonung abiotischer Aspekte in dieser geowissenschaftlich, physisch-geographisch und systemtheoretisch dominierten Literatur wird von neueren Arbeiten der Landschaftsanalyse jedoch überwunden (z. B. BASTIAN und HAASE 1992, BASTIAN und SCHREIBER 1994, LESER 1997, BUCHWALD 1995). Vor allem BASTIAN und SCHREIBER (1994, S. 61ff) weisen in ihrer lehrbuchartigen Darstellung der Landschaftsanalyse darauf hin, daß die Landschaftsanalyse zwar in der Regel komponentenbezogen, d. h. getrennt nach geologischen Untergrund, Relief, Boden, Wasserhaushalt, Klima, Pflanzen- und Tierwelt etc. erfolgt, die vielschichtigen Abhängigkeiten und Wechselbeziehungen jedoch berücksichtigt werden müssen.

Auch aus naturschutzfachlicher Sicht ist es notwendig und keineswegs selbstverständlich, die jeweilige Umgebung sowie übergeordnete räumliche Dimensionen zu berücksichtigen. Da nicht alle Arten und Lebensräume überall geschützt werden können und sollen, müßten auf verschiedenen Hierarchieebenen (vgl. ALLEN and STAR

1982) Aussagen über Vorrangziele getroffen werden. Über die Ebene von Einzelarten hinaus muß dabei - wie mehrfach dargestellt - die Erhaltung und Verbesserung ökologischer Systembeziehungen (sowohl räumlich als auch funktional) im Mittelpunkt stehen. Die einzelnen, an den Landschaftshaushalt bzw. bestimmte landschaftliche Strukturen gebundenen Teilpotentiale können nicht von einander getrennt, räumlich nebeneinander vorkommend betrachtet werden. In der Wirklichkeit treten sie vielmehr am gleichen Standort „übereinander" auf (vgl. LESER 1978, FINKE 1986). Genau hier sind wiederum Geographische Informationssysteme in der Lage, eine große Menge unterschiedlichster Daten und Inwertsetzungen zu integrieren und über die Analyse der Ist-Situation hinaus sowohl einen angestrebten Zustand als auch verschiedene, aus einer Inter- und Extrapolation vorliegender Daten resultierende bzw. zu erwartende Zustände abzuleiten und zu visualisieren.

8.1 ANALYSE DER FRAGMENTIERUNG DES AUEN-ÖKOSYSTEMS

8.1.1 *Ökologische Bedeutung der Fragmentierung*

Viele früher zusammenhängende Lebensräume sind durch die Anlage von menschlichen Siedlungen, Straßen und Feldern sowie durch andere menschliche Aktivitäten zerstückelt worden. Als Fragmentierung (Zerstückelung, Zerschneidung, Verinselung) von Lebensräumen (*habitat fragmentation*) bezeichnet man den Prozeß, durch den große, zusammenhängende Biotopflächen sowohl verkleinert als auch in zwei oder mehr Fragmente zerteilt werden (WILCOVE et al. 1986, LOVEJOY et al. 1986, PRIMACK 1993). Der Prozeß der Fragmentierung findet zwar auch auf natürliche Weise statt (z. B. bei Überschwemmungen, Lawinen, Erdrutsche ...), die durch den Menschen ausgelöste Fragmentierung von Lebensräumen erreicht jedoch in den

Abb. 8.1: Quantifizierung des Auswirkungen der Fragmentierung einer homogenen Fläche. Das fiktive Rechenbeispiel nach PRIMACK (1993) verdeutlicht, daß zwei hypothetische Straßen oder Eisenbahnlinien über die Bedeutung des absoluten Flächenverbrauchs hinaus enorme Randeffekte bewirken. Ein angenommener Störeffekt von 100 m reduziert die verbleibende, ungestörte Fläche des vormals homogenen patch auf weniger als die Hälfte.

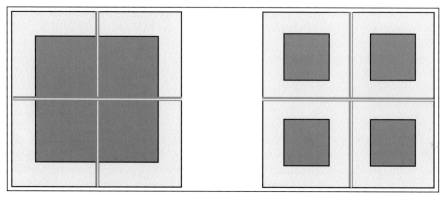

letzten Jahrzehnten in historischer Zeit nicht gekannte Dimensionen (EHRLICH 1988, WIENS 1989, PRIMACK 1993, 1995) und ist daher keinesfalls mit natürlichen Vorgängen zu verwechseln.

Mit zunehmender *Verinselung* oder *Fragmentierung* eines Habitats, eines Vegetationstyps oder einer komplexeren funktionalen Einheit (z. B. Aue) kommt es zu immer kleineren naturnahen Lebensräumen (vgl. Kap. 2.6). Diese *Inselbildung* ist in vielfacher Hinsicht gefährlich. Die Populationen kleiner Lebensräume sind häufig so individuenarm, daß sie langfristig nicht überleben können und bei Störungen möglicherweise erlöschen (LOVEJOY et al. 1986, SOULÉ 1987, KAULE 1991, PULLIAM and DANIELSON 1991, BIERREGARD et al. 1992). Aus diesem Aspekt heraus ist die Frage relevant, wie weit die nächstgelegenen ähnlichen Ökosysteme entfernt sind, von denen aus eine Wiederbesiedelung erfolgen könnte. Neben anderen Faktoren (z. B. Erhöhung des Randlinieneffekts) ist der Faktor Isolierung also ein überlebenswichtiger Parameter für eine Population. Bei starker Fragmentierung von Lebensräumen muß das Hauptaugenmerk daher immer stärker auf den Schutz von Metapopulationen gerichtet werden (HANSKI and GILPIN 1991).

Abb. 8.2: Illustration der Isolation von Amphibienhabitaten im Untersuchungsgebiet

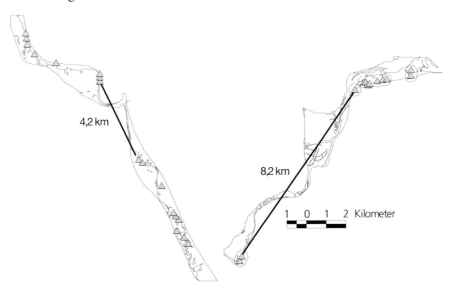

Zur Bestimmung dieser *Isolation* reicht jedoch die kürzeste Distanz im euklidischen Raum oft nicht aus. Benötigt wird vielmehr eine artenspezifische (eigentlich individuenspezifische) Distanz im Sinne eines Aufwandes zum Erreichen eines anderen vergleichbaren Biotoptyps („*patch*", vgl. Kap. 4.3). Zu Grunde liegt die (unbestrittene) Hypothese, daß Wanderungen zwischen patches für einzelne Individuen immer mit Gefahren verbunden sind (DAWSON et al. 1987) und daß damit die Wahrscheinlichkeit, ein patch zu erreichen, mit der tatsächlich zurückgelegten Distanz sinkt (HARRISON et al. 1988). Viele waldbewohnende Vögel, Säugetiere und Insekten überqueren nicht einmal kurze Strecken offenen Geländes (MADER 1979, LOVEJOY et al. 1986, MADER et al. 1988, BIERREGARD et al. 1992).

Abb 8.3: Rasterbasierte Diffusionsanalyse über Kostenoberflächen ermöglichen eine realitätsnahe Repräsentations eines Lebensraumes. Auf einer „quasi-kontiniuerlichen" Oberfläche erhält die Ausbreitung zusätzlich zur euklidischen Dimension eine Kostendimension (links unten in Zahlen, rechts oben in Grauwerten dargestellt), wobei unter Kosten entweder aufsummierter Aufwand oder Gefährdung des Erreichens einer bestimmten Zelle zu verstehen ist (z.B. Mortalitätsrate in Promille, die für die einzelnen Biotoptypen bekannt sein muß oder von Experten geschätzt wird). Ausgehend von einem zu betrachtenden Habitat („source", links oben) und ein oder mehreren Kostenoberflächen werden die Wanderungsbewegungen pro Zelle modelliert (rechts unten) und die Kosten aufsummiert, bis ein Abbruchskriterium erfüllt ist.

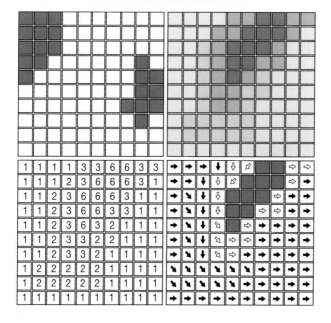

8.1.2 Bestimmung der Fragmentierung

In Geographischen Informationssystemen stehen eine Reihe von Operatoren bereit, die beispielsweise über euklidische Distanzen oder - sofern sich flächenhaft die Impedanz von dazwischen liegenden patches bewerten läßt - über Kostenoberflächen, gegenseitige Erreichbarkeiten und damit letztlich die Konnektivität ermitteln. Auch existieren verschiedene Möglichkeiten, über fokale oder zonale Operatoren den Grad der Fragmentierung einer Landschaft zu ermitteln. Mit FRAGSTATS (MCGARIGAL and MARKS 1994) steht dabei auch ein allgemein zugängliches Programm zur Verfügung, das sowohl Raster- wie auch Vektor-basiert verschiedenste landschaftsökologische Indizes berechnet. Eine konkrete Variante rasterbasierter Analyse ist ein zonaler *Fragmentation Index*, der ursprünglich als Maß der Komplexität von

Choroplethenkarten entwickelt wurde (MONMONIER 1974) und der auch in GIS-gestützter Analyse bereits angewandt wurde (JOHNSSON 1995):

$$FI = (M - 1)/(N - 1)$$

wobei M die Anzahl der kartierten Einheiten und N die Anzahl der Rasterzellen darstellen. Der Index wurde auch in der vorliegenden Studie getestet. Die generelle Kritik bzw. der Schwachpunkt dieses Ansatzes scheint in der Abhängigkeit von der „thematischen Auflösung" (Anzahl der Klassen) und der Kartierungsgenauigkeit zu liegen. Diese Einschränkungen gelten nach Ansicht des Autors für die meisten Methoden einer „landscape metrics" (vgl. Kap. 4.3 und 8.2).

Abb. 8.4: Fragmentation Index

1	1	2	1	2	2
1	1	1	1	2	2
2	2	2	2	2	2
3	3	2	2	2	2
3	3	3	2	3	3
3	3	3	3	3	1

2	1	2	1	2	1
1	3	1	2	1	2
2	1	2	1	3	1
1	2	1	2	1	2
2	1	2	1	2	1
1	4	1	2	1	3

4	4	4	1	1	1
4	4	4	4	4	4
4	4	4	4	4	4
4	4	4	4	4	3
4	4	4	3	3	3
4	4	4	4	4	4

$FI = 0,14 \ (M = 6, N = 36)$ $FI = 1 \ (M = 36, N = 36)$ $FI = 0,06 \ (M = 3, N = 36)$

In der vorliegenden Studie werden die Formeln der Inseltheorie der Biogeographie, die in Kap. 2.6 diskutiert wurden, nicht direkt eingesetzt. Die generelle Tragweite einer Isolation und die Erkenntnisse der Inseltheorie bleiben unbestritten, zunächst muß jedoch geklärt werden, „wer wovon isoliert" ist. Einerseits sind Ergebnisse aus Formeln, die für Populationen (echter) Inseln und ihrem Grad der Isolierung bzw. der kürzesten Luftliniendistanz von anderen relevanten Habitaten entwickelt wurden (vgl. auch SIMBERLOFF 1974, 1986), nicht übertragbar und andererseits stellen auch die meisten landschaftlichen Indizes (vgl. Kap. 4.3) keine Größen dar, die in ihren absoluten Werten eine ökologische Bedeutung aufweisen (vgl. WIENS 1989, TURNER 1990, McGARIGAL and MARKS 1994). Ein neuerer und vielversprechender Ansatz, der eine Dimensionslosigkeit seine Aussagen bzw. eine Maßstabsunabhängigkeit verspricht ist der der Fraktale. Während der Ansatz in der Mathematik und Computergraphik hinreichend bekannt ist, sind die Anwendungen in ökologischen Fragestellungen begrenzt. Ein Spezifikum gegenüber Indizes, die die Größe und den Durchmesser bzw. die Form von patches vergleichen, ist, daß bei letzteren und der Annahme einer euklidischen Grundform wie Quadrat oder Kreis der Durchmesser bei zunehmender Größe mit der Wurzel der Fläche steigt, also proportional langsamer als die Fläche. Ein Kreis mit der doppelten Fläche eines anderen hat nur 1.41 mal den Durchmesser. Die fraktale Dimension kann in dieser Hinsicht auch als ein Maß verstanden werden, wie schnell der Durchmesser mit der Fläche zunimmt (MAURER 1994). Einen Überblick über die Anwendungsmöglichkeiten in der Landschaftsökologie gibt MILNE (1991a, 1991b).

8.1.3 *Die Zweischneidigkeit des Faktors Fragmentierung/Formkomplexität*

Bei vielen der gebräuchlichen Bewertungsverfahren wird der Faktor *Isolierung/ Vernetzung* grob geschätzt, meist über eine grobe Einteilung der Luftlinienentfernung zum nächstgelegenen Habitat in Entfernungsklassen. Es ergibt sich die paradoxe

Situation, daß ein bestehender Verbund in einzelnen Verfahren hoch bewertet wird (z. B. SCHULTE und MARKS 1985), in anderen Ansätzen dagegen eine weitgehende Isolation hinsichtlich einer Schutzwürdigkeit hoch bewertet wird (z. B. WITTIG und SCHREIBER 1983). Vor diesem Hintergrund soll im folgenden die Isolation vs. die Vernetzung von Biotoptypen analysiert werden, die Ergebnisse werden jedoch nicht unmittelbar zu einer Bewertung herangezogen, bis ermittelt ist, ob dieser Faktor einen wesentlichen Zusammenhang mit z.b. dem Vorkommen faunistischer Leitarten aufweist. Für den GIS-Einsatz ergibt sich hier die Schwierigkeit, daß eine große Strukturdiversität und eine hohe Anzahl komplexer, langgestreckter und linearer Biotoptypen z.B. in einer traditionell genutzten Kulturlandschaft positiv zu bewerten ist (z.B. gegenüber Flurbereinigungsmaßnahmen), daß aber für viele Biotoptypen eine den lokalen Gegebenheiten angepaßte, aber kompakte Form besser zu bewerten ist, als langgestreckte und/oder zerlappte Formen, u.a. weil dabei das Verhältnis von Kernzonen zu Randzonen ungünstig ausfällt und Schadeinflüsse aus der Umgebung stärker wirksam werden (PRIMACK 1993, BLAB 1993). Die Formkomplexität einzelner patches wird oft undifferenzierterweise mit dem Grad der Fragmentierung eines Lebensraumes gleichgesetzt. Allgemein gilt der Zusammenhang, daß in den meisten Ökosystemen ein hoher Grad an Verzahnung von verschiedenartigen *patches*[41] im Sinne von komplizierten Grenzverläufen und Zerlappungen, also im Sinne einer hohen Grenzlinienlänge pro Fläche, einen positiven Faktor für die Strukturdiversität darstellt. Dieser Aspekt darf nicht mit dem Faktor Fragmentierung/Isolation verwechselt werden, der (zumindest bei einer künstlichen Erhöhung durch den Menschen) negative Folgen auf Populationen und Metapopulationen aufweist.

Die meisten Geographischen Informationssysteme bieten eine Reihe von (planaren) Formdeskriptoren, die Form und Gestalt von linearen und flächigen räumlichen Objekten beschreiben, etwa Maße zum Verhältnis einer Fläche zu ihrem Umfang, die als Kompaktheit oder als Index für eine „Zerlappung" dieser Fläche gesehen werden kann (vgl. FORMAN and GODRON 1986, McGARIGAL and MARKS 1994).

$$\textit{Shapeindex} = \textit{Durchmesser/Fläche}$$

Da dieser Wert nicht unabhängig von der absoluten Flächengröße und damit vom Aufnahmemaßstab ist, wird häufig ein *standardisierter Index* verwendet, der die Fläche eines Polygons mit einer dem Durchmesser entsprechenden Kreisfläche vergleicht.

$$\textit{Standardisierter Shapeindex} = \textit{Durchmesser}/ 2 \sqrt{\pi \, \textit{Fläche}}$$

Die absoluten Ergebnisse solcher Berechnungen sind wie die meisten dimensionslosen Indizes jedoch für sich stehend inhaltlich wenig aussagekräftig. Ein Kompaktheitsmaß von 0,6 für einen bestimmten Vegetationstyp führt erst zu einem Informationsgewinn, wenn dieses Maß in einen Zusammenhang mit einer relevanten ökologischen Größe gesetzt wird. Eine Fläche (*patch*) mit einem standardisierten Shapeindex von 1,54 kann zwar überall in der Welt als relativ kompakt angesehen werden, doch was hat das für eine ökologische Bedeutung? Erst ein signifikanter Zusammenhang z. B. wenig kompakter, d.h. linearer und/oder zerlappender Strukturen mit dem Vorkommen einer bestimmten Tierart verleiht einem solchen Index eine Berechtigung.

---

[41] Es wird im folgenden häufig das englische Wort *patch* verwendet, wenn von der kleinsten dargestellten homogenen Einheit die Rede ist, da unterschiedlich verwendetete deutsche Wörter wie Landschaftselement, Geotop, Biotop, Kartiereinheit usw. heterogen gebraucht werden und/oder unterschiedlichen Sichtweisen unterliegen (vgl. Kap. 4.3).

Abb. 8.5: Planare Formdeskriptoren zur Beschreibung von patches. Drei patches mit etwa gleich großem Flächeninhalt und verschiedenem Shapeindex. Dennoch unterscheiden sich die mittlere und rechte Fläche nicht sehr stark in den Werten, da hier nur der größte Durchmesser berücksichtigt wird und nicht die Komplexität der Form.

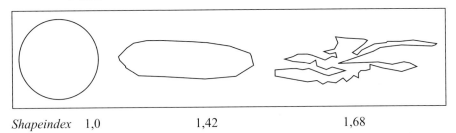

Shapeindex   1,0   1,42   1,68

Ein vielversprechender Ansatz ist der des *Proximity Index* (PX), der nicht nur die Isolation im Sinne der minimalen euklidischen Distanz zum nächstgelegenen patch oder einen Index für alle betrachteten anderen patches berücksichtigt sondern zwischen einer räumlich weitabständigen und geclusterten Verteilung unterscheidet sowie die Flächengröße berücksichtigt (GUSTAFSON and PARKER 1994, McGARIGAL and MARKS 1994). Der Index eignet sich besonders in „kontrastreichen" Landschaften oder hinsichtlich einer sich deutlich abhebenden Klasse im Vergleich zu allen anderen Klassen. Er wird daher meist in forstökologischen Untersuchungen von Waldinseln und deren Isolation oder umgekehrt zur Untersuchung von Kahlschlagflächen in Waldgebieten eingesetzt. Aus populationsökologischer Sicht und aus Artenschutzsicht sind bei einer Fragmentierung eines Lebensraumes inmitten einer wenig geeigneten Landschaft (z.B. landwirtschaftlich intensiv genutzte Flächen) großflächige Siedlungsinseln besonders günstig zu beurteilen, da dadurch Populationsgröße und Habitatvielfalt ansteigt und Populationsschwankungen sowie räumliche und zeitliche Schwankungen im Ressourcenangebot besser ausgeglichen werden können (DIAMOND 1975, 1976). In der vorliegenden Studie scheint dieser Index weniger geeignet zu sein, zwischen schwer abzugrenzenden Klassen (z.B. Weichholz-Auwald und Hartholz-Auwald) zu unterscheiden, wohl aber z.B. zur Untersuchung der Feuchtstandorte und Altwasser und deren Verteilung. Der Index wird für jeden patch i einer gewählten Klasse berechnet, der zumindest teilweise innerhalb einer zu spezifizierenden Anzahl von Pixeln (im Falle der Rasterimplementation des Algorithmus), auch *proximity buffer* genannt, zu liegen kommt und setzt sich zusammen aus der Größe des patch (S_i) und der kürzesten Distanz von Grenzlinie zu Grenzlinie (*edge-to-edge distance*) zwischen dem patch i und seinen Nachbarn der gleichen Klasse (z_i) innerhalb des *proximity buffer*.

$$PX = \Sigma^n_{i=1} \ (S_i / z_i)$$

PX hat einen hohen Wert, wenn ein patch von großen und/oder nahegelegenen patches umgeben ist und nimmt bei kleiner werdenden Flächen und größeren Abständen ab. Die ökologische Relevanz dieses Indexes konnte für forstökologische Studien nachgewiesen werden. Dabei ist jedoch nicht der absolute Wert des Ergebnisses entscheidend, vielmehr sind nur relative Vergleiche des gleichen Landschaftsausschnittes bei unterschiedlichen Kompositionen (z.B. Vorwegnahme geplanter Eingriffe) sinnvoll

(GUSTAFSON, mündl. Mitt. 1996). Der PX ist jedoch nicht sensitiv gegenüber echten Barrieren.

8.1.4 Wirkungen von Barrieren und deren Berücksichtigung mit GIS

Unter Barrieren kann nicht das Fehlen eines bestimmten Habitattyps sondern müssen „aktiv wirksame" Ausbreitungshindernisse verstanden werden. Eine bloße Ermittlung der Luftlinienentfernung zum nächstgelegenen gleichartigen Habitat oder Biotop erscheint sowohl für die Vegetation als auch für viele faunistischen Taxa als unzureichend. Hier muß neben einer echten räumlichen Betrachtung der Verteilungsmuster zumindest auch die Wirksamkeit von Barrieren herangezogen werden. Die Wirkung von Straßen als abiotische Barrieren in tierökologischer Hinsicht sollte eigentlich aufgrund der zahlreichen Forschungsergebnisse hinreichend bekannt sein. Sie können Populationen nahezu vollständig voneinander isolieren und auf diese Weise zum Absterben bringen (vgl. LOVEJOY et al. 1986, MADER et al. 1988, JEDICKE 1990, BIERREGARD et al. 1993, PRIMACK 1993).

Für einige Taxa, wie z. B. für Vögel, spielt dies eine geringere Rolle, für sehr viele andere ist es dagegen entscheidend, ob sich zwischen den einzelnen Habitaten Straßen, Flüsse, Kanäle oder städtische Verbauung befinden. Es existieren eine Reihe von empirischen Forschungsarbeiten über die Wirksamkeit von Straßen als Barrieren für bestimmte faunistische Arten oder Gruppen. Besonders die Wirkungen auf Amphibienpopulationen (VAN GELDER 1973, BLAB 1986), aber auch für Laufkäfer, Spinnen und Kleinsäuger (MADER 1979, 1984, MADER et al. 1988) wurden vielfach dargelegt.

8.1.5 Fragmentierung von Tierpopulationen am Beispiel einiger Leitarten

Im folgenden werden einige Konzepte der Fragmentierung bzw. der Isolation angewandt. Beide Begriffe sind in einem Atemzug zu nennen, da sie kaum voneinander getrennt verwendet werden können. Zwar bezeichnet *Fragmentierung* strenggenommen einen Prozeß und Isolation einen Zustand, der durchaus auch natürlich sein kann (etwa im Falle von Inseln), doch wird in der Literatur kaum derart scharf unterschieden.

Ohne hier im Detail auf das Konzept der Metapopulation eingehen zu können, das im allgemeinen auf LEVINS (1969, 1970) zurückgeführt wird (vgl. HANSKI and GILPIN 1991, BEGON et al. 1990), wird für wenige Arten der Amphibien die Fragmentierung des vorhandenen Lebensraums untersucht und in Verbindung mit den aus der Literatur bekannten Entfernungen gebracht, die als Obergrenzen der Wanderungsaktivität gelten[42]. Eine vollständige Bearbeitung ist auch für wenige ausgewählte Arten aufgrund der Datenlage nicht möglich, da das Untersuchungsgebiet nicht isoliert betrachtet werden kann und aus den benachbarten Räumen keine vergleichbaren Daten vorliegen. Auch hinsichtlich absoluter Entfernungen zwischen Subpopulationen unterscheiden sich verschiedene Taxa deutlich. Aus diesen Gründen wird beispielhaft die Verbreitung des Springfrosches und der kartierten Molcharten

---

[42] In Einzelfällen (katastrophale Ereignisse, Verfrachtungen ...) werden diese Entfernungen immer wieder übertroffen. Für eine funktionierende Metapolulation muß jedoch ein häufigerer Individuenaustausch möglich sein (vgl. GOODMAN 1987, HANSKI and GILPIN 1991).

hinsichtlich ihrer Konnektivität untersucht. Problematisch ist auch die Bewertung der Barrierewirkung verschiedener Strukturen. Diese Barrieren sind meist zu einem unterschiedlichen Grad durchlässig bzw. undurchlässig, was oft von ganz speziellen Parametern abhängt, z. B. Fahrbahnbreite, Verkehrsdichte bei Straßen, Böschungswinkel bei künstlichen Kanälen, Fließgeschwindigkeit etc. Daher werden im folgenden auch nur relativ wenige Strukturen als Barrieren betrachtet.

Tab. 8.1: Bewertete Barrierenwirkung für den Springfrosch

Barrieren	räumliche Dimension	bewerteter Raumwiderstand
Bundesstraße 20	linear	sehr hoch
Nebenstraßen im Ortsgebiet Burghausen	linear	sehr hoch
kleinere, asphaltierte Nebenstraßen	linear	hoch
nicht asphaltierte Wege	linear	gering
intensiv genutztes Grünland	flächig	mittel[43]
Ackerland	flächig	hoch

Abb. 8.6: Barrieren und flächenhaft negative Ausbreitungsbedingungen dargestellt für den Springfrosch

■ hohe Barrierewirkung
▨ Feuchtstandorte ausserhalb des Auwalds

100 0 100 200 Meter

---

[43]Dies bedeutet, daß eine intensive Nutzung zwar für ein Einzelindividuum keinen Widerstand der Fortbewegung im engeren Sinne bewirkt, langfristig für eine Population aufgrund von Agrochemikalien und mechanischer Bearbeitung immer wieder Verluste eintreten können.

Für die Analyse des Springfroschvorkommens liegt die in Kap. 7.4 konstruierte Datenschicht, die den realen und den potentiellen Lebensraum für den Springfrosch vereint, zugrunde. Ausgehend von jedem bekannten Laichplatz des Springfrosches wird mit den im kartierten Gebiet innerhalb der maximal angenommenen Ausbreitungsdistanz (500 m) liegenden als essentiell bewerteten Lebensraumtypen (Kap. 7.4) eine zusätzliche Karte von Barrieren und flächenhaft negativen Ausbreitungsbedingungen erstellt.

Von naturschutzfachlicher Bedeutung ist auch das Vorkommen von Molchen im Untersuchungsgebiet. Der Bergmolch (*Triturus alpestris*) konnte in der Originalkartierung (SIERING et al. 1990) nur an zwei von 100 vorgefundenen Laichplätzen angetroffen werden. Beide Vorkommen liegen im Bereich ehemaliger Flutrinnen der Fridolfinger Au. Vom Teichmolch (*Triturus vulgaris*) bestehen im Untersuchungsgebiet 15 Nachweise, wobei eine Häufung in der Fridolfinger-Tittmoninger Au festzustellen ist. Die dritte im Zuge der Untersuchung nachgewiesene Molchart, der Kammolch (*Triturus cristatus*) war nur an drei Gewässern anzutreffen. Alle drei Molcharten wurden nur im Südteil des Untersuchungsgebietes, flußabwärts von Laufen, nachgewiesen.

8.2 ANALYSE DER KOMPLEXITÄT/STRUKTURDIVERSITÄT

8.2.1 Ökologische Bedeutung struktureller Diversität

Die *landscape ecology* beschäftigt sich mit der quantitativen *und* qualitativen Analyse der Landschaft bzw. ihrer Zusammensetzung (vgl. Kap. 4.3). Es existieren ebenso wie zur Berechnung der Fragmentierung und Isolation eine Reihe von verschiedenen Indizes, die im Gegensatz zu den bekannten Diversitätsindizes der Biologie und Ökologie, die allesamt den Artenreichtum und/oder die quantitative Artenzusammensetzung repräsentieren, sich mit der landschaftlichen oder strukturellen Diversität eines Landschafts- oder Ökosystemausschnittes auseinandersetzen (FORMAN and GODRON 1986, O'NEILL et al. 1988, TURNER 1989, 1990, TURNER and GARDNER 1991). Während, wie DAVIS et al. (1990) betonen, für die meisten Diversitätsindizes besser der Ausdruck Artenreichtum (*species richness*) zutrifft, handelt es sich bei der Strukturdiversität um einen Begriff, der im Deutschen auch mit dem Ausdruck „landschaftliche Vielfalt" bezeichnet wird. Dieser Ausdruck wäre im gegebenen Kontext jedoch mißverständlich, da er häufig in anthropozentrisch geprägten Landschaftsbewertungen gebraucht wird, die z. B. kulturlandschaftliche Veränderungen - sofern sie zu einer Aufsplitterung von Lebensräumen und nicht zu einer Ausräumung führen - oft generell positiv bewerten, ohne im Einzelfall ökologische Folgen in die Überlegungen einzubeziehen.

Wie bereits festgestellt muß berücksichtigt werden, daß kein linearer Zusammenhang zwischen dem ökologischen Wert einer Landschaft oder eines Ökosystems und der Strukturdiversität besteht. Ebenso wie artenarme Ökosysteme enorm wertvoll sein können (vgl. Kap. 2 sowie ELLENBERG 1973, BEGON et al. 1990, RICKLEFS 1990, PRIMACK 1993), können auch verhältnismäßig wenig strukturierte Ökosysteme äußerst wertvoll sein. Andererseits ist aber die Beurteilung vor allem eines kulturlandschaftlichen Nutzungsmusters und in Hinblick auf Überlegungen zu dessen Stabilisierung die Ebene der Mikro- oder auch der Meso-Ökosysteme relevanter (vgl.

KIAS 1990). Bei der Betrachtung vergleichbarer Ökosystemtypen und vor allem auch innerhalb eines übergeordneten Ökosystemtyps scheint jedoch strukturelle Diversität ein wesentlicher ökologischer Faktor zu sein:

The more heterogeneous and complex the physical environment becomes, the more complex the plant and animal communities supported and the higher the species diversity (KREBS 1979).

Für diesen ökologischen Faktor der *Vielfalt auf landschaftlicher/ökosystemarer Ebene* besteht leider eine Vielzahl von Begriffen, auch aus disziplingeschichtlichen Gründen, wovon die wichtigsten kurz dargestellt werden:

Local (oder **alpha**) **diversity** kann im wesentlichen auf eine Artendiversität reduziert werden (HABER 1979), während andere Definitionen auch allgemeiner formuliert sind. Auf die Landschaft bezogen bedeutet dies u. a. die Fähigkeit eines Ausschnittes der Erdoberfläche (Biotop, Landschaftselement, Ökosystem ...), einen großen Artenreichtum zu ermöglichen.

Regional diversity wird auch auf ganze Populationen bezogen: ... „depends on the replacement of populations by others in different habitats" (RICKLEFS 1979). Im Zusammenhang mit Biodiversität wird dieser Begriff inzwischen aber auch für eine regionale Betrachtung eines national und international ausgerichteten Konzeptes verstanden.

Inventory Diversity, die sich auf die vier Kategorien der Hierarchie von Artenvorkommen und Artenreichtum in Anlehnung an WHITTAKER (1977) bezieht. Inventory diversity ist ein Index, dargestellt in Form eines räumlichen Gradienten mit vier ‚level': *point* (Microhabitat), *alpha* (Habitat), *gamma* (‚landscape') und *epsilon* (Region).

Differentiation Diversity (WHITTAKER 1977): *„refers to the three categories of species abundance and richness that exists between hierarchies of inventory diversity".* Diese drei levels sind: *pattern* (zwischen Standorten innerhalb eines Habitats), *beta* (zwischen Habitaten einer Landschaft), und *delta* (zwischen Landschaften einer Region).

Habitat Diversity wird als ein Diversitätsindex definierter Habitattypen über einen räumlichen Gradienten (horizontal oder vertikal) hinweg verstanden. Die Bezugseinheit ist damit nicht die Art, sondern ein definiertes und diskret abgegrenztes Habitat („*microsite*", *trophic layer*, *Nische*). Landschaft ist sogesehen ein mehrdimensionaler oder funktional zweidimensionaler Raum (MAGURRAN 1988). Die Einheiten sind jedoch ebenso wie Whittaker's Kategorien an Artenreichtum schwer zu definieren.

Aufgrund dieser vielfältigen und teils widersprüchlichen Bezeichnungen und Inhalte wird an der in Kap. 2 diskutierten Einteilung nach HABER (1979) festgehalten. HABER unterscheidet zwischen *alpha*- („Arten-"), *beta*- („Struktur-") und *gamma*- („Raum-") Diversität und weist in diesem Zusammenhang auf die besondere Bedeutung der letztgenannten für die Stabilisierung der Kulturlandschaft hin.

Im gegebenen Untersuchungsgebiet handelt es sich im wesentlichen um einen übergeordneten, aus einer spezifischen Kombination aus aquatischen und terrestrischen Ökosystemen aufgebauten Ökosystemtyp *Aue*, auf den die obenstehende Aussage von KREBS (1979) voll zutrifft. Es wird von der Arbeitshypothese ausgegangen, daß eine hohe Strukturdiversität einen wesentlichen ökologischen Faktor für diesen Ökosystemtyp und für den Großteil der darin lebenden Tier- und Pflanzengesellschaften darstellt.

8.2.2 Konstruktion struktureller Diversität mit GIS

Während die theoretischen Grundlagen der Bedeutung von Diversität großteils in den 70er Jahren gelegt wurden (ODUM 1969, HABER 1972, 1979, WHITTAKER 1977, KREBS 1972, ELLENBERG 1973), und Erkenntnisse daraus in verschiedene ökologische Theorien und Modelle einflossen (z. B. in die Mosaik-Zyklus-Theorie, REMMERT 1986, 1991, 1992), ist deren Operationalisierung, vor allem deren Quantifizierung, überraschenderweise noch nicht gelöst.

Es existieren in der Landschaftsökologie bei Betrachtung im Rahmen des *„landscape scales"* (LAVERS and HAINES-YOUNG 1993) zahlreiche Maße für die Strukturiertheit der Landschaft generell (FORMAN and GORDRON 1986, O'NEILL et al. 1988, TURNER 1990, DILLWORTH et al. 1994, MCGARIGAL and MARKS 1994) und damit indirekt für die Anordnung und das Muster (*landscape pattern*) einzelner zu betrachtender Habitattypen (vgl. auch vorigen Abschnitt zur Fragmentierung). Doch scheint zunächst beim Studium der einschlägigen Literatur für den in dieser Arbeit relevanten Betrachtungsmaßstab zur Differenzierung innerhalb eines übergeordneten Ökosystemtyps (hier: *Aue*) kein objektives, d. h. intersubjektiv nachvollziehbar zu quantifizierendes Maß zu existieren. Dabei handelt es sich im Gegensatz zu vielen ökologischen Prinzipien und Methoden hierbei *nicht* um einen Mangel bei der Implementation von bewährten Vorgangsweisen in GIS (vgl. Kap. 4.3), sondern vielmehr ergibt sich das Bild, daß trotz der zahlreichen Veröffentlichungen und dem Vorhandensein lehrbuchartiger Darstellungen (TURNER 1987, TURNER and GARDNER 1991, KOLASA and PICKETT 1991, KOLASA and ROLLO 1991, SOLBRIG and NICOLIS 1992, HANSEN and DI CASTRI 1993) keine standardisierten Verfahren zur objektiven Bestimmung von Strukturdiversität vorhanden sind. Dabei werden vor allem in Nordamerika und Großbritannien, inzwischen aber auch in vielen anderen Staaten, bei Untersuchungen zu Diversität auf verschiedenen Ebenen GIS-Systeme eingesetzt (JOHNSON 1990, TURNER 1990, RIPPLE et al. 1991, MUSICK and GROVER 1991, CHANG et al. 1993, MORGANTI 1994, DILLWORTH et al. 1994, BASKENT and JORDAN 1995, JOHNSSON 1995).

Die Definition eines relevanten Maßstabes ist auch bei der im allgemeinen herrschenden Pragmatik eines gegebenen Untersuchungsgebiets und einer bestehenden Datenlage nicht unproblematisch. Wie WIENS (1976) hervorhebt, können Habitat *patches* immer nur aus einer spezifischen Fragestellung heraus gesehen werden, die letztlich durch die Wahl einer Organismus-zentrierten Perspektive determiniert wird. Die folgende Abbildung soll dies illustrieren.

Wie bereits erwähnt, ist die Abhängigkeit der Erfassung vieler Indizes vom Aufnahme- und Auswertungsmaßstab und von der thematischen Detailliertheit der Aufnahme, ein wesentlicher Punkt, den VERBYLA and CHANG (1994) aus Sicht der Statistik *study area bias* nennen. Aber auch aus ökologischer Sicht lassen sich diese Zusammenhänge erklären:

> *„Heterogeneity is certainly related to the extent. In fact, it is through increases in heterogeneity across the data that a wider extent allows a study to move upscale. With increases in the temporal and spatial context of the study, the sampling regime encounters more variability. This fact can be related to spatial extent in species-area curves. Because various organisms become conspicuous at different times of the year or over a succession of years, increasing the temporal extent of the study increasing heterogeneity. It is a truism, that larger*

Abb. 8.7: Mehrere Betrachtungsmaßstäbe einer Landschaft aus verschiedenen, Organismen-zentrierten Perspektiven (McGARIGAL and MARKS 1994, S. 4)

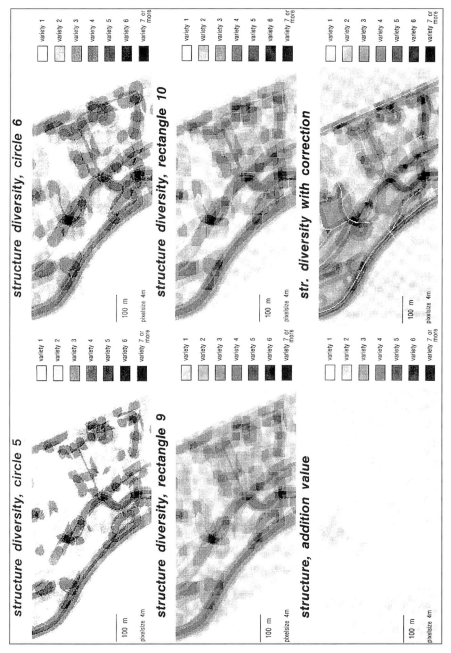

areas can contain processes that are more wide-spread. Sampling over a wider spatial extent often encounters larger-scale ecological systems. ... Widening the extent relates simply to a move up-scale." (ALLEN and HOEKSTRA 1991, S. 59)

Es werden nach Ansicht des Autors in verschiedenen Studien diese Tatsachen nicht nur nicht berücksichtigt, sondern oft unzulässige Vereinfachungen angenommen. So wird z. B. teilweise ein einfacher *shape index*, der den Durchmesser eines patches mit seiner Fläche bzw. mit dem Durchmesser eines die gleiche Fläche ausfüllenden Kreises vergleicht

SHAPE = $P/(2\div(p\ a))$ (McGARIGAL and MARKS 1994, vgl. Kap. 8.1)

mit der Strukturdiversität gleichgesetzt (z. B. JAKUBAUSKAS 1992). Wie bereits erwähnt, sind objektive und standardisierte Maße struktureller Diversität bei einer intensiven Durchsicht vorhandener Arbeiten nicht zu erkennen. Auch die vorliegende Arbeit wird dieses Dilemma nicht lösen können, doch sollen im folgenden Vorgehensweisen der Quantifizierung von Strukurdiversität vergleichend dargestellt werden und in weiterer Folge die Ergebnisse auf Zusammenhänge mit anderen ökologischen Größen und dem Vorkommen von Leitarten hin überprüft werden.

8.2.3 Überprüfung eines Zusammenhangs von shape-index und dem Vorkommen von faunistischen Leitarten

Der nach der obenstehenden Formel berechnete *shape-index* wird zunächst rein als planarer Formdeskriptor gebraucht. Die räumliche Ausprägung für die Datenschichten der Lebensraumtypen und der Strukturtypen wird mit dem gebufferten Punktvorkommen des Pirols und des Kleinspechts verschnitten. Danach wird analog zu dem in Kap. 7 beschriebenen Verfahren des Vergleichs zwischen beobachtetem und erwarteten Wert über einen electivity-Index und eine Chi^2 Einfachabweichung ein statistischer Zusammenhang zwischen beiden Größen ermittelt.

Für den Pirol ergibt sich bei einem 35m-Buffer und einer Reklassifizierung der SI-Werte in 8 Klassen folgendes Bild:

Tab. 8.2: Shapeindex in 8 Klassen auf Basis der Lebensraumtypen und Vorkommen des Pirol. Es besteht kein signifikanter Zusammenhang

SHAPE	Häuf.	Fläche in ha	% d. Kreisfl.	erwart. Wert	electivity
1,25	46	2,62	8,89	10,57	-0,09
1,50	37	4,13	13,99	16,38	-0,08
1,75	27	2,73	9,24	11,24	-0,10
2,00	32	3,90	13,21	11,78	0,06
2,50	28	2,77	9,39	10,11	-0,04
3,00	34	5,07	17,18	13,82	0,11
4,00	32	5,29	17,93	13,85	0,13
15.00	50	3,00	10,17	12,25	-0,09
			29,51		

Auch für den Kleinspecht, der auf Basis der (Original)datenschicht der Strukturtypen eine hohe Korrelation aufweist, zeigen sich keine Zusammenhänge zwischen den ermittelten SI-Werten für die Strukturtypen und seinem Vorkommen:

Weder auf der Basis der Originalwerte noch auf Basis der in 8 Klassen aggregierten Ausprägungen des Shapeindex ergibt sich also ein Zusammenhang. Weitere Analysen für den Pirol auf Basis der Strukturtypen und für den Kleinspecht auf Basis der

Abb. 8.8: Räumliche Ausprägung des Shapeindex als planarer Formdeskriptor für die Datenschicht Lebensraumtypen.

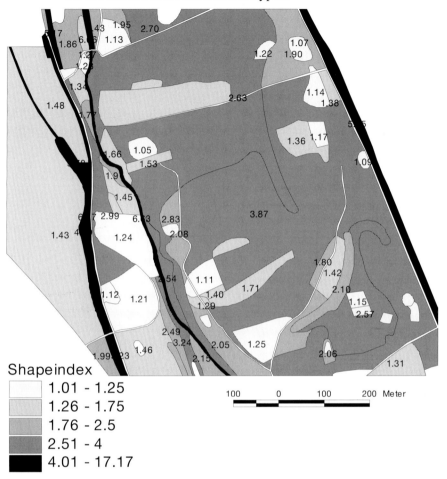

Tab.8.3: Shapeindex in 8 Klassen auf Basis der Strukturtypen und Vorkommen des Kleinspechts. Es besteht kein signifikanter Zusammenhang.

Shape	Häuf.	Fläche	% d. Kreisfl.	erwart. Wert	electivity
1,25	37	4,25	21,15	12,18	0,27
1,50	25	2,68	13,32	17,41	-0,13
1,75	19	2,09	10,38	13,65	-0,14
2,00	14	1,76	8,76	11,55	-0,14
2,50	21	2,09	10,39	11,46	-0,05
3,00	17	3,31	16,45	12,16	0,15
4,00	27	2,21	10,98	8,84	0,11
15,00	35	1,72	8,57	12,75	-0,20
			20,11		

Lebensraumtypen bestätigen dies. Im folgenden wird zusätzlich ein etwaiger Zusammenhang mit einem auf fünf gröbere Klassen hin aggregierten Shapeindex dargestellt.

Aus diesen sowie zahlreichen weiteren Untersuchungen bestehender und durchaus anerkannter Indizes der *landscape ecology* bzw. *landscape metrics* wird die Schlußfolgerung gezogen, daß die meisten Verfahren, die auf die Analyse von Landschaften ausgerichtet sind und daher Vielfalt, Heterogenität und Komposition von patches untersuchen, nicht für eine detailliertere Studie innerhalb eines übergeordneten Ökosystemtyps (Aue) geeignet sind bzw. keinen Erklärungsgehalt ökologische Größen und dem Vorkommen von Arten liefern. Es können jedoch keine Aussagen über die generelle Anwendbarkeit hinsichtlich der Maßstabsfrage getroffen werden. Die vorliegenden Ergebnisse sind ausschließlich unter den ganz konkret vorliegenden Rahmenbedingungen und der gegebenen Datenlage zu beurteilen.

Tab.8.4: Shapeindex in 5 Klassen auf Basis der Strukturtypen und Vorkommen des Kleinspechts. Es besteht kein signifikanter Zusammenhang.

Shape	Häuf.	Fläche	% d. Kreisfl.	erwart. Wert	electivity	chi2
1,25	53	5,51	27,40	23,60	0,07	0,61
1,75	42	5,27	26,21	31,19	-0,09	0,80
2,5	38	5,40	26,84	23,62	0,06	0,44
4	27	2,21	10,98	8,84	0,11	0,52
15	35	1,72	8,57	12,75	-0,20	1,37
		20,11				

8.2.4 Ermittlung von Strukturdiversität mittels fokaler Operatoren

Grundsätzlich kann die Berechnung der meisten Indizes beispielsweise in dem verwendeten Programm FRAGSTATS (MCGARIGAL and MARKS 1994) im Raster- oder Vektorformat erfolgen. Die Frage würde sich in vielen Programmen gar nicht stellen, da Geographische Informationssysteme nach wie vor meist in einer der beiden, hier vereinfachend gegenübergestellten Domänen verhaftet sind (vgl. Kap. 4.1). Diese Dichotomie ist auch nicht so stark technisch begründet, wie es auf den ersten Blick erscheint. Zwar ist eine Entscheidung hin zu einem der beiden Datenmodellansätze[44] heute grundsätzlich notwendig und meist pragmatisch orientiert. Auf einer mehr generischen Ebene wurde mit der sogenannten kartographischen Modellierung („*map algebra*" BERRY 1987, TOMLIN 1990, 1991) ein übergeordnetes Gerüst geschaffen, das versucht, die Vielfalt von Modellierungs- und Transformationsoperatoren in GIS zu ordnen. Dies geschieht durch eine der normalen (englischen) Sprache angenäherte Form, die weitgehend unabhängig von den jeweiligen Implementierungen in spezifischen Softwareprodukten ist. In der vorliegenden Studie wird aus pragmatischen Gründen trotz genereller Verfügbarkeit fast aller konkret benötigter Analysefunktionen auf Basis von Rastern gearbeitet.

Neben dieser in der Praxis meist notwendigen Entscheidung für ein Datenmodell sind weitere, wesentliche Probleme und Effekte zu beachten. Sowohl bei der Konstruktion aus Vektor- als auch aus Rasterdaten gilt es, vielfach unbeachtete Probleme des

---

[44]Es werden hier vereinfachend unter Rastermodellen auch Sonderfälle wie z. B. Quad-trees subsummiert

prediction bias und/oder des sogenannten *framing area bias* (VERBYLA and CHANG 1994) zu berücksichtigen. Wie bereits bei den deskriptiv-quantitativen Auswertungen des Untersuchungsgebietes (vgl. Kap. 6.4) hingewiesen wurde, wirkt sich die Abgrenzung des Untersuchungsgebietes i.e.S. auf die Ergebnisse aus. Im gegebenen Fall der Strukturdiversität wirken die Werte für die Bereiche der eigentlichen Aue relativ hoch, wenn die angrenzenden Wiesen und Ackerflächen, die auch historische und teilweise hinsichtlich einer möglichen Renaturierung potentielle Auenbereich darstellen, einbezogen werden. Bei einer Konzentration der Betrachtungsweise auf einen sehr eng definierten Auenbereich wirkt die Differenzierung innerhalb dieses Gebietes stärker. Dann erhalten einzelne Flächen relativ gesehen niedrigere Werte, die jedoch immer noch deutlich über den in unserer mitteleuropäischen Kulturlandschaft üblichen Werten liegen. Noch stärker wirkt sich der Detailliertheitsgrad der Originalkartierungen aus. Zwei maßstäblich und/oder in ihrer Differenzierung verschiedene Kartierungen bewirken völlig unterschiedliche Ergebnisse.

Daher sind die Resultate in dieser Hinsicht zu relativieren. Dies kann durch Berücksichtigung der maximalen Klassenanzahl einer Kartierung, der durchschnittlichen Zahl der kartierten Einheiten pro km^2, durch die Summe der kartierten Grenzlinien zwischen verschiedenen Einheiten oder durch Berücksichtigung der Maßstabszahl der

Abb. 8.9 Illustration der Abgrenzungsproblematik anhand eines Orthophotoausschnittes. Mögliche Abgrenzungen sind 1) Die pflanzensoziologisch rezente Aue im weiteren Sinne 2) Die morphologisch rezente Aue 3) Die standörtlich potentielle Aue. Je nach Abgrenzung ergeben sich bei quantitativen Analysen unterschiedliche Werte.

Aufnahme erfolgen. Ein Vergleich unterschiedlicher Ökosysteme ist dann jedoch keinesfalls möglich.

Rasteranalyse mit Arc/Info

Bei der Berechnung mit der vorliegenden Software *Arc/Info* wird ein fokaler Operator angewandt, der als *folcalvariety* (in anderen Produkten auch *focaldiversity*) bezeichnet wird und der die Anzahl der unterschiedlichen Attributausprägungen innerhalb eines sogenannten „moving window' berechnet und diesen Wert dem jeweiligen im Zentrum des Fensters befindlichen Bildelement (Pixel) zuweist.

Abb. 8.10: Neighbourhood analysis mittels focalvariety Operatoren

1	1	2	1	2
1	1	1	4	2
2	2	3	4	2
3	3	2	2	2
3	3	3	2	5

Eingangsbild

1	2	2	3	3
2	3	4	3	3
3	3	4	4	2
2	2	3	2	3
1	2	2	3	2

„Diversitätswert"

Die vorliegenden Flächendaten der Vegetation und der Struktur der Vegetation werden in Raster mit 4 m Zellengröße aufgerastert und die zuvor dargestellte *focaldiversity* berechnet. Dabei ergeben sich, wie zu erwarten, je nach gewählter Form des *moving window* (Rechteck, Kreis ...) und dessen Größe unterschiedliche absolute Werte, die in der folgenden Tabelle vergleichend gegenübergestellt sind:

Tab. 8.5: Ergebnisse der Berechnung der „focalvariety" für die Datenschichten der Vegetation und der Strukturtypen für unterschiedliche Formen und Größen des „moving window" (Rasterauflösung = 4 m, Angaben in ha).

variety vegetation	circle, radius 5	circle, radius 6	rectangle 5 by 5	rectangle 6 by 6	rectangle 7 by 7	rectangle 8 by 8	rectangle 9 by 9	rectangle 10 by 10
1	374,0	337,3	502,9	462,9	428	396,9	369,2	344,4
2	282,5	295,7	200,9	223,7	256,5	274,5	288,0	297,6
3	81,1	103,6	22,7	36,2	51,6	67,5	83,2	98,7
4	13,6	22,2	1,22	2,9	5,7	9,4	14,1	19,7
5	1,6	3,5		0,09	0,32	0,84	1,7	2,9
6	0,07	0,27				0,03	0,08	0,2
variety vegetation	circle, radius 5	circle, radius 6	rectangle 5 by 5	rectangle 6 by 6	rectangle 7 by 7	rectangle 8 by 8	rectangle 9 by 9	rectangle 10 by 10
1	363,2	327,4	487,8	449,4	415,4	385,1	357,7	333,2
2	263,4	272,9	197,0	223,4	243,5	258,4	269,5	276,8
3	96,4	117,0	37,2	52,6	68,0	83,2	97,9	111,9
4	26,6	38,5	4,2	8,5	14,0	20,5	27,8	35,8
5	5,3	9,2	0,28	0,82	1,87	3,5	5,5	8,0
6	0,71	1,66		0,05	0,15	0,34	0,7	1,24
7	0,11	0,26		0,02	0,05	0,1	0,17
8		0,05						0,03

In Tabelle 8.5 sind die Ergebnisse einer solchen Berechnung für die Datenschichten der Vegetation und der Strukturtypen dargestellt. Es zeigt sich, daß die Ergebnisse stark von der Größe des definierten Fensters („moving window", „kernel") abhängen,

Abb. 8.11: Ergebnisse der Diversitätsberechnung für einen Ausschnitt südlich der Surmündung (Salzach-Km 54).

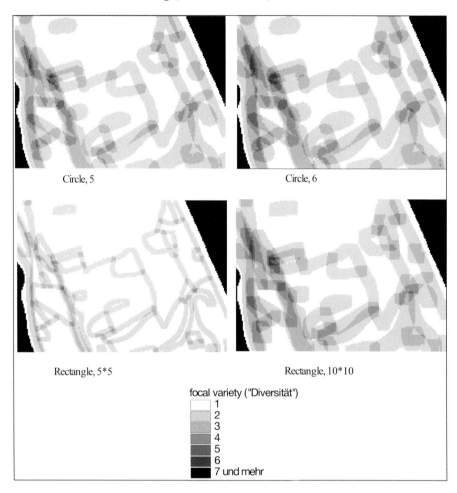

weniger jedoch von der Form (ein Kreis mit dem Radius 5 Pixel entspricht etwa einem Rechteck mit der Dimension 9*9). Darüber hinaus beeinflußt auch ein Detailliertheitsgrad der Aufnahme die absoluten Werte. Große Klassenanzahlen und kleingliedrige Abgrenzungen ein und desselben Sachverhaltes bewirken höhere Diversitätsmaße. Dieses Faktum wird in der Literatur nach Wissen des Autors von Seiten der Landschaftsökologie praktisch nicht behandelt. Im Vergleich der beiden in Tabelle 8.5 dargestellten Datenschichten spielt dies jedoch keine Rolle. Beide Datenschichten wurden zwar unabhängig, aber vom gleichen Bearbeiterteam mit annähernd ähnlichen Klassenanzahlen und einer ähnlichen Anzahl resultierender Polygone aufgenommen.

8.2.5 Einbeziehung eines qualitativen Aspektes im Sinne einer „within patch diversity" zur Ermittlung von Strukturdiversität

Es wurde gezeigt, daß mit einem rein quantitativen Ansatz der Berechnung mittels fokaler Operatoren, kein objektives und/oder eindeutiges Maß gefunden werden kann, Strukturvielfalt absolut zu quantifizieren. Aufgrund der in Tabelle 8.5 dargestellten Ausprägungen der Strukturdiversität bei unterschiedlichen Konstruktionsbedingungen wird davon ausgegangen, daß absolute Werte einer „*per pixel analysis*" mittels eines *moving window* stark von der jeweiligen Methode abhängen und daher kritisch zu betrachten sind. Es wird weiters von der Hypothese ausgegangen, daß eine sinnvolle Reklassifizierung solcher Werte durchaus Aussagen auf einem zumindest ordinalen Niveau ermöglicht. Dritter Ansatzpunkt der nachfolgend vorgestellten Vorgangsweise ist die Tatsache, daß die meisten quantitativen Ansätze der landscape ecology im Sinne einer „*landscape metrics*" qualitative Aspekte, vor allem eine „*within patch diversity*" vernachlässigen. Einige Strukturtypen (vgl. Kap. 6.3.2) können in sich als „reich strukturiert" gelten, andere nicht. Daher wird für jene Klassen, die von Experten entsprechend eingestuft werden, eine additive Konstante vergeben[45]. Die Ergebnisse werden anschließend (vgl. Kap. 8.3) hinsichtlich eines Zusammenhangs mit dem Vorkommen verschiedener faunistischer Leitarten verglichen.

Tab. 8.6: Additionswerte zur Konstruktion der strukturellen Diversität ausgehend von der Datenschicht der Strukturtypen zur Einbeziehung eines qualitativen Aspektes im Sinne einer „within patch diversity"

Nr.	Strukturtyp	Addition	Häufigk.	Fläche
12.8	gr. Bach/Fluß, naturnaher Uferverlauf	1	7	4,03
13.8	Bach, naturnaher Uferverlauf	1	18	5,39
41.0	Röhricht	1	130	36,90
42.5	lückiges Kleinseggenried	1	1	,12
43.0	Hochstaudenflur	1	73	15,72
73.1	Stangenholz, strauchreich	1	28	32,54
74.1	Baum-, Altholz, strauchreich	1	122	120,11
74.2	Baum-, Altholz mit Totholz	1	35	6,63
74.3	Baum-, Altholz, strauchreich mit Totholz	2	7	3,30
75.1	Baumholz, strauchreich, im Unterwuchs beweidet	1	2	6,66
81.0	Baum-, Altholz	1	58	83,68
81.1	Baum-, Altholz, strauchreich	2	75	164,70
81.2	Baum-, Altholz mit Totholz	2	10	1,53
81.3	Baum-, Altholz, strauchreich mit Totholz	3	6	8,58
82.0	off. Struktur mit lückiger Baumschicht	1	37	25,52
82.1	off. Struktur mit lückiger Baumschicht, strauchreich	2	14	12,00
82.3	off. Struktur mit lückiger Baumschicht, strauchreich	3	1	,74
82.4	off. Struktur mit lückiger Baumschicht, strauchreich	1	1	,33
91.0	Feldgehölz	1	11	4,19
92.0	Gebüsch, Einzelstrauch	1	23	7,17
93.0	Hecke	1	4	3,11
94.0	Baumreihe, Einzelbaum	1	132	20,52
ges.			795	563,47

[45]Negative Werte für gering strukturierte Klassen werden nicht vergeben

Von den Datenschichten *Strukturtypen* und *reale Vegetation* wird in einer rasterbasierten Analyse jeweils unabhängig eine *focalvariety* („*focaldiversity*") berechnet, die Ergebnisse addiert und anschließend von Experten ein zusätzlicher Wert für reich strukturierte Kartierungseinheiten („*within patch diversity*") vergeben. Hier wird also im Gegensatz zu zahlreichen bestehenden Verfahren bewußt die Kombination eines qualitativen und quantitativen Ansatzes gewählt. Die in Tabelle 8.6 dargestellten Strukturtypen werden von Experten mit einem Additionswert versehen.

Die räumliche Ausprägung des Ergebnisses ist in Abbildung 8.13 dargestellt. Es kommen auch nach einer Klassifizierung in einen dreistufigen (ordinal zu interpretierenden) Wertebereich optisch lineare Strukturen wie Gewässer und Rinnensysteme zum Vorschein, da hier meist mehrere Kartiereinheiten engräumig zusammenstoßen und ein hoher *focalvariety* Wert resultiert. Anschließend werden die absoluten Werte auf 3 Klassen (hoch, mittel, niedrig) und auf die Werteausprägungen 1, 3 und 5 (vgl. Kap. 9) umgesetzt, wobei sich folgende Verteilung ergibt:

0 - 2 : niedrig	niedrig	24,8%
3 - 4: mittel	mittel	43,1%
5 und mehr: hoch	hoch	32,1%

Durch diese Vorgangsweise ergibt sich ein weiterer Vorteil: Rechnerische Aufwertungen der Strukturdiversität durch nicht standortsgerechte Eingriffe wie Kahlschlag und Fichtenaufforstungen verlieren relativ an Gewicht. Eine durchaus typische Situation im Untersuchungsgebiet ist eine kleinflächige, aber häufig anzutreffende Fichtenaufforstung.

Abb. 8.12: Fichtenaufforstung inmitten des Grauerlen-Auwaldes. Eine solche Situation ist relativ häufig im Untersuchungsgebiet anzutreffen. Dadurch, daß in sich reich strukturierte Lebensraumtypen eine (subjektive) Additionskontstante erhalten, wird über die „within patch diversity" der Einfluß solcher Eingriffe relativ abgeschwächt.

Abb. 8.13: Ergebnis der Berechnung der Strukturdiversität. Die Werte sind reklassifiziert in drei ordinale Stufen (vgl. Text) und dargestellt für einen Beispielausschnitt im Südteil des Untersuchungsgebietes.

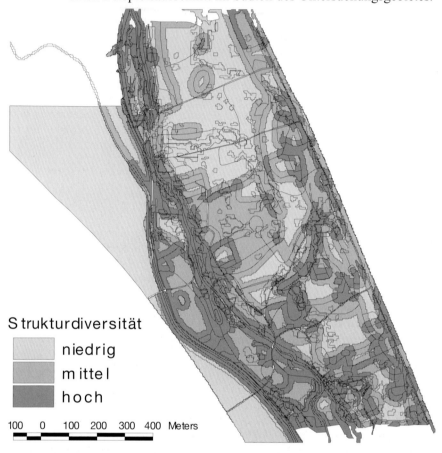

8.3 STRUKTURDIVERSITÄT UND VORKOMMEN FAUNISTISCHER LEITARTEN

In Kap. 3.7 wurden die Begriffe *Leitarten, Zielarten, Charakterarten* diskutiert, die alle auf der Annahme beruhen, daß eine vollständige Erfassung aller Arten bereits in einem Gebiet geringer Größe kaum möglich ist. Ausgehend von dem *management indicator species* Konzept (WILGROVE 1989) schlägt PLACHTER (1991, 1992a) vor, statt einzelne Arten sogenannte *Management-Gilden* als *Zeigerartenkollektive* zu verwenden. Dies wird bis zu einem gewissen Grad in der vorliegenden Studie berücksichtigt: Verschiedene Arten unterschiedlicher Taxa wurden von Experten ausgewählt und zur Bewertung herangezogen. Im Idealfall würde eine breite Streuung dieser Arten erfolgen, so daß auch z. B. die Klasse der Säugetiere oder die Ordnung Diptera abgedeckt wäre. Aus den in Kap. 2 diskutierten Gründen sollte eine Bewertung zwar möglichst ein komplexes Wirkungsgefüge erfassen, jedoch in einem vertretbaren Aufwand gehalten werden, der bei Entscheidungsprozessen in einem überschaubaren Zeitraum nicht überzogen werden sollte. Auch die Inwertsetzung bzw. Operationalisierung des Faktors Strukturdiversität wird daher nur auf sehr wenige Arten angewendet. Das Vorkommen (weniger das „Nicht-Vorkommen")[46] einzelner ausgewählter Arten wird als wertbestimmendes Kriterium eines Biotops angesehen. Nicht zuletzt, da die Bewertung der Fauna nur *ein* Element der Gesamtbewertung des Lebensraumes darstellt, erscheint diese Vorgangsweise der Bioindikation gerechtfertigt. Von der früher üblichen Artendiversität als Wertkriterium eines Lebensraums wird mehr und mehr Abstand genommen, da der grundlegende Zusammenhang zwischen Artenreichtum und anderen ökologischen Größen wie z. B. Stabilität angezweifelt werden muß (ELLENBERG 1973, BEGON et al. 1990).

Pirolvorkommen und konstruierte Strukturdiversität

Analog zu der in Kap. 7 ausführlich beschriebenen Methode des Bufferns von Punktvorkommen und der Ermittlung von Elektivitätswerten für derart konstruierte Flächenanteile wird die reklassifizierte Strukturdiversität mit den Pirolvorkommen verschnitten und ausgewertet. Die Analyse eines etwaigen Zusammenhangs zwischen der konstruierten dreistufigen Strukturdiversität und dem Vorkommen des Pirol zeigt, daß keinerlei erkennbarer statistischer Zusammenhang besteht.

Tab. 8.7: Analyse des Pirolvorkommens und der dreistufigen Strukturdiversität mittels electivity index und chi^2 Abweichung. Es besteht kein Zusammenhang.

Div	Häuf.	Fläche	% d. Kreisfl.	erwart. Wert	electivity	chi2
niedrig	20	2,79	24,99	24,82	0,00	0,00
mittel	55	3,91	35,01	43,05	-0,10	1,50
hoch	33	4,46	40,00	32,13	0,11	1,93
		11,16				

Kleinspechtvorkommen und konstruierte Strukturdiversität

Analog zum Pirol wird für den Kleinspecht vorgegangen. Das Ergebnis ist in Tabelle 8.8 dargestellt. Es besteht demnach ein hochsignifikanter Zusammenhang zwischen der dreistufigen Strukturdiversität und dem Vorkommen des Kleinspechts. Dies steht in Einklang mit der in der Literatur beschriebenen Lebensweise des Kleinspechts (GLUTZ und BAUER 1980, SCHERZINGER 1982, WERNER und WINDING 1988), der lichte Wälder mit einem hohen Totholzanteil und Dürrlingen bevorzugt. Innerhalb des Auwaldbereiches kommt er relativ in der Nähe von Bächen und

Tab. 8.8: Analyse des Kleinspechtvorkommens und der dreistufigen Strukturdiversität mittels electivity index und chi^2 Abweichung ergibt einen deutlich signifikanten Zusammenhang (Signifikanzniveau = 0,1%).

Div	Häuf.	Fläche	% d. Kreisfl.	erwart. Wert	electivity	chi2
niedrig	16	0,99	13,58	24,82	-0,29	5,09
mittel	41	3,09	42,47	43,05	-0,01	0,01
hoch	29	3,20	43,95	32,13	0,16	4,35
		7,29				

---

[46] bei entsprechender Verknüpfung der Einzelkriterien einer Bewertung, die die Einzelelemente (hier Leitarten) nicht „verwischt" (vgl. Kap. 9).

Nebengewässern der Salzach bzw. deren Uferbegleitvegetation vor. So kann diese
hohe Korrelation mit der Strukturdiversität auch indirekte Zusammenhänge aufweisen.

Amphibien

Bei den Amphibien wird hinsichtlich der Strukturdiversität aus mehreren Gründen
nicht näher nach Arten differenziert, da hier nur die Laichstandorte in die Analyse
eingehen und es sich z. T. um zusammengefaßte Fundorte handelt. Das Ergebnis muß
vorsichtig interpretiert werden. Zwar zeigen die nachfolgenden Berechnungen einen
deutlichen Zusammenhang zwischen der dreistufigen Strukturdiversität und den
Laichstandorten, doch ist dies auch auf die Tatsache zurückzuführen, daß diese
Laichhabitate meist Kleingewässer mit schmalen, uferbegleitenden Vegetations-
zonen (Röhricht etc.) sind und dadurch sich eine hohe Grenzliniensumme pro Fläche
ergibt. Dennoch ermutigt auch dieses Resultat, den eingeschlagenen Weg der quanti-
tativ-qualitativen Konstruktion eines Faktors Strukturdiversität weiterzuverfolgen.

Tab. 8.9: Analyse des Amphibienvorkommens und der dreistufigen
Strukturdiversität mittels electivity index und chi^2 Abweichung
ergeben einen deutlich signifikanten Zusammenhang (Signifikanzniveau = 0,1%)

Div	Häuf.	Fläche	% d. Kreisfl.	erwart. Wert	electivity	chi2
niedrig	18	1,81	11,00	24,82	-0,39	7,70
mittel	28	4,98	30,18	43,05	-0,18	3,85
hoch	38	9,70	58,82	32,13	0,29	22,17
		16,49				

8.4 ANALYSE DER ÜBERFLUTUNGSDYNAMIK

„Dynamik ist eine zentrale Eigenschaft von Ökosystemen" (PLACHTER
1991, S. 228)

Natürliche Dynamik ist aus mitteleuropäischen Kulturlandschaften fast völlig ver-
drängt worden (BLAB 1992, PLACHTER 1992b). Natürliche dynamische Vorgänge
wie Sukzession der Vegetation, Arealveränderungen von Arten, lokales Aussterben
und Einwandern von Arten werden durch menschliche Einflüsse entscheidend gestört.
Auch Naturkatastrophen tragen zu einer vielfältigen natürlichen Dynamik bei. Zur
Untersuchung dynamischer Prozesse sind in der Regel Zeitreihen notwendig. Die
Datenerfassung ist zeitaufwendig bzw. in manchen Fällen nicht vollständig möglich.
Häufig werden ursprüngliche Zustände (etwa vor Eingriffen oder Katastrophenereignissen) als Ausgangsdaten benötigt, für diesen Zeitraum liegen aber keine Daten
vor. In manchen Fällen ist durch eine nachträgliche Auswertung von vorliegenden
Fernerkundungsdaten und/oder die Modellanbindung an ein GIS eine integrative,
multitemporale Auswertung von Umweltdaten möglich.

In natürlichen Ökosystemen ist Dynamik von molekularer bis zur geochorischen
Ebene hin ein entscheidender Faktor, der in ökosystemarer Hinsicht vor allem in
größeren geschlossenen Gebieten wirksam werden kann (in Auwaldfragmenten von
wenigen Hektar herrscht zwar auch eine Dynamik, diese kann sich aber nicht
entsprechend der natürlichen Spannweite manifestieren). In der vorliegenden Fallstudie „Salzachauen" ist die Triebfeder der Auendynamik, die natürliche Hydrodynamik,

stark gestört. Eine verhältnismäßig junge Entwicklung führte zu einer weitgehenden Isolation der Salzach selbst von den flußbegleitenden Auwäldern. Über den Ist - Zustand hinaus ist es mit Hilfe eines Geographischen Informationssystems möglich, auch mit mangelhaften Daten, räumlich-zeitliche Analysen durchzuführen und Trends (mit bestimmter Datenschärfe) aufzuzeigen.

8.4.1 Ausgangssituation und natürliche Hydrodynamik

Die Salzach gehört in ihrem Unterlauf zu den wenigen Alpenvorlandflüssen, die über eine längere Fließstrecke nicht durch Staustufen verbaut sind. Strukturvielfalt, Dynamik und hoher Artenreichtum bedingen die ökologische Reichhaltigkeit des in Mitteleuropa immer seltener werdenden Ökosystems Aue. Ein großer Teil der Salzachauen ist jedoch von der Überflutungsdynamik abgetrennt und unterliegt nur noch Grundwasserschwankungen. In Folge von Flußkorrekturmaßnahmen und der Errichtung von Hochwasserdämmen tiefte sich die Salzach in den letzten Jahren stark ein und es entstand bereits in Teilen des Untersuchungsgebietes eine weitgehend überschwemmungsfreie Altaue. Standörtlich echte Weichholzauen sind fast nur noch im Mündungsbereich vorzufinden (BUSHART und LIEPELT 1990a).

Die relativ jungen anthropogen bedingten Veränderungen der Flußlandschaft zeigen vielfältige Auswirkungen auf das Ökosystem. Obwohl bereits Ende der 20er Jahre die Regulierung der Salzach abgeschlossen war, herrschte weiterhin eine starke Hydrodynamik. Genauere Unterlagen fehlen zwar, doch lassen Pegelmessungen den Schluß zu, daß erst mit der massiven Eintiefung der Salzach die Auendynamik entscheidend gestört wurde. Diese Eintiefung findet vor allem seit Mitte der 50er Jahre in Zusammenhang mit dem Geschieberückhalt und massiven Geschiebeentnahmen statt (vgl. WEISS 1981).

Gegenwärtig kann man davon ausgehen, daß die charakteristischen und ökologisch wichtigen Wechselwirkungen zwischen Fluß und Flußaue kaum mehr gegeben sind (FOECKLER et al. 1992). Genauere Aussagen sind jedoch erst möglich nach Abschluß des Gesamtprojektes der *Wasserwirtschaftlichen Rahmenuntersuchung* (vgl. Kap. 6.1), in dem einer der Schwerpunkte in der Ermittlung der Hydrodynamik der verbliebenen Auwälder liegt. Großflächige Überschwemmungen fast der gesamten Aue sind z. B. im Gebiet zwischen der Saalachmündung und Laufen nur für die Hochwasser 1954 und 1964 nachgewiesen. Selbst das Hochwasser vom August 1991 konnte den südlichen Teil dieses Abschnittes nur partiell überfluten. Nach ELLENBERG (1982) sind Pflanzengesellschaften und Böden nur soweit zur Flußaue zu rechnen, wie überhaupt Überschwemmungen reichen. Wo das nicht mehr der Fall ist, mache sich das Fehlen eines beherrschenden Faktors früher oder später im Artengefüge bemerkbar.

Das Flußbett der unregulierten Salzach entsprach bis auf die Durchbruchsstrecken im Großteil des Untersuchungsgebietes dem eines Mittellaufes mit breiten Umlagerungsstrecken. In Folge der häufigen Hochwasser bei saisonal stark schwankender Wasserführung waren die Auen einer stetigen, raschen Umformung unterworfen. Die für die Aue und ihre Auwälder bestimmenden Faktoren sind die Hochwasser mit den damit verbundenen Überflutungsereignissen und das hoch anstehende Grundwasser. Fauna und Flora sind in solchen unregulierten Systemen dynamischen Verjüngungsprozesen ausgesetzt, die in unserer heutigen Kulturlandschaft selten geworden sind. Die an Fließgewässerdynamik gebundenen Tierarten sind vielfach gefährdet. Die für die

Abb. 8.14: Die Eintiefung der Salzach ist im Südteil des Untersuchungsgebietes so stark, daß Nebenbäche z.T. mit mehreren Metern hohen Steilstufen münden, wie auf dem oberen Bild unmittelbar am Zusammenfluß von Saalach und Salzach. Die Pfeiler der Brücke in Laufen mußten in den letzten Jahren aufgrund der Unterspülung mit einem neuen Fundament versehen werden.

Salzach als Alpenfluß typischen sommerlichen Hochwasser fallen in die Hauptvegetationszeit. Auch über die Hochwasser hinaus sind die Auen von wechselnden Flußwasserständen abhängig, da zwischen dem Grundwasser und dem fließenden Wasser ein unmittelbarer Zusammenhang besteht. Bei Niedrigwasser und Mittelwasser wird der Fluß zusätzlich vom Grundwasser gespeist, während bei Hochwasser das sich zum Fluß hin bewegende Grundwasser aufstaut. Im Falle der Salzach ist diese natürliche Dynamik insofern beeinträchtigt, daß sich die Salzach vor allem zwischen der Saalachmündung und der Stadt Laufen stark eingetieft hat (Ergebnisse langjähriger Untersuchungen der *Wasserwirtschaftlichen Rahmenuntersuchung* werden bis Ende 1997 vorliegen).

Abb. 8.15: Die heutige Situation der Salzachauen überlagert mit der Situation von 1817.

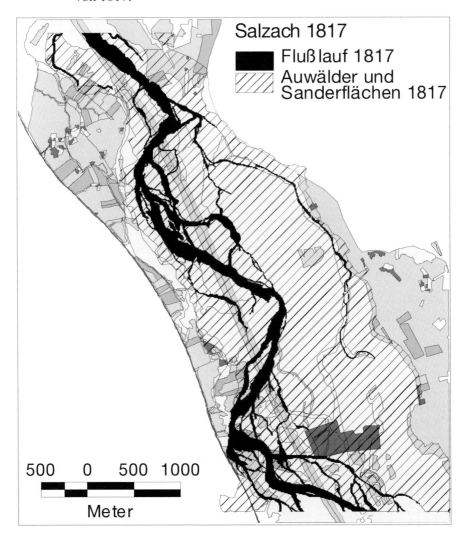

8.4.2 Direkte und indirekte Erfassung der Hydrodynamik mit GIS

Aus dem digitalen Geländemodell (DGM) und hydrologischen Messungen können mittels eines GIS Oberflächenabflußmodelle und Grundwassermodelle berechnet werden. Für die Fallstudie steht ein genaues Geländemodell zur Verfügung (vgl. Kap. 6.3), die notwendigen Grundwasserdaten liegen jedoch noch nicht vollständig vor. Daher konnte in der ersten Analysephase dieser *direkte* und zielführende Weg der Analyse nicht beschritten werden. Wenn die nötigen hydrologischen Daten zugänglich sind, sollen entsprechende Berechnungen vorgenommen werden, nicht zuletzt zur Genauigkeitsabschätzung der indirekten Ermittlung der Dynamik. Generell ist eine solche Situation sicher nicht selten: Oft muß ohne exakte (vor allem quantitative und räumlich und zeitlich ausreichend auflösende Daten) relativ rasch eine Beurteilung erfolgen, vor allem wenn Eingriffe geplant sind. Auch in diesem Zusammenhang sollen die nachfolgenden Beispiele der indirekten Ermittlung der Dynamik als Anregungen gesehen werden, wie alternativ dazu im Sinne einer „Schnellansprache" Datenschichten als Indikatoren genutzt werden können. Eines darf nämlich auch nicht übersehen werden: Wir kennen oft den „natürlichen" Zustand eines Ökosystems oder Landschaftsausschnittes nicht und können diesen auch inhaltlich gar nicht so leicht definieren: Ist der natürliche Zustand gleichzusetzen mit dem Zeitpunkt vor der Besiedlung durch den Menschen, vor einer bestimmten Phase der Landnahme oder vor der industriellen Revolution? Für die Salzach wird dieser Zustand immer wieder mit dem von ca. 1820 gleichgesetzt, für den Kartenmaterial vorliegt und vor diesem Zeitpunkt haben außer im Stadtgebiet von Salzburg keine größeren flußbaulichen Maßnahmen stattgefunden.

Es wird von folgender Hypothese ausgegangen: Unterschiedliche Typen von Auwäldern sind an einen bestimmten Rhythmus von Überschwemmungen angepaßt (SEIBERT 1969, ELLENBERG 1982, BUSHART und LIEPELT 1990). Bei Veränderungen dieser Dynamik kann die Baumschicht nur sehr langsam reagieren, die Krautschicht dagegen schneller. Daher können aus der getrennten Kartierung von Baum- und Krautschicht Schlüsse auf die Entwicklungsphase einer gegebenen Umwandlungsdynamik gezogen werden. Deutlich schneller als die Vegetation reagiert jedoch der Boden auf Veränderungen des Feuchteregimes. Eine Eintiefung, die das Ausbleiben

Tab. 8.10: Ökologischer Feuchtegrad und Bodenfeuchte (AG Bodenkunde 1982, S. 167)

Beispiele Vegetationseinheiten	ökologische Feuchte (ELLENBERG)	DIN 19686 E	Beispiele Bodentypen
Röhricht, Großseggenried	meist offenes Wasser, 9 und mehr	I	
Kleinseggenried, Hochstaudenflur	naß, 8	II	Anmoorgley, Naßgley
Mädesüß-Hochstaudenfluren, Feuchtwiesen	feucht, 7	III	Gley, Auenkalkgley
Ahorn-Eschenwald, Carex alba	mäßig feucht und wechselfeucht, 6	IV	Auenkalkgley-Auenkalkbraunerde
	frisch und mäßig frisch, 5	V	Auenkalkbraunerde

von Hochwässern und ein Absinken des Grundwasserspiegels bewirkt, sollte daher in groben Zügen durch das Auseinanderklaffen der Werte aus den getrennt erhobenen Datenschichten charakterisiert werden können.

Bodenkartierung

Aus der detailliert vorliegenden Kartierung der Bodentypen können die ökologischen bodenkundlichen Feuchtegrade (I offenes Wasser bis VIII sehr trocken) und ein grober Wert des Grundwasserabstandes abgeleitet werden. Folgende Tabelle zeigt das Vorkommen der häufigsten der 23 Bodentypen im Untersuchungsgebiet:

Tab. 8.11: Verbreitung der häufigsten Bodentypen im Untersuchungsgebiet und bodenkundlicher Feuchtegrad

	Bodentyp	bodenkundl. Feuchtegrad	Häufigk.	Fläche in ha
10	Auenkalkbraunerde	V	312	231,9
11	Auenkalkbraunerde	V	312	163,1
12	Auenkalkbraunerde	V	430	530,6
13	Auenkalkbraunerde	V	1	0,1
14	Auenkalkbraunerde	V	130	72,3
15	Auenkalkgley-Borowina	IV	9	1,8
16	Auenkalkgley-Auenkalkbraunerde	IV	20	2,9
17	Auenkalkgley-Auenkalkbraunerde	IV	219	82,4
18	Auenkalkbraunerde-Auenkalkgley	IV	35	7,7
19	Auenkalkbraunerde-Auenkalkgley	III	150	42,6
20	Auenkalkgley	III	30	19,9
21	Auenkalkgley	III	123	38,5
22	Auenkalknaßgley	II	66	14,7
23	kalkhalt. Auenanmoorgley	II	21	3,6

Ökologische Feuchtezahl der Vegetation

Im Zuge der Kartierung der realen Vegetation wurden für jede Vegetationseinheit verschiedene Zeigerwerte nach ELLENBERG et al. (1991) berechnet. Davon wird zunächst die Feuchtezahl, die das durchschnittliche ökologische Verhalten gegenüber der Bodenfeuchtigkeit bzw. dem Wasser als Lebensmedium ausdrückt, detailliert betrachtet. Zwar unterliegt auch dieser Faktor großen kurz- und langfristigen Schwankungen, doch liegen so zahlreiche Untersuchungen über Beziehungen zwischen Pflanzengesellschaften und Grundwasserständen bzw. Wassertiefen und so zahlrei-

Tab. 8.12: Feuchtegrad der Vegetationsklassen Wald

Nr	Vegetation	ökolog. Feuchte	ha
31	Uferweiden	7.4	54.7
32	Silberweiden-Auwald u. Salix alba-Ausbildung d. Grauerlen-Auwald.	6.9	124.7
33	Grauerlen-Auwald, reine Ausprägung	6.6	251.6
41	Grauerlen-Auwald mit Frühjahrsgeophyten	6.8	371.1
42	Grauerlen-Auwald, Equisetum hymale	6.6	43.1
43	Grauerlen-Auwald, Brachypodium pinnatum	5.8	3.8
44	Grauerlen-Auwald, Arum maculatum	6.5	163.5
51	Ahorn-Eschenwald, Carex alba mit Alnus incana	6.0	41.1
52	Ahorn-Eschenwald, Carex alba	5.7	109.6
53	Ahorn-Eschenwald, Carex alba mit Fagus sylvatica	5.6	16.8

che Beobachtungen an Feuchtigkeitsreihen im Gelände vor, daß eine relative Einstufung der meisten Arten möglich ist (ELLENBERG et al. 1991, S. 15). Die gegenseitige Konkurrenz von Pflanzen führt dazu, daß die Pflanzengesellschaften fein und so rasch auf Veränderungen der Umweltfaktoren reagieren. Jede Verlagerung des Konkurrenzgleichgewichtes hemmt oder fördert die beteiligten Arten in unterschiedlichem Maße. Pendelt der Faktor um einen Mittelwert, der sich im Laufe der Jahre nicht verändert, so bleibt auch der Anteil der ökologischen Artengruppen weitgehend konstant. Ändert er sich jedoch in bestimmter Richtung, so verschiebt sich auch der Anteil der Zeigerpflanzen im gleichen Sinne, und zwar oft schon nach wenigen Jahren.

Vergleich beider Feuchtewerte

Diese beiden unterschiedlichen Feuchtezahlen sind schwierig miteinander zu vergleichen. Zwar entspricht ein bodenkundlicher Feuchtewert von 4 in etwa einer ELLENBERG'schen Feuchtezahl von 6 (vgl. AG Bodenkunde 1982), doch wie ist die Feuchtezahl von 6,4 einzuordnen? Trotz dieser Unschärfe werden beide Ausprägun-

Abb. 8.16: Feuchtewert nach Ellenberg vs. bodenkundlicher Feuchtewert

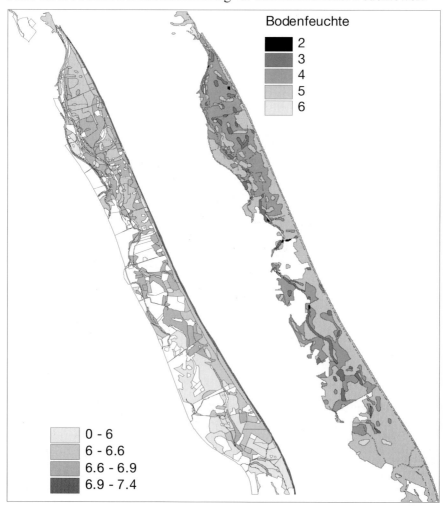

Abb. 8.17: Differenz aus der Bodenfeuchte und der ökologischen Feuchte

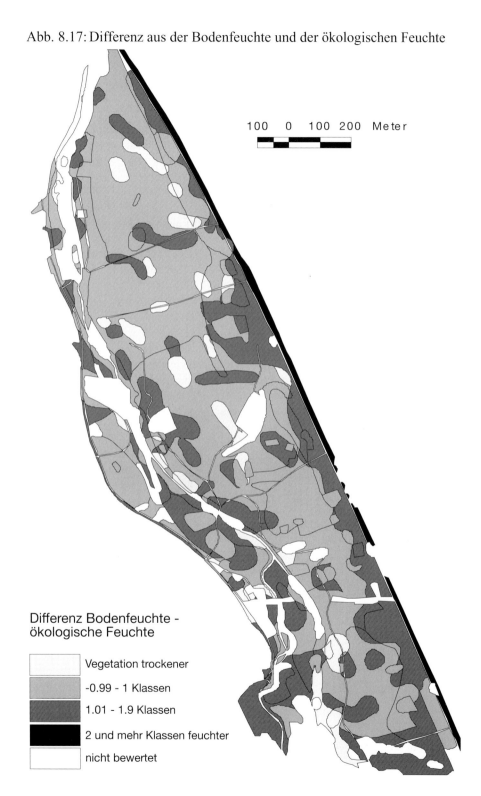

gen visuell gegenübergestellt. Eine solche Interpretation gestützt auf einen visuellen Vergleich kann jedoch nicht wesentlich mehr als eine Trendaussage sein, die grundlegend zur Festlegung einer Arbeitshypothese ist. Daher wird im folgenden mit Hilfe des GIS versucht, die Werte aus beiden Kartierungen rechnerisch gegenüberzustellen. Dazu werden zunächst beide Datenschichten in der gleichen Maschenweite aufgerastert (5 m) und die Werteskala der Bodenfeuchte invertiert, um einen direkten Vergleich zu erhalten. Anschließend wird der Wert der Bodenfeuchte für jede Zelle vom ökologischen Feuchtewert abgezogen. Das Ergebnis ist für einen Teilbereich südlich der Surmündung in Abbildung 8.17 dargestellt. Die Ergebniswerte liegen in Zehntelgraden des Unterschiedes vor, werden aber angesichts der vor allem für die Bodenkartierung relativ groben Klassenziehung in drei Wertebereiche reklassifiziert.

Mit diesem Beispiel sollen die Möglichkeiten Geographischer Informationssysteme angedeutet werden, die auch bei einem Fehlen quantifizierbarer Informationen durch Ableitung sekundärer (nicht im Gelände meßbarer) Datenschichten gegeben sind. Eine rechnerische Gegenüberstellung der beiden Datenschichten wäre auf analogem (= nicht digitalen) Weg kaum möglich. Eine vorläufige Schlußziehung (im Sinne einer Interpretationshilfe zur weiteren Vorgangsweise, nicht eines wissenschaftlichen Beweises) scheint daher die zu Grunde liegende Hypothese zu bestätigen, daß eine mittel-

Abb. 8.18: Feuchtedifferenz und relative Höhen gegenüber dem Fluß. Für zwei sehr unterschiedliche Eintiefungssituationen sind die berechneten Feuchtedifferenzen (vgl. Text) den relativen Höhen gegeüber dem Flußbett überlagert. Die dunklen Grauwerte entsprechen Gebieten mit geringem vertikalen Abstand zum Fluß, die helleren großen Abständen. Der linke Ausschnitt zeigt eine Situation mit geringerer Eintiefung an der Surmündung, der rechte Ausschnitt die stärkste Eintiefung im Süden des UG an der Saalachmündung. Die ermittelten Feuchtedifferenzen werden von Experten mit den relativen Höhen in Einklang gebracht, mit der Ausnahme, daß im Bereich der stärksten Eintiefung der Austrocknungsprozess so lange vor sich geht, daß hier die Vegetation (die Baumschicht ist bei den Feuchtewerten nicht berücksichtigt) bereits stark reagiert hat.

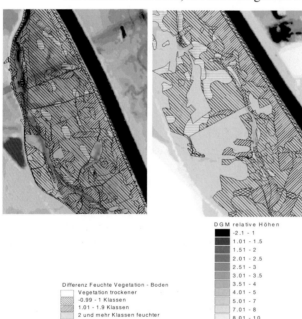

bis langfristige Veränderung der Feuchtigkeitsverhältnisse vorliegt, auf die der Boden schneller reagiert als die Vegetation. Abb. 8.18 zeigt für zwei Teilauschnitte jeweils im Südteil des Untersuchungsgebietes die relativ gute Übereinstimmung der Ergebnisse der Modellierung mit den relativen Höhen zum Fluß: Im äußersten Süden, an der Mündung der Saalach, herrscht die stärkste und am längsten bestehende Eintiefung. Hier hat die Vegetation sich bereits stark verändert, so daß hier die Feuchtigkeitswerte wenig auseinanderliegen.

8.4.3 Bioindikation der Hydrodynamik durch Frühjahrsgeophyten

Zu einer groben Einschätzung der Hydrodynamik kann bei fehlenden Daten auch das Verbreitungsmuster verschiedener Pflanzenarten dienen. Im vorliegenden Fall wurde, bevor genauere Daten vorlagen, in einem ersten Schritt versucht, Frühjahrsgeophyten als Zeigerarten zur Interpretation der Feuchtigkeitsverhältnisse heranzuziehen. Die Frühjahrsgeophytenbestände der Salzachauen, besonders des Schneeglöckchens (*Galanthus nivalis*) und des Märzenbechers (*Leucojum vernum*) sind von überregionaler bis landesweiter Bedeutung.

Es wurden folgende Kartiereinheiten unterschieden:

0:	Praktisch frei von Geophyten
1:	Gruppe der wenig differenzierenden Arten (*Scilia bifolia, Anemone ranunculoides, Allium ursinum, Primula elatior*)
1a:	spärliches Auftreten von 1)
1b:	zerstreutes bis verbreitetes Aufkommen von 1)
2:	Schwerpunktvorkommen von *Galanthus nivalis*, von anderen Arten aus 1) begleitet
3:	gemeinsames Auftreten von *Galanthus nivalis* und *Leucojum vernum* mir Arten aus 1)
4:	wie 3), aber ohne *Galanthus nivalis*
5:	Arten aus 1) ohne *Galanthus nivalis* und *Leucojum vernum*, mit *Hepatica nobilis* und *Carex alba*
5a:	wie 5), jedoch mit *Galanthus nivalis* und/oder *Leucojum vernum*

Weiterhin wurde von der Annahme ausgegangen, daß die Weichholzaue weitgehend frei von Geophyten sei, da diese langandauernde Überflutungen meiden und daher hauptsächlich - wenn auch mit unscharfen Übergängen und Verzahnungen - die Hartholzaue besiedeln. Andererseits führt die starke Eintiefung der Salzach vor allem zwischen Freilassing und Laufen zu einem Rückgang der Hartholzauen und einer Umwandlung in standörtlich trockenere Ahorn-Eschenwälder. Nur bei ausreichend hohem Grundwasserspiegel oder austretendem Qualmwasser können sich Geophyten langfristig halten.

Diese ersten, groben Einschätzungen scheinen sich zu bestätigen. Die wertvollsten Bestände (*Galanthus* und *Leucojum*) folgen im dargestellten Ausschnitt teilweise den Seitenbächen. Auch die Karte der Bodenfeuchte zeigt, daß eine bei ungestörten Verhältnissen zu erwartende Abfolge von den Uferweidenbeständen über die Weichholzaue hin zur Hartholzaue nicht gegeben ist. Dort, wo die Kartierungsergebnisse der Geophyten nicht mit der Baumschicht übereinstimmen, z. B. ein massives Vorkommen in der Weichholzau, ist also zu prüfen, ob dies auf ein

Abb. 8.19: Schneeglöckchen (Galanthus nivalis) als Indikatoren der Hydrodynamik

Abb. 8.20: Frühjahrsgeophyten und Bodenfeuchte: Visueller Vergleich

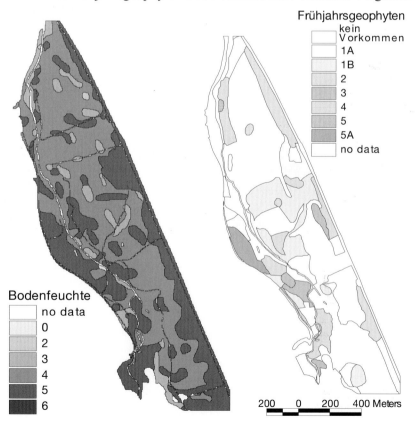

Fortschreiten der Sukzession durch geänderte hydrologische Verhältnisse zurückzuführen ist. Bei der Analyse der räumlichen Verbreitung der Frühjahrsgeophyten und ihrer Korrelation mit anderen Datenschichten mittels des Geographischen Informationssystems konnten erste Ergebnisse abgeleitet werden, die die weitere Vorgangsweise der Untersuchungen im Gesamtprojekt beeinflußten.

8.4.4 *Zum Wert unscharfer Ableitungen aus Primärdaten*

Trendabschätzung für unscharfe Daten

Da Langzeitbeobachtungen derzeit nicht vorliegen, sollen mit Hilfe eines Geographischen Informationssystems die vorliegenden, meist unitemporalen Datenschichten verknüpft werden, um eine integrative Betrachtung zu ermöglichen. Bei den Feuchtewerten fällt auf, daß die aus der Datenschicht *Boden* und *Reale Vegetation* konstruierten Werte nicht genau übereinstimmen, jedoch denselben Trend zeigen. Es zeigt sich, wie zuvor beschrieben ein klares Bild der herrschenden Hydrodynamik, ohne jedoch diesen Trend quantifizieren zu können. Man darf die Ergebnisse der Modellbildung nicht mit flächenscharfen Daten verwechseln, sondern muß sie als räumliche Antreff"wahrscheinlichkeiten"[47] eines bestimmten Zustandes ansprechen (etwa im Sinne einer *fuzzy logic*). Die Ergebnisse eignen sich daher auch nicht zur koordinatengenauen räumlichen Abgrenzung, etwa einer Schutzgebietsausweisung. Andererseits werden hierdurch Interpretationsansätze bis hin zu einfachen Trendanalysen mit thematisch und temporal eigentlich nicht hoch genug auflösenden Ausgangsdaten ermöglicht, die bisher nur Experten mittels analoger Vergleiche aus Erfahrungswissen möglich waren.

Qualitative und quantitative Aussagen ergänzen sich

Eine komplexe Betrachtung der aktuellen Hydrodynamik und der bestehenden Entwicklungstendenzen ist auf den beschriebenen Wegen der indirekten Ermittlung trotz limitierender Rahmenbedingungen (zeitlich, finanziell, personell) möglich. Hinsichtlich einer Quantifizierung dieser Dynamik sind jedoch die exakten Daten („direkter Weg") nötig, die in der Studie Salzachauen in Kürze vorliegen sollen und mit deren Hilfe eine Genauigkeitsabschätzung der indirekten Ermittlungsmethoden durchgeführt werden kann. Es darf dabei jedoch nicht übersehen werden, daß ein digitales Grundwasser- und Abflußmodell nur den gegenwärtigen Zustand zum Zeitpunkt der Aufnahme wiedergibt und alle Möglichkeiten der Simulation bietet, jedoch keinen Aufschluß über die Entwicklung der Hydrodynamik in den letzten Jahren gibt. Es zeigt sich daher immer deutlicher, daß beide Vorgangsweisen sich nicht ausschließen sondern vielmehr ergänzen.

---

[47]Nicht im stochastischen Sinne

9 VERGLEICH VERSCHIEDENER BEWERTUNGSMETHODEN

9.1 ZIELSETZUNG EINES ZU ERSTELLENDEN BEWERTUNGSVERFAHRENS

"Die Bewertung von Teilen der Natur (Naturelementen) ist ... eine der wichtigsten Aufgaben des Naturschutzes" (PLACHTER 1992a, S. 9).

In Kap. 3 wurde versucht, die Grenzen und Probleme, vor allem aber die Unmöglichkeit einer Objektivität einer Bewertung aufzuzeigen. Dennoch wurde festgestellt, daß eine Bewertung in der Praxis unumgänglich ist (vgl. USHER 1986, MARGULES 1986, PLACHTER 1991, 1992a, WIEGLEB 1989, KAULE 1991, USHER und ERZ 1994).

Obwohl bereits eine Fülle von Bewertungsverfahren und -modellen existieren, besteht die Notwendigkeit, ein spezifisches naturschutzfachliches Bewertungsverfahren für die Salzachauen zu entwickeln. Die Übertragbarkeit der bestehenden Verfahren ist eingeschränkt, da sie sich meist auf wenige wertbestimmende Kriterien beschränken und häufig verwendete Meßgrößen, wie z. B. Vielfalt und Natürlichkeit in den einzelnen Bewertungsverfahren unterschiedlich definiert und skaliert werden. In vielen Fällen werden z.B. faunistische Indikatoren nicht erfaßt, weil zum einen der Aufwand der Datenerhebung erheblich steigt und zum anderen die Schwierigkeit besteht, die meist punkthaften Daten mit flächenhaften Untersuchungen zu verknüpfen. Das Bewertungsverfahren darf sich nicht, wie häufig der Fall, zur Charakterisierung eines Biotops, Ökosystems oder Landschaftsausschnittes auf die Vegetation oder den Aspekt der Hemerobie beschränken. Ein Bewertungsverfahren soll möglichst viele biotische und abiotische Faktoren berücksichtigen. Da ein Bewertungsverfahren trotzdem möglichst einfach und überschaubar bzw. nachvollziehbar sein soll, kann dieses Ziel nur erreicht werden, wenn indikatorische Ansätze mit quantitativ-räumlichen Methoden verknüpft werden.

In der vorliegenden Arbeit sollen verschiedene Teilbereiche des Naturhaushaltes zueinander in Beziehung gesetzt werden, ohne einen zu komplizierten und nicht transparenten Weg zu beschreiten. Da sich beide Ziele (Komplexität und Transparenz) mehr oder weniger konträr gegenüberstehen, erscheint ein Kompromiß unausweichlich. Mit Hilfe von GIS werden im folgenden konkret abiotische (Grundwasser, Geländemodell, Boden, Nutzungen) und biotische Daten (reale Vegetation, Struktur, Lebensraumtypen und das Vorkommen von faunistischen Leitarten) kombiniert. Die Bewertung hat in ökosystemarer Hinsicht drei Ebenen zu berücksichtigen:

- Ebene der Arten,
- Ebene der Lebensgemeinschaften,
- Ebene der Biotope.

Daneben besteht das Problem, daß in dem Auen-Ökosystem die Daten zum aquatischen und terrestrischen Bereich getrennt vorliegen und schwierig zu verknüpfen sind. Die Arbeiten im unmittelbaren Bereich des Flusses (Flußmorphologie, Gewässercharakteristik und -güte, Makrozoobenthos ...) erfolgten methodisch völlig getrennt von den Arbeiten zur terrestrischen Ökologie. Dies entspricht zwar den üblichen Bedingungen und Vorgangsweise der aus der Literatur bekannten Untersuchungen[48],

---
[48] teilweise wird bei den Fließgewässerbewertungen die angrenzende Aue „mitbewertet". Dies geschieht jedoch nur in einer linearen, attributiv orientierten Betrachtung ohne eine (zweidimensional)-räumliche Ausprägung

dadurch entstehen aber bei einer integrativen Betrachtung des gesamten Ökosystems erhebliche methodische Probleme, die z.T. durch den Computereinsatz deutlicher zu Tage treten, nicht jedoch ihren Ursprung in der digitalen Verarbeitung haben.

Hauptmeßgrößen auf allen drei zuvor festgelegten Ebenen sind *Seltenheit*, *Repräsentanz*, *Vollständigkeit* und *Gefährdung* unter jeweiliger Berücksichtigung des Raumbezugs (örtlich, regional, landesweit, international bedeutsam). Im Gegensatz zu den meisten bestehenden Bewertungsverfahren wird auf *Artenzahl bzw. -diversität* als unmittelbare Meßgröße verzichtet, da sie für sich stehend keine Aussage für den naturschutzfachlichen Wert darstellt. Wie hinlänglich bekannt, können artenarme Ökosysteme einen sehr hohen naturschutzfachlichen Wert aufweisen (vgl. PLACHTER 1991, 1992a) und müssen keineswegs instabil sein (vgl. ELLENBERG 1973, 1993, BEGON et al. 1990, PLACHTER 1992a). Über die Habitatbewertung ausgewählter Leitarten wird jedoch indirekt versucht, ein möglichst großes Inventar an lebensraumspezifischen und -typischen Arten mit zu berücksichtigen.

Vegetation als Superindikator?

In Kap. 4 werden die bestehenden Verfahren der ökologischen Bewertung und die am häufigsten verwendeten Indikatoren diskutiert. Dabei stellt sich u.a. heraus, daß ein Großteil der in der ökologischen Bewertung eingesetzten Verfahren von der Vegetation ausgeht. Die Vegetation kann daher bei den üblichen Bewertungsmethoden ohne Übertreibung als „Superindikator" (SCHUSTER 1980) bezeichnet werden. Es drängt sich jedoch die Frage auf, ob das bis zu einem gewissen Grad vielleicht auch deshalb der Fall ist, weil dieser Faktor am leichtesten zu kartieren ist (vgl. auch BLUME et al. 1992, S. 40). Die Orientierung an der Vegetation erscheint zwar überaus wichtig, deckt aber bei weitem nicht alle biotischen Faktoren ab, ganz abgesehen von abiotischen, räumlich-strukturellen Faktoren. Auch unter der Prämisse, daß eine vollständige Erfassung eines Ökosystems aufgrund seiner Komplexität nicht möglich ist und in dieser Untersuchung nicht Ziel sein kann, erscheint eine Reduktion der Erfassung auf die Vegetation *allein* ungenügend. Es wird daraus gefolgert, daß unbedingt zusätzliche Aspekte in eine Bewertung mit einzubeziehen sind.

Berücksichtigung qualitativer Aspekte von Lebensgemeinschaften

Fast alle Indizes und Berechnungsvorschriften zur Ermittlung einer wie auch immer gearteten Diversität setzen voraus, daß die chaotische Vielfalt das ökologische Optimum darstellt. Es erheben sich berechtigte Zweifel an dieser Annahme. Eine detaillierte Kritik daran ist z. B. bei EDELHOFF (1983) oder HOVESTADT et al. (1991, S. 214f) nachzulesen. Spätestens in Zusammenhang mit der neu aufgegriffenen Mosaik-Zyklus Theorie (REMMERT 1991, 1993) muß dies bezweifelt werden. Ein weiterer Aspekt, der bei den diskutierten Bewertungsverfahren nicht oder nur indirekt über die Rote Liste berücksichtigt wird, ist der *qualitative* Aspekt der Erhaltung und des Schutzes von Arten und Lebensgemeinschaften. Während beispielsweise bei einem Aufstau eines Fließgewässers sich die Artenzahl durchaus erhöhen kann und auch seltene oder bedrohte Arten Stauseen als Lebensraum nutzen können, wie im Falle der Innstauseen, können solche Veränderungen dazu beitragen, daß hochgradig spezialisierten Arten und Lebensgemeinschaften der Fließgewässerspezialisten der Lebensraum entzogen wird. Dieser qualitative Aspekt ist in sämtlichen Bewertungsmethoden, die nach „objektiven" (gemeint ist: quantifizierbaren) Kriterien vorgehen (Auebiotopwert, Aueziffer ...) nicht berücksichtigt. Eine schwierige Frage ist, ob qualitative Aspekte über Rote Liste-Arten erschlossen werden können. Hier bestehen in der Literatur z.T. widersprüchliche Ansichten. Ein gutes Beispiel der Problematik ist hier wiederum der beschriebene Fall des Aufstaus eines Fließgewässers. Das reine Artenzählen und auch das Zählen der Rote Liste-Arten täuscht bei einer Zunahme der Wasservögel über den Rückgang von lebensraumspezifischen Arten hinweg, denen damit evtl. letzte Lebensräume entzogen werden.

Die Notwendigkeit eines vernetzten Bewertungssystems

Aus dem bisher gesagten ergibt sich letzendlich die Konsequenz, daß viele unterschiedliche Gesichtspunkte berücksichtigt werden müssen, wenn Naturschutzstrategien Erfolg haben sollen. HEYDEMANN (1985) fordert daher die Aufstellung eines komplexen mehrdimensionalen Bewertungsverfahrens, das die Zusammenstellung von Kurzkennzeichnung von Funktionen und der darauf aufbauenden Schutzstrategien für besondere Artengruppen oder artenbezogene Nahrungsstufen für einzelne Ökosystemtypen beinhaltet. So wünschenswert dies auch wäre, steht dieser Strategie andererseits die Forderung nach Überschaubarkeit und Einfachheit eines Bewertungsverfahrens gegenüber (vgl. ausführliche Diskussion in Kap. 10). Der Autor leitet aus diesen praxisimmanenten Limitierungen einerseits und der möglichst weitgehenden Erfassung von funktionalen Zusammenhängen auf mehreren Ebenen ab, daß dies nur durch die Kombination von indikatorischen mit quantitativen Verfahren möglich ist.

Gebietsgröße bei der Bewertung

Bei der Entwicklung eines Bewertungsverfahrens ist die Größe des Gebietes durchaus zu beachten: Viele der im deutschsprachigen Raum üblichen Verfahren wurden für kleine Beispielsgebiete entwickelt (z.B. AMMER und SAUTER: 300 ha). Die meisten britischen und amerikanischen Bewertungsmethoden erscheinen dagegen für eine kleinmaßstäbige Betrachtung konzipiert und sind von daher nicht direkt anwendbar. Das für die Salzachauen zu entwickelnde Bewertungsverfahren ist aus *informationstechnischer* Sicht auf beliebig große Gebiete anwendbar. Gerade hierin scheint eine Gefahr des Mißbrauchs von Geographischen Informationssystemen zu liegen: Der Autor ist sich bewußt, daß kein Verfahren erstellt werden kann, das generell auf andere Gebiete anwendbar ist (etwas anderer Ansicht sind MARKS et al. 1989). Innerhalb des Untersuchungsgebietes wird jedoch davon ausgegangen, daß bei der Erfassung repräsentativer Teilräume eine Gesamtbewertung nicht unbedingt notwendig ist.

Skala

Aus den in Kap. 2 diskutierten Gründen, aber auch, da bei einer naturschutzfachlichen Bewertung im Unterschied zu Eingriffs/Ausgleichsbilanzierungen vor allem qualitative Aussagen zu treffen sind, erfolgt in der vorliegenden Studie generell die Bewertung auf ordinalem Niveau (5 = sehr hoch, 4 = hoch usw.). Die Probleme einer arithmetischen Verknüpfung etwa durch eine Mittelwertbildung oder gewichtete Mittelwertbildung, werden in Kap. 9.3 diskutiert. Aus dieser ordinalen Skala sollen möglichst die jeweils höchsten Werte erhalten bleiben, um zu verhindern, daß einzelne Meßgrößen „unter den Tisch fallen". Dies soll auch die Transparenz des Bewertungsvorgangs erhöhen und somit die Bewertungsergebnisse für jeden nachvollziehbarer gestalten.

Folgende Skala wird in allen Bewertungen eingesetzt:

    5   sehr hoch, sehr gut geeignet
    4   hoch, gut geeignet
    3   mittel, geeignet
    2   niedrig, weniger geeignet
    1   sehr niedrig, nicht geeignet

Der Vorteil einer einheitliches Werteskala ist offensichtlich. Vor allem die Kombination mehrerer Kriterien bzw. Datenschichten ist damit gut möglich. Aus pragmatischen Gründen wird eine fünfstufige Skala gewählt, obwohl bei einigen Datenschichten eine weitere Differenzierung wünschenswert und z. T. möglich wäre, etwa bei der Natürlichkeit/Hemerobie. Bei anderen Datenschichten, vor allem bei faunistischen Bewertungen, kann bereits eine fünfstufige Skala oft nicht voll besetzt werden, d. h., daß beispielsweise die Ausprägungen *niedrig*, *mittel* und *hoch* auf die Wertstufen 1, 3 und 5 verteilt werden müssen und die Zwischenstufen leer bleiben. Dies ist eine übliche und zulässige Vorgangsweise. Bei einer 7stufigen Bewertung würden jedoch zu viele Werte unbesetzt bleiben, so daß bei einer Verknüpfung mit genauer differenzierten Datenschichten keine Konsistenz gewährleistet ist.

In den meisten Bewertungsverfahren kaum berücksichtigt und auch in der vorliegenden Untersuchung nur indirekt erfaßt bzw. über die Habitateignung für verschiedene Leitarten indikatorisch abgebildet wird die **ökologische Funktionsfähigkeit** von Lebensräumen. Die ökologische Funktionsfähigkeit ist eine der wichtigsten Größen und stellt einen sehr komplexen Zusammenhang dar. Dabei ist nicht an ein Leistungsvermögen im Sinne des Naturraumpotentialansatzes für den Menschen gedacht oder an das nutzwertanalytische Verfahren zur Berechnung von Funktionsleistungsgraden von Landschaftselementen (NIEMANN 1982). Auch verschiedene Funktionen des Ansatzes von MARKS et al. (1989) werden von Autor anders eingestuft als die ökologische Funktionsfähigkeit eines Lebensraumes oder Ökosystems, die statt dessen mit einem holistischen Ansatz im Sinne des „ecosystem concept" (RICKLEFS 1990) verglichen wird. Während der Ansatz von Marks et al. in viele, fein aufgegliederte Teilbereiche getrennt und damit realisierbar und operationalisierbar ist, indem statt einer komplexen Betrachtung pragmatisch einzelne, sehr eng begrenzte Teilfunktionen betrachtet werden („Erosionswiderstandsfunktion", „Grundwasserschutzfunktion", „Grundwasserneubildungsfunktion", „Abflußregulationsfunktion", „Immissionsschutzfunktion" etc.), ist eine holistische Betrachtung kaum in Funktionen und Modellen auszudrücken (NAVEH and LIEBERMANN 1993). Ein Gesamtwert einer ökologischen Funktionsfähigkeit kann daher wohl nur sehr schwer ermittelt werden. Dies ist auch in der vorliegenden Fallstudie so. Da jedoch hier nicht die Gesamtaussage für die bayerischen Salzachauen im Vordergrund steht, sondern im Rahmen dieser Arbeit gezeigt werden soll, inwieweit ein Geographisches Informationssystem beitragen kann, aus der quantitativen und qualitativen Analyse des Ist-Zustandes ein Bewertungsverfahren zu erarbeiten, wird versucht, aus der heterogenen, breit gefächerten Kombination indikatorischer mit wenigen quantitativen Ansätzen eine solche komplexe Bedeutung näherungsweise zu ermitteln. Die Gesamtaussage kann nur in relativ groben ordinalen Klassen erfolgen.

Mehrere Varianten der Bewertung

⇒ **Aus all diesen hier sowie in Kap. 2.1, 2.12 und 3.9 dargestellten Gründen wird für das vorliegende Untersuchungsgebiet nicht ein Bewertungsverfahren entwickelt, sondern untersucht, wie sich einzelne Kriterien und deren Gewichtung quantitativ und in ihrer räumlichen Ausprägung auf das Ergebnis auswirken. Ausgehend von Erkenntnissen aus Kap. 8 wird großteils darauf verzichtet, komplizierte Indizes aus dem Repertoire der quantitativ arbeitenden nordamerikanisch dominierten „landscape ecology", aber auch der Biologie zu verwenden, deren Relevanz nicht erwiesen sind, und die eine Gefahr in sich bergen, unscharfe Daten und subjektive Bewertungsvorschriften durch mathematische Regeln „genauer" erscheinen zu lassen.**

9.2 BEWERTUNG EINZELNER KRITERIEN

Naturnähe/Hemerobie

Trotz aller Bedenken muß der Aspekt *Naturnähe* mit in die Bewertung eingehen, darf jedoch nur ein Kriterium unter mehreren sein. Da es sich in Mitteleuropa auch bei als

Tab. 9.1: Bewertung der Hemerobie/Natürlichkeit der Vegetation (nach FUCHS und PREISS 1994). Bei den Vegetationstypen 32, 33, 41, und 44 wurden auf Basis einer Verschneidung mit den Lebensraumtypen die durch forstliche Nutzung geprägten Flächen separat bewertet.

Nr	Vegetationstyp	Fläche ha	Anteil am UG	Natürlichkeit
1	offene Wasserfläche (natürlich)	48,5	2,7	4
	offene Wasserfläche (künstlich)	2,51	0,1	2
2	Kies- oder Sandbank	2,69	0,2	4
3	niedr, Ufervegetation	2,98	0,2	4
4	Kleinseggen-, Kleinröhrichtvegetation.	0,12	0,01	4
11	Rohrglanzgrasbestand	10,39	0,5	3
12	Schilfröhricht	41,31	2,2	4
13	Bestand der Sumpf-Segge	0,81	0,04	4
14	Bestand der Steifen Segge	1,63	0,1	4
15	Bestand der Zierlichen Segge	1,35	0,1	4
16	Hochstaudenflur	19,98	1,1	3
17	Quellflur	0,45	0,02	4
21	Grasflur	32,17	1,7	3
22	Wirtschaftsgrünland	202,46	10,9	2
23	Ackerland	49,35	2,7	2
24	Kahlschlag/Aufforstung	39,27	2,1	2-3
25	Halbtrockenrasen (Damm)	0,98	0,05	3
31	Uferweiden	54,71	2,9	4
32	Silberweiden-Auwald u. *Salix alba*-Ausbildung d. Grauerlen-Auwaldes	(124,69)	(6,7)	
	Lebensraumtyp ADA (Forst)	29,3		2
	Lebensraumtyp ABA (Weichholz-Auwald)	81,61		3
33	Grauerlen-Auwald, reine Ausprägung.	(251,62)	(13,6)	
	Lebensraumtyp ADA (Forst)	90,67		3
	Lebensraumtyp ABA (Weichholz-Auwald)	130,77		4
41	Grauerlen-Auwald mit Frühjahrsgeophyten	(371,13)	(20,1)	
	Lebensraumtyp ADA (Forst)	55,16		3
	Lebensraumtyp ABB (Hartholzauwald)	282,36		4
42	Grauerlen-Auwald. *Equisetum hymale*	43,07	2,3	4
43	Grauerlen-Auwald, *Brachypodium pinnatum*	3,84	0,2	4
44	Grauerlen-Auwald, *Arum maculatum*	(163,51)	(8,8)	
	Lebensraumtyp ADA (Forst)	24,47		3
	Lebensraumtyp ABB (Hartholzauwald)	128,67		4
51	Ahorn-Eschenwald, *Carex alba* mit *Alnus incana*	41,13	2,2	4
52	Ahorn-Eschenwald, *Carex alba*	109,60	5,9	4
53	Ahorn-Eschenwald, *Carex alba* mit *Fagus sylvatica*	16,79	0,9	4
61	Fichtenforst	188,34	10,8	2
71	Hecke, Gebüsch	15,95	0,9	3-4
72	Park, Garten	9,92	0,5	2
	gesamt	1851,32		

wertvoll angesehenen Ökosystemen um vom Menschen und seinen Kultur- und Bewirtschaftungsmaßnahmen beeinflußte „Kulturökosysteme" handelt (Beispiele sind der Nationalpark Berchtesgaden, der Nationalpark Hohe Tauern, die meisten deutschen Biosphärenreservate), muß der Begriff Naturnähe bzw. dessen Skalierung diesem Umstand angepaßt werden. Der Faktor Naturnähe wird u. a. auch deshalb verwendet, da, wie hinreichend diskutiert wurde, ein Zusammenhang zwischen Diversität und Stabilität nicht zwangsläufig gegeben ist, der Zusammenhang zwischen Natürlichkeit und Stabilität jedoch besteht: In der Regel nehmen mit dem Natürlichkeitsgrad der Vegetation auch deren Organisationshöhe und Lebensdauer sowie die ökologische Stabilität zu (vgl. BASTIAN und SCHREIBER 1994).

In der unten stehenden Tabelle ist eine Bewertung der Vegetation durch Experten dargestellt. Die zu Grunde liegende Skala ist fünfstufig hinsichtlich der Kompatibilität zu den anderen Bewertungen, obwohl bei der Hemerobie durchaus eine 7- oder 9-stufige Skala sinnvoll und möglich wäre (vgl. Kap. 2.5). Dabei wurde, soweit möglich, die Rote Liste der Pflanzengesellschaften Bayerns angewandt. Als zusätzlicher Aspekt wird die Ersetzbarkeit berücksichtigt.

1 nicht wertvoll
2 weniger wertvoll
3 mittel
4 wertvoll
5 äußerst wertvoll

Abb. 9.1 Bewertung Hemerobie/Natürlichkeit der Vegetation. Bewertung nach FUCHS und PREISS 1994), dargestellt an einem Beispielsabschnitt im Südteil des Untersuchungsgebietes.

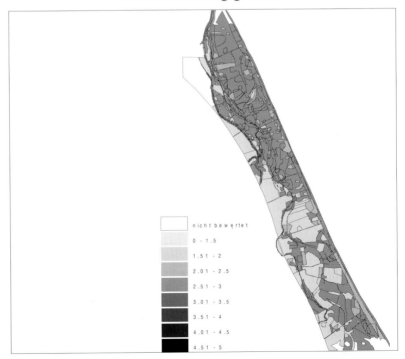

Seltenheit/Gefährdung von Pflanzengesellschaften

Die Gefährdung von Tier- und Pflanzenarten wird in der sogenannten Roten Liste (eines Landes oder Bundeslandes) dargestellt, wobei im allgemeinen zwischen stark gefährdeten und weniger gefährdeten Arten differenziert wird. Da diese Listen

Tab. 9.2: Bewertung der Gefährdung von Pflanzengesellschaften auf Basis der Vegetation (nach FUCHS und PREISS 1994). Bei den Vegetationstypen 32, 33, 41 und 44 wurde bei der Bewertung jeweils auf Basis einer Verschneidung mit den Lebensraumtypen die durch forstliche Nutzung geprägten Flächen extra ausgewiesen.

Nr	Vegetationstyp	Fläche ha	Anteil am UG	Gefährdung Pflanzen-gesellschaft
1	offene Wasserfläche (natürlich)	48,5	2,7	4
	offene Wasserfläche (künstlich)	2,51	0,1	1
2	Kies- oder Sandbank	2,69	0,2	4
3	niedr. Ufervegetation	2,98	0,2	4
4	Kleinseggen-, Kleinröhrichtvegetation.	0,12	0,01	3
11	Rohrglanzgrasbestand	10,39	0,5	2
12	Schilfröhricht	41,31	2,2	2
13	Bestand der Sumpf-Segge	0,81	0,04	2
14	Bestand der Steifen Segge	1,63	0,1	2
15	Bestand der Zierlichen Segge	1,35	0,1	2
16	Hochstaudenflur	19,98	1,1	2
17	Quellflur	0,45	0,02	3-4
21	Grasflur	32,17	1,7	3
22	Wirtschaftsgrünland	202,46	10,9	1
23	Ackerland	49,35	2,7	1
24	Kahlschlag/Aufforstung	39,27	2,1	1
25	Halbtrockenrasen (Damm)	0,98	0,05	4
31	Uferweiden	54,71	2,9	3
32	Silberweiden-Auwald u. *Salix alba*-Ausbildung d. Grauerlen-Auwaldes	(124,69)	(6,7)	
	Lebensraumtyp ADA (Forst)	29,3		2
	Lebensraumtyp ABA (Weichholz-Auwald)	81,61		4
33	Grauerlen-Auwald, reine Ausprägung.	(251,62)	(13,6)	
	Lebensraumtyp ADA (Forst)	90,67		2
	Lebensraumtyp ABA (Weichholz-Auwald)	133,77		3
41	Grauerlen-Auwald mit Frühjahrsgeophyten	(371,13)	(20,1)	
	Lebensraumtyp ADA (Forst)	55,16		2
	Lebensraumtyp ABB (Hartholzauwald)	282,36		4
42	Grauerlen-Auwald. *Equisetum hymale*	43,07	2,3	3
43	Grauerlen-Auwald, *Brachypodium pinnatum*	3,84	0,2	3
44	Grauerlen-Auwald, *Arum maculatum*	(163,51)	(8,8)	
	Lebensraumtyp ADA (Forst)	24,47		2
	Lebensraumtyp ABB (Hartholzauwald)	128,67		2
51	Ahorn-Eschenwald, *Carex alba* mit *Alnus incana*	41,13	2,2	4
52	Ahorn-Eschenwald, *Carex alba*	109,60	5,9	4
53	Ahorn-Eschenwald, *Carex alba* mit *Fagus sylvatica*	16,79	0,9	4
61	Fichtenforst	188,34	10,8	1
71	Hecke, Gebüsch	15,95	0,9	2-3
72	Park, Garten	9,92	0,5	1
	gesamt	1851,32		

Abb. 9.2 Bewertung der Gefährdung der Pflanzengesellschaften. Bewertung nach FUCHS und PREISS 1994), dargestellt an einem Beispielsabschnitt im Südteil des Untersuchungsgebietes.

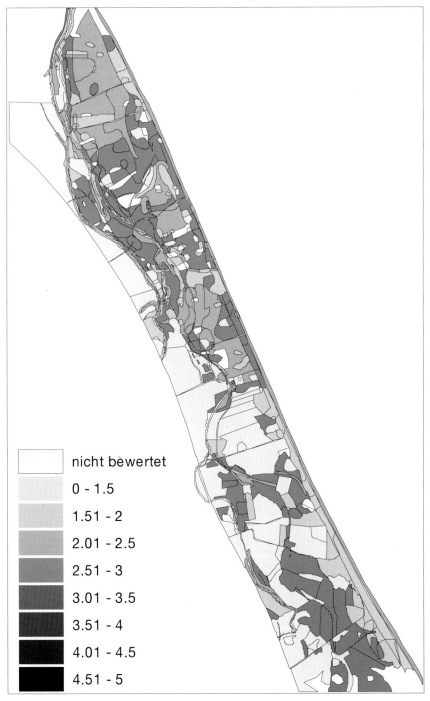

Tab. 9.3: Bewertung der Wahrscheinlichkeit des Antreffens von Rote Liste Arten auf Basis der Vegetation (nach FUCHS und PREISS 1994). Bei den Vegetationstypen 32, 33, 41, und 44 wurde bei der Bewertung jeweils auf Basis einer Verschneidung mit den Lebensraumtypen die durch forstliche Nutzung geprägten Flächen extra ausgewiesen.

Nr	Vegetationstyp	Fläche ha	Anteil am UG	Wahrscheinlichk. d. Antreffens von RL-Arten
1	offene Wasserfläche (natürlich)	48,5	2,7	3
	offene Wasserfläche (künstlich)	2,51	0,1	1
2	Kies- oder Sandbank	2,69	0,2	2
3	niedr, Ufervegetation	2,98	0,2	3
4	Kleinseggen-, Kleinröhrichtvegetation.	0,12	0,01	3
11	Rohrglanzgrasbestand	10,39	0,5	3
12	Schilfröhricht	41,31	2,2	3
13	Bestand der Sumpf-Segge	0,81	0,04	3
14	Bestand der Steifen Segge	1,63	0,1	3
15	Bestand der Zierlichen Segge	1,35	0,1	3
16	Hochstaudenflur	19,98	1,1	1
17	Quellflur	0,45	0,02	3
21	Grasflur	32,17	1,7	3
22	Wirtschaftsgrünland	202,46	10,9	4
23	Ackerland	49,35	2,7	4
24	Kahlschlag/Aufforstung	39,27	2,1	3
25	Halbtrockenrasen (Damm)	0,98	0,05	1
31	Uferweiden	54,71	2,9	3
32	Silberweiden-Auwald u. *Salix alba*-Ausbildung d. Grauerlen-Auwaldes	(124,69)	(6,7)	
	Lebensraumtyp ADA (Forst)	29,3		2
	Lebensraumtyp ABB (Weichholz-Auwald)	81,61		2
33	Grauerlen-Auwald, reine Ausprägung.	(251,62)	(13,6)	
	Lebensraumtyp ADA (Forst)	90,67		3
	Lebensraumtyp ABB (Weichholz-Auwald)	133,77		3
41	Grauerlen-Auwald mit Frühjahrsgeophyten	(371,13)	(20,1)	
	Lebensraumtyp ADA (Forst)	55,16		3
	Lebensraumtyp ABB (Hartholzauwald)	282,36		4-5
42	Grauerlen-Auwald. *Equisetum hymale*	43,07	2,3	3
43	Grauerlen-Auwald, *Brachypodium pinnatum*	3,84	0,2	4
44	Grauerlen-Auwald, Arum maculatum	(163,51)	(8,8)	
	Lebensraumtyp ADA (Forst)	24,47		3
	Lebensraumtyp ABB (Hartholzauwald)	128,67		4
51	Ahorn-Eschenwald, *Carex alba* mit *Alnus incana*	41,13	2,2	4
52	Ahorn-Eschenwald, *Carex alba*	109,60	5,9	4
53	Ahorn-Eschenwald, *Carex alba* mit *Fagus sylvatica*	16,79	0,9	4
61	Fichtenforst	188,34	10,8	1-2
71	Hecke, Gebüsch	15,95	0,9	3
72	Park, Garten	9,92	0,5	3
	gesamt	1851,32		

Abb. 9.3 Bewertung der Wahrscheinlichkeit des Antreffens an Rote Liste-Arten. Bewertung nach FUCHS und PREISS 1994), dargestellt an einem Beispielsabschnitt im Südteil des Untersuchungsgebietes.

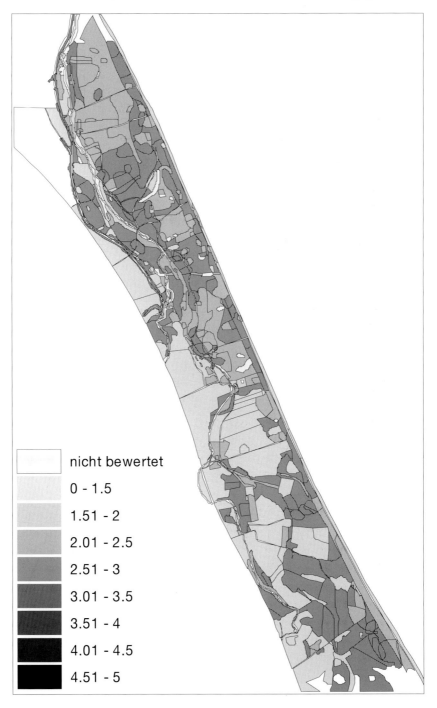

vorliegen, werden die entsprechenden, leicht eruierbaren Artenzahlen bei Bewertungen gerne verwendet. Auf die Gefahren eines reinen Artenzählens ist bereits hingewiesen worden. Anders verhält es sich dagegen mit den *Roten Listen der Pflanzengesellschaften*, die erst in den letzten Jahren erstellt wurden und werden und die bereits ein in sich komplexes Wirkungsgefüge darstellen. Dennoch besteht vereinzelt auch eine Ablehnung, Rote Listen im Braun-Blanquet Sinne (oder davon abgeleitete Biotoptypen) für Naturschutzzwecke zu verwenden, da diese zwangsläufig aus verschiedenen räumlichen Skalen und mit unterschiedlicher Genauigkeit erarbeitet werden (WIEGLEB 1989). Die statt dessen von WIEGLEB vorgeschlagenen Modelle einer *„multiscale pattern analysis"* und der Einbeziehung der fraktalen Geometrie (z. B. PALMER 1988, MILNE 1991) erscheinen derzeit (noch) aus zu vielen verschiedenen, z. T. konkurrierenden multivariaten Verfahren zu bestehen.

In der Tabelle 9.2 ist eine Bewertung der Gefährdung der Pflanzengesellschaften der bayerischen Salzachauen auf Basis der Vegetationskartierung durch Experten dargestellt. Die zu Grunde liegende Skala ist fünfstufig. Dabei wurde, soweit möglich, die Rote Liste der Pflanzengesellschaften Bayerns angewandt.

Als eigenes Kriterium unter dem Oberbegriff Seltenheit/Gefährdung wird die Wahrscheinlichkeit des Antreffens von Rote Liste Arten verwendet. Die Bewertung erfolgt ebenfalls durch Experten auf Basis der Roten Liste Pflanzengesellschaften Bayerns. Dazu wurde bereits diskutiert, daß trotz der häufigen Verwendung berechtigte wissenschaftliche Vorbehalte gegen Rote Listen (zur Kritik vgl. HOVESTADT et al. 1991, S. 201) bestehen. Andererseits bedürfen diese Arten in einer unter pragmatischen Zwängen meist zu erstellender Prioritätenliste an Maßnahmen den dringendsten Schutz (vgl. KAULE 1991, S. 253ff).

Bewertung des Vorkommens der Frühjahrsgeophyten

Wie bereits diskutiert, kommt den Frühjahrsgeophyten in den bayerischen Salzachauen besondere Bedeutung zu (BUSHART und LIEPELT 1990c, FUCHS 1994). Hinsichtlich der Bewertung wird daher im folgenden eine eigene Bewertung des Aspektes der Frühjahrsgeophyten durchgeführt, die unabhängig bzw. in Ergänzung zu den Kartierungen und Bewertungen auf Basis der Datenschichten *reale Vegetation* und *Lebensraumtypen* ist. Die einzelnen kartierten Einheiten werden - wie zuvor die Datenschichten der *realen Vegetation* - auf einer fünfstufigen Skala bewertet (nach FUCHS und PREISS 1994). Im Vergleich zu den anderen Datenschichten bleiben hier relativ große Flächen unbewertet, da die Frühjahrsgeophyten nicht den gesamten Untersuchungsraum bedecken und große Teile nicht kartiert wurden. Diese nicht kartierten und daher nicht bewerteten Flächen sind zwar größtenteils geophytenfrei, dennoch dürfen diese nicht explizit kartierten Flächen aus generellen Überlegungen nicht bewertet werden. Diese Undifferenziert-

Tab. 9.4: Bewertung des Vorkommens an Frühjahrsgeophyten im Untersuchungsgebiet. Bewertung nach FUCHS und PREISS 1994.

Klasse	Häufigkeit	Fläche in ha	Bewertung
1a	112	330,31	3
1b	67	158,23	4
2	72	166,62	5
3	44	64,52	5
4	41	57,21	5
5a	1	3,16	5
5	15	14,13	4
ges.	**352**	**794,18**	

Abb. 9.4: Bewertung der Frühjahrsgeophyten. Bewertung nach FUCHS und PREISS 1994), dargestellt an einem Beispielsabschnitt im Südteil des Untersuchungsgebietes.

heit kann als Manko in der Datenlage gelten, andererseits werden hinsichtlich der Intention, diese Datenschicht als zusätzlichen Faktor einzubringen für die Bereiche, in denen das Vorkommen von seltenen und regional überaus bedeutenden Arten flächenhaftes Auftreten erreicht, auch nur diese Bereiche bewertet, während ein Nichtvorkommen nicht automatisch zu einer Abwertung in dieser Datenschicht führt.

Gerade für das Einbringen solcher zusätzlicher Datenschichten, die regional zu einer Aufwertung führen können, deren Nichtbewertung jedoch zu keiner Abwertung führen soll, ist, wie in Kap. 9.3 gezeigt wird, die Art des Zusammenführens mehrerer Datenschichten zu einer Gesamtbewertung entscheidend.

Bewertung der Strukturdiversität

Ausgehend von der in Kap. 8.2 ermittelten Strukturdiversität wird ebenso wie für die bisher vorgestellten Datenschichten eine Bewertungsskala entwickelt, die mit den anderen Datenschichten (fünfstufige Skala) kompatibel ist. Da im Falle der Strukturdiversität jedoch nicht so fein reklassifiziert werden kann, werden 3 Werte (hoch, mittel, niedrig) auf die Werteausprägungen 1, 3 und 5 umgesetzt. Die absoluten Werte werden folgendermaßen klassifiziert:

    0 - 2 :   niedrig (Wert 1)
    3 - 4:   mittel (Wert 3)
    5 und mehr: hoch (Wert 5)

Die räumliche Ausprägung dieser Werte ist für einen Ausschnitt südlich der Surmündung bereits in Abbildung 8.13 dargestellt.

Fragmentierung/Isolation, anthropogene Beeinträchtigung

Verschiedenste Indizes zur Quantifizierung des Faktors **Isolation** werden, wie in Kap. 8 dargestellt, zumindest in einem Betrachtungsmaßstab, der deutlich unterhalb des „*landscape scale*" (vgl. LAVERS and HAINES-YOUNG 1993) liegt, vom Autor als unzureichend betrachtet. Bei dem Begriff *Isolation* muß immer danach gefragt werden, „Für wen". So könnte auch der Lebensraum der Salzachauen als Ganzes als Betrachtungsgegenstand herangezogen werden.

Die anthropogene Beeinträchtigung wird aus den aufgeführten Gründen nur exemplarisch illustriert und stellt im Gegensatz zu den anderen Datenschichten keine flächendeckende Bewertung dar. So sind die an eine Straße oder an ein Maisfeld angrenzenden Biotope zwar einer Belastung ausgesetzt, damit jedoch nicht zwangsläufig weniger schützenswert als weiter entfernt liegende vergleichbare Biotope. Es wird davon ausgegangen, daß diese Belastungen bei einer gesellschaftlich anerkannten naturschutzfachlichen Bewertung in Einzelfällen auch in ihrer Intensität zurückgenommen werden können[49].

Auch der Faktor **Zerschneidung** ist vom Betrachtungsgegenstand bzw. dessen Betrachtungsmaßstab abhängig. Bei einer detaillierten Betrachtung in sehr großen Maßstäben wirken auch ungeteerte Wege im Auwald zerschneidend. Als Ansätze zur Modellierung der Zerschneidung sind einige Beeinträchtigungen und Gefährdungen aufgereiht.

Linear: Hauptsächlich Verkehrswege. Darstellung: Buffer um Straßen 300 m, um ungeteerte Wege mit Zufahrtsbeschränkung 100 m,

---

[49]Dies betrifft zwar nicht eine vielbefahrene Bundesstraße, jedoch bestehen berechtigte Hoffnungen, daß angesichts einer landwirtschaftlichen Überproduktion kritische Flächen in ihrer Nutzung extensiviert werden können.

Punktuell: Kläranlagen etc.
Flächig:
1. Landwirtschaft: Mais 200 m, sonstige LWN 100m
2. Siedlungen

Von den Siedlungsräumen gehen auch abseits der Wege flächige Wirkungen aus (z. B. Spaziergänger, Pflücken und Ausgraben von Pflanzen, Holzsammeln ..). Diese sind in ihrer Wirkung schwer zu quantifizieren. Es erscheint auch nicht notwendig, ein komplexes Modell derartiger Auswirkungen zu erstellen. Auch die in Kap. 8 vorgestellte diskretisierte Vorgangsweise über zwei Distanzkorridore (*Buffer*) um Siedlungen mit einmal einer großen potentiellen Wirkung und einmal einer eng begrenzten, intensiveren Wirkung (durch spielende Kinder, Haustiere, Verunreinigungen ...) ist ausreichend, um einen Problemkreis abzuschätzen, für den eigentlich keinerlei Daten vorliegen.

Aus den in Kapitel 8 dargelegten Gründen, die vor allem auf den Betrachtungsmaßstab und die Klassenauswahl der vorliegenden Kartierungen zurückzuführen sind, erscheint eine exemplarische Modellierung nicht sinnvoll. Ähnlich wie in Abb. 8.6 für einen kleinen Ausschnitt dargestellt, bestehen innerhalb des rezenten Auen-Ökosystems keine größeren Barrieren, jedoch ist der Lebensraum großräumig gesehen über die 60 Flußkilometer hinweg mehrfach durch Siedlungen unterbrochen. Außerhalb des engeren Untersuchungsgebiets („Kerngebiet") ist die Kartiergenauigkeit in der vorliegenden Studie nicht ausreichend, um eine sinnvolle Modellierung durchzuführen. Dies ist aber keine generelle Aussage, die auf andere Studien übertragen werden kann.

Bewertung der Hydrodynamik

Bei der Analyse der Hydrodynamik wurde von der Annahme ausgegangen, daß die Weichholzaue weitgehend frei von Geophyten sei, da diese langandauernde Überflutungen meiden und daher hauptsächlich - wenn auch mit unscharfen Übergängen und Verzahnungen - die Hartholzaue besiedeln (vgl. Kap. 8.4). Andererseits führt die starke Eintiefung der Salzach vor allem zwischen Freilassing und Laufen zu einem Rückgang der Hartholzauen und einer Umwandlung in standörtlich trockenere Ahorn-Eschenwälder. Nur bei ausreichend hohem Grundwasserspiegel oder austretendem Qualmwasser können sich Geophyten langfristig halten.

Die wertvollsten Bestände (*Galanthus* und *Leucojum*) folgen, wie in Abb. 8.20 ansatzweise zu erkennen ist, teilweise den Seitenbächen. Auch die Karte der Bodenfeuchte läßt erahnen, daß eine bei ungestörten Verhältnissen zu erwartende Abfolge von den Uferweidenbeständen über die Weichholzaue hin zur Hartholzaue nicht gegeben ist. Dort, wo die Kartierungsergebnisse der Geophyten nicht mit der Baumschicht übereinstimmen, z. B. ein massives Vorkommen in der Weichholzaue, ist also zu prüfen, ob dies auf ein Fortschreiten der Sukzession durch geänderte hydrologische Verhältnisse zurückzuführen ist. Genauen Aufschluß bringt erst eine flächenhafte detaillierte Karte der Flurabstände, die erst Ende 1997 flächendeckend zur Verfügung stehen wird.

Während die Analyse der gegenwärtigen Situation und - wie in Kap. 8.4. dargestellt - bis zu einem gewissen Grad auch die Abschätzung einer Entwicklungstendenz der Hydrodynamik möglich ist, ist deren Bewertung äußerst schwierig. Nicht nur die Unschärfe verschiedener Daten, sondern vor allem auch der Prozeß der "Inwertsetzung" der Analyseergebnisse in ein (leider notwendiges, vgl. Kap. 2.1) System menschlicher Normen und Werte ist problematisch.

Eine einfache Beziehung wie:

> *„hohe Hydrodynamik bzw. geringe Höhendifferenz einer Fläche gegenüber dem Vorfluter ist höherwertiger als eine niedrige Hydrodynamik bzw. eine große Höhendifferenz"*

ist so nicht zulässig, da damit eine lineare Relation zwischen Höhenunterschieden und Wertigkeiten aufgestellt würde. Selbst die ermittelten Tendenzen oder Trends der Entwicklung, also Austrocknung vs. zunehmende Feuchte, sind vorsichtig zu beurteilen, nicht nur hinsichtlich der Aussagegenauigkeit der Trendabschätzung, sondern auch hinsichtlich der damit implizit zu Grunde liegenden Wertkriterien, vor allem Natürlichkeit. Da, wie bereits an mehreren Stellen betont wurde, Natürlichkeit ein überstrapaziertes Bewertungskriterium ist und in der mitteleuropäischen Kulturlandschaft eigentlich keinen Platz hat[50], ist eine Ausrichtung an einem wie auch immer zu definierenden Urzustand oder Sollzustand fast unmöglich. Auch birgt die Ausrichtung an diesem Kriterium die Gefahr in sich, Naturschutz zum "Resteverwerter" werden zu lassen (vgl. SIMBERLOFF 1986, HOVESTADT et al. 1991, PLACHTER 1991, 1992a).

So wurde bereits in Kap. 8.4 eine Karte mit der Reklassifizierung der relativen Höhen überlagert mit den Tendenzen der Veränderung der Hydrodynamik dargestellt, die jedoch nicht in eine Gesamtbewertung eingeht, sondern eine alleinstehende, zusätzliche Datenschicht ist und deren Ergebnisse keinesfalls z. B. mit den aufgrund von Expertenbewertungen erstellten Ergebniskarten der Vegetation gleichgesetzt werden dürfen. Der visuelle Vergleich zeigt einen Zusammenhang zwischen beiden dargestellten Datenschichten.

Während im Bereich des salzachbegleitenden Dammes die Vegetation fast durchwegs einen um ein bis zwei Klassen feuchteren Wert als der Boden aufweist, zeigen in Abbildung 8.16 die zwischen Salzachdamm und Sur (dunkle, etwa parallel zur Salzach verlaufende, am Nordrand des Kartenausschnittes in die Salzach mündende Struktur) liegenden Gebiete einen ökologischen Feuchtewert, der großteils nicht mehr als eine Klasse vom bodenkundlichen Feuchtewert abweicht. Gegen den Südrand des Kartenausschnittes nehmen die relativen Höhen gegenüber dem Fluß zu, die Eintiefung des Flusses ist hier stärker. In diesen südlichen Bereichen sind ausgedehntere Gebiete auch hinter dem Dammverlauf mit größerer Feuchtedifferenz anzutreffen.

Dies scheint, soweit eine visuelle Interpretation als Beweis gilt, die Ausgangsthese zu bestätigen, daß eine der Flußeintiefung folgende Austrocknung der Aue sich in den Datenschichten Vegetation und Boden unterschiedlich widerspiegelt, indem der Boden schneller auf Veränderungen reagiert und einen trockeneren Wert aufweist als die Vegetation. Die Gebiete mit einer geringeren Höhendifferenz gegenüber dem Fluß (dunkle Flächen) zeigen kein einheitliches, sondern ein lokalen Gegebenheiten angepaßtes Verbreitungsmuster der Feuchtedifferenz.

9.3 VERSCHIEDENE METHODEN DER GESAMTBEWERTUNG

In diesem Abschnitt werden die einzelnen dargestellten Bewertungs-"Ebenen" mit mehreren, unterschiedlichen Methoden zusammengeführt. Dabei werden neben den

---

[50]wenn man Natürlichkeit im Sinne von MARGULES and USHER (1986) versteht, die den Lebensraum als natürlich betrachten, wenn er die Größe der dort lebenden menschlichen Population begrenzt, d. h., wenn keine Materialien ein- oder ausgeführt werden.

Einzelergebnissen vor allen auch die Unterschiede der Ergebnisse und damit auch der Einfluß der Methode der Zusammenführung und der Gewichtung der Einzelbewertungen deutlich. Das umfassende Thema von Bewertung hinsichtlich einer Entscheidungsfindung bzw. Entscheidungsunterstützung[51] kann hier nicht ausführlich diskutiert werden. Andererseits darf, wie in Kap. 2 ausgeführt, eine Bewertung weder Selbstzweck sein, noch kann sie ohne einen bestimmten Anlaß (vgl. USHER 1986) sinnvoll durchgeführt werden. Im Mittelpunkt steht daher eine methodische Betrachtung der Art und Weise der Zusammenführung von vorhandenen Datenschichten. Die räumlichen und quantitativen Auswirkungen werden an einem bereits mehrfach dargestellten Ausschnitt im Bereich der Surmündung illustriert.

9.3.1 Arithmetisches Mittel aus Einzelbewertungen

Aufbauend auf den vorliegenden Ergebnissen werden mögliche Vorgangsweisen der Zusammenführung der Einzelbewertungen zu einer Gesamtbewertung dargestellt. Dabei stehen mehrere Verfahren zur Verfügung. In einem ersten (und einfachsten) Schritt wird, wie in der Praxis sehr weit verbreitet, das arithmetische Mittel der Einzelbewertungen genommen. Die zu grunde liegende Verknüpfung lautet daher allgemein:

$GW = (W_1 + W_2 + W_n)/n,$

wobei *GW* den Gesamtwert und W_x die jeweiligen Einzelwerte darstellen.

Im konkreten Fall werden acht Datenschichten miteinander verknüpft und die Vorschrift lautet daher:

GW = (HRD + HOO + HDM + VN + VGP + VGA + FRG + SD) /8

HRD: Habitateignung Springfrosch

HOO: Habitateignung Pirol

HDM: Habitateignung Kleinspecht

VN: Natürlichkeit der Vegetation

VPG: Vegetation: Gefährdung von Pflanzengesellschaften

VGA: Vegetation: Gefährdung auf Basis von Rote Liste Arten

FRG: Bewertung der Frühjahrsgeophyten

SD: Strukturdiversität

Die Abbildung 9.5 zeigt die entsprechenden Ergebnisse für das gleiche Beispielsgebiet wie bei den Einzelbewertungen. Für eine Flächenbilanz werden die resultierenden Fließkommawerte zu halben Wertestufen zusammengefaßt. Die prozentuale Flächenangabe bezieht sich auf die Summe aller Flächen, die in mindestens 7 von 8 Datenschichten bewertet werden. Für die Flächen, die in einer oder mehreren Datenschichten fehlen, müssen relativ aufwendige Abfragen formuliert werden, um zu verhindern, daß diese in die Gesamtsumme mit einfließen.

---

[51] Während im Deutschen meist von Entscheidungsfindung gesprochen wird und dieser Prozess kaum institutionalisiert ist, besteht im englischsprachigen Raum ein Ansatz, der zugleich Methode und Disziplin ist und über institutionalisierte Werrkzeuge verfügt. Entscheidungsunterstützende Systeme werden als *decision support systems* bezeichnet (vgl. CARVER 1991, EASTMAN et al. 1993).

Tab. 9.5: Flächenbilanz einer Gesamtbewertung aus dem arithmetischen Mittel aller Einzelbewertungen.

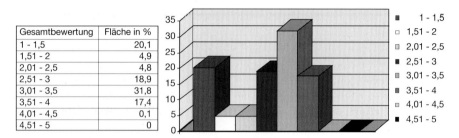

Gesamtbewertung	Fläche in %
1 - 1,5	20,1
1,51 - 2	4,9
2,01 - 2,5	4,8
2,51 - 3	18,9
3,01 - 3,5	31,8
3,51 - 4	17,4
4,01 - 4,5	0,1
4,51 - 5	0

Abb. 9.5: Gesamtbewertung: Arithmetisches Mittel aus Habitatbewertung Springfrosch, Pirol und Kleinspecht, Gefährdung der Pflanzengesellschaften, Wahrscheinlichkeit des Antreffens von Rote-Liste-Arten, Hemerobie, Frühjahrsgeophyten und Strukturdiversität

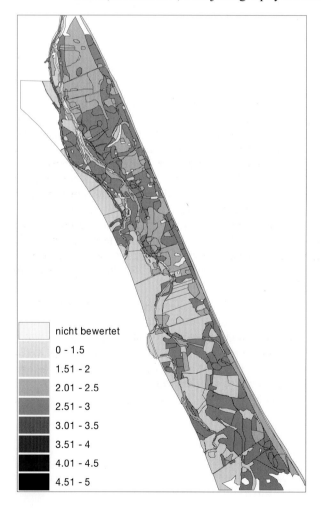

9.3.2 Verknüpfung der Einzelbewertungen durch eine Nutzwertanalyse?

Aus bereits mehrfach beschriebenen Gründen erscheint es nicht sinnvoll, einzelne Kriterien oder Bewertungsergebnisse mit Hilfe einer Nutzwertanalyse (erster und zweiter Generation) oder eines verwandten Verfahrens zu verknüpfen (vgl. Diskussion in Kap. 2). Obwohl die Nutzwertanalyse nach wie vor weit verbreitet ist, hält der Autor die Anwendung im vorliegenden Fall auch aus formalen Gründen für bedenklich. Da bei den Einzelbewertungen nur relativ grobskalige ordinale Aussagen zu treffen sind, erhöht eine arithmetische Verknüpfung in Wirklichkeit nicht die Aussageschärfe, sondern täuscht eine Pseudoobjektivität vor (vgl. CERWENKA 1984). Eine zusätzliche (subjektiv zu erstellende) Gewichtung der Einzelbewertungen bei einer Zusammenführung und die Aufstellung von Zielerfüllungsgraden, Zielwertmatrizen und sonstigen pseudoobjektiven Werten birgt andere, jedoch nicht minder gravierende Unzulänglichkeiten wie einfache arithmetische Verknüpfungen. Eine ausführliche Darstellung der Schwachpunkte dieses Ansatzes findet sich auch bei HEIDEMANN (1981). Dieses Verfahren wird daher - durchaus im Gegensatz zu ursprünglichen Absichten - aufgrund mehrjähriger Erfahrungen aus der vorliegenden Studie **nicht** für eine Gesamtbewertung eingesetzt.

9.3.3 Die "logische Verknüpfung" der Einzelbewertungen

Aus Sicht des Naturschutzes erfordert eine synoptische Darstellung eines Gesamtergebnisses eine in sich logische Verknüpfung der Einzelergebnisse. Dabei sollte gewährleistet sein, daß essentielle Ergebnisse der Einzelbewertungen nicht verwischt oder abgeschwächt werden (vgl. WIESMANN 1987). Bei der von WIESMANN vorgeschlagenen Methode wird bei einer geometrischen Verschneidung der Einzelergebnisse der jeweils höchste Wert als Ergebnis übernommen. „Dieses Vorgehen hat den Vorteil, daß keine Einzel- oder Teilbewertungen durch andere Teilbewertungen verwischt oder abgeschwächt wird und daß jederzeit weitere Erscheinungen des natürlichen Systems und/oder weiterer Bewertungskriterien in die Gesamtbewertung aufgenommen werden können" (ebda, S. 166). Diese Methode bietet daher die Möglichkeit, weitere Indikatorarten oder abiotische Faktoren mit aufzunehmen, ohne die bisherigen Bewertungen verändern zu müssen. Das generelle Vorgehen sei im folgenden kurz illustriert:

Ausgabe = "höchster Wert" *(Localmax)* of Schicht1 and Schicht2 and Schicht3

In Abbildung 9.7 ist überaus deutlich der Unterschied gegenüber der Berechnung des arithmetischen Mittels zu sehen: Innerhalb des eigentlichen Auwaldes bzw. des Auen-Ökosystems (inklusive auentypischer „Nichtwaldstandorte", vgl. Kap. 5) dominieren durchwegs hohe Werte. Dieser Bereich hebt sich damit stark von den umgebenden und inselhaft eindringenden gerodeten Bereichen mit vorwiegend landwirtschaftlicher Nutzung ab.

Abb. 9.6: Vorgehensweise der „logischen Verknüpfung" und Implementierung in GIS mit Methoden der „Map algebra"

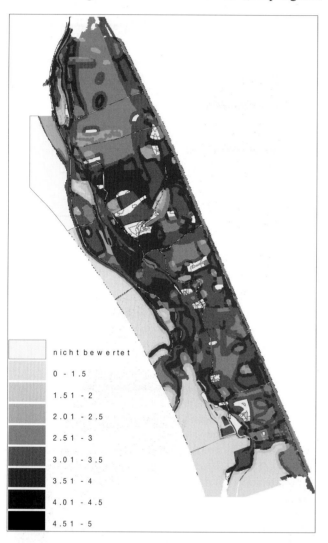

Tab. 9.6: Flächenbilanz einer Gesamtbewertung über die „logische Verknüpfung" der Einzelbewertungen.

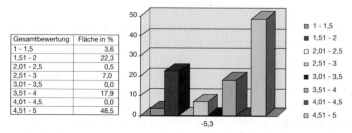

Abb 9.7: Gesamtbewertung: „Logische Kombination" aus Habitatbewertung Springfrosch, Pirol und Kleinspecht, Gefährdung der Pflanzengesellschaften, Wahrscheinlichkeit des Antreffens von Rote-Liste-Arten, Hemerobie, Frühjahrsgeophyten und Strukturdiversität

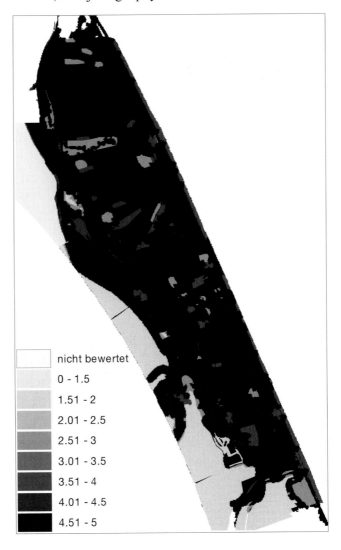

9.3.4 Alternativansatz: Gesamtbewertungen der Vegetation und Fauna getrennt

Als alternativer Ansatz wird getrennt nach Vegetation und Fauna jeweils eine Teilbewertung erstellt. Diese kann anschließend zusammengeführt werden, aber auch nebeneinander stehend als Endergebnis betrachtet werden. Aus den dargestellten flächenhaften Bewertungen der Vegetation (Naturnähe/Hemerobie, Seltenheit/Gefährdung von Pflanzengesellschaften, Wahrscheinlichkeit des Vorkommens von Rote

Liste-Arten) wird unter besonderer Berücksichtigung der Frühjahrsgeophyten eine Gesamtbewertung des Aspektes *Vegetation* dargestellt. Die Bewertungen der einzelnen Vegetationstypen (dort wo erforderlich nach der Datenschicht Lebensraumtypen weiter differenziert) erfolgen wiederum nach FUCHS und PREISS (1994).

Tab. 9.7: *Flächenbilanz einer Gesamtbewertung der Vegetation durch Experten (FUCHS und PREISS 1994).*

Nr	Vegetationstyp	Fläche ha	Anteil am UG	Gesamtbewertung Vegetation
1	offene Wasserfläche (natürlich)	48,5	2,7	4
	offene Wasserfläche (künstlich)	2,51	0,1	2
2	Kies- oder Sandbank	2,69	0,2	4
3	niedr, Ufervegetation	2,98	0,2	4
4	Kleinseggen-, Kleinröhrichtvegetation.	0,12	0,01	4
11	Rohrglanzgrasbestand	10,39	0,5	3
12	Schilfröhricht	41,31	2,2	4
13	Bestand der Sumpf-Segge	0,81	0,04	4
14	Bestand der Steifen Segge	1,63	0,1	4
15	Bestand der Zierlichen Segge	1,35	0,1	4
16	Hochstaudenflur	19,98	1,1	3
17	Quellflur	0,45	0,02	4
21	Grasflur	32,17	1,7	4
22	Wirtschaftsgrünland	202,46	10,9	2
23	Ackerland	49,35	2,7	2
24	Kahlschlag/Aufforstung	39,27	2,1	3
25	Halbtrockenrasen (Damm)	0,98	0,05	4
31	Uferweiden	54,71	2,9	4
32	Silberweiden-Auwald u. *Salix alba*-Ausbildung d. Grauerlen-Auwaldes	(124,69)	(6,7)	
	Lebensraumtyp ADA (Forst)	29,3		3
	Lebensraumtyp ABB (Weichholz-Auwald)	.81,61		4
33	Grauerlen-Auwald, reine Ausprägung.	(251,62)	(13,6)	
	Lebensraumtyp ADA (Forst)	90,67		3
	Lebensraumtyp ABB (Weichholz-Auwald)	133,77		4
41	Grauerlen-Auwald mit Frühjahrsgeophyten	(371,13)	(20,1)	
	Lebensraumtyp ADA (Forst)	55,16		3
	Lebensraumtyp ABB (Hartholzauwald)	282,36		4
42	Grauerlen-Auwald. *Equisetum hymale*	43,07	2,3	3
43	Grauerlen-Auwald, *Brachypodium pinnatum*	3,84	0,2	4
44	Grauerlen-Auwald, *Arum maculatum*	(163,51)	(8,8)	
	Lebensraumtyp ADA (Forst)	24,47		3
	Lebensraumtyp ABB (Hartholzauwald)	128,67		4
51	Ahorn-Eschenwald, *Carex alba* mit *Alnus incana*	41,13	2,2	4
52	Ahorn-Eschenwald, *Carex alba*	109,60	5,9	4
53	Ahorn-Eschenwald, *Carex alba* mit *Fagus sylvatica*	16,79	0,9	4
61	Fichtenforst	188,34	10,8	2
71	Hecke, Gebüsch	15,95	0,9	3
72	Park, Garten	9,92	0,5	3
	gesamt	1851,32		

Faunistische Bewertung

Die in Kap. 7 dargestellte Vorgangsweise der Umsetzung punktueller Information in flächenhafte Aussagen ermöglicht eine flächendeckende Feststellung der Eignung des Untersuchungsgebiets als Lebensstätte dieser Leitarten. Wie bereits festgestellt, stellen die explorativen Analysen der Ermittlung der Habitatpräferenzen noch keine Bewertungsschritte dar. Da die Analysen relativ aufwendig sind und in der Praxis ein Verfahren benötigt wird, das mit vertretbarem Aufwand in möglichst kurzer Zeit Bewertungen zuläßt, werden möglichst wenige Arten für die faunistische Bewertung verwendet, jedoch solche Arten, die die Effizienz von Naturschutzmaßnahmen langfristig gewährleisten, wie z. B. von MÜHLENBERG (1989), HOVESTADT et al. (1991) oder PLACHTER (1992a) gefordert wird. Die Anwendbarkeit dieses Verfahrens relativiert sich jedoch bei einer Betrachtung einschlägiger Literatur zur faunistischen Bewertung. Zu einem vernichtenden Urteil der meisten mathematisierten Bewertungsverfahren kommt SCHERNER (1995, S. 377):

> *„Gegenwärtig gilt offenbar jeder Ansatz als „Bewertung", sofern er flächenbezogen kartographisch darstellbare Differenzierung ermöglicht. Damit verbunden ist die Erwartung, daß durch Quantifizierungen zwangsläufig Objektivität erreicht werde. Konzeptionell stehen bisherige Quantifizierungen wohl ausnahmslos in krassem Gegensatz zur strukturellen Komplexität lebender Systeme wie Zellen, Organismen, Populationen und Biozönosen. Die Realitätsferne ermöglicht Verfahren, die den Eindruck erwecken, man müsse bei „Bewertungen" bloß leidlich gut rechnen können."*

Auch in der in Kap. 7 beschriebenen Vorgangsweise der Ermittlung eines Elektivitätsindex steckt tatsächlich keine Bewertungsvorschrift im engeren Sinne. Durch eine subjektive Klassifizierung der numerischen Ergebnisse - etwa im Sinne einer Interpretation - in eine ordinale Skala wird zwangsläufig durch eine immanente Willkürlichkeit der Klassengrenzen (verschiedene statistische Verfahren der Grenzwert- und Klassenbildung würden hier keine wesentliche Änderung bringen) ein subjektiver Faktor eingebracht.

Weiters wird aufgrund der Analyseergebnisse geschlossen, den Buntspecht trotz der vorliegenden Daten und des investierten Aufwandes der Originalkartierung (WINDIG und WERNER 1988) und der Analyse nicht als Leitart zu berücksichtigen, da sich kein erkennbarer zusätzlicher Informationsgewinn gegenüber dem Kleinspecht als Indikatorart ergibt, der eine signifikantere Abhängigkeit gegenüber den kartierten Strukturen aufweist. Andere mögliche und sinnvolle Indikatorarten, vor allem Reptilien und Schmetterlinge können aufgrund der diskutierten ungeeigneten Art der Erfassung keine Verwendung finden. Ausgehend von den in Kap. 7 erstellten Habitateignungskarten wird daher für die Leitarten

- Pirol (*Oriolus oriolus*)
- Kleinspecht (*Dendrocopus minor*)
- Springfrosch (*Rana dalmatina*)

eine faunistische Gesamtbewertung vorgenommen. Hinsichtlich der Amphibienfauna wird aus den Ergebnissen der Untersuchungen in Kap. 7.4 einerseits abgeleitet, daß sich eine Bewertung nicht, wie in der Praxis üblich, auf die Laichplätze beschränken, sondern auch die Sommer- und Winterlebensräume einschließen sollte; andererseits läßt die Datenlage keine exakte Modellierung des Gesamtlebensraumes *aller* Arten zu. Es wird daher eine Kombination aus der Bewertung der Laichplätze einschließlich der *potentiell hoch geeigneten* und *potentiell geeigneten* Laichhabitate (vgl. Kap. 7.4) und eines für den Springfrosch als *regional bedeutsame Art* (JOSWIG 1994) erstellten Modells der Bewertung des Gesamtlebensraums vorgenommen:

Abb. 9.8: Varianten der faunistischen Bewertung

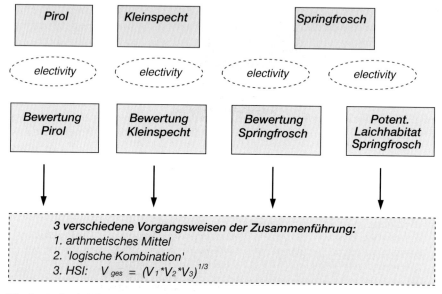

Variante 1: Arithmetisches Mittel aus den Habitateignungen

Trotz aller Bedenken (vgl. Kap. 9.3) wird in einer ersten Variante das arithmetische Mittel aus den oben dargestellten vier Datenschichten genommen. Dabei ergibt sich folgende Verteilung:

Tab. 9.8: Flächenbilanz einer faunistischen Bewertung aus dem arithmetischen Mittel der Einzelbewertungen.

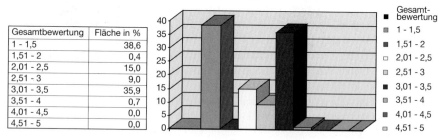

Gesamtbewertung	Fläche in %
1 - 1,5	38,6
1,51 - 2	0,4
2,01 - 2,5	15,0
2,51 - 3	9,0
3,01 - 3,5	35,9
3,51 - 4	0,7
4,01 - 4,5	0,0
4,51 - 5	0,0

Die räumliche Ausprägung der Ergebnisse ist wiederum für den Beispielsabschnitt südlich der Surmündung in der folgenden Abbildung dargestellt. Dabei fällt wie schon bei der Darstellung der Gesamtbewertung durch das arithmetische Mittel der Einzelbewertungen die Häufung mittlerer bis leicht positiver (bis 3,5) Werte auf. Dieses Ergebnis bestätigt erneut die Ausgangshypothese, daß die Verknüpfung von Datenschichten über ein arithmetisches Mittel für die naturschutzfachliche Bewertung ungeeignet ist, da einzelne bewertete Kriterien zu stark verwischt und abgeschwächt werden. Auch hier kommt der vielfach verwendete Ausspruch „ein (Öko)system ist mehr als die Summe seiner Einzelfaktoren" zum tragen.

Abb. 9.9: Faunistische Bewertung: Arithmetisches Mittel der Habitatbewertung Springfrosch, Pirol und Kleinspecht.

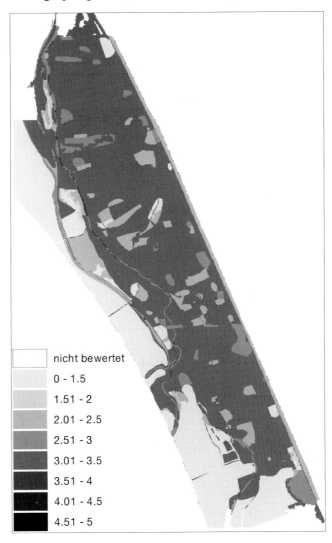

Variante 2: Logische Kombination aus den Habitateignungen

In Anlehnung an das Verfahren von WIESMANN (1987) werden in gleicher Weise wie bei der zuvor durchgeführten Gesamtbewertung die vier oben dargestellten Datenschichten zusammengeführt, indem jeweils der höchste Wert in das Ergebnis einfließt.

Die räumliche Ausprägung der Ergebnisse ist wiederum für den Beispielsabschnitt südlich der Surmündung dargestellt. Es ergeben sich große Flächen mit sehr hohen Werten, die jeweils aus der sehr hohen Habitateignung mindestens einer der faunistischen Leitarten resultieren. Der eigentliche Auwald im engeren Sinne zeichnet sich nun stark von den umgebenden landwirtschaftlich genutzten Flächen sowie von inselhaften Strukturen

Tab. 9.9: Flächenbilanz einer faunistischen Bewertung mittels logischer Verknüpfung der Einzelbewertungen.

Gesamtbewertung Fauna	Fläche in %
1 - 1,5	37,3
1,51 - 2	10,6
2,01 - 2,5	14,6
2,51 - 3	8,9
3,01 - 3,5	8,3
3,51 - 4	0,9
4,01 - 4,5	4,7
4,51 - 5	14,6

innerhalb ab, die ebenfalls Rodungsinseln darstellen. Während also das Habitat „*Auwald im engeren Sinne*" durchwegs hoch bewertet wird, stellen die Salzachauen im Vergleich zur stark kulturlandschaftlich genutzten Umgebung eine inselhafte Erscheinung dar. Diese Tatsache muß betont werden, vor allem, da bei einer großräumigeren Betrachtung und der Einbeziehung großer Bereiche der Umgebung diese hier niedrig bewerteten Bereiche (helle Farben) dominieren würden und das engere Untersuchungsgebiet inselhaft hervortreten würde.

Abb. 9.10: Faunistische Bewertung: „Logische Kombination" aus der Habitatbewertung Springfrosch, Pirol und Kleinspecht

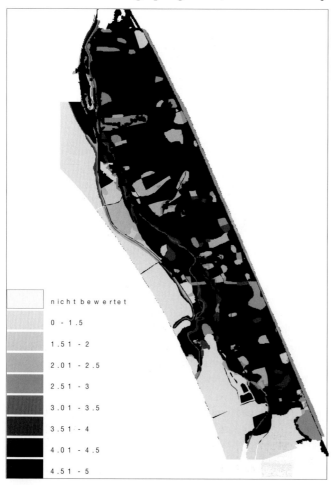

Variante 3: HSI (Habitat Suitability Index) aus den Habitateignungen

Die Verknüpfung der Einzelbewertungen über einen *Habitat Suitability index* (HSI) weist sehr ähnliche Ergebnisse wie die Berechnung des arithmetischen Mittels auf und ist daher nicht als eigene Farbkarte dargestellt. Dies läßt sich gut mit zwei Extrembeispielen an Kombinationsmöglichkeiten illustrieren:

Tab. 9.10: Flächenbilanz einer faunistischen Bewertung mittels eines Habitat Suitability index.

Gesamtbewertung Fauna	Fläche in %
1 - 1,5	38,3
1,51 - 2	1,1
2,01 - 2,5	14,4
2,51 - 3	8,8
3,01 - 3,5	36,2
3,51 - 4	0,8
4,01 - 4,5	0
4,51 - 5	0

Abb. 9.11: Varianz der Bewertungsergebnisse

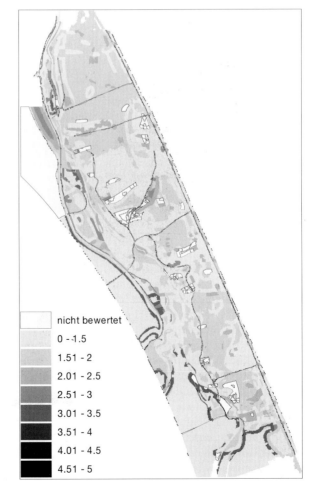

X_1 sei 1,8, x_2 sei 5, x_3 sei 2,5:   Arith. Mittel = 2,37,   HSI = 2,30
X_1 sei 2, x_2 sei 4, x_3 sei 4:   Arith. Mittel = 3,33,   HSI = 3,17

Die Unterschiede wirken sich in der Regel nur in Zehntelgradbereichen aus. Leicht differierende Werte in nachfolgender Tabelle gegenüber dem arithmetischem Mittel resultieren daher mehr aus der Reklassifikation in halbe Wertestufen:

In einer abschließenden Gegenüberstellung werden die Abweichungen der verschiedenen Vorgangsweisen räumlich visualisiert. Mittels einer einfachen arithmetischen Operation wird die maximale Abweichung zwischen den verschiedenen Bewertungsvorgängen erermittelt . Diese Darstellung ermöglicht neben einer a-räumlichen Quantifizierung auch Bereiche zu identifizieren, die besonders unterschiedlich bewertet werden und solche, die wenig schwanken. Die absoluten Abweichungen schwanken zwischen 0 und 3,41 Klassen, bei einer durchschnittlichen Abweichung von 1,18 Klassen.

10. DISKUSSION DER ERGEBNISSE: MÖGLICHKEITEN UND GRENZEN DER ANALYSE UND BEWERTUNG MIT GIS

10.1 DISKUSSION DER ANALYSE- UND BEWERTUNGSERGEBNISSE

Da der primäre Zweck dieser Arbeit nicht in einem konkreten Bewertungsergebnis liegt - dies soll Aufgabe des komplexen Behördenapparates der *Wasserwirtschaftlichen Rahmenuntersuchung Salzach (WRS)* bzw. eines Teiles davon sein - werden die erzielten Ergebnisse nur kurz hinsichtlich einer flächenhaften Darstellung eines naturschutzfachlichen Wertes diskutiert. Wie bereits ausführlich erörtert, wird in Anlehnung an USHER (1986) die Ansicht vertreten, daß Bewertung in der Regel ein Ziel voraussetzt. Dies steht im Widerspruch zu der im deutschsprachigen Raum verbreiteten und traditionsreichen Landschaftsbewertung (BECHMANN 1977, 1978). Aus einer generellen (pauschalen?) Bewertung ganzer Landschaften ergibt sich die Eignung einer Fläche für eine bestimmte Nutzung keinesfalls automatisch aus naturwissenschaftlich ermittelten Fakten. Die Untersuchung der bayerischen Salzachauen stellt in dieser Hinsicht einen Grenzfall dar. Aufgrund der Eintiefungstendenz des Flusses und der Austrocknungstendenz der Auen sowie hinsichtlich eines starken Flächendruckes von Siedlung und Industrie ist die grundlegende Fragestellung relativ konkret. Es stellt sich die Frage, ob ein Schutz, eine Bewahrung des Ist-Zustandes, oder vielleicht eine Entwicklung hin zu einem naturnäheren Zustand erfolgen soll. Auch wasserwirtschaftliche Nutzungsabsichten bestehen nach wie vor. Dennoch liegen keine dezidierten Handlungsszenaren vor, die zu bewertet sind. Dies wird dann der Fall sein, wenn - wie in der WRS geplant - detaillierte Planungsvorschläge und Planungsalternativen aufgestellt werden. Es lassen sich dann sehr viel konkretere Aussagen hinsichtlich spezifischer Nutzungsabsichten erstellen. Sobald beispielsweise Sohlschwellen, Sohlrampen oder Ausleitungen räumlich explizit als Planungsvorschlag vorliegen, lassen sich ausgehend von einem Leitbild über eine Leitlinie klare Umweltqualitätsziele (vgl. HEYDEMANN 1979, 1983, ERZ 1994) aufstellen und vor allem operationalisieren.

Auch mit Hilfe Geographischer Informationssyteme ist die Problematik, ausgehend von teilweise punkt- und linienhaften Einzeldaten flächenhafte Aussagen zu treffen, methodisch nicht eindeutig, d.h. mit einer einzigen, normativ festzulegenden Vorgangsweise festzuschreiben. Für verschiedene faunistische Leitarten wurden räumliche Interpolationsmethoden dargestellt. Die Ergebnisse sind in mehrfacher Hinsicht interpretierbar: Es zeigt sich, daß fast der gesamte Untersuchungsraum für die meisten Leitarten eine hohe Habitateignung aufweist und ein bedeutender Anteil des Untersuchungsgebiets als essentieller Lebensraum bezeichnet werden kann. Auch aus Sicht der Vegetation, vor allem aus Sicht der Pflanzengesellschaften, und unter Berücksichtigung von Besonderheiten wie den Frühjahrsgeophyten ergibt sich ein insgesamt hoher Wert. Dies mag Naturfreunde erfreuen. Ein solches Ergebnis entspricht eigentlich den Erwartungen, wenn man genügend Vorkenntnisse über den Lebensraum Aue, über dessen Vielfalt und Komplexität und über die zunehmende Seltenheit eines solchen Lebensraumes mitbringt. Anderseits wird ein solches Ergebnis von verschiedenen gesellschaftlichen Gruppen, die andere Nutzungsabsichten als eine Unterschutzstellung (was hier nicht explizit proklamiert wird, jedoch in verschiedenen Teilbereichen als logische Konsequenz erscheint) hegen, in der Regel kaum akzeptiert. Es stellt sich daher für viele Betrachter folgende Frage:

Wie können mit einer großen Flächendeckung hohe naturschutzfachliche Werte resultieren, wenn doch ein „erheblich gestörtes Auensystem" (EDELHOFF 1983) vorliegt?

Bei der Interpretation der Bewertungsergebnisse wie bei einer naturschutzfachlichen Bewertung generell sollte bedacht werden, daß der Naturschutz nicht zum „Resteverwerter" wird. Dies bedeutet, daß nicht nur vom Menschen weitgehend ungenutzte und/oder unveränderte Ökosysteme, Landschaften, oder Teile hiervon als schützenswert angesehen werden dürfen. Vielmehr muß z. B. auch ein „erheblich gestörtes Auensystem", das, wie die Analyse zeigt, weit entfernt vom Urzustand des z. T. über mehrere Kilometer Breite verwilderten Flusses und seiner begleitenden Auen, vielen selten gewordene Tier- und Pflanzenarten und -gesellschaften einen Lebensraum bietet, als hochwertig eingeschätzt werden. Auch eine gestörte Hydrodynamik ist noch in einer Weise wirksam ist, die in der mitteleuropäischen Kulturlandschaft erhaltenswert (und verbesserungswert) ist.

Die räumliche Ausprägung der Bewertungsergebnisse zeigt frappierend die Inselhaftigkeit des Habitats *Auwald*, selbst wenn nur für schmale, angrenzende Bereiche Daten vorlagen. Es ergeben sich große Flächen mit sehr hohen Werten innerhalb der rezenten Aue. Der eigentliche Auwald im engeren Sinne zeichnet sich stark von den umgebenden landwirtschaftlich genutzten Flächen sowie von inselhaften Strukturen innerhalb ab, die ebenfalls Rodungsinseln darstellen. Während also das Habitat „*Auwald im engeren Sinne*" durchwegs hoch bewertet wird, stellen die Salzachauen im Vergleich zur stark kulturlandschaftlich genutzten Umgebung eine inselhafte Erscheinung dar. Diese Tatsache muß betont werden, vor allem, da bei einer großräumigeren Betrachtung und der Einbeziehung der weiteren Umgebung des Untersuchungsgebietes niedriger bewertete Bereiche dominieren würden und das Untersuchungsgebiet relativ gesehen aufgewertet würde. Bewertung ist daher auch stark auf die Abgrenzung eines Untersuchungsgebietes ausgerichtet: In einer hochgradig genutzten, ausgeräumten Agrarlandschaft stellen bereits kleine, einigermaßen naturnahe oder gering genutzte Flächen einen hohen naturschutzfachlichen Wert dar, während hier beim Versuch der Differenzierung innerhalb eines wertvollen und vom

Verschwinden bedrohten Lebensraumtyps diese Differenzierung nicht „auf die Spitze getrieben werden darf", wenn verhindert werden soll, daß auch - landes- oder bundesweit betrachtet - wertvolle Lebensräume einer relativen Bedeutungslosigkeit gegenüber „Spitzenlebensräumen" unterliegen.

Abb. 10.1: „Insellage" eines Untersuchungsgebietes. Jede (notwendige) diskrete Abgrenzung eines Untersuchungsgebietes hat starke Auswirkungen auf Untersuchungsergebnisse. Die Resultate, speziell quantitative Aussagen, können daher schwer auf andere Gebiete übertragen werden. Hier wird die Problematik speziell für landschaftliche Indizes dargestellt.

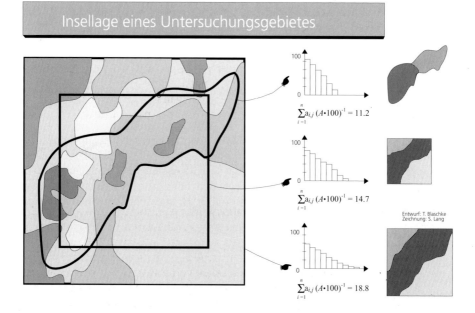

Folgerungen aus den verschiedenen Bewertungsergebnissen

Die in Kapitel 9 dargestellten unterschiedlichen Vorgangsweisen bzw. Ergebnisse der Bewertung zeigen überaus deutlich, welchen Einfluß neben der Auswahl von Kriterien und deren Bewertung die Regeln deren Zusammenführung haben. Es wurde gezeigt, daß ein arithmetisches Mittel aus Einzelkriterien zur Ermittlung eines faunistischen Wertes und einer naturschutzfachlichen Gesamtbewertung vollkommen ungeeignet ist. Auch andere streng mathematisch orientierte Verfahren, die den Eindruck einer Pseudoobjektivität vermitteln, liefern nicht einmal zwangsläufig so gute Ergebnisse wie die zugrunde liegenden (subjektiven) Einzelbewertungen. Generell unterstreichen die Ergebnisse dieser Arbeit, daß bei Bewertungen über die Berücksichtigung von einzelnen schützenswerten biotischen oder abiotischen Objekten oder Ökosystemausschnitten hinaus unbedingt komplexere, ökosystemare dynamische Aspekte einfließen müssen. Unterschiedliche, in Kap. 5.3 kurz in ihrer Bedeutung für den Ökosystemtyp Aue dargestellte Arten von Dynamik, wie

- Hydrodynamik: periodische bis episodische Überschwemmungen, mindestens wechselnde Grundwasserstände im Wurzelraum der Auenvegetation,
- Morphodynamik: Erosions- und Sedimentationsvorgänge,
- Pedodynamik: Kleinrelief- und texturabhängige Bodengenese sowie Dynamik des Bodenwassers- und Bodenlufthaushaltes,
- Biodynamik: Eigenentwicklung der Auen-Ökosysteme und Sukzession,

komplizieren ein Bewertungsverfahren und widersprechen offensichtlich der berechtigten Forderung nach Einfachheit und Transparenz eines Bewertungsverfahrens (vgl. Kap. 10.6). Sie sind jedoch notwendig, um die Bedeutung eines solchen Ökosystemtyps im Kontext der umgebenden Kulturlandschaft zu erfassen.

10.2 ERMITTLUNG QUANTITATIVER UND QUALITATIVER LANDSCHAFTS- UND ÖKOSYSTEMVERÄNDERUNGEN MIT GIS

Die Frage, ob GIS zur Ermittlung quantitativer Veränderungen von Landschaften und Ökosystemen ein geeignetes Werkzeug ist, scheint auf den ersten Blick bei Berücksichtigung der Verbreitung von GIS und Darstellungen in verschiedenen Lehrbüchern leicht zu beantworten zu sein. Die Antwort muß jedoch nach Ansicht des Autors lauten:

Wenn entsprechende Ausgangsdaten sowie Kenntnisse und gesicherte Informationen über maßgebliche Prozesse vorliegen, können mit Hilfe von GIS quantitative, räumlich differenzierte Aussagen über Veränderungen gewonnen werden.

Was können aber Geographische Informationssysteme beitragen, wenn - wie in der Praxis häufig der Fall - ein bestimmter Ökosystemausschnitt untersucht und beurteilt werden soll, der bedroht ist und/oder bereits von Veränderungen betroffen ist, ohne daß für einen - wie auch immer zu definierenden - Ausgangszustand vor dem Einsetzen von Veränderungen flächenhafte Daten vorhanden sind? Am Beispiel der Hydrodynamik wurde in der Untersuchung der bayerischen Salzachauen gezeigt, daß durchaus Möglichkeiten der trendhaften Ermittlungen aktueller dynamischer Veränderungen bestehen, indem verschiedene Datenschichten, die in Kausalzusammenhängen und/oder unterschiedlichen statistischen Zusammenhängen gegenüber weiteren quantifizierbaren Faktoren stehen, analysiert werden.

Das Untersuchungsgebiet der Salzachauen hat in den vergangenen Jahrzehnten starke Veränderungen erfahren. Wie in vielen ähnlich gelagerten Fällen fehlen daher Daten, die einen Ausgangszustand exakt beschreiben würden. Aus historischen Karten können zwar grobe Ausmaße der Verbreitung der Flußauen zu wenigen konkreten Zeitpunkten entnommen werden, über hydrologische, geomorphologische oder pedologische Zustände können jedoch ebensowenig Aussagen getroffen werden wie über genaue Verbreitungen von z. B. Tier- und Pflanzenarten. Die meisten der zur Verfügung stehenden Daten sind daher als monotemporal zu bezeichnen (auch wenn z. B. Wiederholungsaufnahmen verschiedener Faunenelemente für einen kurzen Zeitraum oder etwa langjährige, punktuelle Pegelmessungen in den betroffenen Städten vorliegen). Man steht daher vor dem grundsätzlichen Problem, aus monotemporalen Daten Entwicklungstendenzen und damit ansatzweise multitemporale Aussagen abzuleiten. Die zeitliche Extrapolation von Daten ist mit Hilfe Geographischer Informationssysteme grundsätzlich möglich, doch ist bereits die Handhabung des Faktors Zeit ein umfassendes und noch nicht vollständig gelöstes Problem (Überblick in LANGRAN 1992). Ein relativ neuer, vielversprechender, doch derzeit kaum in kommerziellen Systemen realisierter Ansatz ist der des *„three dimensional spatiotemporal object models"* (WORBOYS 1992).

Bei all diesen relativ fortgeschrittenen Möglichkeiten sollte immer wieder darauf hingewiesen werden, daß bei unscharfen und/oder fehlenden Ausgangsdaten eine Extrapolation von aktuellen Daten stets nur auf einem sehr begrenzten Niveau der Aussageschärfe dargestellt werden darf. In dieser Arbeit wird daher nicht versucht, etwa den Rückgang des Einflusses der Hydrodynamik auf die Auwaldbereiche zu quantifizieren. Vielmehr wird mehrfach, auch bei anderen Themen, auf indikatorische Methoden und eine grobe, meist ordinale Darstellung von Trends zurückgegriffen.

Während also die Einsatzmöglichkeiten des GIS in technischer wie methodischer Hinsicht dafür sprechen, quantifizierbare Aussagen qualitativer Ausprägungen von Zuständen und Entwicklungen zu treffen, zwingt die Beachtung von statistischen Regeln einerseits und die Subjektivität der Inwertsetzung naturwissenschaftlicher Größen im anthropogen dominierten Normen- und Wertegefüge andererseits zu einer wesentlich restriktiveren Vorgangsweise.

Trotz der vielfältigen Möglichkeiten ist die Ermittlung von qualitativen Veränderungen mit mehreren Restriktionen bzw. zu beachtenden Rahmenbedingungen behaftet. Letztlich ist eine qualitative Aussage eine Inwertsetzung durch den Menschen und muß daher mit all den genannten Vorbehalten hinsichtlich des Bewertungsvorgangs (vgl. Kap. 2) gesehen werden. Eine hohe Biotopvielfalt und der Erhalt dieses in unserer Kulturlandschaft bedrohten und immer stärker rückläufigen Lebensraumes bestandsgefährdeter Tier- und Pflanzenarten sind unter dem Aspekt des Naturschutzes zu betrachten. In der vorliegenden Arbeit wurde beispielsweise anhand der Konstruktion des Faktors *Strukturdiversität* gezeigt, daß auch qualitative Informationen in räumliche Analysen einfließen können. Die Ergebnisse dürfen dann jedoch keinesfalls mehr unklassifiziert kardinale Aussagen liefern sondern müssen entsprechend dem Grad des Einflusses des bewerteten Sachverhaltes in wenige diskrete Wertestufen reklassifiziert und/oder in ein ordinales Niveau überführt werden. Zu dem Themenkreis einer - sicherlich notwendigen - Renaturierung sei auf generelle Überlegungen hierzu verwiesen (KLÖTZLI 1991, GIESSÜBEL 1993). Da es keinen Idealzustand per se gibt, muß dieser (vom Menschen) definiert werden. Die Darlegung der prinzipiellen wie auch der konkreten Möglichkeiten würde den Rahmen dieser Arbeit sprengen. Es sei nur darauf hingewiesen, daß dies ein Betätigungsfeld ist, in dem Geographische Informationssysteme ein hervorragendes Werkzeug sein können, das bisher operationell wenig eingesetzt wird.

10.3 NEUE INFORMATION DURCH GIS?

Das Generieren *neuer* Information ist ein wesentlicher Aspekt von GIS, der es grundlegend von anderen Informationssystemen unterscheidet. Dies beginnt bereits bei einfachen Ableitungen von sekundärer Information aus vorhandenen Datenquellen. Ein Beispiel hierfür ist das Ableiten von Exposition oder Hangneigung aus den absoluten Werten eines DGMs. Durch die Überlagerungs- und Verschneidungsfunktionen Geographischer Informationssysteme kann jedoch auch Information entstehen, die in dieser Form nicht primär im Gelände erfaßbar („kartierbar") ist. So können Nutzungskonflikte und -beeinträchtigungen verdeutlicht werden, sowohl in ihrer räumlichen Verteilung als auch quantitativ. In der vorliegenden Studie bestehen Nutzungskonflikte zwischen Naturschutz und Landwirtschaft, vor allem in Bereichen, wo intensive Nutzungen (z. B. Maisanbau) unmittelbar an Auwaldzellen heranreichen. Aber auch hydrologische Einzugsgebiete können ermittelt werden, ebenso wie die räumliche Ausprägung abstrakterer Konstrukte wie „Naturschutzpotential" oder „Erholungspotential".

Für im Naturschutz ebenso wie in der angewandten Ökosystemforschung bedeutende Konzepte wie dem der **Ökotone** bieten Geographische Informationssysteme gewisse Operationalisierungspotentiale. Die Forderung des Naturschutzes nach einem sanften Übergang unterschiedlicher Ökosystemtypen (JEDICKE 1990, vgl. auch HEYDEMANN 1983, ZIELONKOWSKI 1988) kann z. B. durch die Modellierung nach dem Konzept der fuzzy Daten abgedeckt werden. Während die GIS-Implementation von *fuzzy Modellen* zumindest für Rasterdaten vollzogen ist und einzelne Anwendungsbeispiele existieren (z.B. BURROUGH 1989, EASTMAN et al. 1993), scheinen größere Probleme hinsichtlich der Akzeptanz zu bestehen. Vor allem bei planungsrelevanten Entscheidungen, die letztlich eine parzellenscharfe Abgrenzung von Flächen beispielsweise hinsichtlich geplanter Eingriffe erfordern, ist diese Akzeptanz nicht gegeben, auch wenn die Ausgangsdaten ungenau, die Bewertungskriterien willkürlich definiert und die Vorgangsweise der Bewertung unklar sein sollte.

Entscheidendes Merkmal Geographischer Informationssysteme ist, wie in Kap. 4.1 dargelegt, Information über den Schlüssel des räumlichen Bezugs spezifisch zu analysieren und in unterschiedlichem Kontext aufzubereiten. Da nicht alle Biotope, Lebensräume oder Landschaftstypen überall geschützt werden können, werden auf verschiedenen Hierarchieebenen (vgl. ALLEN and STAR 1982) und hinsichtlich ganz

Abb. 10.2: Durch Analyse und spezifisches „In Beziehung setzen" zu „neuer" Information.

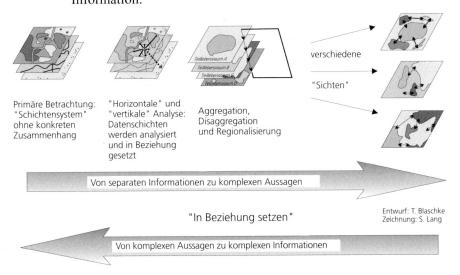

spezifischer Absichten Aussagen über vorrangige Ziele getroffen. Über die Ebene einzelner „patches" und Einzelarten hinaus muß dabei - wie mehrfach dargestellt - die Erhaltung und Verbesserung ökologischer Systembeziehungen (sowohl räumlich als auch funktional) im Mittelpunkt stehen. Die einzelnen, an den Landschaftshaushalt bzw. bestimmte landschaftliche Strukturen gebundenen Teilpotentiale können nicht von einander getrennt, räumlich nebeneinander vorkommend betrachtet werden. Sie können vielmehr am gleichen Standort übereinander auftreten (vgl. FINKE 1986, LESER 1997). Genau hier können wiederum Geographische Informationssysteme eine große Menge unterschiedlichster Daten und Inwertsetzungen integrieren und über die Analyse der Ist-Situation hinaus sowohl einen angestrebten Zustand als auch verschiedene, aus eine Inter- und Extrapolation vorliegender Daten resultierende bzw. zu erwartende Zustände ableiten und visualisieren.

10.4 INDIKATORISCHER PLUS QUANTITATIV-ANALYTISCHER BEWERTUNGSANSATZ

Vereinfachend werden hier rückblickend auf die Diskussion von Bewertungstheorien und konkreten Bewertungsansätzen (Kap. 2 und 3) zwei übergeordnete Kategorien von Bewertungsansätzen für die vorliegende Fragestellung unterschieden:

- indikatorische
- quantitativ-analytische

Dies ist keine vollständige Einteilung aller bestehender Verfahren, sondern eine pragmatische Einteilung hinsichtlich der Ansätze, die die räumlich explizite Handhabung vieler Einzelfaktoren in einem vielschichtigen Bewertungsverfahren ermöglichen. Mit Hilfe von Geographischen Informationssystemen ist es prinzipiell möglich, beide Arten an Verfahren zu vereinigen. Dafür fehlt jedoch ein bewährtes Methodengerüst. In dieser Arbeit konnte aber gezeigt werden, daß unter Beachtung von Datenniveaus und Aussageschärfen auch „scharfe" mit „unscharfen" Daten verknüpft werden können. Während das Ergebnis einer Bioindikation im Regelfall (maximal) ordinalen Charakter aufweist, kann die zweitgenannte Gruppe auch metrisch skalierte Werte liefern. Deren Verknüpfung kann nach statistischen Regeln bekanntermaßen nur das niedrigste gemeinsame Datenniveau liefern. Wenn Langzeitbeobachungen nicht vorliegen, ist es mit Hilfe eines Geographischen Informationssystems möglich, vorliegende unitemporale Datenschichten zu verknüpfen, um eine integrative Betrachtung zu ermöglichen. Wie bei der Analyse der Hydrodynamik dargestellt wurde, kann ein klares Bild der herrschenden Hydrodynamik ermittelt werden, ohne jedoch diesen Trend quantifizieren zu können.

Einbeziehung unscharfer Information

Aussagen über die Wirklichkeit können "ungenau" sein, in dem Sinne, daß sie nicht optimal getroffen werden. Daneben besteht eine der Definition eines Objektes immanente Unschärfe, die durch eine begrenzte Objektivierbarkeit und Parametrisierbarkeit der Objektdefinition bedingt ist. Mit der immanenten Unschärfe räumlicher Daten wird in verschiedenen Anwendungsdisziplinen höchstens intuitiv umgegangen. Bei Nichtbeachtung von Genauigkeit, Erfassungs- und Zielmaßstab und räumlicher „Schärfe" von Daten resultieren in der Folge zusätzliche Fehler (BLASCHKE 1995c, 1997b). Diese digitale Weiterbearbeitung von Daten ist insofern ein Spezifikum, da in analogen Auswertungen in der Regel weniger gravierende

Abb. 10.3: Schematische Darstellung der Verknüpfung eines indikatorischen und eines quantitativ-analytischen Bewertungsansatzes

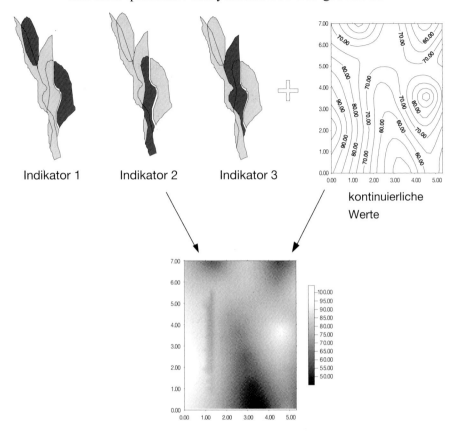

Folgefehler auftreten, da die Kombinierbarkeit, Abwandelbarkeit und maßstäbliche Variation technisch und methodisch begrenzt ist. Durch die digitale Bearbeitung von räumlichen Daten entstehen Probleme, bzw. müssen Regeln beachtet werden, um gravierende Fehlanwendungen zu vermeiden. Wenn allen Daten eine gewisse Lagegenauigkeit oder -ungenauigkeit zu eigen ist und zusätzlich durch die evtl. subjektive inhaltliche Abgrenzung erhöht wird, benötigen wir Verfahren, die diese Ungenauigkeiten und Unschärfen berücksichtigen.

Angesichts des ständig zunehmenden Ressourcendrucks, der Informations- und Datenfülle und dem steigenden Komplexitätsgrad von Umweltproblemen, Raumplanungskonflikten und Mehrfachnutzungen bedarf es besserer Entscheidungsgrundlagen. Geographische Informationssysteme können in diesem Zusammenhang nicht mehr sein als Werkzeuge, sie stellen selbst keineswegs Lösungen dar. Auch komplexe Betrachtungen bestehender Tendenzen, also unscharfe und/oder indirekte Analysen trotz limitierender Rahmenbedingungen (zeitlich, finanziell, personell), können mit quantitativ-deskriptiven, aber auch mit quantitativ-analytisch generierten Daten kombiniert werden. Beide Vorgangsweisen schließen sich nicht aus sondern ergänzen sich vielmehr (BLASCHKE 1996e).

Man darf die Ergebnisse der Modellbildung nicht mit flächenscharfen Daten verwechseln, sondern muß sie als räumliche Ausprägungen von wahrscheinlichen Zuständen oder Trends ansprechen. Besser als eine stochastische Betrachtung eignen sich daher auch Systeme der *Fuzzy Logik*, sogenannte *fuzzy sets*, die auch Systemzustände wie *eher hoch* und *eher niedrig* kennen und nicht Prozentangaben einer Wahrscheinlichkeit im stochastischen Sinne liefern, die im Zusammenhang mit komplexen Bewertungen Pseudogenauigkeiten vortäuschen würden. Die Ergebnisse einer Bewertung mit unscharfen Regeln können durchaus auch bei entsprechender Diskretisierung („Defuzzifizierung") auch zur räumlichen Abgrenzung, etwa einer Schutzgebietsausweisung, verwendet werden. Auch werden hierdurch Interpretationsansätze bis hin zu einfachen Trendanalysen mit thematisch und temporal eigentlich nicht hoch genug auflösenden Ausgangsdaten ermöglicht, die bisher nur Experten mittels analoger Vergleiche aus Erfahrungswissen möglich waren.

10.5 TRANSPARENZ UND PLAUSIBILITÄT BEI KOMPLEXER ANALYSE UND BEWERTUNG?

„In jedem Fall, ob in hohem Maße objektiv und operationalisierbar oder in hohem Maße subjektiv: immer muß die Anforderung gestellt werden, daß die Bewertung von Dritten verstanden werden kann. Dies bedingt eine gewisse Schlankheit/Tansparenz/Klarheit der angewendeten Methoden. Dies hütet uns gleichzeitig auch vor einem unerwünschten Formalismus. Wird diesem Anspruch Rechnung getragen, so ist auch Bewertungsvielfalt und subjektive Bewertung möglich" (BROGGI 1994, S. 9).

Diese Aussage ist vorbehaltlos zu unterstreichen. Die in dieser Studie dargestellte Konstruktion von Verbreitungsgebieten und potentiellen Habitaten entspricht dieser Forderung nicht ganz. Es handelt sich dabei aber auch mehr um eine analytische Auswertung als *Grundlage* einer Bewertung als um eine Bewertung selbst. Die eigentliche Bewertung erfolgt in den meisten Datenschichten subjektiv (durch „Experten") in Form weniger, ordinaler Klassen, aber nachvollziehbar. Kombiniert bzw. ergänzt wird diese Bewertung mit deskriptiv-quantitativen Analyseergebnissen faunistischer Leitarten, die in wenige ordinale Klassen aggregiert werden.

Wie die einzelnen Ergebniswerte (verschiedener Varianten) der Gesamtbewertung zustande gekommen sind, ist etwa bei der logischen Verknüpfung (vgl. Kap. 9.3) mit der Übernahme des höchsten Wertes gut nachvollziehbar. Ohne Probleme kann in der Datenbank und damit auch auf Bedarf als Karte reproduzierbar festgehalten werden, welche Datenschicht für eine bestimmte Ausprägung eines Gesamtwertes „verantwortlich" ist. Eine transparente Vorgangsweise auch komplexerer Art ist daher zumindest prinzipiell möglich, wenn auch nicht selbstverständlich. Vor allem mit der zweistufigen Kombination von Analyse und Bewertung scheinen viele Bearbeiter Probleme zu haben. Dies mag nach der „quantitativen Revolution" in verschiedenen Wissenschaftsdisziplinen und einer weitgehenden Mathematisierung der Bewertungsverfahren nicht verwundern.

10.6 SCHLUSSFOLGERUNGEN FÜR DEN GIS-EINSATZ

Zusätzliche Möglichkeiten bedingen eine theoretische Fundierung
Die Bearbeitung ganzer Landschaften und Ökosystemkomplexe mit Hilfe Geographi-

scher Informationssysteme wirft neue Gesichtspunkte auf. Neben der explizit-räumlichen Auswertung der Information über den Primärschlüssel „Lage im Raum" mit quantitativen („wie viele Flächen liegen im Bereich x und weisen eine Höhenlage von über 1000 Metern auf") und qualitativen („Welche intensiv genutzten landwirtschaftlichen Flächen grenzen unmittelbar an ein Wasserschutzgebiet") Abfragemöglichkeiten ist es vor allem das Potential, durch gezielte und selektive Kombination von Ausgangsdaten neue Aspekte zu erzielen. Die nicht aus der Primärdatenerfassung hervorgegangenen Informationen (Verschneidungsergebnisse, Intra- und Extrapolationen, Simulationen) schaffen zusätzliche Potentiale einer Analyse. Die Ergebnisse müssen jedoch auf ihre Validität und Genauigkeit hin überprüft werden. Dadurch werden integrative und komplexe Bearbeitungen landschaftsökologischer und ökosystemarer Fragestellungen möglich, indem strukturelle Daten (z.B. morphologische Eigenschaften) mit räumlich und zeitlich dynamischen Größen (klimatologische Daten, biotische Parameter speziell z.B. der Fauna) kombiniert werden können. Eine derartige an Prozessen orientierte Bearbeitungen stellt jedoch weniger ein softwaretechnisches Problem als eine hohe Herausforderung an die Modellbildung dar. Das jeweils verwendete Modell einer Landschaft oder Ökosystems entscheidet über die Art, den benötigten Umfang und die räumliche und zeitliche Auflösung der Daten, aber auch über die Verknüpfungs- und die Aussagemöglichkeiten. Eine immer genauere Quantifizierung von Teilprozessen des Landschaftshaushaltes oder eines Ökosystemhaushaltes erfordert zwangsläufig eine immer stärkere Spezialisierung der Forschungsrichtungen. Diese Spezialisierung verhindert jedoch eine der Theorie der Landschaftsökologie zugrunde liegende holistische Betrachtung (vgl. vor allem NAVEH and LIEBERMANN 1993). Eine entscheidende Frage ist, ob GIS als Werkzeug eine zusätzliche Spezialsierung bewirkt, die möglicherweise konträr diesen übergeordneten ökosystemaren Zielen entgegenwirkt. Dennoch scheinen die zusätzlichen Möglichkeiten derart umfangreich zu sein, daß diese Nachteile z.T. hingenommen werden müssen.

„Chronische Unterforderung" von GIS

Der nach wie vor hohe Aufwand der Installation eines GIS und die hohen Anforderungen an die Qualifikation der Bearbeiter stellen weiterhin viele Fachanwender vor Probleme. Es wird erwartet, daß durch die rapid steigende Rechenleistung bei gleichzeitigem Preisverfall in Zusammenhang mit der weiteren Verbesserung und steigenden Bedienerfreundlichkeit Geographischer Informationssysteme eine zunehmende Verbreitung in Form einer Art *Desktop-GIS* erfolgen wird. Ein Herabsetzen der derzeit hohen Schwelle des Einstiegs in die Geographische Informationstechnologie (GIS, Bildverarbeitung, geostatistische Analyse und kartographische Aufbereitung) erscheint mir unbedingt notwendig für einen weitverbreiteten operationellen Einsatz in allen Disziplinen, die sich mit komplexen Fragestellungen unserer natürlichen Umwelt und deren Veränderungen beschäftigen, wie etwa Landschaftsökologie, Naturschutz, Landschaftspflege, Umweltbeobachtung usw.

In vielen Projekten übersteigt der Aufwand der Datenerfassung und Aufbereitung den der eigentlichen Analyse bei weitem (vgl. STROBL 1992). Nicht immer steht eine theoriegeleitete Analyse im Vordergrund jeder Fragestellung. Wie STROBL (1992, S. 49) jedoch hervorhebt, ergibt sich aus einer kritischen Durchforstung der einschlägigen Definitionen und der wesentlichen Charakteristika von GIS die *Analyse* als gemeinsamer Nenner. Die meisten analytischen Untersuchungen sind nur durch eine zielorientierte Verkettung von Techniken und Verfahrensschritten zu erreichen.

Angesichts des relativ hohen Aufwandes einer digitalen Bearbeitung sollte daher diese Auswerteabsicht im Vordergrund stehen. Sicherlich haben auch Installationen mit dem Hauptzweck der Evidenthaltung und Ausgabe von Daten im Sinne eines Auskunftssystems ihre Berechtigung. Im Zusammenhang mit Umweltinformationssystemen (BLASCHKE et al. 1996) besteht jedoch die latente Gefahr, daß Geographische Informationssysteme überwiegend als Präsentationswerkzeuge gebraucht werden und sie daher nicht spezifisch und erschöpfend genutzt werden. Diese „chronische Unterforderung" (BLASCHKE 1997a,b) führt letztlich auch zu einer nicht sachgerechten Verwendung des Instrumentariums bei einer Entscheidungsunterstützung.

GIS in Analyse und Bewertung

Wie in Kap. 4 argumentiert wurde, sind nicht die rechentechnischen Leistungen Geographischer Informationssysteme oder deren theoretisch-methodische Fundierung in den meisten Projekten limitierend, sondern die Umsetzung bzw. Standardisierung der Umsetzung von Methoden und Verfahren von Fachdisziplinen in GIS. Für den Bereich der Analyse haben zahlreiche Arbeiten zur „Map Algebra" (BERRY 1987, TOMLIN 1990, 1991) gezeigt, daß hier ein enorm leistungsstarkes Instrumentarium zur Verfügung steht. Außerdem darf nicht vergessen werden, daß die Anfänge von GIS neben dem einen, weithin bekannten Ursprung in einem „Landes-GIS" wie es in Kanada 1967/68 aufgebaut wurde (vgl. TOMLINSON et al. 1976), vor allem einen Ausgangspunkt in der nordamerikanischen Landschaftsarchitektur und -planung nahmen, indem angewandte Planer explizit-räumliche Werkzeuge suchten und z.T. sich selbst schufen, um einhergehend und methodisch beeinflußt von der bahnbrechenden Arbeit von McHARG (1969) „spatial analysis" zu betreiben. „During the 1960s, we did not know we were the GIS pioneers; we were simply looking for solutions for problems that the limited technology available at the time did not solve and nobody else addressed" (SINTON 1992, S. 2).

Abb. 10.4: GIS als Umsetzungswerkzeug

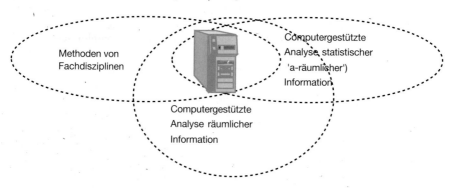

Anders verhält es sich mit dem Themenkreis Bewertung. Es konnte in Kap. 9 gezeigt werden, daß z.T. Verknüpfungsvorschriften im Sinne eines „overlays" größere Auswirkungen auf das Ergebnis haben als die Auswahl von Bewertungskriterien und deren Parametrisierung. Damit ist wiederum die theoretische Konzeption eines Projekts entscheidend und nicht das „Instrument" ursächlich verantwortlich für die Konsequenzen. Dennoch stehen wir hier vor der Situation, daß es im Gegensatz zur

Analyse kaum vergleichende Studien zu den räumlichen und quantitativen Auswirkungen der Zusammenführung verschiedener Datenschichten gibt.

Modellbildung und Fuzzy Logik ermöglichen es, auch „unscharfe Daten" mit einzubeziehen

Da die Umwelt - wie mehrfach festgestellt - so komplex ist, ist es nicht nur systemtheoretisch praktisch unmöglich, ein oder mehrere umfassende entsprechend komplexe Modelle aufzustellen. Auch aus Datensicht werden immer Einzelfaktoren unbekannt bleiben. Dies ist pinzipiell auch in großmaßstäbigen Untersuchungen der Fall, da wir bekanntlich kein 1:1 Modell der Wirklichkeit erstellen können. Daher steht man immer wieder vor der Aufgabe auch „unscharfe" Daten verwenden zu müssen. So werden einerseits Verfahren benötigt, überhaupt „weiche" Daten („eher gut geeignet", „eher hoch"...) in der letztlich binären Sicht des Computers unterzubringen und andererseits diese mit „harten" Daten zu verknüpfen. Dies ist die Domäne der *Fuzzy Logik*. Andererseits muß wiederum jedem Computereinsatz die gedankliche und/oder logisch-mathematische Formulierung von Regeln vorausgehen. Zusätzlich kommen auch noch „semi-quantitative" Daten hinzu, unter denen LESER (1997) Daten versteht, die durch Kartenauswertungen, Zählungen, Berechnungen oder Schätzungen zustande kommen und die der Zustandsbeschreibung von Landschaften oder Geoökofaktoren dienen. Diese Definition ist zwar sehr unscharf, denn auch Kartenauswertungen und Berechnungen können entsprechend genau sein wie die zugrunde liegenden Messungen, dennoch ist der Begriff in der Praxis nicht von der Hand zu weisen.

Die Möglichkeiten der Integration von Modellen sind Stärken der GIS-Technologie. Ohne hier Kategorien von Modellen (deskriptive vs. präskriptive Modelle, theoretische vs. operationelle Modelle, sektorale vs. globale Modelle) und die Formen des Zusammenhangs mit GIS ausführlich zu diskutieren („loose coupling" vs. „tight coupling"), muß angemerkt werden, daß die konkrete Kopplung lange Zeit nicht zufriedenstellend gelöst war (BERRY 1995), die Notwendigkeit zwingend gegeben ist (PARKS 1993) und das Potential einer erfolgreichen Kopplung sehr hoch ist (GOODCHILD 1993, STEYAERT 1993). „In conceptual terms, GIS seems well suited to address data and modeling issues that are associated with a modeling environment that includes multiscale processes, all within a complex terrain and heterogeneous landscape domain. GIS can help address data integration questions associated with multiscale data from ground-based and remote sensing sources" (STEYAERT 1993, S. 27). Zwar sind Monitoringprogramme unbedingt notwendig, doch kann in vielen konkreten Fällen, wo umweltrelevante Entscheidungen getroffen werden, nicht auf die Ergebnisse von Langzeitbeobachtungen gewartet werden. Die räumliche und/oder zeitliche Extrapolation von Parametern bietet eine breite Palette an Simulations- und Szenariotechniken sowie vergleichende Bewertungen unter verschiedenen Prämissen (Variantenbewertung). Die Berechnungs- und Bewertungsergebnisse, die meist unter unvollständigen Parametern getroffen werden müssen, sind jedoch als „fuzzy" Daten zu verstehen. Dies gilt für den räumlichen (Flächenschärfe) wie auch für den inhaltlichen Bezug (z. B. Aussagen auf ordinalem Niveau bei Bewertungen, Wahrscheinlichkeiten).

Die Komplexität von Landschaften und Ökosystemen ist auch mit GIS nicht erfaßbar

Der GIS-Einsatz kann nicht darüber hinwegtäuschen, daß komplexe Ökosystemzusammenhänge praktisch nie vollständig erfaßt und abgebildet werden können. Die notwendige Modellbildung (vgl. Kap. 4) beschränkt sich im allgemeinen - sofern sie überhaupt stattfindet - auf lineare Ursache-Wirkungsbeziehungen. Die Ergebnisse

Abb. 10.5: Analyse und Bewertung als zwei getrennte Verfahrensschritte. Naturwissenschaftlich-wertneutrale Analyse und die „Inwertsetzung" im Rahmen menschlicher Nutzungen müssen methodisch scharf getrennt werden, bedingen sich in einem Arbeitsablauf aber gegenseitig.

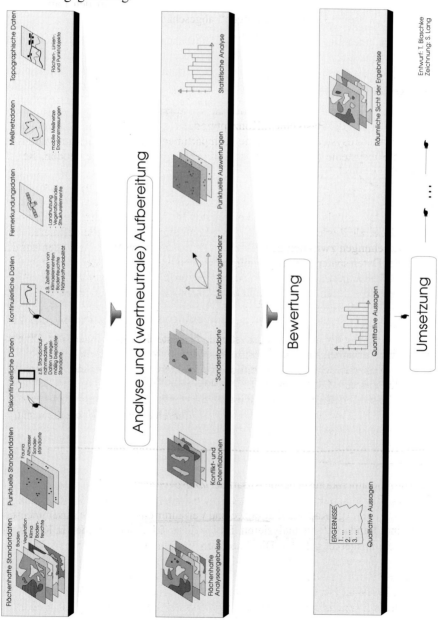

können daher auch nur unter diesen Einschränkungen interpretiert werden, oder, wie VESTER (1978) es ausdrückt, können nur zufällig gerichtet sein. Die vorliegende Arbeit unterstreicht, daß, obwohl heute die technischen Voraussetzungen gegeben wären, nur ein Bruchteil von funktionalen ökosystemaren Verflechtungen unter einer Reihe von vereinfachenden Annahmen untersucht werden kann, die Ergebnisse dieser Zusammenhänge jedoch erneut in Relation gesetzt werden können. Wünschenswert wäre in vielfacher der Einsatz dynamischer Modelle, die auf der Grundlage zeitlich und räumlich veränderbarer Daten operierend Analysen von Szenarien durchführen. Mit prozeßorientierten Analysen können die Auswirkungen auf den Landschaftshaushalt oder sein „Leistungsvermögen" abgeschätzt und verschiedene Eingriffsvarianten abgewogen werden. Auf diese Weise können Geographische Informationssysteme die Stufe von „ökologischen Informationssystemen" (*ecological information systems*, BLASCHKE and VOGEL 1993), komplexen „*countryside information systems*" (HAINES-YOUNG 1995) oder „*Landschaftsmanagementsystemen*" (DUTTMANN und MOSIMANN 1995) erreichen. Letztere Autoren stellen mit dem *Geoökologischen Informationssystem* einen ambitionierten Ansatz vor, eine komplexe Sicht der Umwelt auf Basis eines „Konzeptmodells" aufzubauen. Das Konzeptmodell „Landschaftsökosystem" nimmt eine Kompartimentierung des Gesamtsystems in mehrere Subsysteme (z.B. bodennahe Luftschicht, Pflanzendecke, Boden, Relief, Gestein) vor und baut darauf sogenannte Fachinformationssysteme auf. Das Geoökologische Informationssystem enthält nun neben mehr oder weniger unveränderlichen Größen (z.B. Oberflächenformen) in Raum und Zeit veränderbare Größen. Diese werden mittels miteinander korrelierter Modelle abgebildet. Einzelfaktoren dienen dabei als Regler-, Speicher-, in- und outputgrößen. Modelle definieren aber auch Beziehungen zwischen den einzelnen Faktoren, deren Verknüpfungen auf der Ebene der Daten später von den jeweiligen Rechen- und Schätzmodellen herzustellen sind. Mit diesem prozeß-orientierten Ansatz gehen DUTTMANN und MOSIMANN weit über einen „klassischen", gemäß dem Layer-Konzept diskret unterteilten GIS-Ansatz hinaus. Bei solch prozeßorientierten Betrachtungen stößt man allerdings auch an Limitierungen „traditioneller" (vereinfachend im Gegensatz zu „Objekt-orientierten") Geographischer Informationssysteme. Neueste Entwicklungen der Objektorientierung erlauben hier auch „Multidimensionalität" nicht nur auf der Attribut- sondern auch auf der räumlich-zeitlichen Objektebene, so etwa der Ansatz des „Multidimensional GIS" von RAPER 1995 bzw. RAPER and LIVINGSTONE (1995). Diese modelltheoretisch und methodischen Erkenntnisse und die Weiterentwicklung von GIS-Datenmodellen zusammenzuführen erscheint als eine der wichtigsten Aufgaben der nächten Jahre.

Umsetzung quantitativer und qualitativer Methoden der *landscape ecology* („*landscape metrics*")

Der von Nordamerika ausgehende Ansatz der *landscape ecology* („*landscape metrics*") (hier zur Unterscheidung bewußt nicht mit dem deutschen Wort *Landschaftsökologie* wiedergegeben, vgl. Kap. 4.3) hat zahlreiche Verfahren entwickelt, die Zusammensetzung einer Landschaft zu analysieren. Einige dieser Methoden wurden in Kap. 8 im Untersuchungsgebiet getestet. Die getesteten Verfahren wurden jedoch nicht in der konkreten *Bewertung* eingesetzt, da die ökologische Relevanz der resultierenden Werte nicht nachgewiesen werden konnte. Eine Ausnahme hierfür bildet die Strukturdiversität. Für die quantitativ-qualitative Variante konnte z.B. für die Leitart Kleinspecht (*Dendrocopus minor*) ein signifikanter Zusammenhang nachgewiesen werden. Obwohl generell explizit räumliche landschaftliche Indizes im Sinne von *„landscape pattern"* als fundamentale Werkzeuge in der Landschaftsanalyse anzusehen sind und der Autor für eine stärkere Verwendung im deutschsprachigen Raum plädiert, zeigt sich, daß bestimmte Verfahren, die auf die Analyse von Landschaften ausgerichtet sind und daher Vielfalt, Heterogenität und Komposition von *patches* untersuchen, *nicht* für eine detailliertere Studie *innerhalb* eines übergeordneten Ökosystemtyps (Aue) geeignet sind bzw. keinen Erklärungsgehalt an ökologischen Größen und dem Vorkommen von Arten liefern. Diese Erkenntnis deckt sich mit Ergebnissen anderer Studien (LAVERS and HAINES-YOUNG 1993, ASPINALL and PEARSON 1993, McGARIGAL and MARKS 1994) insofern, daß die resultierenden Indizes stets unter den jeweiligen Rahmenbedingungen (Maßstab, Auflösung ...) gesehen werden müssen.

Mit der Berücksichtigung einer *„within patch diversity"* (BLASCHKE 1995a) zur Konstruktion eines Faktors *Strukturdiversität* wird im Gegensatz zu zahlreichen quantitativen Verfahren der landscape ecology bewußt die Kombination eines qualitativen und quantitativen Ansatzes gewählt, indem neben den resultierenden Werten eines fokalen Operators der *„Map Algebra"* auch von Experten festgelegte (subjektive) Werte für die einzelnen Kartiereinheiten addiert werden. Gerade hier ergeben sich bedeutende Potentiale durch den Einsatz von GIS. Es fehlen jedoch standardisierte Vorgangsweisen einer konkreten Umsetzung und Implementierung dieser Methoden in den Fachanwendungen.

Einsatz auch bei mangelhaften Ausgangsdaten

Daten zur Verbreitung biotischer und abiotischer Phänomene sind zwar mittlerweile kaum überschaubar, in einem konkreten Projekt fehlen dann aber doch untersuchungsrelevante Daten. Dies hat zum einen damit zu tun, daß regions- und landesweite Überblicksdaten nicht genau genug sind und detaillierte Kartierungen nicht auf Vorrat verfügbar sind. Es ist aber notwendig, die vorhandenen Daten anwendbar zu machen. Häufig werden auf politischer oder administrativer Ebene Entscheidungen getroffen, ohne daß die Auswirkungen auf die Umwelt hinreichend bekannt sind. Es erscheint daher notwendig, daß von wissenschaftlicher Seite auch Aussagen getroffen werden, auch wenn nicht sämtliche Einflußgrößen bekannt sind und unter der Gefahr, daß bestimmte Regeln einer Fachdisziplin verletzt werden (**Mut zur Lücke**). Doch auch für solche mutigen Vorgangsweisen müssen standardisierte Verfahren entwickelt werden und zumindest mehr Anwendungsbereiche auf die Auswirkungen dieser Methoden hin untersucht werden.

Weg von der Mathematisierung von Bewertungsmethoden

Diese Forderung scheint sich mit einem gewissen Trend im angewandten Naturschutz zu decken. Immer häufiger wird von wissenschaftlicher Seite gefordert, mit einfachen, d. h. mit vertretbaren Mitteln durchzuführenden Verfahrensansätzen zu arbeiten, etwa im Sinne einer "Schnellansprache" (HOVESTADT et al. 1991). Andererseits besteht ein Grund zu dieser Forderung, da von verschiedenen Fachdisziplinen, wie etwa der Zoologie, eine Fülle von Indizes und Formeln geschaffen wurde (vgl. McGARIGAL and MARKS 1994, SPELLERBERG 1991), die offensichtlich mit der Erwartung verbunden sind, daß durch Quantifizierungen zwangsläufig Objektivität erreicht werde (vgl. GRABER and GRABER 1976, CERWENKA 1984, SCHERNER 1995). Angesichts der rasanten Umweltveränderungen - praktisch immer verbunden mit negativen Veränderungen des Natürlichkeitsgrades von Ökosystemen und Teilen davon - bleibt oft nicht die Zeit, um jahrelange aufwendige Forschungen zu betreiben, bei deren Abschluß oft die Veränderungen bereits eingeleitet oder besiegelt sind. Generell werden durch den GIS-Einsatz die Probleme der ökologischen Bewertung nicht weniger sondern eher mehr. Andererseits vergrößert sich das Repertoire an analytisch-deskriptiven, vor allem aber an quantitativ-analytischen Möglichkeiten im Sinne des Generierens neuer Information, wie in der vorliegenden Studie gezeigt wurde. Hinsichtlich des GIS-Einsatzes in der praktischen Naturschutzarbeit ergeben sich daraus vielfältige Anwendungsbereiche, vor allem, wenn, wie zuvor dargestellt, allgemein verbreitete indikatorische Ansätze mit quantitativ-analytischen Ansätzen kombiniert werden.

Die hier durchgeführten Untersuchungen haben in erster Linie methodischen Charakter. Der Autor schließt sich dieser Forderung ausdrücklich an, jedoch in einer differenzierten Art:

Ergebnisse quantitativer Analysen sollen durchaus in eine Bewertung einfließen, jedoch nicht als metrische Werte, sondern müssen, nachdem ihre Relevanz bewiesen ist, in das gleiche Datenniveau überführt werden wie die (unbedingt notwendigen) subjektiven (und als solche deklarierten) Bewertungen.

Dieser Prozeß des Umformens von metrischen Daten in ordinale Aussagen muß klar gekennzeichnet sein und darf keiner zusätzlichen Pseudoobjektivität unterliegen, indem beispielsweise nach verschiedensten statistischen Regeln Schwellwerte einer Klassenbildung gesetzt werden. Derartige Bewertungsergebnisse entstammen letztlich nur zu einem geringeren Teil „mathematisierten" Bewertungsregeln. Die Rolle von GIS kann dabei soweit „zurückgedrängt" werden, daß statistische und geostatistische Verfahren angewandt werden, die der Hypothesenüberprüfung dienen. Hier ist jedoch noch gewisser Klärungsbedarf, inwieweit die Explorative Datenanalyse (EDA) zur Gewinnung von Hypothesen unmittelbar herangezogen werden kann. Neueste Entwicklungen sprechen hier auch von „spatial data mining". Durch den Einsatz unüberwachter Klassifikationsmethoden und neuronaler Netze entsteht ein großes Potential, Zusammenhänge überwacht und unüberwacht zu analysieren. Methodische Schwierigkeiten ergeben sich häufig bei der inhaltlichen Interpretation, da bei einer unüberwachten Klassifikation auch mulitvariat und räumlich Muster und Zusammenhänge evtl. zwar identifiziert, oft aber nur schwer interpretiert werden können.

Wie mehrfach diskutiert, wird das Kriterium der Artenvielfalt häufig überbewertet, vor allem werden qualitative Aspekte allgemein zu wenig berücksichtigt. Im Falle von Auenökosystemen wird beispielsweise bei den meisten bestehenden Verfahren (vgl. Kap. 3) die Abnahme der spezifischen Fließgewässerfauna und ein möglicher Übergang zu einer Stillgewäserfauna hin nicht berücksichtigt. Letzterer Fall kann eine Erhöhung der Artenzahl bewirken bei gleichzeitigem Verlust an teils seltenen und hochspezialisierten Fließgewässerarten. In diesem Zusammenhang müssen auch die oft zitierten positiven Auswirkungen (Beispiel Innstauseen, REICHHOLF und REICHHOLF-RIEHM 1982, REICHHOLF 1992) einer Stauhaltung gesehen werden. Ersatzbiotope sind häufig für Ubiquisten am besten geeignet (JEDICKE 1990, S. 211). Dieser Aspekt ist wiederum kein spezielles GIS-Problem, doch besteht durchaus die Gefahr, daß noch stärker nach leicht quantifizierbaren Kriterien gesucht wird und ein eventuelles Manko an fehlender bzw. nicht berücksichtigter Information angesichts von hochwertigen Datenausgabe- und Präsentationsmitteln weniger auffällt.

In der vorliegenden Arbeit wird bei den vergleichenden Bewertungsansätzen in Kapitel 9 auf einige am Beispielsgebiet untersuchte Verfahren der „landscape metrics" verzichtet. Weiters werden keine absoluten Artenzahlen und abgewandelte Indizes davon verwendet. Statt dessen wird beispielsweise als eine unter mehreren Kriterien eine ordinal auf Basis der *Rote Liste Pflanzengesellschaften* bewertete Datenschicht „Wahrscheinlichkeit des Antreffens von Rote Liste Arten" verwendet. Eine solche Vorgangsweise mag für viele GIS-Bearbeiter, die über das notwendige Know-how, die technische Ausstattung und über entsprechende Daten verfügen, als Erschwernis oder Selbstbeschränkung empfunden werden. Im Zuge einer erstrebenswerten und bisher häufig vernachlässigten Qualitätssicherung erscheint sie jedoch zwingend notwendig.

Landschaftsökologie, Naturschutz und GIS: Auf dem Weg zu einem vorausschauenden Handeln?

Dem Natur- und Landschaftsschutz geht es meist um die Ausweisung von Gebieten. Bei der Begründung, Ausweisung und räumlichen Abgrenzung von Flächen müssen ökologisch-wissenschaftliche, aber auch ökonomische, ästhetische und ethisch-moralische Argumente abgewogen werden (vgl. MARGULES 1986, SOULÉ 1987, PLACHTER 1991, LESER 1997). Sachgerechtes Handeln erfordert bei der heute herrschenden Informationsfülle und bei konkurrierenden Nutzungsabsichten von Umweltressourcen immer stärker den Einsatz von Geographischen Informationssystemen in Naturschutz und Landschaftspflege. In der Novellierung zum deutschen Bundesnaturschutzgesetz ist eine Regelung für ein medienübergreifendes ökologisches Umweltbeobachtungssystem vorgesehen. Es existieren einzelne Beobachtungsprogramme, die aber bis jetzt keine ökologische Gesamtschau ermöglichen. In Zukunft müssen vorhandene Daten stärker analytisch in verschiedenen Zusammenhängen genutzt und synoptisch verknüpft werden. Ziel muß sein, ökologisch ungünstige Entwicklungen rechtzeitig zu erkennen, daraus Prioritäten für praktisches Handeln aufzuzeigen und damit Gefahren für Mensch und Umwelt wirkungsvoller beggnen zu können. Gestärkt werden muß der sogenannte Vorsorgeaspekt. „Der Naturschutz hat hier die einmalige Chance mit einem gezielten Einsatz von Wissen, know how und mit GIS als modernes Instrumentarium und Methode zugleich, aus einer Defensivhaltung und dem ständigen Reagieren auf geplante oder vollzogenen Umweltveränderungen herauszukommen" (VOGEL und BLASCHKE 1996, S. 7). Obwohl GIS als Werkzeug und als Methode allgemein etabliert und weit fortgeschritten ist, wird gezeigt, daß nach wie vor konzeptuelle Probleme der Umsetzung von Methoden verschiedener Fachdisziplinen über die Einzelanwendung hinaus bestehen.

Der Beitrag von GIS und Methoden der Landschaftsanalyse zu Natur- und Landschaftsschutz kann sehr vielfältig sein. Das Potential des komplexen, interdisziplinären Ansatzes der Landschaftsökologie konnte hier nur angedeutet werden. In Zukunft wird bei weiter steigenden Nutzungsansprüchen und Vielfalt konkurrierender Nutzungen ohne den Einsatz Geographischer Informationssysteme ein moderner Landschafts- und Naturschutz nicht möglich sein. Dies bedeutet vor allem, nicht nur auf beabsichtigte oder bereits vollzogene Umweltveränderungen zu reagiereren, sondern ein Datenmanagement zu betreiben, das es ermöglicht, vorausschauenden (*prospektiven*) und „vorausshandelnden" („*proaktiven*") Landschaftsschutz und Naturschutz zu betreiben (vgl. VOGEL und BLASCHKE 1996, BLASCHKE 1997a). Zusammenfassend kann daher festgehalten werden, daß Geographische Informationssysteme trotz ihres umfassenden Analysepotentials keine Patentlösungen für Proble-

me, aber zusätzliche Möglichkeiten zu deren Aufarbeitung bieten. Aber:
„Geographic Information Systems make no guarantee that they will be used to make wise dicisions" (DAVIS et al. 1990, S. 75)

ZUSAMMENFASSUNG

Die vorliegende Arbeit basiert auf dem Datenfundus einer umfassenden interdisziplinären Ökosystemstudie in den bayerischen Salzachauen. Sie steht unter dem Aspekt der Landschafts- und Naturschutzforschung. Darunter werden Forschungen für Naturschutz und Landschaftspflege und der Ansatz der Landschaftsanalyse, ausgehend von neueren Entwicklungen der internationalen „landscape ecology" subsummiert, die der Erkenntnismehrung unter Einbeziehung von Werthaltungen mit dem Ziel der Erarbeitung von wissenschaftlichen Grundlagen für Handlungsanleitungen dienen. Ziel dieser Arbeit ist es nicht, eine flächenhafte Bewertung des vorliegenden Untersuchungsgebietes vorzunehmen. Dies soll Aufgabe von "Experten" sein. Ziel ist vielmehr, technisch und methodisch im Prinzip vorhandene, jedoch aus verschiedenen Gründen derzeit für Fachanwender schwer überschaubare Methoden Geographischer Informationsverarbeitung zu erschließen. Schwerpunkte dieser Arbeit sind daher u.a., quantitative und qualitative Analysen durchzuführen, Methoden zur Einarbeitung punkthafter Untersuchungsergebnisse in flächenhafte Bewertungen zu erarbeiten, räumliche Auswirkungen von Bewertungsvarianten vergleichend darzustellen und die Rolle Geographischer Informationssyteme (GIS) in der Analyse und Bewertung von Landschaften und Ökosystemen zu beleuchten und daraus methodische Erkenntnisse für den GIS-Einsatz abzuleiten.

Untersuchungsgebiet sind die bayerischen Salzachauen von der Saalachmündung am Stadtrand Salzburgs bis zur Mündung der Salzach in den Inn. Durch die starke Eintiefung der Salzach im Zuge der Rektifikation und des Geschieberückhaltes haben sich auch die begleitenden Auenlandschaften verändert. Die gehölzfreie Aue ist weitgehend verschwunden, Annuellenfluren und Flutrasen gibt es praktisch nicht mehr. Flußröhricht kommt hauptsächlich nur noch in Altwasserrinnen und an den seitlichen Zuflüssen vor. Dennoch wird dieser Lebensraum übereinstimmend von vielen Experten als überaus erhaltenswert eingestuft Aussagen über die Bedeutung und den „Wert" eines so komplexen Lebensraumes können nicht alleine an den Veränderungen der Vegetation und an dem Natürlichkeitsgrad (Hemerobie) ausgerichtet werden. Es liegen umfangreiche Kartierungen der Vegetation, der Struktur der Vegetation, der Lebensraumtypen („Biotoptypen"), des Bodens, ein Digitales Geländemodell (DGM) und andere Daten vor. Großteils handelt es sich um flächendeckende Aufnahmen in Maßstäben von 1:5000 bis 1:20000. Es wurden außerdem verschiedene charakteristische und für den Lebensraum *Aue* typische Tierarten (Leitarten) kartiert. Mit dem Einsatz Geographischer Informationssysteme konnten räumlich diversifizierte Aussagen über das Vorkommen dieser Arten abgeleitet werden. Dabei standen nicht autökologische Betrachtungen im Vordergrund. Vielmehr galt es prinzipiell Wege aufzuzeigen und Methoden zu erarbeiten, faunistische Daten in landschaftsökologische und naturschutzfachliche flächenhafte Analysen und Bewertungen einzubeziehen. Dies ist notwendig notwendig, da sich viele Bewertungsverfahren an vegetationskundlichen Ansätzen orientieren. Tiere und Tiergesellschaften sind jedoch nicht an die gleichen Raumstrukturen gebunden und reagieren in artspezifischer Weise auf Veränderungen von Standortfaktoren. Bei der tierökologischen Bewertung von Habitaten wird daher häufig das Konzept der Leitarten oder Zielarten angewandt, da eine vollständige Erfassung aller Arten praktisch nie möglich ist.

Die in Form von Punkt- und Linieninformationen vorliegenden Daten müssen in flächenhafte Aussagen umgesetzt werden. Im Rahmen einer Habitatanalyse werden - ähnlich dem "potential range"-Konzept - Beobachtungspunkte oder konstruierte Reviermittelpunkte entsprechend ihrer Kartierungenauigkeit mit einem Distanzkorridor (*buffer*) umgeben und mit flächendeckenden, habitatrelevanten Daten verschnitten. Die Anteile der Kartierungseinheiten an der Summe der so gewonnenen Flächen werden dem zu erwartenden Wert einer theoretisch angenommenen Gleichverteilung (Nullhypothese) gegenübergestellt. Statt eines einfachen Präferenzfaktors (beobachteter Wert / erwarteter Wert) wird ein Elektivitätsindex berechnet, der Aufschluß über die Präferenz der einzelnen Klassen der überlagerten flächenhaften Daten gibt. Während bei einer punktscharfen Verschneidung keine Aussagen über eine Präferenz der an diese Lebensraumtypen angrenzenden Flächen erfolgen kann, ermöglicht eine flächengestützte Habitatanalyse auch Aussagen über angrenzende Bereiche bzw. über die Stärke des Meidens und ist daher für Studien über Ökotone von Bedeutung.

Am Beispiel der Amphibien wird gezeigt, daß die vorliegenden Daten keine lückenlose Erfassung gewährleisten, in der Vegetationskartierung wie auch in der Bodenkartierung Kleinstgewässer nicht erfaßt sind und z. T. auch Temporärgewässer von Amphibien genützt werden. Daher werden mittels einer DGM-Extraktion morphographisch geeignete Flächen mit ausgewählten Bodentypen verschnitten und potentielle Amphibienstandorte abgegrenzt. Die entstehenden Einzelflächen werden verschiedenen Plausibilitätskontrollen unterzogen und die verbleibenden Flächen im Gelände überprüft, ob es sich tatsächlich um potentiell geeignete Standorte handelt. Die Analyseergebnisse lassen die Schlußfolgerung zu, daß die Umsetzung von punkthaften faunistischen Beobachtungen nicht nur über undifferenzierte Pufferzonen erfolgen kann (*„300 m Umkreis um Amphibienlaichplatz"*). Vielmehr sind verschiedene Parameter der unmittelbaren, aber auch einer größeren Umgebung im Sinne eines Lebensraumes sowie räumliche Zusammenhänge in die Analysen und schlußendlich in Bewertungen einzubeziehen. So erscheint es im Falle der Amphibien dem Autor nicht ausreichend, auch wenn Anzahl, Verfügbarkeit und Zustand von Laichgewässern häufig limitierend sind, diese alleine unter Schutz zu stellen. Vielmehr muß der Gesamtlebensraum von Arten und Lebensgemeinschaften im Vordergrund stehen, um langfristig eine überlebensfähige Population zu sichern. Eine Detailstudie für den Springfrosch ergibt, daß bei einer räumlich differenzierten Vorgangsweise mit dem Einsatz von GIS bei gleichen Flächengrößen spezifischere Habitate unter Schutz gestellt werden können als durch durch eine pauschale Abstandsregelung.

Wenn Naturschutzstrategien Erfolg haben sollen, müssen viele unterschiedliche Gesichtspunkte berücksichtigt werden. Notwendig ist daher die Aufstellung eines komplexen mehrdimensionalen Bewertungsverfahrens, das die Zusammenstellung von Kurzkennzeichnungen von Funktionen und der darauf aufbauenden Schutzstrategien für besondere Artengruppen oder artenbezogene Nahrungsstufen für einzelne Ökosystemtypen beinhaltet. So wünschenswert dies auch wäre, steht dieser Strategie andererseits die Forderung nach Überschaubarkeit und Einfachheit eines

Bewertungsverfahrens gegenüber. Der Autor leitet aus diesen praxisimmanenten Limitierungen und der möglichst weitgehenden Erfassung von funktionalen Zusammenhängen auf verschiedenen Ebenen ab, daß dies nur durch die Kombination von indikatorischen mit quantitativen Verfahren möglich ist.

Die in den letzten beiden Jahrzehnten erfolgte Mathematisierung von Bewertungsverfahren muß revidiert werden. Immer häufiger wird von wissenschaftlicher Seite gefordert, mit einfachen, d.h. mit vertretbaren Mitteln durchzuführenden Verfahrensansätzen zu arbeiten, etwa im Sinne einer "Schnellansprache". Von verschiedenen Fachdisziplinen wurden in den letzten beiden Jahrzenten eine Fülle von Indizes und Formeln geschaffen, die offensichtlich mit der Erwartung verbunden sind, daß durch Quantifizierungen zwangsläufig Objektivität erreicht werde. Angesichts der rasanten Umweltveränderungen - praktisch immer verbunden mit negativen Veränderungen des Natürlichkeitsgrades von Ökosystemen und Teilen davon - bleibt nicht die Zeit, um jahrelange aufwendige Forschungen zu betreiben, bei deren Abschluß oft die Veränderungen bereits eingeleitet oder besiegelt sind. Die durchgeführten Untersuchungen haben in erster Linie methodischen Charakter und sollen Potentiale für „Schnellansprachen" und Analyse- und Bewertungsverfahren aufzeigen. Fachplaner brauchen dringend „desktop-artige GIS-Systeme", die es mit relativ geringem technischen know-how ermöglichen, unter vereinfachenden Annahmen räumliche Analysen durchzuführen und mit Indikatoren zu kombinieren. Quantitative Analyseergebnisse sollen durchaus in eine Bewertung einfließen, jedoch nicht als metrische Werte, sondern müssen, nachdem ihre Relevanz bewiesen ist, in das gleiche Datenniveau überführt werden wie die (unbedingt notwendigen) subjektiven (und als solche zu deklarierenden) Bewertungen. Dieser Prozeß des Umformens von metrischen Daten in ordinale Aussagen muß klar gekennzeichnet sein und darf keiner zusätzlichen Pseudoobjektivität unterliegen.

Solcherart gewonnene Bewertungsergebnisse entstammen letztlich nur zu einem geringeren Teil "mathematisierten" Bewertungsregeln, und sie unterstützen und ergänzen die Bewertungsschritte der Experten. Ergebnisse einer GIS-gestützten Analyse können so bereits in einer frühen Phase in den Bewertungsprozeß einfließen. Analyse und Bewertung gehen ineinander über. Dies birgt auch gewisse Gefahren, wie etwa eine statistische Untermauerung einer Pseudoobjektivität auf Basis subjektiver Auswahlkriterien. In der vorliegenden Arbeit werden verschiedene Bewertungsvarianten vergleichend gegenübergestellt. Es zeigt sich deutlich, daß Ergebnisse einer Gesamtbewertung stark variieren, nicht nur nach Auswahl, Bewertung und Gewichtung der Einzelkriterien, sondern auch nach deren Verknüpfung. GIS ist als Werkzeug vorsichtig einzusetzen, wenn eine Beurteilung der "Leistungsfähigkeit" oder des "Wertes" eines Raumausschnittes für unterschiedlichste Nutzungen bzw. die Abwägung von Auswirkungen und Belastungen ohne konkreten Anlaß erfolgt.

Die internationale *landscape ecology* stellt mit der "landscape metrics" verschiedene Indizes zur Beschreibung von Form und Anordnung von Landschaftselementen zur Verfügung. Die verwendeten Maße zur Quantifizierung von „landscape pattern" und der Formbeschreibung von „patches" weisen bei der gegebenen maßstäblichen Betrachtung keine Relevanz gegenüber dem Habitat verschiedener faunistischer Leitarten auf und gehen daher nicht in die Bewertung ein. Eine kombinierte quantitativ-qualitative Ableitung der Strukturdiversität unter Berücksichtigung einer "within-patch-diversity" zeigt dagegen eine hohe Signifikanz beispielsweise für das Vorkommen des Kleinspechts.

Komplexe Betrachtungen bestehender Tendenzen oder Trends, wie am Beispiel der Hydrodynamik dargestellt, also unscharfe und/oder indirekte Analysen bei limitierenden Rahmenbedingungen (zeitlich, finanziell, personell), können mit quantitativ-deskriptiven, aber auch mit quantitativ-analytisch generierten Daten kombiniert werden. Es zeigt sich daher, daß sich beide Vorgangsweisen nicht ausschließen, sondern vielmehr ergänzen. Die Rolle des GIS kann dabei soweit "zurückgedrängt" werden, daß statistisch-analytische und vor allem geostatistische Verfahren angewandt werden, die aus vorhandenen Datenschichten neue Information ableiten und die der Hypothesenüberprüfung dienen. Der GIS-Einsatz darf über diesen Punkt nicht hinwegtäuschen. GIS ermöglicht jedoch die Kombination von quantitativ-analytischen und indikatorischen Verfahren mit subjektiven Bewertungen in einer nicht objektiveren, aber komplexeren und transparenteren Vorgangsweise. Richtig eingesetzt können Geographische Informationssysteme dazu beitragen, vom deskriptiven Ansatz der Registrierung und Beschreibung von Ökosystemen und dem ständigen Reagieren des Naturschutzes auf Umweltveränderungen zu einer Prognosefähigkeit und damit zu einem vorausschauenden („prospektiven") Naturschutz zu gelangen um frühzeitig Handlungsanweisungen zu erstellen.

SUMMARY

Landscape Analysis and Evaluation with GIS - Investigations of the Salzach River Flood Plain Ecosystem (Bavaria, Germany)

The intention of this work was to investigate the use of GIS technology in ecological and landscape studies with the aim of conservation evaluation. The study area was the alluvial flood plain of the Salzach River on the left (German) bank from the Saalach River mouth north of the city of Salzburg (Austria) to north of the town of Burghausen (Germany), where the Salzach River flows into the Inn River. The area is generally situated in the southeasternmost part of Germany and has a total area of about 5400 ha. About 1900 ha are a core area with recent riparian forests. The area is characterised by a relatively great variation of the physiogeographical conditions at short distances due to its humid climate on the northern edge of the Eastern Alps,. The source of the Salzach lies in the Austrian Alps and its upper and middle stretches above Salzburg are dammed by several weirs with hydro-electric power plants. Its lower stretch for a length of about 60 km (the entire study area) demarcates the border between Germany and Austria and was originally an active braided zone with a straight course, many parallel arms, and fluctuating gravel bars and banks. In the course of rectification in the late 19th century and by removing large amounts of bed load the lower Salzach has strongly deepened its bed. It is feared, that the river will break its hard bed and erosion of the soft layers underneath will take place. Large areas of the flood plains have lost their connection and interaction with the river and are only inundated by extremely high floods. Together with intensive forestry and agriculture these impacts have led to decreases in flood plain area and the number and area of water bodies with the result being the loss of natural dynamics.

Despite all these impacts the area is still a 'hot spot' of biodiversity with a variety of rare and endangered species. An attempt was made to evaluate structural diversity in combination with the distribution of indicator or target species as an alternative to 'traditional' evaluation methods so a less expensive method in terms of cost and time could provide a framework for the evaluation of other areas.

A detailed database was developed for an core area of 1900 ha at a relatively fine spatial scale, with taxonomic details (eg. 40 vegetation types within forests only) including information on forest cover and canopy structure. A less detailed database for the surrounding area of high conservational interest but with various human impacts was used to investigate edge effects, impacts, and for ecological and habitat management purposes. Mapping was based on orthophoto and terrain surveys. The database was expensive to produce, but the data of this categorical and spatial resolution are required over large regions for ecosystem and biodiversity management at a regional level. One aim of this comprehensive study was to create environmental models, especially for some animal species that are convertible to other areas (within the same climatic zone). Ecosystem processes operate across large spatio-temporal scales, therefore modelling is essential to addressing landscape management questions.

There is a discussion on topics such as the role of biodiversity and different interpretations of the various criteria commonly used in conservation evaluation with a focus on existing German and Austrian approaches. Some relevant evaluation methods, their usefulness and limitations as well as their applicability are discussed. The conditions of the recent riverine habitats are analysed with Geographic Information Systems (GIS). Methods of landscape ecology and conservation evaluation are illustrated and evaluated concerning their applicability at a scale larger than the "landscape scale".

The Salzach River is incising due to the rectification and removal of bed load and the remaining riparian forests are endangered. Conservation evaluation is too often strongly dominated by the factor *naturalness*. In a central European landscape highly influenced by man, *species richness*, *diversity habitat rarity*, and the presence of certain key species from different taxa are combined in an evaluation process. Simple arithmetic operations such as mean value cause a loss of differentiation, however very complex and mathematically complicated operations are useless for practice. GIS allows a combination of qualitative and quantitative evaluation methods to help with this dilemma. Some conservation values for various biotic and abiotic factors are designed by experts and some are derived from analysis. The habitat "flood plain" includes a wide range of species from highly endangered to not endangered and the differences only can be distinguished by indicator species. Their habitat requirements are analysed and the resulting habitat evaluation maps ("potential habitat maps") are compared with the theoretical requirements by experts.

Certain salient aspects of the mapping methods will be reviewed briefly, as they relate to the integration of qualitative and quantitative data with GIS. The data requirements of a spatially explicit wildlife population simulation model will be outlined. The example used from ongoing research, is that of a habitat suitability model developed for Rana dalmatina, a red-list frog species usually rare and endangered in Germany and Austria, but with an important population in the Salzach river wetlands. The resulting habitat quality map will be used as input to a spatially explicit simulation model of amphibian population dynamics which includes habitat-specific (simplified) demographic parameters.

The habitat model was evaluated based on its ability to predict known spanning site locations in the study area. One objective of the ongoing research is to evaluate the effect of present and projected habitat fragmentation on several amphibian species in greater parts of Bavaria (southern Germany) and adjacent parts of Austria developing a Spatial Environmental Protection Model (SEPM) for these species, employing the results of the Salzach River study. There was no digital map of the study area that estimated each of these attributes prior to the described mapping effort. It has been suggested in the literature that the grain of a map of habitat attributes should be no more than 1% of the target species' average home range size. The vegetation map meets this requirement easily; the minimum polygon size is 0.02 ha, the median is roughly 0.3 ha and the mean is approximately 0.5 ha; the habitat size for *Rana Dalmatina* in the study area is highly variable, roughly 30-150 ha depending on habitat conditions and availability of summer and winter habitats, and their connectivity, respectively.

Topographic analysis (or terrain analysis) is the quantitative analysis of topographic surfaces with the aim of studying surface and near-surface processes. A number of topographic attributes can be calculated, including specific catchment area, slope, aspect, and plan curvature (contour curvature). Slope and specific catchment area are key variables in hydrology and are used to predict spatial patterns of soil water content and erosion. Solar radiation estimation is based on slope and aspect, modified by topographic shadowing (in the Salzach river study applied to some butterfly and dragonfly species, not discussed herein). The spatial distribution of soil physical and chemical properties can be modelled within uniform geological settings using a combination of topographic attributes. Vegetation distribution, which responds to water, light, and nutrient availability, can be modelled using combinations of topographic attributes which capture much of the landscape-scale variability of these parameters. Topographic analysis provides the basis for a wide range of landscape-scale environmental models which are used to address both research and management questions. It is now widely recognised that topographic analysis results are sensitive to the resolution of the source from which they were generalised. This affects all topographic attributes but in varying ways. The resolution-dependence of slope and specific catchment area have been the most intensively studied because of their regular application in hydrological modelling.

The range of environmental data concerning structural diversity is very wide and the modelling possibilities have expanded due to technological advances in GIS. Primary data sources such as field surveys and remotely sensed data can be used, as well as 'invisible' or generated information dealing with functional ecological units (catchments, barriers, buffering zones, network structures). Using such 'second-level' information built on a higher level of abstraction requires caution and regard for the rules of abstraction. It was tried here to combine structural diversity with habitat maps of target species. The habitat suitability map was developed through the analysis of relevant data (statistically significant to the observations of species). These were vegetation, structure type, soil and moisture (for amphibian species), and size and age of certain tree species (for birds). For one of the amphibian indictor species, *Rana dalmatina*, the following steps were used to develop the habitat suitability map.

- Analysis of observations (aggregated points of adjacent ponds and wet areas in springtime).
- Overlay with other layers (soil, vegetation type, moisture of vegetation according to Ellenberg), statistical tests, to discover which data layers were significant.
- Calculating electivity-indices.
- Modelling additional 'hot spots' for *Rana dalmatina* from Digital Elevation

Model (DEM) and soil-data for potential spawning sites not recently mapped.
- Creating a habitat suitability map from the observed and modeled areas.
- Reclassifying the electivity-index to ordinal habitat maps: Essential, suitable, less suitable.

The indicator approach assumes that theses species are characteristic of a particular habitat. It is therefore an alternative approach to the mapping of species richness. The hypothesis is that maintaining an adequate habitat for an indicator can presumably preserve most other species depending on the same habitat. A crucial step is the overlay of the resulting habitat maps: It was found that arithmetic operations average the extreme values of the different layers. Formulas like

$$\text{Habitat Suitability} = (\text{layer A} + \text{layer B} + \text{layer C}) / 3$$
$$\text{HSI} = (\text{layer A} * \text{layer B} * \text{layer C})\ 1/3$$

are crucial for small-scale analysis. Detailed analysis of the Salzach River ecosystem showed, that these arithmetic overlays assimilate 'hot spots' of essential habitats for single indicator species. The results were very diverse and the issue of combining single criteria maps within a complex evalution process got more and more emphasis. Different habitat suitabilities for the indicator species as well as different value maps of other criteria resulted. It was shown, that combination rules of single criteria maps can have more influence on the result than the evaluation of criteria. The only effective method was a logical combination using a simple rule like: "take the highest value of all input layers". The results were generally high values, but extreme values (essential habitat for at least on indicator species) were maintained. This was done by using a 'local maximum' operator of the 'map algebra' (TOMLIN, 1990).

GIS enables spatial and quantitative analysis as well as the use of indicators. Various spatial conservation value patterns result depending on the criteria, and weights and methods of combining these different layers of information. In addition to 'traditional' conservation methods, structural diversity was computed and compared with observations of indicator species. This study should show potentials of GIS for landscape analysis and nature conservation as well as the limitations or problems. GIS can only be a (good) tool, but makes no guarantee that it will be used to make wise decisions.

LITERATURVERZEICHNIS

Akademie für Naturschutz und Landschaftspflege (ANL) (1984): Salzach Hügelland. Ein Exkursionsführer. - Laufen.

Akademie für Naturschutz und Landschaftspflege (ANL) (1991): Begriffe aus Ökologie, Umweltschutz und Landnutzung. - Laufen, Frankfurt.

AKIN, H. und SIEMES, H. (1988): Praktische Geostatistik. Eine Einführung für den Bergbau und die Geowissenschaften. Berlin u.a.

ALBRECHT, J. (1994): Semantisches Netz universaler GIS-Grundfunktionen. - In: Salzburger Geographische Materialien, Heft 21, 9-18, Salzburg.

ALLAN, T. and STAR, T. (1982): Hierarchy, Perspectives for ecological complexity, Chicago.

ALLAN, T. and HOEKSTRA, T. (1991): Role of heterogeneity in scaling of ecological systems under analysis. In: KOLASA, J. and PICKETT, (eds.), Ecological heterogeneity, 47-68, New York u.a.

AMANN, E. und TAXIS, H.D. (1987): Die Bewertung von Landschaftselementen im Rahmen der Flurbereinigungsplanung in Baden-Würtenberg. In: Natur und Landschaft 62, 231-235.

AMOROS, C., ROUX, A.L. and REYGROBELLET, J.L. (1987): A method for applied ecological studies of fluvial hydrosystems. In: Regulated rivers, Vol. 1, 17-36.

AMMER, U. und SAUTER, U. (1981): Überlegungen zur Erfassung der Schutzwürdigkeit von Auebiotopen im Voralpenraum. In: Berichte der ANL 5/1981, 99-137, Laufen.

ANSELIN, L. (1990): What is special about spatial data? Alternative perspectives on spatial data analysis. In: GRIFFITH, D. (ed.), Spatial Statistics, Past, Present and Future, Ann Arbor, MI, 63-77.

ANSELIN, L. (1992): SpaceStat Tutorial. A workbook for using SpaceStat in the Analysis of Spatial Data. NCGIA Technical Software Series S-92-1, Santa Barbara.

ANSELIN, L. and GETIS, A. (1992): Spatial statistical analysis and geographic information systems. In: The Annals of Regional Science 26, 19-33.

ARMSTRONG, M. (1984): Common problems seen in Variograms. Mathematical Geology 16, S. 305-313.

ARNBERGER, E., (1966): Handbuch der thematischen Kartographie, Wien.

ARONOFF, S. (1989): Geographic Information Systems - A Management Perspective, Ottawa.

ASHDOWN, M. and SCHALLER, J. (1990): Geographische Informationssysteme und ihre Anwendung in MAB-Projekten, Ökosystemforschung und Umweltbeobachtung (= Deutsches Nationalkomitee MAB, MAB-Mitteilungen 34) Bonn.

ASPINALL, R. (1992): Spatial Analysis of Wildlife Distribution and Habitat in a GIS. In: Proceedings of SSDH 92, Vol 2, 444-453.

ASPINALL, R. and PEARSON, D. (1993): Data quality and spatial analysis: Analytical use of GIS for ecological modelling. In: NCGIA, 2. Int. Conference on integrated Geographical Information Systems and environmental modelling, p. 137-145, Breckenridge.

ASPINALL, R. and VEITCH, N. (1993): Habitat mapping from satellite imagery and wildlife survey data using bayesian modeling procedure in a GIS. In: Photogr. Engineering and Remote Sensing, Vol. 59, 4, 537-543.

AURADA, K. (1984): Die systemtheoretische Interpretation des Stabilitätsbegriffs in der Landschaftsdiagnose und -prognose. In: RICHTER, H. und AURADA, K. (Hrsg.), Umweltforschung. Zur Analyse und Diagnose der Landschaft, Gotha.

AVERY, M. and HAINES-YOUNG, R. (1990): Population estimates for the dunlin (Calidris alpina) derived from remotely sensed satellite imagery of the Flow Country of northern Scotland. - Nature 344, 860-862.

BACHFISCHER, R. (1978): Die ökologische Risikoanalyse - Eine Methode zur Integration natürlicher Umweltfaktoren in die Raumplanung, Diss. TU München, München.

BÄCHTHOLD, H.G., HAKE, D., RIHM, B (1990): Geographische Informationssysteme als Werkzeug der Raumplanung und des Umweltschutzes - Möglichkeiten und Erfahrungen. - In: DISP 100, 58-67.

BÄCHTHOLD, H.G.,GFELLER, M., KIAS, U., SAUTER, J., SCHILTER, R, SCHMID, W.A. (1995): Grundzüge der ökologischen Planung. Methoden und Ergebnisse dargestellt an der Fallstudie Bündner Rheintal, ORL-Bericht 89/1995, Zürich.

BAIER, H. (1990): Die Situation der Auwälder an Bayerns Flüssen. In: Berichte der ANL 14, 173-184, Laufen.

BAILEY, T. (1994): A review of statistical spatial analysis in geographic information systems. In: Fotheringham, S. and Rogerson, P. (eds.): Spatial analysis and GIS, Taylor and Francis, London, 13-44.

BAILEY, T. and GATRELL, A. (1995): Interactive spatial data analysis, Longman, Harlow.

BASKENT, E. and JORDAN, G. (1995): Quantifiying spatial structure for landscape management: The role of GIS. In: JEC Joint European conference on Geographical Information, conference proceedings, 348-353, The Hague.

BASTIAN, O. und HAASE, G. (1992): Zur Kennzeichnung des biotischen Regulationspotenials im Rahmen von Landschaftsdiagnosen. - In: Zeitschrift für Ökologie und Naturschutz, 1, 23-34.

BASTIAN, O. und SCHREIBER, K.-F. (Hrsg.) (1994): Analyse und ökologische Bewertung der Landschaft, Jena, Stuttgart.

BAUDRY, J. (1984): Effects of landscape structures on biological communities: the case of hedgerow network landscapes. In: BRANDT, J. and AGGER, P. (eds.), Methodology in landscape ecological research and planning, Vol. 1, 55-65, Roskilde.

BAUDRY, J. and MERRIAM, H. (1988): Connectivity and connectedness: Functional versus structural patterns in landscapes. In: SCHREIBER, K.-F. (ed.), Connectivity in landscape ecology, Münstersche Geographische Arbeiten 29, 23-28, Münster.

BAUER, H.J. (1973): Die ökologische Wertanalyse methodisch dargestellt am Beispiel des Wiehengebirges. - Natur und Landschaft 46 (10), 277-282.

BAUER, H.J. (1977): Zur Methodik der ökologischen Wertanalyse. - Landschaft und Stadt 9 (1), 31-43.

BAYERISCHES AMT FÜR WASSERWIRTSCHAFT (1980): Die flußmorphologische Entwicklung der Salzach von der Saalachmündung bis zur Mündung in den Inn, unveröff. Gutachten.

BAYERISCHES LANDESAMT FÜR WASSERWIRTSCHAFT (Hrsg.) (1991): Stützkraftstufe Landau a.d. Isar. Entwicklung der Pflanzen- und Tierwelt in den ersten fünf Jahren. (= Schriftenreihe des Bayer. Landesamtes für Wasserwirtschaft, Heft 24), München.

BECHET, G. (1976): Der Biotopwert - Ein Beitrag zur Quantifizierung der ökologischen Vielfalt im Rahmen der Landschafts- und Flächennutzungsplanung, Diss. Universität München.

BECHMANN, A. (1977): Ökologische Bewertungsverfahren und Landschaftsplanung. In: Landschaft und Stadt, 2 (4), 170-182.

BECHMANN, A. (1978): Nutzwertanalyse, Bewertungstheorie und Planung, Bern, Stuttgart.

BECHMANN, A. (1989): Bewertungsverfahren - Der Handlungsbezogene Kern von Umweltverträglichkeitsprüfungen. In: HÜBLER, K.-H. und OTTO-ZIMMERMANN, K. (Hrsg.), Bewertung der Umweltverträglichkeit für die Umweltverträglichkeitsprüfung, 84-103, Taunusstein.

BEGON, M., HARPER, J. and TOWNSEND, C. (1990): Ecology. Individuals, Populations and Communities, Blackwell Scientific Publications, Boston u.a.

BERRY, J. (1987): Fundamental operators in computer-assisted map analysis. Intern. Journal of Geogr. Information Systems, vol. 1, 119-136.

BERRY, J. (1992): There's more than one way to figure slope. - GIS World, vol. 5, no. 9, 28-31.

BERRY, J. (1995): GIS modeling: a conceptual framework and its practical expression. In: Proceedings of GIS'95, 349-353, Vancouver.

BEZZEL, E. (1982): Vögel in der Kulturlandschaft, Ulmer Verlag, Stuttgart.

BIERHALS, E (1978): Ökologischer Datenbedarf für die Landschaftsplanung - Anmerkungen zur Konzeption einer Landschaftsdatenbank. In: Arbeitsmaterialien der Akademie für Raumforschung und Landesplanung, Nr. 13, 1-19, Hannover.

BIERHALS, E. (1980): Ökologische Raumgliederungen für die Landschaftsplanung. In: BUCHWALD, K. und ENGELHARD, W. (Hrsg.), Handbuch für Planung, Gestaltung und Schutz der Umwelt, Bd. 3, 80-104, München.

BIERREGARD R.O., LOVEJOY, T., KAPOS, V., DOS SANTOS, A., HUTCHINGS, R.W. (1992): The biological dynamics of tropical rainforest fragments. In: BioScience 42, 859-866.

BIERWIRTH, G., DROBNY, M., SAGE, W. und SCHMALZ, K.V. (1990): Erfassung der Reptilien-, Amphibien-, Makrolepidopteren- und Odonatenfauna in den bayerischen Salzachauen zwischen Saalach und Inn. Unveröff. Gutachten im Autrag der Akademie für Naturschutz und Landschaftspflege, Laufen.

BILL, R. und FRITSCH, D. (1991): Grundlagen der Geoinformationssysteme, Bd. 1, Hardware, Software, Daten, Karlsruhe.

BLAB, J. (1979): Rahmen und Ziele eines Artenschutzprogramms. In: Natur und Landschaft 54, 12, 411-416.

BLAB, J. (1984): Ziele, Methoden und Modelle einer planungsbezogenen Aufbereitung tierökologischer Fachdaten. In: Landschaft und Stadt 16, 3, 172-181.

BLAB, J. (1988): Möglichkeiten und Probleme einer Biotopgliederung als Grundlage für die Erfassung von Zoozönosen. In: Mitt. des Badischen Landesvereins Naturkunde und Naturschutz, 14 (3), 567-575.

BLAB, J. (1992): Landschaftspflege kontra Sukzession. In: Landesanstalt für Umweltschutz Baden-Würtenberg, Veröffentlichungen Projekt „Angewandte Ökologie" Bd. 1, 33-47, Karlsruhe.

BLAB, J. (1993): Grundlagen des Biotopschutzes für Tiere (4. Aufl.)(= Schriftenreihe für Landschaftspflege und Naturschutz, Heft 24), Bonn.

BLAB, J., KLEIN, M. und SSYMANK, A. (1995): Biodiversität und ihre Bedeutung in der Naturschutzarbeit. In: Natur und Landschaft, 70, Heft 1, 11-18.

BLASCHKE, T. (1993): Analyse eines Ökosystems mit Hilfe eines GIS. Potential und Probleme am Beispiel der Ökosystemstudie Salzachauen. In: Salzburger Geographische Materialien, Heft 20, 267-274, Salzburg.

BLASCHKE, T. (1995a): Measurement of structural diversity with GIS - Not a problem of technology. In: JEC Joint European conference on Geographical Information, conference proceedings, 334-340, The Hague.

BLASCHKE, T. (1995b): GIS im Naturschutz im deutschsprachigen Raum. Eine kritische Betrachtung der gegenwärtigen Situation. In: Salzburger Geographische Materialien Heft 22, 9-14, Salzburg.

BLASCHKE, T. (1995c): GIS, environmental research and Meta-information: intention and reality: Insigths from more than one case studies. In: Kremers and Pillmann (eds.), Space and time in environmental information systems, 431-438, Marburg.

BLASCHKE, T. (1995d): Möglichkeiten der Analyse dynamischer Prozesse mit Hilfe Geographischer Informationssysteme. In: Dynamik als ökologischer Faktor, Laufener Seminarbeiträge 3/95, 59-80, Laufen.

BLASCHKE, T. (1996a): DGM- und Habitatmodellierung mit Arc/Info als Grundlage von Biotopverbundplanung und Ressourcenschutz. In: Proceedings Deutsche Arc/Info Anwenderkonferenz, 9-20, Freising.

BLASCHKE, T. (1996b): GIS in Ökologie und Naturschutz. Notwendigkeit der Modellbildung und Probleme der Modellierung am Beispiel faunistischer Daten. In: LIPPECK und LESSING (Hrsg.), Umwelinformatik '96, Metropolis Verlag, 317-326, Marburg.

BLASCHKE, T. (1996c): Small-scale biodiversity assessment and modelling with GIS: An indicator-based approach. In: ERIM (ed.) Global networks for environmental information, Vol. 11, ECO-INFORMA. '96, 666-671, Ann Arbor.

BLASCHKE, T. (1996d): GIS-Einsatz in der Analyse und Bewertung. Grundsätzliche Überlegungen und Fallstudie an der Salzach. In: Naturschutz und Landschaftspflege 28 (8) 1996, 243-249.

BLASCHKE, T. (1996e): Analyse und Bewertung mit GIS in Naturschutz und ökologisch orientierter Planung: Integration indikatorischer und quantitativer Verfahren. In: SIR Mitteilungen und Berichte 1-4/96, 37-55.

BLASCHKE, T. (1997a): Weg vom reagierenden Naturschutz? Beispiele der Modellierung von Lebensräumen mit GIS als Grundlage der Bewertung und Planung. In: Kratz, R. und Suhling, F. (Hrsg.), Geographische Informationssysteme im Naturschutz: Forschung, Planung, Praxis, Magdeburg, 31-49.

BLASCHKE, T. (1997b): Unschärfe und GIS: „Exakte" Planung mit unscharfen Daten? In: Schrenk, M. (Hrsg.): Computerunterstützung in der Raumplanung, CORPë97, Bd. 1, 39-50.

BLASCHKE, T. and VOGEL, M. (1993): The long way from Geographical to Ecological Information Systems, a case study in the alluvial flood plain of the Salzach (Bavaria). In: Proceedings of GIS and Environment, 29-42, Krakow.

BLASCHKE, T. und KÖSTLER. E. (1993): Aufgaben und Ziele der Ökosystemstudie Salzachauen und die Rolle des Geographischen Informationssystems (GIS). In: Berichte der ANL 1993, 17, 243-251, Laufen.

BLASCHKE, T., BOCK, M., DUBOIS, N., GREVE, K., HELFRICH, R., JENSEN, S., NAGEL, H. (1996): Umweltinformationssysteme als Grundlage des Naturschutzes. In: GIS in Naturschutz und Landschaftspflege, Laufener Seminarbeiträge 4/96, 53-57, Laufen.

BLUME, H.-P. und SUKOPP, H. (1976): Ökologische Bedeutung anthropogener Bodenveränderungen. In: SUKOPP, H. und TRAUTMANN, W. (Hrsg.), Veränderungen der Flora und Fauna in der BRD, 75-89. (= Schriftenreihe für Vegetationskunde 10).

BLUME, H.P., FRÄNZLE, O., LAPPEN, L., KAUSCH, H., WIDMOSER, P. (1992): Das MAB-Pilotprojekt „Ökosystemforschung im Bereich der Bornhöveder Seenkette in Schleswig-Holstein". In: ERDMANN, K.H. und NAUBER, J. (Hrsg.), Beiträge zur Ökosystemforschung und Umwelterziehung, 25-56, (= MAB-Mitteilungen 36), Bonn.

BOBEK, H. und SCHMITHÜSEN, J. (1949): Die Landschaft im logischen System der Geographie.- Erdkunde 3, 112-120.

BORNKAMM, R. (1980): Hemerobie und Landschaftsplanung. In: Landschaft und Stadt 12, H. 2, 49-55.

BRIDGEWATER, P.B. (1993): Landscape ecology, Geographic information systems and nature conservation. In: HAINES-YOUNG, R., GREEN, D. and COUSINS, S. (eds.), Landscape ecology and Geographic Information System, 23-36, London.

BRÖSSE, U. (1981): Funktionsräumliche Arbeitsteilung, Funktionen und Vorranggebiete. In: Forschungsberichte der Akademie für Raumforschung und Landesplanung, Bd 138, 15-23, Hanover.

BROGGI, M. (1994): Ein Plädoyer für mehr Mut zur Anwendung grober Verfahrensansätze für Bewertungen in Natur und Landschaft. In: SIR Berichte und Mitteilungen 1-4/1994, 7-11, Salzburg.

BROWN, J. (1994): Grand challanges in scaling up environmental research. In: MICHENER, W., BRUNT, J., STAFFORD, S. (eds.), Environmental Information Management and Analysis: Ecosystem to Global Scales, London.

BRUNKEN, H. (1987): Zustand der Fließgewässer im Landkreis Helmstedt: Ein einfaches Bewertungsverfahren. In: Natur und Landschaft 61, 4, 131-133.

BUCHWALD, K. (1980): Aufgabenstellung ökologisch-gestalterischer Planungen im Rahmen unfassender Umweltplanung. In: BUCHWALD, K. und ENGELHART, W. (Hrsg.), Handbuch für Planung, Gestaltung und Schutz der Umwelt, Bd. 3, 1-26, München.

BUCHWALD, K. (1995): Landschaftökologie - Landschaft als System. In: STEUBING, L., BUCHWALD, K. und BRAUN, E. (Hrsg.), Natur- und Umweltschutz - Ökologische Grundlagen, Methoden, Umsetzung, 160-178, Jena, Stuttgart.

BUND NATURSCHUTZ (1981): Südbayerische Auwälder in Gefahr! (unveröff.).

BURROUGH, P. (1986): Principles of Geographic Information Systems for Land Resources Assessment, Oxford.

BURROUGH, P. (1989): Fuzzy mathematical methods for soil survey and land evaluation. In: Journal of Science 40, 477-492.

BURROUGH, P. (1992): The development of intellegent Geographical Information Systems. In: Intern. Journal of Geographical Information Systems, 6, 1-11.

BURROUGH, P., McMILLAN, R., van DEURSEN, W. (1992): Fuzzy classification methods for determining land suitability from soil profile observations and topography. In: Journal of Soil Science 43, 193-210.

BUSBY, J. (1988): Potential impacts of climate change on Australia's flora and fauna. In: PEARMAN, G. (ed.), Greenhouse: Planning for climate change, 387-398, Melbourne.

BUSHART, M. und LIEPELT, S. (1990a): Reale Vegetation der Salzachauen zwischen Saalachmündung und Mündung der Salzach in den Inn. (unveröff. Bericht im Auftrag der Akademie für Naturschutz und Landschaftspflege), Laufen.

BUSHART, M. und LIEPELT, S. (1990b): Repräsentative Strukturtypen der Salzachauen zwischen der Saalachmündung und der Mündung der Salzach in den Inn. (unveröff. Bericht im Auftrag der Akademie für Naturschutz und Landschaftspflege), Laufen.

BUSHART, M. und LIEPELT, S. (1990c): Kartierung der Frühjahrsgeophyten der Salzachauen zwischen der Saalachmündung und der Mündung der Salzach in den Inn. (unveröff. Bericht im Auftrag der Akademie für Naturschutz und Landschaftspflege), Laufen.

BUSHART, M. (1991): Potentielle natürliche Vegetation der Salzachauen zwischen Saalachmündung und Mündung der Salzach in den Inn (unveröff.Bericht an die ANL), Röttenbach.

BUTTERFIELD, B., CSUTI, B. and SCOTT, M. (1994): Modeling vertebrate distribution for Gap Analysis. In: MILLER, R. (ed.): Mapping the diversity of nature, 53-68, London u.a.

CARL, M. (1995): Das Salzachauen-Ökosystem: Bewertung des Ist-Zustandes anhand ausgewählter Gruppen der terrestrischen und aquatischen Fauna, Zwischenbericht an die ANL, unveröff.

CARVER, S. (1991): Integrating multi-criteria evaluation with geographical information systems. In: Int. Journal of Geographical Information Systems, 3, 321-339.

CERWENKA, P. (1984): Ein Beitrag zur Entmythologisierung des Bewertungshokuspokus. In: Landschaft und Stadt 16, H. 4, 220-227.

CHANG, K., J. YEO, D. and VERBYLA, Z. (1992): Interfacing GIS with Wildlife habitat Analysis: A Case Study of Sitka Black-Tailed Deer in Southeast Alaska In: Proc. GIS/LIS 1992, Vol 1, 94-104, Bethesda.

CHANG, K., J. VERBYLA, Z. and YEO, D. (1993): Deer habitat Analysis at two spatial scales. In: Proc. GIS/LIS 1993, Vol 1, 109-117, Bethesda.

CHOU, Y. (1993): Critical issues in the evaluation of spatial autocorrelation. In: FRANK, A. and CAMPARI, I. (eds.), Spatial information theory. A theoretical basis for GIS. Proceed. COSIT 93, Berlin.

CLIFF, A. and ORD, J. (1981): Spatial processes, models and applications, London.

COLEMAN, M., BEARLY, T., BURKE, I., LAUENROTH, W. (1994): Linking ecological simulation models to geographic information systems. In: MICHENER, W., BRUNT, J., STAFFORD, S. (eds.): Environmental Information Management and Analysis: Ecosystem to Global Scales, 397-412, London.

COUSINS, S. (1993): Hierarchy in ecology: its relevance to landscape ecology and geographic information systems. In: HAINES-YOUNG, R., GREEN, D. and COUSINS, S. (eds.): Landscape ecology and Geographic Information System, 75-86, London.

CRESSIE, N.A. (1991): Statistics for spatial data, New York.

CUPPENBENDER, G. (1992): Wiederentwicklung eines naturnahen Auenwaldes in der Rheinaue. In: LÖLF-Mitteilungen 4/92, 35-40.

D'OLEIRE-OLTMANNS, W. (1991): Verteilungsmuster von Tierarten oder -gruppen im Nationalpark Berchtesgaden. In: Laufener Seminarbeiträge 7/91, 68 - 72, Laufen.

DAVIS, J. (1986, 2nd ed.): Statistics and data analysis in geology, Chichester.

DAVIS, F., STOMS, D., ESTES, J., SCEPAN, J, SCOTT, M (1990): An information systems approach to the preservation of biological diversity. In : Int. Journal of Geographical Information Systems, Vol. 4, No. 1, 55-78.

DAWSON, W., LIGON, J., MURPHEY, J., MYERS, J., SIMBERLOFF, D., VERNER, J. (1987): Report of the scientific advisory panel on the spotted owl. In: Condor 89, 205-229.

DEL NEGRO, W., 1967, Moderne Forschungen über den Salzachvorlandgletscher. In: Mitt. der Österr. Geogr. Gesellschaft, 109, Wien.

DIAMOND, J.M. (1975): The island dilemma: lessons of modern biogegraphic studies for the design of natural reserves. In: Biological Conservation 7, 129-146.

DIAMOND, J.M. (1976): Island biogeography and conservation: strategy and limitations. In: Science 193, 1027-1029.

DIAMOND, J.M. und MAY, R.M. (1984): Biogeographie von Inseln und Planung von Schutzgebieten. In: MAY, R.M. (Hrsg.), Theoretische Ökologie, 147-166, Weinheim - Basel.

Di CASTRI, F., HANSEN, A.J., HOLLAND, M. (1988): A new look at ecotones. Biology International, special issue.

DIEPOLDER, U. (1990): Zustandserfassung der Salzach-Altgewässer im Bereich zwischen Freilassing und Salzach-Inn-Mündung und ihre ökologische Bewertung, Diplomarbeit TU Müchen - Weihenstehphan, München.

DILLWORTH, M., WHISTLER, J. and MERCHANT, J. (1994): Measuring Landscape Structure Using Geographic and Geometric Windows. In: Photogr. Engineering and Remote Sensing, Vol. LX, 10, 1215-1224.

DING, Y. and FOTHERINGHAM, S., (1991): The integration of spatial analysis and GIS: The development of Statcas Module for Arc/Info. NCGIA Technical Paper 91-5, Santa Barbara.

DISTER, E. (1985): Auenlebensräume und Retensionsfunktion. In: Akademie für Naturschutz und Landschaftspflege, Tagungsberichte 3/85, 74-90, Laufen.

DISTER, E. (1986): Hochwasserschutzmaßnahmen am Oberrhein. Ökologische Probleme und Lösungsmöglichkeiten. In: Geowissenschaften in unserer Zeit 4, H. 6, 194-203.

DISTER, E., 1991a, Situation der Flußauen in der Bundesrepublik Deutschland. In: Laufener Seminarbeiträge 4/91, 8-16, Laufen.

DISTER, E., 1991b, Folgen des Oberrheinausbaus und Möglichkeiten der Auen-Renaturierung. In: Laufener Seminarbeiträge 4/91, 115-123, Laufen.

DOBROWOLSKI, K., BANACH, A., KOZAKIEWICZ, A., KOZAKIEWICZ, M. (1993): Effect of habitat barrier on animal populations and communities in heterogeneous landscapes. In. BUNCE, R., RYSZKOWSKI, L. and PAOLETTI, M. (eds.) Ecology and Agroecosystems, 61-70, Boca Raton.

DOLLINGER, F. (1989): Landschaftsanalyse und Landschaftsbewertung. (= Mitt. des Arbeitskreises für Regionalforschung, Sonderband 2), Wien.

DOLLINGER, F. (1992): Geoinformatik - Einige Randbemerkungen zur Entwicklung einer jungen Wissenschaft. In: Salzburger Geographische Materialien, Heft 18, 7-10, Salzburg.

DUNCAN, P. (1983): Determinants of the use of habitat by horses in a Meditarranean wetland. In: Journal of animal ecology, 52, 93-109.

DURWEN, K.-J. (1982): Zur Nutzung von Zeigerwerten und artspezifischen Merkmalen der Gefäßpflanzen Mitteleuropas für Zwecke der Landschaftsökologie und -planung mit Hilfe der EDV - Voraussetzungen, Instrumentarien, Methoden und Möglichkeiten. (= Arbeitsberichte des Lehrstuhls Landschaftsökologie Münster, Heft 5), Münster.

DURWEN, K.J. (1985): Landschaftsinformationssysteme - Hilfsmittel der ökologischen Planung? In: SCHMID, W.A. und JACSMAN, J. (Hrsg.), Ökologische Planung - Umweltökonomie, Zürich, 79-95. (= Schriftenreihe zur Orts- Regional- und Landesplanung, Nr. 34), Zürich.

DURWEN, K.J. (1991): Zum Informationsbedarf der Landschaftsplanung. In. Natur und Landschaft, 2, 104-106.

DURWEN, K.J., GENKIGER, R., THÖLE, R. (1978): Praxisorientierte Variantenwahl und -verarbeitung für eine EDV-gestützte ökologische Planung. In: Natur und Landschaft 53, Heft 5, 164-168.

DUTTMAN, R. und MOSIMANN, T. (1995): Der Einsatz Geographischer Informationssysteme in der Landschaftsökologie - Konzeption und Anwendungen eines Geoökologischen Informationssystems. In: BUZIEK, G. (Hrsg.), GIS in Forschung und Praxis, 43-49, Stuttgart.

DYKSTRA, J. (1990): Data fusion: Image processing in the spatial context of a topologically structured GIS. In: ISPRS Commission II, VII int. workshop proceedings, advances in spatial information extraction and analysis for remote sensing, 2-10, Orono.

EHRLICH, P. (1988): The loss of diversity. Causes and consequences. - In: Biodiversity, WILSON, E.O., edit., 21-27, London.

EASTMAN, R., KYEM, P. and TOLEDANO, J. (1993): A procedure for multiobjective decision making in GIS under conditions of conflicting objectives. In: EGIS 93 proceedings, 438-227.

EBERS, E., WEINSBERGER, L., del NEGRO, W. (1966): Der pleistozäne Salzachvorlandgletscher. (= Gesellschaft für bayer. Landeskunde, Heft 19-22), München.

EDELHOFF, A. (1983): Aubiotope an der Salzach zwischen Laufen und der Saalachmündung. In: Akademie für Naturschutz und Landschaftsplege (Hrsg.) Berichte der ANL 7/1983, 4-36, Laufen.

EHLERS, M. (1989): The potenial of multisensor satellite remote sensing for Geographic Information Systems. In: ASPRS/ACSM annual convention, Agenda for the 90´s, Vol. 4, 40-45, Baltimore.

EHLERS, M. (1993a): Integration of GIS, remote sensing, photogrammetry and cartography: the geoinformatics approach. In: GIS, Jg. 6, Heft 5.

EHLERS, M. (1993b): Remote Sensing and Geographic Information Systems: Image-Integrated GIS. In: Vechtaer Studien zur Angewandten Geographie und Regionalwissenschaft, Bd. 9, 89-102, Vechta.

EHLERS, M., GREENLEE, D., SMITH, T., STAR, J. (1991): Integration of remote sensing with Geographic Information Systems: A necessary evolution. In: Photogr. Engineering and Remote Sensing, Vol. 57, 669-675.

ELLENBERG, H. (1973): Ziele und Stand der Ökosystemforschung. In: ELLENBERG, H. (Hrsg.), Ökosystemforschung, 1-31.

ELLENBERG, H. (1980): Über Bioindikatoren und Bioindikation. In: Nationalpark 29, !0-16.

ELLENBERG. H. (1982): Vegetation Mitteleuropas mit den Alpen in ökologischer Sicht, 3. Aufl., Stuttgart.

ELLENBERG, H., WEBER, H., DÜLL, R., WIRTH, V., WERNER, W., PAULISSEN, D. (1991): Zeigerwerte von Pflanzen in Mitteleuropa, Göttingen. (= Scripta Geobotanica 18).

ELLENBERG, H. jun. (1981): Was ist ein Bioindikator? Sind Greifvögel Bioindikatoren? In. Ökologie der Vögel, Sonderheft 3, 83-99.

ELSASSER, B., FEHR, U. und MAUERHOFER, F. (1977): Erholungsräume im Berggebiet. Verfahren, Methoden und Eignungskriterien zur Bewertung und Selektion bestehender und potentieller Erholungsgebiete. o.O. (Elektrowatt Ingenieurunternehmen AG).

ERDMANN, K.H. und NAUBER, J. (1993): Der deutsche Beitrag zum UNESCO-Programm „Der Mensch und die Biosphäre" (MAB) im Zeitraum von Juli 1990 bis Juni 1992, Bonn.

ERZ, W. (1980): Naturschutz - Grundlagen, Probleme und Praxis. In: BUCHWALD, K. und ENGELHART, W. (Hrsg.), Handbuch für Planung, Gestaltung und Schutz der Umwelt, Bd. 3, 560-637, München.

ERZ, W. (1986): Ökologie oder Naturschutz? Überlegungen zur terminologischen Trennung und Zusammenführung. In: Berichte der Akademie für Naturschutz und Landschaftspflege, 10, 11-17, Laufen.

ERZ, W. (1994): Bewerten und Erfassen für den Naturschutz in Deutschland: Anforderungen und Probleme aus dem Bundesnaturschutzgesetz und der UVP. In: USHER, M. und ERZ, W. (Hrsg.), Erfassen und Bewerten im Naturschutz, Heidelberg, Wiesbaden.

EVANS, I., 1980: An integrated system of terrain analysis and slope mapping. Zeitschrift für Geomorphologie, Suppl. 36: 274-295.

FAHRIG, L. and MERRIAM, H. (1986): Habitat patch connectivity and population survival. In: Ecology 67, 1762-1768.

FAUST, N., ANDERSON, W. and STAR, J. (1991): Geographic Information Systems and Remote Sensing future computing environment. In: Photogrammetric Engineering and Remote Sensing, Vol. 57, 655-668.

FEIGE, K. (1986): Der Pirol, Wittenberg.

FINKE, L., 1971, Landschaftsökologie als Angewandte Geographie. In: Berichte zur Deutschen Landeskunde, 45, 2, 167-180, Trier.

FINKE, L. (1978): Der ökologische Ausgleichsraum - plakatives Schlagwort oder realistisches Planungskonzept? In: Landschaft und Stadt, 10, 114-119.

FINKE, L. (1986): Landschaftsökologie. - (= Westermann: Das Geographische Seminar), Braunschweig

FISCHER, M. and NIJKAMP, P. (1992): Geographic Information Systems and spatial analysis modelling: potentials and bottlenecks. In: EGIS '92, conference proceedings, Vol. 1, 214-225.

FISHER, P. (1992): First experiments in viewshed uncertainty: Simulating fuzzy viewsheds. In: Photogrammetric Engineering and Remote Sensing 58, 345-352.

FLAMM, R. and TURNER, M. (1994): GIS applications perspective: Multidisciplinary Modeling and GIS for landscape management. In: SAMPLE, V.A. (ed.) (1994): Remote Sensing and GIS in Ecosystem Management, Whasington, D.C.

FLECKENSTEIN, M. und RAAB, B. (1987): Kritische Betrachtungen zum Biotopverbund. In: Vogelschutz 2/87, 24-25.

FOECKLER, F. (1990): Charakterisierung und Bewertung von Augewässern des Donauraums Straubing durch Wassermolluskengesellschaften. (= Beiheft 7 zu den Berichten der Akademie für Naturschutz und Landschaftspflege), Laufen.

FOECKLER, F. (1991): Classifying and evaluating alluvial flood plain waters of the Danube by water mollusc associations. In: Verh. Intern. Verein Limnol., 24, 1881-1887, Stuttgart.

FOECKLER, F. und HENLE, K. (1992): Forschungsbedarf für den Arten- und Biotopschutz. In: Schriftenreihe Bayer. Landesamt für Umweltschutz, Heft 100, 261-275, München.

FOECKLER, F., DIEPOLDER, U. and DEICHNER, O. (1992): Water mollusc communities and bioindication of lower Salzach floodplain waters. In: Regulated Rivers: Research and Management, Vol. 6, 301-312.

FORMAN, R. and GODRON, M. (1986): Landscape Ecology, Chichester.

FOTHERINGHAM, S. and ROGERSON, P. (1993): GIS and spatial analytical problems. In: Int. Journal of Geogr. Information Systems, Vol. 7, No.1, 3-19.

FRANZ, H.P. und d,OLEIRE-OLTMANNS, W. (1990): Codierung der mitteleuropäischen Tierwelt. Nationalpark Berchtesgaden, unveröffentlicht.

FRÄNZLE, O. (1986): Geoökologische Umweltbeobachtung. Wissenschaftstheoretische und methodische Beiträge zur Analyse und Planung. (= Kieler Geographische Schriften 64), Kiel.

FREEMARK, K. and MERRIAM, H. (1986): Importance of area and habitat heterogeneity to bird assambles in temporate forest fragments.In: Biological Conservation 36, 115-141.

FUCHS, M. 1994, Ökologische Grundlagenermittlung der Salzachauen. In: Laufener Seminarbeiträge 3/94, 61-72.

FUCHS, M. und PREISS, H. (1994): Bewertung der Grunddatenerhebungen der Salzachauen, Internes Gutachten der Bayerischen Akademie für Naturschutz und Landschaftspflege, unveröff.

FULLER, R. und LANGSLOW, D. (1994): Ornithologische Bewertungen für den Arten- und Biotopschutz. In: USHER, M. und ERZ, W. (Hrsg.), Erfassen und Bewerten im Naturschutz, 212-235, Heidelberg, Wiesbaden.

GEPP, J. (1985): Die Auengewässer Österreichs, Bestandsanalyse einer minimierten Vielfalt. In: GEPP, J. et al. (Hrsg.), Auengewässer als Ökozellen, 13-62. (= Grüne Reihe des Bundesministeriums für Gesundheit und Umweltschutz), Wien.

GERKEN, B. (1988): Auen. Verborgene Lebensadern der Natur, Rombach, Freiburg.

GERKMANN, R. (1986): Mechanismen der Beeinflussung in Politik und Wissenschaft. In: FEYERABEND, P. und THOMAS, C. (Hrsg.), Nutzniesser und Betroffene von Wissenschaften, Zürich.

GETIS, A. and BOOT, B. (1978): Models of spatial processes, an approach to the study of point, line and area patterns, Cambridge Univ. Press, Cambridge.

GEYER, T. (1987): Regionale Vorrangkonzepte für Freiraumfunktionen - Methodische Fundierung und planungspraktische Umsetzung. (= Werkstattbericht des Fachbereichs Regional- und Landesplanung der Universität Kaiserslautern Nr. 13), Kaiserslautern.

GFELLER, M., KIAS, U., TRACHSLER, H. (1984): Berücksichtigung ökologischer Forderungen in der Raumplanung. (= ORL-Berichte Nr. 46), Zürich.

GIESSÜBEL (1991): Gewässerzustandserfassung und -bewertung mittels Fernerkundung - ein rechnergestütztes Verfahren zur Umweltbeobachtung und für die Naturschutzplanung. In: Natur und Landschaft 66, 12.

GIESSÜBEL (1993): Erfassung und Bewertung von Fließgewässern durch Luftbildauswertung. (= Schriftenreihe für Landschaftspflege und Naturschutz, Heft 37), Bonn.

GÖPFERT, W. (1987): Raumbezogene Informationssysteme, Karlsruhe.

GÖTMARK, F., AHLUND, M. and ERIKSSON, M. (1986): Are indizes reliable for assessing conservation value of natural areas? In: Biological Conservation 38, 55-73.

GOODCHILD, M. (1987): A spatial analytical perspective on geographical information systems. In: Intern. Journal of Geographical Information Systems, Vol. 1, 327-334.

GOODCHILD, M. (1989): Modeling errors in objects and fields. In: GOODCHILD. M. and GOPAL, S. (eds.), The accuracy of spatial databases, 107-113, London.

GOODCHILD, M. (1991): Progress on the GIS research agenda. In: EGIS proceedings, 342-350, Utrecht.

GOODCHILD, M. (1992): Geographical Information Science. In: Intern. Journal of Geographical Information Systems, Vol. 6, No. 1, 31-45.

GOODCHILD, M. (1993): The state of GIS for environmental problem-solving. In: GOODCHILD, M., PARKS, B. and STEYAERT, L., (eds.), Environmental Modelling with GIS, 8-15, New York, Oxford.

GOODCHILD, M., HAINING, R. und WISE, S. (1992a): Integrating GIS and Spatial Data Analysis: problems and possibilities. In: International Journal of Geographical Information Systems (6) 5, 407-423.

GOODCHILD, M., GEOQUING, S., SHIREN, Y. (1992b): Development and test of an error model for categorical data. In: Intern. Journal of Geographical Information Systems, Vol. 6, 87-103.

GOODCHILD, M., PARKS, B. and STEYAERT, L. (1993) (eds.): Environmental Modelling with GIS, New York, Oxford.

GOODMAN, D. (1987): The demography of change extinction. In: SOULE, M. (ed.), Viable populations for conservation, 11-34, Cambridge.

GOODMAN, D. (1975): The theory of diversity-stability relationsship in ecology. - The quaterly review of biology 50, 237-365.

GRABER, J. and GRABER, R. (1976): Environmental Evaluations using birds and their habitats. In: Biological Notes 97, Illinois Natural Histor. Survey, 2-39.

GRIFFITHS, G., SMITH, J., VEITCH, N., ASPINALL, R. (1993): The ecological interpretation of satellite imagery with special reference to bird habitats. In: HAINES-YOUNG, R., GREEN, D., COUSINS, S. (eds.), Landscape ecology and Geographical Information Systems, 255-272, London.

GROSSMANN, W.D. (1983): Systemansatz und Modellhierarchie. In: MAB-Mitteilungen Nr. 16, Ziele, Fragestellungen und Methoden, 29-33, Bonn.

GROSSMANN, W.D. and SCHALLER, J. (1990): Connecting Dynamic Feedback Models with Geographic Information Systems. In: Proceed. of the 4th Int. Symposium on Spatial Data Handling, Zürich.

GUSTEDT, E., KNAUER, P. und SCHOLLES, F. (1989): Umweltqualitätsziele und Umweltstandards für die Umweltverträglichkeitsprüfung. In: Landschaft und Stadt 21, 9-14.

HAASE, G. (1967): Zur Methodik großmaßstäbiger landschaftsökologischer Erkundung. In: Wissenschaftliche Abhandl. der Geogr. Gesellschaft der DDR, 5, 35-128.

HAASE, G. (1978): Zur Ableitung und Kennzeichnung von Naturraumpotentialen. In: Petermanns Geogr. Mitteilungen 122, H. 2, 113-125.

HAASE, G. (1991): Theoretisch-methodologische Schlußfolgerungen zur Landschaft. In: Nova acta Leopoldina NF 276: 173-186.

HABER, W. (1972): Grundzüge einer ökologischen Theorie der Landnutzungsplanung. In: Innere Kolonisation 21, H. 11, 294-298.

HABER, W. (1979): Theoretische Anmerkungen zur ökologischen Planung. In: Verhandl. der Gesell. für Ökologie, Bd. VII, 19-30, Göttingen.

HABER, W. (1980): Raumordnungskonzepte aus der Sicht der Ökosystemforschung. (= Sitzungsberichte der Akademie für Raumforschung und Landesplanung), Hanover.

HABER, W. (1986): Über die menschliche Nutzung von Ökosystemen - unter besonderer Berücksichtigung von Agrarökosystemen. In: Verhandl. der Gesellschaft für Ökologie 1984, Bd XIV, 13-24, Hohenheim.

HABER, W., PIRKL, A., RIEDEL, B., SPANDAU, L., THEURER, R. (1988): Methoden zur Beurteilung von Eingriffen in Ökosysteme. Lehrstuhl für Landschaftsökologie TU München, Weihenstephan, unveröff.

HABER, W., LENZ, R., SCHALL, P., BACHHUBER, R., GROSSMANN, W., TOBIAS, K., KERNER, H. (1991): Prüfung von Hypothesen zum Waldsterben mit Einsatz dynamischer Feedbackmodelle und flächenbezogener Bilanzierungsrechnung für vier Schwerpunktforschungsräume der Bundesrepublik Deutschland. Berichte des Forschungszentrums Waldökosysteme, Universität Göttingen, Reihe B, Bd. 20, Göttingen.

HAEMISCH, M. und KEHMANN, L. (1992): Naturschutzbilanzen - Definierte Umweltqualitätsziele und quantitative Umweltschutzstandards im Naturschutz. In: Natur und Landschaft 4, 143-148.

HAGGET, P. (1983): Geographie - eine moderne Synthese. New York.

HAINES-YOUNG, R. (1995): Challanging the environment. In: Proceedings of GIS'95, 9-12, Vancouver.

HAINES-YOUNG, R., GREEN, D. and COUSINS, S. (eds.) (1993): Landscape ecology and Geographic Information System, London.

HAINING, R. (1987): Trend-surface models with regional and local scales of variation with an application to arial survey data. In: Technometrics 29, 461-469.

HAINING, R. (1990): Spatial data analysis in the social and Environmental Sciences, Cambridge.

HAINING, R. (1994): Designing spatial data analysis modules for geographical information systems. In: FOTHERINGHAM, S. and ROGERSON, P. (1994, eds.): Spatial analysis and GIS, 45-63, London.

HANSEN, A. and Di CASTRI, F. (eds.) (1991): Landscape boundaries, New York u.a.

HANSKI, I. and GILPIN, M. (1991): Metapopulation dynamics: brief history and conceptual domain. In: Biological journal of the Linnean Society 42, 3-16.

HANSSON, L. (1988): Dispersal and patch connectivity as species-specific characteristics. In: SCHREIBER, K.-F. (ed.), Connectivity in landscape ecology, Münstersche Geographische Arbeiten 29, 11-113, Münster.

HARRINSON, S., MURPHY, D. and EHRLICH, P. (1988): Distribution of the bay Checkerspot butterfly, Euhydryas editha bayensis: Evidence fo a metapopulation model. In: Americana Natura hist. 132, 360-382.

HARTMANN, M. (1933): Die methodologischen Grundlagen der Biologie. In: Ann. Phils., 11, 235-261.

HEIDEMANN, C. (1981): Die Nutzwertanalyse, ein Beispiel für Magien und Mythen in der Entscheidungsdogmatik. In: Inst. für Regionalwissenschaft der Univ. Karlsruhe (Hrsg.), Kritik an der Nutzwertanalyse, (= IfR Diskussionspapier Nr. 11), Karlsruhe.

HEINRICH, U. (1994): Flächenschätzung mit geostatistischen Verfahren - Variogrammanalyse und Kriging. In: SCHRÖDER, W., VETTER, L. und FRÄNZLE, O. (Hrsg.): Neuere statistische Verfahren und Modellbildung in der Geoökologie, 145-164, Braunschweig, Wiesbaden.

HENLE, K. (1994): Naturschutzpraxis, Naturschutztheorie und theoretische Ökologie. In: Zeitschrift für Ökologie und Naturschutz 3, 139-153.

HENLE, K. und KAULE, G. (Hrsg.) (1991a): Arten- und Biotopschutzforschung für Deutschland. (= Forschungszentrum Jülich, Berichte zur ökologischen Forschung, 4), Jülich.

HENLE, K. und KAULE, G. (1991b): Zur Naturschutzforschung in Australien und Neuseeland: Gedanken und Anregungen für Deutschland. In: HENLE, K. und KAULE, G. (Hrsg.), Arten- und Biotopschutzforschung für Deutschland. (= Forschungszentrum Jülich, Berichte zur ökologischen Forschung, 4), 60-74, Jülich.

HENLE, K. und STREIT, B. (1990): Kritische Bemerkungen zum Artenrückgang bei Amphibien und Reptilien und dessen Ursachen. In: Natur und Landschaft 65, 347-361.

HERRINGTON, L. (1991): Algorithms and Procedure for Wildlife Habitat Analysis. In: GIS/LIS'91 Proceedings, Vol 2, 500-506, Bethesda.

HERZ, K. (1973): Beitrag zur Theorie der landschaftsanalytischen Maßstabsbereiche. In: Petermanns Geogr. Mitt., 117, 91-96.

HEUVELINK, G.B. and BURROUGH, P. (1993): Error progagation in cartographic modelling using Boolean logic and continuous classification. In: Intern. Journal of Geographical Information Systems, 3, 231-246.

HEYDEMANN, B. (1983): Vorschlag für ein Biotopschutzzonen-Konzept am Beispiel Schleswig-Holsteins. Ausweisung von schutzwürdigen Ökosystemen und Fragen ihrer Vernetzung. In: Schriftenreihe DRL 41, 95-104.

HEYDEMANN, B. (1985): Folgen des Ausfalls von Arten - am Beispiel der Fauna. In: Schriftenreihe des Deutschen Rates für Landespflege, Heft 46, 581-594.

HEYDEMANN, B. (1986): Grundlagen eines Verbund- und Vernetzungskonzeptes für den Art- und Biotopschutz. In: Laufener Seminarbeiträge 10/86, 9-18, Laufen.

HIEKEL, W. (1981): Die Fließgewässernetzdichte und andere Kriterien zur landeskulturellen Einschätzung der Verrohrbarkeit von Bächen. In: Wissenschaftliche

Abhandl. der Geogr. Gesellschaft der DDR, Bd. 15, Nutzung und Veränderung der Natur, Gotha.

HOLLANDER, A., DAVIS, F. and STOMS, D. (1994): Hierarchical representations of species distributions using maps, images and sighting data. In: MILLER, R. (ed.): Mapping the diversity of nature, 71-88, London u.a.

HOVESTADT, T. und MÜHLENBERG, M. (1991): Flächenanspruch von Tierpolulationen als Kriterien für Maßnahmen des Biotopschutzes und als Datenbasis zur Beurteilung von Eingriffen in die Landschaft. In: HENLE, K. und KAULE, G. (Hrsg.) Arten- und Biotopschutzforschung für Deutschland, 142-157. (= Forschungszentrum Jülich, Berichte zur ökologischen Forschung, Bd. 4), Jülich

HOVESTADT, T., ROESER, J., MÜHLENBERG, M. (1991): Flächenbedarf von Tierpopulationen als Kriterien für Maßnahmen des Biotopschutzes und als Datenbasis zur Beurteilung von Eingriffen in Natur und Landschaft. (= Forschungszentrum Jülich, Berichte zur ökologischen Forschung, Bd. 1), Jülich

HUBER, M. (1992):Geomorphometrical analysis of digital elevation models. In: Proceedings of the first Tydac user conference, 129-136, Amsterdam.

HUNSAKER, C., NISBET, R., LAM, D., BROWDER, J., BAKER, W., TURNER, M. and BOTKIN, D. (1993): Spatial models of ecological systems and processes: The role of GIS. In: GOODCHILD, M., PARKS, B. and STEYAERT, L. (eds.), Environmental Modelling with GIS, 249-264, New York, Oxford.

INSTITUT FÜR GRUNDWASSER- UND BODENSCHUTZ (1991): Bodenkartierung der Deutschen Salzachauen zwischen Freilassing und Burghausen. Unveröff. Bericht im Auftrag der Akademie für Naturschutz und Landschaftspflege.

INSTITUT FÜR LANDSCHAFTSPFLEGE UND NATURSCHUTZ am Fachbereich Landespflege der Universität Hanover (Hrsg.) (1988): Methoden der Bewertung von Natur und Landschaft - ökologische Bilanzierung. (= Arbeitsmaterialien Uni Hanover, Inst. für Landschaftspflege und Naturschutz, 4), Hanover

ISAAKS, E. and SRIVASTAVA, R.M. (1989): An introduction into applied geostatistics, Oxford university press, New York, Oxford.

JÄGER, K.-D. und HRABOWSKI, K. (1976): Zur Strukturanalyse von Anforderungen der Gesellschaft an den Naturraum, dargestellt am Beispiel des Bebauungspotentials. In: Petermanns Geogr. Mitt., 120, 29-37.

JAKUBAUSKAS, M. (1992): Modelling endangered bird species habitat with remote sensing and Geographic Information Systems. In: ASPRS Annual Convention, Technical papers, Vol. 1, 157-166, Bethesda.

JALAS, J. (1955): Hemerobe und hemerochore Pflanzenarten - ein terminologischer Reformversuch. In: Acta soc. Fauna et Flora Fennica 72, Nr. 11, 1-15.

JEDICKE, E. (1990): Biotopverbund. Grundlagen und Maßnahmen einer neuen Naturschutzstrategie, Stuttgart.

JEDICKE, E. (1994): Ornithologische Punktaufnahmen und Erfassung der Habitatstruktur im Wald. Untersuchung von Habitatbeziehungen und Planungsanwendungen. In: Naturschutz und Landschaftsplanung 26 (2), 53-59.

JEDICKE, E. (1996): Tierökologische Daten in raumbedeutsamen Planungen. In: Geographische Rundschau 48, 11, 633-639.

JOHNSON, L. (1990): Analyzing Spatial and Temporal Phenomena using Geographic Information Systems. A Review of Ecological Applications. In: Landscape Ecology, Vol. 4, 1, 31-47.

JOHNSSON, K. (1995): Fragmentation index as a region based GIS operator. In: Intern. Journal of Geographical Information Systems, Vol. 9, No. 2, 211-220.

JOHNSTON, C. (1992): Using Statistical Regression Analysis to Build Three Prototype GIS Wildlife Models. In: GIS/LIS92 Conf. Proc., Vol 1, 374-386, Bethesda.

JOHNSTON, C. (1993): Introduction to quantitative methods and modeling in community, population and landscape ecology. In: Environmental Modeling with GIS, GOODCHILD, M., PARKS, B., STEYAERT, L. (eds.), 276-283, New York, Oxford.

JOSWIG, W. (1994): Bewertung der Lebensraumtypen der bayerischen Salzachauen hinsichtlich der Eignung für verschiedene Leitarten. Internes Gutachten der Bayerischen Akademie für Naturschutz und Landschaftspflege, unveröff.

JOURNEL, A. (1986): Geostatistics: Models and Tools for the Earth Science. In: Mathematical Geology 18, 119-140.

JOURNEL, A and HUIJBREGTS, C. (1978): Mining geostatistics, London, New York, San Francisco.

KAULE, G. (1979): Indikatoren der Umweltqualität. In: Verhandlungen der Gesellschaft für Ökologie, Bd. VII, 55-61, Göttingen.

KAULE, G., 1991 (2. Aufl.), Arten- und Biotopschutz, Stuttgart.

KEHRIS, E. (1990): A geographical modelling environment built around Arc/Info. North West Regional Research Laboratory, Research Report 13, Lancester.

KELLY, M. (1994): Spatial analysis and GIS. In: FOTHERINGHAM, S. and ROGERSON, P. (eds.): Spatial analysis and GIS, 65-80, London.

KEMP, K. (1993): Environmental Modeling with GIS: a strategy for dealing with spatial coninuity. Technical report 93-3, NCGIA, Santa Barbara.

KIAS, U. (1990): Überlegungen zur Aufbereitung biotopschutzrelevanter Daten für die Verwendung in der Raumplanung und deren Realisierung mit Hilfe der EDV. Ergebnisse aus der Fallstudie „Ökologische Planung Bündner Rheintal". (=Berichte zur Orts- Regional- und Landesplanung Nr. 80) Zürich.

KIAS, U. und TRACHSLER, H. (1985): Methodische Ansätze ökologischer Planung. In: SCHMID, W.-A., und JACSMAN, J. (Hrsg.), Ökologische Planung - Umweltökonomie. (= Schriftenreihe zur Orts-, Regional- und Landesplanung 34), Zürich.

KIEMSTEDT, H. (1967): Zur Bewertung der Landschaft für die Erholung. (=Beiträge zur Landespflege, Sonderheft 1), Stuttgart.

KIEMSTEDT, H. (1991): Leitlinien und Qualitätsziele für Naturschutz und Landschaftspflege. In: HENLE, K. und KAULE, G. (Hrsg.), Arten- und Biotopschutzforschung für Deutschland. (= Forschungszentrum Jülich, Berichte zur ökologischen Forschung, 4), 338-342, Jülich.

KIENER, J. (1984): Veränderung der Auenvegetation durch die Anhebung des Grundwasserspiegels im Bereich der Staustufe Ingolstadt. In: Berichte der ANL 8/84, 104-129, Laufen.

KLECZKOWSKI, F. (1992): GUS - Gesamtuntersuchung Salzach: Projekt Organisation. Geschäftsstelle GUS beim Amt der Salzburger Landesregierung (Hrsg.), Salzburg.

KLÖTZLI, F. (1991): Renaturierungen in Mitteleuropa. In: Garten und Landschaft 2/91, 35-38.

KOLASA, J. and PICKETT, S. (eds.) (1991): Ecological heterogeneity, New York et al.

KOLASA, J. and ROLLO, D. (1991): Introduction: The heterogeneity of heterogeneity: A glossary. In: KOLASA, J. and PICKETT, S. (eds.), Ecological heterogeneity, 1-23, New York u.a.

KOSKO, B. (1992): Neural Networks and Fuzzy Systems. A dynamical systems approach to machine intelligence, Englewood Cliffs.

KREBS, C. (1972):, Ecology, New York.

KREBS, C. (1979): Ecology, 2nd ed., New York.

LANA (Länderarbeitsgemeinschaft für Naturschutz, Landschaftspflege und Erholung) (1992): Lübecker Grundsätze des Naturschutzes. (= LANA Schriftenreihe 3/ 1992)

LANGRAN, G. (1992): Time in Geographic Information Systems, New York.

LAUER, D., ESTES, J., JENSEN, J., GREENLEE. D. (1991): Institutional Issues affecting the integration and use of remotely sensed data and Geographic Information Systems. In. Photogr. Engeneering and Remote Sensing, Vol. 57, 6, 647-645.

LAURINI, R. and THOMPSON, D. (1992): Fundamentals in Spatial Information Systems. London u.a.

LAVERS, C. and HAINES-YOUNG, R. (1993): Equilibrium landscapes and their aftermath: spatial heterogeneity and the role of new technology. In: HAINES-YOUNG, R., GREEN, D. and COUSINS, S. (eds.), Landscape ecology and Geographic Information System, 57-74, London.

LEHNES, P. (1994): Zur Problematik von Bewertungen und Werturteilen auf ökologischer Grundlage. In: Verhandl. der Gesellschaft für Ökologie, Band 23, 421-426, Weihenstephan.

LESER, H. (1978): Landschaftsökologie. (= Uni Taschenbücher 521), Stuttgart.

LESER, H. (1984): Zum Ökologie-, Ökosystem- und Ökotopbegriff. In: Natur und Landschaft 59, 9, 351-357.

LESER, H. (1997): Landschaftsökologie. (= Uni Taschenbücher 521, 4. Aufl.), Stuttgart.

LESER, H. und KLINK, H.-J. (Hrsg.) (1988): Handbuch und Kartieranleitung Geoökologische Karte 1:25000. (= Forschungen zur deutschen Landeskunde, Bd. 228), Trier.

LESER, H., STREIT, B., HAAS, H.-D., HUBER-FRÖHLI, J., MOSIMANN, T., PAESLER, R. (1993): DIERCKE-Wörterbuch Ökologie und Umwelt, Band 1, Braunschweig.

LEVINS, R. (1970): Extinction. In: American Mathematical Society, Some mathematical questions in biology, vol. 2, 75-108, Providence.

LEVKOWITCH, L. and FAHRIG, L. (1985): Spatial characteristics of habitat patches and population survival. In: Ecological Modelling 30, 297-308.

LILLESAND, T. and KIEFER, R. (1987): Remote Sensing and Image Interpretation (2nd ed.), New York.

LÖLF (Landesanstalt für Ökologie, Landschaftsentwicklung und Forstplanung) (1985): Bewertung des ökologischen Zustands von Fließgewässern. Teil 1: Bewertungsverfahren, Düsseldorf.

LOMBARD, A. T. (1993): Multi-species conservation, advanced computer architecture and GIS: where are we today? In: Suid-Afrikaanse Tydskrif vir Wetenskap, 89, 415-418.

LOVEJOY, T., Bierregaard, R., Rylands, A., Malcolm, J., Quintela, C., Harper, L., Brown, K., Powell, A., Powell, G., Schubart, H., Hays, M. (1986): Edge and other effects of isolation on amozon forest fragments. In: Conservation Biology, Soul..., M., ed., 257-285, Sunderland.

LUDEKE, A. K. (1991): Habitat conservation plan reserve design using Arc/Info. In: Proceedings ESRI User Conference, 85-93, Redlands.

LUNETTA, R., CONGALTON, R., FENSTERMAKER, L., JENSEN, J., McGWIRE, K., TINNEY, L. (1991): Remote Sensing and Geographic Information Systems Data Integration: Error sources and research issues. In: Photogr. Eng. and Remote Sensing, Vol 57, 677-787.

LÜTTIG, G. und PFEIFFER, D. (1974): Die Karte des Naturraumpotentials. Ein neues Ausducksmittel geowissenschaftlicher Forschung für Landesplanung und Raumordnung. In: Neues Archiv für Niedersachsen 23, 3-13.

LÜTTIG, G., 1971, Die Bedeutung der Bodenschätze Niedersachsens für die Wirtschaftsentwicklung des Landes. In: Geologisches Jahrbuch, JG. 89, 583-600.

MACKAY, J.R. (1949): Dotting the dotted map. In: Surveying and Mapping 9, 3-10.

MADER, H.-J. (1979): Die Isolationswirkung von Verkehrsstraßen auf Tierpopulationen untersucht am Beispiel von Arthropoden und Kleinsäugern der Waldbiozönose. (= Schriftenreihe Landschaftspflege Naturschutz 19), Bad Godesberg.

MADER, H.-J. (1984): Inselökologie - Erwartungen und Möglichkeiten. In: Laufener Seminarbeiträge 7/84, 7-16, Laufen.

MADER, H.-J. (1986): Forderungen an Vernetzungssysteme in intensiv bewirtschafteten Agrarlandschaften aus tierökologischer Sicht. In: Laufener Seminarbeiträge 10/86, 25-33, Laufen.

MADER, H.-J. (1987): Straßenränder, Verkehrsnebenflächen - Elemente eines Biotopverbundsystems? Natur und Landschaft 62, 7/8, 296-299.

MADER, H.-J., SCHELL, C. und KORNACKER, P. (1988): Feldwege - Lebensraum und Barriere. In: Natur und Landschaft 63, 251-256.

MADER, K. (1989): Veränderte Auwaldökosysteme durch wasserbauliche Maßnahmen. In: Österr. Wasserwirtschaft 7/8, 203-212.

MAGUIRE, D. and DANGERMOND, J. (1991): The functionality of GIS. In: MAGUIRE, D., GOODCHILD, M. and RHIND, D. (eds.), Geographical Information Systems. Vol. 1 -2, Cambridge.

MAGUIRE, D., GOODCHILD, M. and RHIND, D. (eds.) (1991): Geographical Information Systems. Vol. 1 -2, Cambridge.

MANDL, P. (1994): Räumliche Entscheidungsunterstützung mit GIS: Nutzwertanalyse und Fuzzy-Entscheidungsmodellierung. In: Salzburger Geographische Materialien Heft 21, 463-473, Salzburg.

MANNSFELD, K. (1978): Zur Kennzeichnung von Gebietseinheiten nach ihren Potentialeigenschaften. In: Petermanns Geogr. Mitteilungen 122, 17-27.

MANNSFELD, K. (1983): Landschaftsanalyse und Ableitung von Naturraumpotentialen. Abhandlungen der Sächs. Akademie der Wiss. Leipzig, Math.-naturwiss. Klasse 55 (3), Berlin.

MARGULES, C. (1986): Conservation evaluation in practice. In: USHER, M. (ed.), Wildlife conservation evaluation, 297-314, London.

MARGULES, C. (1994): Erfassen und Bewerten von Lebensräumen in der Praxis. In: USHER, M. und ERZ, W. (Hrsg.), Erfassen und Bewerten im Naturschutz, 258-273, Heidelberg, Wiesbaden.

MARGULES, C. and USHER, M. (1981): Criteria used in assessing wildlife conservation potential: A review. In: Biological Conservation 21, 79-109.

MARKS, R. (1975): Zur Landschaftsbewertung für die Erholung. In: Natur und Landschaft 50, 222-227.

MARKS, R. (1979): Ökologische Landschaftsanalyse und Landschaftsbewertung als Aufgabe der Angewandten Physischen Geographie. (= Bochumer Geographische Materialien zur Raumordnung 21), Bochum.

MARKS, R., MÜLLER, M., LESER, H., KLINK, H.-J. (Hrsg.) (1989): Anleitung zur Bewertung des Leistungsvermögens des Landschaftshaushaltes. (= Forschungen zur deutschen Landeskunde, Bd. 229), Trier.

MATHERON, G. (1962): Traite de Geostatistique Appliquee, Tome I, Memoires du Bureau de Recherches Geologiques et Minieres, No 14, Edition Techn., Paris.

MATHERON, G. (1963): Traite de Geostatistique Appliquee, Tome II: Le Krigeage, Memoires du Bureau de Recherches Geologiques et Minieres, No 24, Edition Techn., Paris.

MATHERON, G. (1971): The Theory of Regionalized Variables and its Applications. Les Cahiers du Centre de Morphologie Mathematique de Fontainebleau no 5, Fontainebleau.

MAUCH, E. (1990): Ein Verfahren zur gesamtökologischen Bewertung der Gewässer. In: Wasser und Boden 11, 763-767.

MAURER, B. (1994): Geographical population analysis: Tools for the analysis of biodiversity, London u.a.

McARTHUR, R.A. and WILSON, E.O. (1967): The Theory of Island Biogeography, New York.

McDONELL, M. and PICKETT, S. (1988): Connectivity and the role of landscape ecology. In: SCHREIBER, K.-F. (ed.), Connectivity in landscape ecology, Münstersche Geographische Arbeiten 29, 17-19, Münster.

McGARIGAL, K. and MARKS, B. (1994): FRAGSTATS - Spatial pattern analysis programm for quantifying landscape structure, Dolores.

McHARG, I. (1969): Design with nature, New York.

McNEELY, J. (1988): Economics and Biological diversity. Developing and using economic incentives to conserve biological resources, IUCN, Gland.

MEENTEMEYER, V. and BOX, E, O. (1987): Scale effects in landscape studies. - In: Landscape heterogeneity and disturbance, TURNER, M. (ed.), 15-34, New York.

MICHELER, A. (1959): Die voralpine Salzach: Naturbild ihres Laufes und Umlandes von Paß Lueg bis zur Mündung. In: Jahrbuch des Vereins zum Schutz der Alpenplanzen und -tiere, 24. Jg.

MICHELER, A. (1965): Flußlandschaft der Salzach vor dem Umbruch? In: Jahrbuch des Vereins zum Schutz der Alpenplanzen und -tiere, 30. Jg.

MICHENER, W., BRUNT, J., STAFFORD, S. (eds.) (1994): Environmental Information Management and Analysis: Ecosystem to Global Scales, London.

MILLER, R., STUART, S. and HOWELL, K. (1989): A methodology for analyzing rare species distribution patterns utilizing GIS technology: the rare birds of Tanzania. In: Landscape Ecology 2.

MILLER, R. (ed.) (1994): Mapping the diversity of nature. London u.a.

MILNE, B. (1991a): The utility of fractal geometry in landscape design. - In: Landscape and Urban Planning 21, 81-90.

MILNE, B. (1991b): Lessons from applying fractal models to landscape patterns. In: TURNER, M. and GARDNER, R. (eds.): Quantitative methods in landscape ecology, 199-235, New York.

MLADENOFF, D. and HOST, G. (1994): Ecological perspective: Current and potential applications of Remote Sensing and GIS to Ecosystem analysis. In: SAMPLE, V.A. (ed.), Remote Sensing and GIS in Ecosystem Management, 218-242,Whasington, D.C.

MONMONIER, M. (1974): Measures of pattern complexity for choroplethic maps. In: The American Geographer 1, 159-169.

MORGANTI, R. (1994): Landscape patterns in Wildlife Habitat: The landscape ecology of northern spotted owl habitat in the eastern high Cascade mountains of southern Oregon. In: Remote Sensing and Ecosystem Management. Proc. of the fifth Forest Service Remote Sensing Applications Conference, 92-101, Bethesda.

MORSE, L., HENIFIN, M, BALLMAN, J. and LAWLER, J. (1981): Geographical data organization in botany and plant conservation: a suervey of alternative strategies. In: MORSE and HENIFIN (ed.), Rare Plant Conservation: Geographical Data Organization, 9-29, New York.

MUHAR, A. (1992): EDV-gestützte Visualisierung in Landschaftsplanung und Freiraumgestaltung, Stuttgart.

MÜHLENBERG, M. (1989): Freilandökologie, 2. Aufl., Heidelberg.

MÜHLENBERG, M. (1993): Freilandökologie, 3. Aufl., Heidelberg.

MÜHLENBERG, M. und HOVESTADT, T. (1991): Flächenanspruch von Tierpopulationen als Kriterium für Maßnahmen des Biotopschutzes und als Datenbasis zur Beurteilung von Eingriffen in Natur und Landschaft. - In: Arten- und Biotopschutzforschung für Deutschland, HENLE, K. und KAULE, G. (Hrsg.). (= Forschungszentrum Jülich, Berichte zur ökologischen Forschung 4/1991), Jülich.

MÜHLINGHAUS, R. (1991): Konzepte der Raumplanung zur Erhaltung und Entwicklung von Flußauen. In: Laufener Seminarbeiträge 4/91, 143-149, Laufen.

MUHR, D.H. (1981): Das Wasserkraftprojekt der Österreichisch-Bayerischen Kraftwerke AG an der Salzach. In: Akademie für Naturschutz und Landschaftspflege (Hrsg.) Die Zukunft der Salzach, Tagungsbericht 11/81, 45-49, Laufen.

NAVEH, Z. and LIEBERMANN, A. (1993): Landscape ecology (2nd ed.). Theory and Applications, New York u.a..

NEEF, E. (1963): Topologische und chorologische Arbeitsweisen in der Landschaftsforschung. In: Petermanns Geogr. Mitteilungen, 107, 4, 249-259.

NEEF, E. (1966): Zur Frage des gebietswirtschaftlichen Potentials. In: Forschungen und Fortschritte 40, 65-96.

NEEF, E. (1967): Die theoretischen Grundlagen der Landschaftslehre, Leipzig.

NEUMEISTER, H. (1979): Das „Schichtkonzept" und einfache Algorithmen zur Vertikalverknüpfung von „Schichten" in der physischen Geographie. In: Petermanns Geogr. Mitt., Bd. 123, H. 1, 19-23.

NIEMANN, E. (1982): Methodik zur Bestimmung der Eignung, Leistung und Belastbarkeit von Landschaftselementen und Landschaftseinheiten. (= Mitt. des

Instituts für Geographie und Geoökologie der Akademie der Wissenschaften der DDR, Sonderheft 2), Leipzig.

NIEVERGELT, B. (1984): Die Bedeutung des Raummusters für die Dynamik von Planzen- und Tierpopulationen. In: BRUGGER, E.A., MESSERLI, G., MESSERLI, P. (Hrsg.), Umbruch im Berggebiet, 590 - 599, Bern.

OAG (Ornithologisch Arbeitsgemeinschaft Ostbayern) (1986): Ökologische Grundlagenermittlung Stauhaltung Straubing. Unver. Gutachten im Auftrag der Rhein-Main-Donau AG, München.

ODUM, E.P. (1969): The strategy of ecosystem development. In: Science 164, 262-270.

D'OLEIRE-OLTMANNS, W. (1991): Verteilungsmuster von Tierarten oder -gruppen im Nationalpark Berchtesgaden. Erfassung mit Hilfe eines Geographischen Informationssystems. In: Laufener Seminarbeiträge 7/91, 68-72, Laufen.

O'CONNOR, K., OVERMARS, F. and RALSTON, M. (1990): Land evaluation for nature conservation: A scientific review compiled for application in New Zealand. Wellington.

O'NEILL, R. (1991): Perspectives in hierarchy theory. - In: Perspectives in theoretical ecology, MAY, R. and ROUGHGARTEN, J. (eds.), Princeton.

O'NEILL, R., DeANGELIS, D.L., WAIDE, J.B., ALLEN, T. (1986): A hierarchical concept of ecosystems, Princeton.

O'NEILL, R., KRUMMEL, J., GARDNER, R., SUGIHARA, G., JACKSON, B., DEANGELIS, D., MILNE, B., TURNER, M., ZYGMUNT, B., CHRISTENSEN, S., DALE, V., GRAHAM, R. (1988): Indices of landscape pattern. In: Landscape Ecology, Vol.1, no 3, 153-162.

OPENSHAW, S. (1989): Learning to live with errors in spatial databases. In: GOODCHILD and GOPAL (eds.), The accuracy of spatial data bases, 263-276, London.

OPENSHAW, S. (1990): Spatial analysis and Geographical Information Systems: A review of progress and possibilities. In: SCHOLTEN, H. and STILLWELL, J. (eds.), Geographical Information Systems for Urban and Regional Planning, 153-163, Dordrecht.

OPENSHAW, S. (1991): Developing appropriate spatial analysis methods for GIS. In: MAGUIRE, D., GOODCHILD, M. and RHIND, D. (eds.), Geographical Information Systems: Principles and Applications, 389-402, Harlow.

OPENSHAW, S. (1994): Two exploratory space-time-attribute pattern analysers relevant to GIS. In: FOTHERINGHAM, S. and ROGERSON, P. (eds.): Spatial analysis and GIS, Taylor and Francis, 83-104, London.

OPDAM, P. (1988): Populations in fragmented landscapes. In: SCHREIBER, K.-F. (ed.), Connectivity in landscape ecology, Münstersche Geographische Arbeiten 29, 75-77.

OPDAM, P., RIJSDIJK, G. and HUSTINGS, F. (1985): Bird communities in small woods in an agricultural landscape: effects of area and isolation. In: Biological Conservation 34, 333-352.

PALMER, M. (1988): Fractal geometry: a tool for describing spatial patterns of plant communities. In: Vegetatio 75, 91-102.

PANZER, K. und PLÄCHTER, H. (1983): Unterstützung von Fachaufgaben des Naturschutzes mit graphischer Datenverarbeitung. In: Natur und Landschaft 58, 3, 83-93.

PARKS, B. (1993): The need for integration. In: GOODCHILD, M., PARKS, B. and STEYAERT, L., (eds.), Environmental Modelling with GIS, 31-34, New York, Oxford.

PATZNER, A., HERBST, W., STÜBER, E. (1985): Methode einer ökologischen und landschaftlichen Bewertung von Fließgewässern. In: Natur und Landschaft 60, 11, 445-448.

PEARSAL, S.H., DURHAM. D., EAGAR, D.C. (1986): Evaluation methods in the united states. - In: Wildlife conservation evaluation, USHER, M. (ed.), 111-133, London, New York.

PELIKAN, B. (1986): Revitalisierung von Fließgewässern - Ökologische Funktion wieder gefragt. In: Österr. Wasserwirtschaft 38, 61-69.

PEUQUET, D., DAVIS, J. and CUDDY, S. (1994): Geographic Information Systems and Environmental Modelling. In: Modelling Change in Environmental Systems, JAKEMAN, A., BECK, M and McALEER, M (eds.), 543-556, Chichester u.a.

PIRKL, A. und RIEDEL, B. (1991): Indikatoren und Zielartensysteme in der Naturschutz- und Landschaftsplanung. In: HENLE, K. und KAULE, G. (Hrsg.) (1991): Arten- und Biotopschutzforschung für Deutschland, Forschungszentrum Jülich, Berichte zur ökolog. Forschung, 4, 343-346, Jülich.

PLACHTER, H. (1984): Zur Bedeutung der bayerischen Naturschutzgebiete für den zoologischen Artenschutz. In: Berichte der ANL 8/1984, 63-78, Laufen.

PLACHTER, H. (1989): Zur biologischen Schnellansprache und Bewertung von Gebieten. In. Schriftenreihe für Landschaftspflege und Naturschutz, 29, 107-135.

PLACHTER, H. (1991): Naturschutz, Stuttgart, Jena.

PLACHTER, H. (1992a): Grundzüge der naturschutzfachlichen Bewertung. In: Veröff. Naturschutz und Landschaftspflege Baden-Würt, 9-48, Karlsruhe.

PLACHTER, H. (1992b): Naturschutzkonforme Landschaftsentwicklung zwischen Bestandessicherung und Dynamik. In: Tagungsbericht „Landschaftspflege - Quo vadis? der Landesanstalt für Umweltschutz Baden-Würtenberg, 142-194, Karlsruhe.

PLACHTER, H. (1992c): Ökologische Langzeitforschung und Naturschutz. In: Landesanstalt für Umweltschutz Baden-Würtenberg, Veröffentlichungen Projekt „Angewandte Ökologie" Bd. 1, 59-96, Karlsruhe.

PLACHTER, H. und FÖCKLER, F. (1991): Entwicklung von naturschutzfachlichen Analyse- und Bewertungsverfahren. In: HENLE, K. und KAULE, G. (Hrsg.) Arten- und Biotopschutzforschung für Deutschland, 323-337. (= Forschungszentrum Jülich, Berichte zur ökologischen Forschung, Bd. 4), Jülich.

PRIMACK, R. (1993): Essentials of conservation biology, Sunderland.

PRIMACK, R. (1995): A primer of conservation biology, Sunderland.

PULLIAM, H.R. and DANIELSON, B.J. (1991): Sources, sinks, and habitat selection: a landscape perspective on population dynamics. In: American Naturalist 137, S50-S66.

QUATTROCHI, D. A. and PELETIER, R. E. (1991): Remote Sensing for Analysis of Landscapes: An Introduction. - In: Quantitative Methods in Landscape Ecology, TURNER, M. and GARDNER, R. (eds.), 51-76, New York.

RAPER, J. (1995): Making GIS Multidemensional. In: Prodeedings JEC on GI'95, 232-240, The Hague.

RAPER, J. and LIVINGSTONE., D. (1995): Development of a geomorphological spatial model using object-oriented design. In: Int. Journal of GIS (9), 4.

RAPOPORT, E. (1982): Aerography: Geographical Strategies of Species, Pergamon Press, Oxford.

RATCLIFFE, D. (1977): A nature conservation review, Cambridge.

RECK, H., HENLE, K., HERMANN, G., KAULE, G., MATTHÄUS, G., OBERGFÖLL, F.J, WEISS, K und WEISS, M. (1991): Zielarten: Forschungsbedarf zur Anwendung einer Artenschutzstrategie. In: HENLE, K. und KAULE, G. (Hrsg.): Arten- und Biotopschutzforschung für Deutschland, 347-353. (= Forschungszentrum Jülich, Berichte zur ökologischen Forschung, 4), Jülich.

REICHHOLF, J. und REICHHOLF-RIEHM, H. (1982): Die Stauseen am unteren Inn. Ergebnisse einer Ökosystemstudie. In: Berichte der ANL 6/82, 47-89, Laufen.

REICHHOLF, J. (1984): Inselökologische Aspekte der Ausweisung von Naturschutzgebieten für die Vogelwelt. In: Laufener Seminarbeiträge 7/84, 57-61, Laufen.

REICHHOLF, J. (1986): Ist der Biotopverbund eine Lösung des Problems kritischer Flächengrößen? In: Biotopverbund in der Landschaft. Laufener Seminarbeiträge 10/86, 19-24, Laufen.

REICHHOLF, J. (1987): Indikatoren für Mindestflächengrößen und Vernetzungsdistanzen. In: Forschungs- und Sitzungsberichte der Akademie für Raumforschung und Landesplanung 165, 291-309, Hannover.

REICHHOLF, J. (1992): Kriterien für die ökologische Bilanzierung von Stauhaltungen. In: Laufener Seminarbeiträge 1/92, 34-42, Laufen.

REMMERT, H. (1986): Sukzessionen im Klimax-System. In: Verhandl. der Gesellschaft für Ökologie, Bd. XVI, 27-34.

REMMERT, H. (ed.) (1991): The Mosaic Cycle Concept of Ecosystems, Berlin.

REMMERT, H. (1992): Ökologie, 5. Aufl., Berlin u. a.

RHIND, D. (1988): A GIS research agenda. In: Int. Journal of Geographical Information Systems 2, 23-28.

RICKLEFS, R. (1979): Ecology, 2nd ed., New York.

RIECKEN, U. (1990): Ziele und mögliche Anwendungen der Bioindikation. In: Schriftenreihe Landschaftspflege und Naturschutz 32, 9-26, Bonn-Bad Godesberg.

RIECKERT, U. (1992): Planungsbezogene Bioindikation durch Tierarten und Tiergruppen. Grundlagen und Anwendung. (= Schriftenreihe für Landschaftspflege und Naturschutz, Heft 36), Bonn-Bad Godesberg.

RINGLER, A. and HEINZELMANN, F. (1986): State of knowledge about the equilibrium theory of island biogeography and the planning of natural areas. In: Biotopverbund in der Landschaft. Akademie für Naturschutz und Landschaftspflege (Hrsg.), 34-53, Laufen.

RIPPLE, W., BRADSHAW, G. and SPIES, T. (1991): Measuring Forest Landscape Patterns in the Cascade Range of Oregon, USA. In: Biological Conservation, 57, 73-88.

RISSER, P. (1993): Ecotones, In: Ecological Applications 3, 367-368.

ROTENBERRY, J. and WIENS, J. (1980): Habitat structure, patchiness, and avian communities in North American steppe vegetation: a multivariate analysis. In: Ecology, 61, 1228-1250.

ROWLINGTON, B., FLOWERDEW, R and GATRELL, A. (1991): Statistical Spatial Analysis in a Geographical Information Systems Framework. North West Regional Research Laboratory, Research Report 23, Lancester.

SAMPLE, V.A. (ed.) (1994): Remote Sensing and GIS in Ecosystem Management, Whasington, D.C.

SCHALLER, J. and HABER, W. 1988, Ecologicalc balancing of network structures and land use patterns for land-consolidation by using GIS-technology. In: SCHREIBER, K.-F. (ed.), Connectivity in landscape ecology, (= Münstersche Geographische Arbeiten 29), 181-190, Münster.

SCHALLER, J. (1989): Geographische Informationssysteme für die Ökosystemforschung und Umweltbeobachtung. In: GIS 2/89, 7-12.

SCHALLER, J. und DANGERMOND, J. (1991): Geographische Informationssysteme als Hilfsmittel der ökologischen Forschung und Planung. In: Verhandl. der Gesellschaft für Ökologie, Band 20, 651-662.

SCHERNER, E. (1995): Realität oder Realsatire der „Bewertung" von Organismen und Flächen. In: Schriftenreihe Landschaft und Naturschutz, BfN, H. 43, 377-410, Bad Godesberg.

SCHERZINGER, W. (1982): Die Spechte im Nationalpark Bayerischer Wald. (= Schriftenreihe des Bayer. Staatsmin. für Ernährung, Landwirtschaft und Forsten, Heft 9), München.

SCHERZINGER, W. (1990): Das Dynamik-Konzept im flächenhaften Naturschutz, Zieldiskussionen am Beispiel der Nationalpark-Idee. In: Natur und Landschaft 65, Heft 6, 292-298.

SCHEURMANN, K., WEISS, F.-H., MANGELSDORF, J.,1980, Die flußmorphologische Entwicklung der Salzach von der Saalachmündung bis zur Mündung in den Inn. Inform. Bayer. Landesamt für Wasserwirtschaft, 2/80, München.

SCHLÜTER, U. (1992): Renaturierung von Fließgewässern. Ziele und Maßnahmen aus Sicht der Landschaftsplanung. In. Naturschutz und Landschaftspflege, 6, 230-237.

SCHMITHÜSEN, J. (1948): „Fliesengefüge der Landschaft" und „Ökotop". In: Berichte zur Deutschen Landeskunde, 5, 74-83.

SCHMITHÜSEN, J. (1964): Was ist eine Landschaft? (= Erdkundliches Wissen 9), Wiesbaden.

SCHRATTER, D. (1992): Möglichkeiten zur ökologischen Aufwertung von Stauräumen. In: Laufener Seminarbeiträge 1/92, 30-33, Laufen.

SCHREIBER, K.-F. (1976): Berücksichtigung des ökologischen Potentials bei Entwicklungen im ländlichen Raum. In: Zeitschrift für Kulturtechnik und Flurbereinigung, 17, 257-265.

SCHREIBER, K.-F. (1989): Landschaftsökologie und Bodenkunde - Herausforderungen durch Naturschutz und Landschaftspflege. In: Mitt. der Deutschen Bodenkundlichen Gesellschaft 59, 1, 73-90.

SCHREINER, J. (1987): Der Flächenanspruch im Naturschutz. In: Berichte der ANL 11, 209-224, Laufen.

SCHREINER, J. (1991): Die Situation der Flußauen in Bayern. In: Laufener Seminarbeiträge 4/91, 17-32, Laufen.

SCHRÖDER, W., VETTER, L. und FRÄNZLE, O. (Hrsg.) (1994): Neuere statistische Verfahren und Modellbildung in der Geoökologie, Vieweg Umweltwissenschaften, Braunschweig, Wiesbaden.

SCHUBERT, R. (1989): Naturwissenschaftliche Grundprinzipien der Bioindikation. In: Informationszentrale für Umweltschutz, Bd. 6, Bioindikatoren, Graz.

SCHUBERT, R., 1991 (2. Aufl.), Bioindikation in terrestrischen Ökosystemen, Jena.

SCHULTE und MARKS 1985,Die bioökologische Bewertung städtischer Grünflächen als Begründung für ein naturnah gestaltetes Grünflächen-Schutzgebietssystem. In: Natur und Landschaft 60, 7/8, 302-305.

SCHUSTER, A. (1990): Ornithologische Forschung unter Anwendung eines geographischen Informationssystems. In: Salzburger Geographische Materialien Heft 15, 115-123, Salzburg.

SCHUSTER, H.-J. (1980): Analyse und Bewertung von Pflanzengesellschaften im nördlichen Frankenjura. Ein Beitrag zum Problem der Quantifizierung unterschiedlich anthropogen beeinflusster Ökosysteme, Diss. Botanicae 53, Vaduz.

SEIBERT, P. (1969): Über das Aceri-Fraxinetum als vikariierende Gesellschaft des Galio-Carpinetum am Rande der Bayerischen Alpen. In: Vegetatio 17, 165-175.

SEIBERT, P. (1978): Vegetation. In: BUCHWALD, K. und ENGELHART, W. (Hrsg.), Handbuch für Planung, Gestaltung und Schutz der Umwelt, Bd. 2, 302-344, München.

SEIBERT, P. (1980): Ökologische Bewertung von homogenen Landschaftsteilen, Ökosystemen und Pflanzengesellschaften. In: Berichte der ANL 4/1980, 10-23, Laufen.

SEIDEL, B. (1996): Populationsuntersuchungen an Gelbbauchunken Bombina variegata (Bombinatoredae, Amphibia) als Beitrag zur Biodeskription. In: Zeit. für Ökologie und Naturschutz 5, 29-36

SIERING, M. (1991): Erfassung der Reptilien-, Amphibien-, Makrolepidopteren- und Odonatenfauna in den bayerischen Salzach-Auen zwischen Saalach und Inn. (unveröffentl. Bericht im Auftrag der Bayerischen Akademie für Naturschutz und Landschaftspflege)

SIMBERLOFF, D. (1974): Equilibrium theory of island biogeography and ecology. In: Annual Review of Ecology and Systematics, 5, 161-182.

SIMBERLOFF, D. (1986): Design of nature conservation reservates. In: USHER, M. (ed.), Nature Conservation Evaluation, London.

SIMBERLOFF, D. (1994): Die Konzeption von Naturreservaten. In: USHER, M. und ERZ, W. (Hrsg.), Erfassen und Bewerten im Naturschutz, 274-291, Heidelberg, Wiesbaden.

SINTON, D. (1992): Reflections on 26 years of GIS. In: GIS World, Feb. 1992, supplement.

SIX, B. (1985): Wert und Werthaltung. In: HERRMANN, T. und LANTERMANN, E. (Hrsg.), Persönlichkeitspsychologie. Ein Handbuch in Schlüsselbegriffen, 401-415, München.

SOLBRIG, O. and NICOLIS, G. (eds.) (1991): Perspectives on biological complexity, IUBS, Paris.

SOULÉ, M.E. (ed.) (1986): Conservation Biology. The science of scarcity and diversity. Sunderland.

SOULÉ, M.E. (1987): Where do we go from here? In: SOULÉ, M.E. (ed.), Viable populations for conservation, 175-183, Cambridge.

SPANDAU, L. und KÖPPEL, J. (1991): Geographische Informationssysteme als Hilfsmittel zur räumlichen Differenzierung von Umweltqualitätszielen. In: GIS 3/1991, 12-19.

SPANDAU, L. (1988): Angewandte Ökosystemforschung im Nationalpark Berchtesgaden - dargestellt am Beispiel sommerlicher Trittbelastung auf die Gebirgsvegetation. (= Forschungsberichte Nationalpark Berchtesgaden 16), Berchtesgaden.

SPANDAU, L., KÖPPEL, J. und SCHALLER, J. (1990): Integrierte Umweltbeobachtung auf der Grundlage einer ökosystemaren Untersuchungskonzeption. In: ELSASSER, H. und KNÖPFEL, P. (Hrsg.), Umweltbeobachtung, Wirtschaftsgeographie und Raumplanung, 64-91, Zürich.

SPANG, W. (1992): Methoden zur Auswahl faunistischer Indikatoren im Rahmen raumrelevanter Planungen. In: Natur und Landschaft 67, Heft 4, 158-161.

SPELLERBERG, I (1981): Ecological evaluation for conservation.

SPELLERBERG, I. (1992): Evaluation and assessment for conservation. Ecological guidelines for determing priorities for nature conservation, Chapman and Hall, London u.a.

STAR, J. and ESTES, J. (1990): GIS: An Introduction. Prentice Hall, Engelwood Cliffs.

STAR, J., ESTES, J. and DAVIS, F. (1991): Improved Integration of Remote Sensing and Geographic Information Systems: A background to NCGIA Initiative 12. In: Photogr. Engeneering and Remote Sensing. Vol 57, 6, 643-645.

STEINITZ, C. (1982): Die Anwendung von Computertechnologie in der Landschaftsplanung. In: Natur und Landschaft 57, H. 12, 422-428.

STENSETH, N. (1983): Causes and consequences of dispersal in small mammals. In: SWINGLAND et al. (eds.), The ecology of animal movement, 63-101, Oxford.

STEYAERT, L. (1993): A perspective on the state of environmental simulation modeling. In: GOODCHILD, M., PARKS, B. and STEYAERT, L., (eds.), Environmental Modelling with GIS, 16-30, New York, Oxford.

STOMS, D., DAVIS, F., COGAN, C. (1992): Sensitivity of Wildlife Habitat Models to uncertainties in GIS Data. In: Photogrammetric Engineering and Remote Sensing, 58/6, 843-850.

STOMS, D.M. (1992): Effects of Habitat Map Generalization in Biodiversity Assessment. In: Photogrammetric Engineering and Remote Sensing, Vol. 58, No. 11, 1587-1591.

STREIT, B. (1991): Zum Problem der Einwanderung und Verschleppung von Tierarten aus Naturschutzsicht. In: HENLE, K. und KAULE, G. (Hrsg.), Arten- und Biotopschutzforschung für Deutschland. (= Forschungszentrum Jülich, Berichte zur ökologischen Forschung, 4), 208-224, Jülich.

STROBL, J. (1988): Digitale Forstkarte und Forsteinrichtung. (= Salzburger Geographische Hefte 12), Salzburg.

STROBL, J. (1992): Datenmanipulation und Datenanalyse. In: Kilchenmann, A. (Hrsg.), Technologie Geographischer Informationssysteme, Berlin u. a.

STROBL, J. (1994): Hochschullehrgang GIS, Modul 1, Orientierung und Einführung: Geographische Informationsverarbeitung, Salzburg.

STROBL, J. (1995): , Hochschullehrgang GIS, Modul 9, Räumliche Analysemethoden I, Salzburg.

SUKOPP, H. (1969): Der Einfluß des Menschen auf die Vegetation. In: Vegetatio 17, 360-371.

SUKOPP, H. (1971): Bewertung und Auswahl von Naturschutzgebieten. Schriftenreihe Landschaftspflege und Naturschutz 6, 183-194.

SUI, D.Z. (1992): A fuzzy GIS modeling approach for urban land evaluation. In: Computers, Environment and Urban Systems 16, 101-115.

SWAN, A. and SANDYLANDS, M. (1995): Introduction to Geological Data Analysis, Blackwell Science, Oxford u.a.

SYRBE, R.-U. (1996): Fuzzy-Bewertungsmethoden für Landschaftsökologie und Landschaftsplanung. In: Archiv für Naturschutz und Landschaftspflege, Vol. 34, 181-206.

ten HOUTE de LANGE, S. (1984): Effects of landscape structure on animal population and distribution. In: BRAND, J. and AGGER, P. (eds.), Proc. of the First Int. Seminar on Landscape Ecological Research and Planning, Vol. 1, 19-31, Roskilde.

TESDORPF, J.C. (1984): Landschaftsverbrauch - Begriffsbestimmung, Ursachenanalysee und Vorschläge zur Eindämmung. Dargestellt an Beispielen Baden-Würtenbergs, Berlin und Vilseck.

THOMAS, R. 1979 (2nd ed.): An introduction to quadrat analysis. CATMOG 12, Norwich.

TOBIAS, K. (1990): Die hierarchische Systemmethode - konzeptionelle Grundlagen für die angewandte Ökosystemforschung. Dissertation. Lehrstuhl für Landschaftsökologie, TU München-Weihenstephan.

TOBIAS, K. (1991): Konzeptionelle Grundlagen zur angewandten Ökosystemforschung. (= Beiträge zur Umweltgestaltung, Band A 128), Berlin.

TOBLER, W. (1970): A computer movie simulating urban growth in the Detroit region. - Economic Geography vol. 46, no. 2, 234-240.

TOMLIN, D. (1990): Geographic Information Systems and Cartographic Modeling. Prentice Hall, Englewood Cliffs.

TOMLIN, D. (1991): Cartographic Modelling. In: MAGUIRE, D., M. GOODCHILD and D. RHIND (eds.) Geographical Information Systems, Cambridge u.a.

TOMLINSON, R., CALKINS, H.W., MARBLE, D. (1976): Computer handling of Geographical data. Paris.

TRAUTZL, G. (1992): Systematischer Entwurf von Fuzzy Systemen mit den derzeit auf dem Markt befindlichen Entwicklungssystemen. In: BONFIG, K.W. (Hrsg.): Fuzzy Logik in der industriellen Automatisierung, 129-141, Ehningen.

TROLL, C. (1939): Luftbildplan und ökologische Bodenforschung. In: Zeitschrift der Gesell. für Erdkunde, Berlin, 241-298.

TROLL, C. (1950): Die geographische Landschaft und ihre Erforschung. In: Studium Generale III, 163-181, Heidelberg.

TUCKEY, J. (1977): Exploratory data analysis, Reading.

TURNER, M. (1989): Landscape ecology: The effect of pattern on process. In: Annual Rev. of ecological systems 20, 171-197.

TURNER, M. (1990): Spatial and temporal analysis of landscape patterns. In: Landscape Ecology, Vol. 4, 21-30.

TURNER, M. and GARDNER, R. (eds.) (1991): Quantitative methods in landscape ecology, New York.

TURNER, M., O'NEILL, R., GARDNER, R. and MILNE, B. (1989): Effects of changing spatial scale on the analysis of landscape patterns. In: Landscape Ecology, Vol. 3, 153-163.

TURNER, M., ROMME, W., O'NEILL, R., GARDNER, R.. (1993): A reviesd concept of landscape equilibrium: Disturbance and stability on scaled landscapes. In: Landscape ecology, 8 (3): 213-227.

USHER, M. (ed.) (1986): Nature Conservation Evaluation, London.

USHER, M. und ERZ, W., 1994 (Hrsg.), Erfassen und Bewerten im Naturschutz, Heidelberg, Wiesbaden.

UNWIN, D. (1981): Introductory spatial analysis, New York, London.

UPTON, G. and FINGLETON, B. (1985, 1989): Spatial data analysis by example, Vol 1: Point pattern quantitative data, Vol 2: Categorical and directional data, Chichester.

van DORP, D. and OPDAM, P. (1987): Effects of patch size, isolation and regional abundance on forest bird communities. In: Landscape ecology, 1, 59-73.

VERBYLLA, D. and CHANG, K. (1994): Potential problems in using GIS for wildlife habitat research. In: Proceedings GIS'94, 271-277, Vancouver.

VESTER, F. (1978): Eingriffe in vernetze Systeme und ihre integrale Bedeutung. In: OLSCHOWY, G. (Hrsg.), Natur- und Umweltschutz in der Bundesrepublik Deutschland, Hamburg, Berlin.

VESTER, F. (1980): Ansätze zur Erfassung der Umwelt als System. In: BUCHWALD, K. und ENGELHART, W. (Hrsg.), Handbuch für Planung Gestaltung und Schutz der Umwelt, Bd. 3, 120-156, München.

VOGEL, M. und BLASCHKE, T. (1996): GIS in Naturschutz und Landschaftspflege: Überblick über Wissensstand, Anwendungen und Defizite. In: GIS in Naturschutz und Landschaftspflege, Laufener Seminarbeiträge 4/96, 7-19, Laufen.

VOGEL, K., VOGEL, B., ROTHHAUPT, G., GOTTSCHALK, E. (1996): Einsatz von Zielarten im Naturschutz - Auswahl der Arten, Methode der Populationsgefährdungsanalyse und Schnellprognose, Umsetzung in die Praxis. In: Naturschutz und Landschaftsplanung 28 (6), 179-184.

VORHOLZ, F. (1984): Ökologische Vorranggebiete - Funktionen und Folgegebiete. (= Europäische Hochschulschriften, Reihe V, Bd. 528) Frankfurt.

WALFORD, N. (1995): Geographical data analysis, Chichester u.a.

WEBSTER, R. and OLIVER, M. (1990): Statistical methods in soil and land resource survey, Oxford.

WEICHHART, P. (1987): Betroffene versus Experten - Planungsbedeutsame Konsequenzen unterschiedlicher Raumbewertung. In: SIR Mitteilungen und Berichte, 3+4/1987, 9-21, Salzburg.

WEINMEISTER, W. (1981): Flußbegleitende Lebensräume an der Salzach? Zustand und Gefährdung. In: Akademie für Naturschutz und Landschaftspflege (Hrsg.) Die Zukunft der Salzach, Tagungsbericht 11/81, 40-44, Laufen.

WEISS, F. (1981): Die flußmorphologische Entwicklung und Geschichte der Salzach. In: Akademie für Naturschutz und Landschaftspflege (Hrsg.) Die Zukunft der Salzach, Tagungsbericht 11/81, 24-32, Laufen.

WEISS, F. (1988): Flußbetteintiefungen unterhalb von Stauanlagen. Untersuchungsmethoden und Möglichkeiten der Sanierung. In: Wasser und Boden 40, H.3, 136-142.

WEISS, H. (1981): Die friedliche Zerstörung der Landschaft, Zürich.

WERNER, S. und WINDING, N. (1988): Bewertung der bayerischen Salzachauen zwischen Freilassing und Laufen aus ornithologisch-ökologischer Sicht. Unveröff. Bericht an die Bayerische Akademie für Naturschutz und Landschaftspflege.

WERNER, S. (1990): Bewertung der bayerischen Salzachauen zwischen Laufen und der Salzachmündung aus ornithologisch-ökologischer Sicht. Unveröff. Bericht an die Bayerische Akademie für Naturschutz und Landschaftspflege.

WHITE, H. (1980): A heteroskedastic-consistant covariance matrix and a direct test for heteroscedasticity. In: Econometrica 48, 817-838.

WHITECOMB, R., ROBBINS, C., LYNCH, J., WHITECOMB, B., KLIMKIEWIECZ, M:, BYSTRAK, D. (1981): Effects of forest fragmentation on avifauna of the eastern deciduous forest. In: BERGESS, R. and SHARPE, D. (eds.), Forest island dynamics in man-dominted landscapes, 125-205, New York u.a.

WHITTAKER, R.H. (1977): Communities and Ecosystems.- 3. Aufl., New York.

WIEGLEB, G. (1989): Theoretische und praktische Überlegungen zur ökologischen Bewertung von Landschaftsteilen, diskutiert am Beispiel der Fließgewässer. In: Landschaft und Stadt 21, 1, 15-20.

WIENS, J. (1976): Population response to patchy environment. In: Ann. Rev. Ecolog. Systems, 7, 81-129.

WIENS, J. (1989): The ecology of bird communities, Vol. 2, Processes and variations, Cambridge.

WIENS, J. CRAWFORD, C. and GOSZ, J.R. (1985): Boundary dynamics: a conceptual framework for studying landscape ecosystems. In: Oikos 45, 421-427.

WIESMANN, U. (1987): Naturschutzwürdigkeit: Zur Begründung eines Bewertungsverfahrens und einer fundierten Schutzpolitik. Ein Beitrag aus dem MAB-Projekt Grindelwald. In: Verhandlungen der Gesellschaft für Ökologie, Bd. XV, 161-171, Göttingen.

WILCOVE, D.S., McLELLAN, C.H. and WINSTON, K.C. (1986): Habitat fragmentation in the temperated zone. In: SOULÉ, M.E. (ed.): Conservation Biology. The science of scarcity and diversity. 237-256, Sunderland.

WILGROVE, D.S. (1989): Protecting biodiversity in multiple use lands: lessons from the US Forest Service. - TREE 4, 385-388.

WILLIAMSON, M. (1981): Island Populations, Oxford.

WITTIG, R. and SCHREIBER, K.-F. (1983): A quick method for assessing the importance of open spaces for urban nature conservation. In: Biological Conservation 26, 57-64.

WÖSENDORFER, H. (1991): Regeneration geschädigter Flußauen an der österreichischen Donau. In: Laufener Seminarbeiträge 4/91, 124-130, Laufen.

WORBOYS, M. (1992): Object-oriented models of spatiotemporal information. In: Proceedings GIS/LIS 92, vol. 2, 825-834, Bethesda.

WORBOYS, M., HEARNSHAW, H., MAGUIRE, D. (1990): Object-orientated data modelling for spatial databases. In: Intern. Journal of GIS, Vol. 4, No. 4, 369-383.

WRS (1995): Wasserwirtschaftliche Rahmenuntersuchung Salzach. Bayerisches Landesamt für Wasserwirtschaft (Hrsg.), München.

YAN, W. SHIMIZU, E. and NAKAMURU, H. (1991): Fuzzy Sets, Decision Making, and Expert Systems, Lancester.

ZADEH, L.A. (1965): Fuzzy Sets. In: Information and Control 8, 338-353.

ZAHLHEIMER, W. (1983): Artenschutzgemäße Dokumentation und Bewertung floristischer Sachverhalte. Allgemeiner Teil einer Studie zur Gefäßpflanzenflora und ihrer Gefährdung im Jungmoränengebiet des Inn-Vorlandgletschers (Oberbayern). (= Beiheft 4 zu den Berichten der Akademie für Naturschutz und Landschaftspflege) Laufen.

ZAHLHEIMER, W. (1994): Vergleich der ökologischen Situation der Isar im ausgebauten und nicht ausgebauten Teil. In: Laufener Seminarbeiträge 3/94, 105-111, Laufen.

ZANGEMEISTER, C. (1970): Nutzwertanalyse in der Systemtechnik. Eine Methodik zur multidimensionalen Bewertung und Auswahl von Projektalternativen, München.

ZIEGLER, J.H. (1981): Zur spätglazialen Seen- und Flußgeschichte im Gebiet des Salzachvorlandgletschers in Bayern. In: Akademie für Naturschutz und Landschaftspflege (Hrsg.) Die Zukunft der Salzach, Tagungsbericht 11/81, 7-22, Laufen.

ZIELONKOWSKI, W. (1988): Umwandlung von Intensivflächen in Extensivflächen: Neue Potentiale und Chancen für den Naturschutz? Schriftenreihe DRL 54, 272-276.

ZIMMERMANN, H.-J. (1993): Fuzzy Technologien, Prinzipien, Werkzeuge, Potentiale, Düsseldorf.

ZÖLITZ-MÖLLER, R. und REICHE, O. (1992): Gründe, Voraussetzungen und Möglichkeiten für die Modellanbindung an ein GIS. In: GÜNTHER, O., SCHULZ, K.-P., SEGGELKE, J. (Hrsg.), Umweltanwendungen geographischer Informationssysteme, 232-247, Karlsruhe.

ZONNEVELD, I. (1979): Land evaluation and Landscape science, Enschede.

ZONNEVELD, I. (1989): The land unit: a fundamental concept in landscape ecology, and it's application. In: Landscape ecology, 3 (2), 67-89.